荣获中国石油和化学工业优秀教材奖

污染场地调查评价与修复

Investigation Assessment and Remediation of Contaminated Sites

杨再福　编著

化学工业出版社

·北京·

全书共分为 9 章，内容主要包括概述、场地污染过程与模拟、污染场地调查与监测方法、污染场地健康风险评价、场地生态风险评价、污染土壤修复技术、污染地下水修复技术、污染场地修复技术筛选与修复工程实践、污染修复效果检验与原理。

本书可供环境保护领域的技术人员、管理人员阅读使用，也可供高等院校相关专业师生参考。

图书在版编目(CIP)数据

污染场地调查评价与修复/杨再福编著 . —北京：化学工业出版社，2017.1（2023.9重印）
ISBN 978-7-122-28624-6

Ⅰ.①污…　Ⅱ.①杨…　Ⅲ.①场地-环境污染-污染调查②场地-环境污染-污染防治　Ⅳ.①X508

中国版本图书馆 CIP 数据核字（2016）第 298112 号

责任编辑：满悦芝　　　　　　　　　　　　　　文字编辑：荣世芳
责任校对：宋　玮　　　　　　　　　　　　　　装帧设计：刘亚婷

出版发行：化学工业出版社（北京市东城区青年湖南街 13 号　邮政编码 100011）
印　　装：北京科印技术咨询服务有限公司数码印刷分部
787mm×1092mm　1/16　印张 19　字数 470 千字　2023 年 9 月北京第 1 版第 9 次印刷

购书咨询：010-64518888　　　　　　　　售后服务：010-64518899
网　　址：http://www.cip.com.cn
凡购买本书，如有缺损质量问题，本社销售中心负责调换。

定　　价：88.00 元　　　　　　　　　　　　　　版权所有　违者必究

前　言

我国正在经历历史上规模最大、速度最快的城镇化与工业现代化进程，而美好环境是人类生存发展的物质基础，与健康息息相关、与发展密不可分，是产生一切人才、一切美好事物和美丽家园的基础。随着中国国民经济的快速发展和产业转型，以及"退二进三、退城进园、产业转移、产业升级"等一系列管理政策的发布，每年国内数以万计的工业企业关停或搬迁遗留下了大量的污染场地。而公众对环境问题的关注度越来越高、维权意识越来越强，公众环保意识的觉醒和随之而来的环境公众事件是污染场地修复行业发展的重要契机。但当今环境污染严重，环境承载能力已达到或接近上限，生态环境问题已成为全面建成小康社会的短板。我国目前耕地土壤质量正逐步下降，工矿业废弃地的土壤问题也逐渐凸显，土壤恶化速度加快。发展离不开土壤，土壤修复迫在眉睫。土壤修复是继大气治理、水体治理后又一大民生工程，未来我国土壤修复潜在市场将高达数万亿元，其中利润空间比较大的城市污染场地修复和耕地修复将成为投资者的首选，然而，成本高、周期长、难度大将成为土壤修复面临的难题。

本书在综合国际上主要发达国家的污染场地发展与修复历史的基础上，结合我国的污染现状阐述了污染场地调查评价与修复的问题。第 1 章概述了我国污染土壤与地下水的污染状况，结合国外污染场地发展史与经验，提出了我国污染场地的类型、现状与发展过程，以及已有相关法律法规的解读。第 2 章在场地水文地质分析的基础上对场地污染过程、迁移转化与模拟进行了分析。第 3 章对场地调查、监测方法、场地概念模型与不确定性因素进行了详细分析与总结。第 4 章对场地健康风险评价方法以及我国污染场地健康风险评估方法进行了系统分析。第 5 章污染场地生态风险评价方法与应用，探讨了目前较为先进的污染场地生态风险评价方法。第 6 章在传统土壤修复方法的基础上建立了土壤联合技术及其发展趋势的探讨。第 7 章归纳总结了地下水污染场地的修复方法与技术。第 8 章介绍了污染场地修复技术筛选与修复工程实践、如何建立全面而系统的绿色可持续的污染场地修复技术，归纳总结了修复融资策略。第 9 章进行了污染场地验收方法、修复标准的制定与污染场地管理方面的研究。本书参考了一些国内外著名论著与污染场地评价与修复工程师授课资料，对上述文献作者以及研究生孙冉冉等，一并表示衷心感谢！

本书力求内容系统和全面，体现并突出新方法与创新特色。但限于编著者的水平，本书难免存在疏漏和不足，敬请读者提出宝贵意见和建议。联系电话：021-67792551，微信 giantman1，E-mail：zzfyang@dhu.edu.cn。

杨再福

2016 年 1 月于上海东华大学环境学院 5151 室

目　录

1 概　　述

1.1 污染场地概述

资源环境问题是长期制约我国社会经济可持续发展的重大问题。随着人类社会的发展,城市化进程不断加快,越来越多的工业企业搬迁,遗留下来大量可能存在潜在环境风险的场地。我国数以万计的工业企业关停或搬迁遗留下了大量的污染场地,据《中国环境年鉴》(2002—2009 年),2001—2008 年我国关停并转迁企业数由 6611 个迅速增加到 22488 个,增速为 1984 个/a,总数达到 10 万个以上。场地再利用需求大,场地开发市场规模急剧膨胀,然而未经环境调查评价或修复的场地,再利用时就可能存在健康与生态隐患,场地土层中所含的易迁移污染组分对地下水也会产生一定的影响,甚至引发严重后果。在国外,因为缺乏规范的场地环境调查和修复制度及标准,发达国家场地开发再利用过程中都曾经多次出现污染事故,尤其是一些污染严重企业遗留下来的场地,如美国拉芙运河事件、日本东京都铬渣污染事件、英国 Loscoe 事件。

在美国化学文摘(Chemical Abstracts,CA)上正式登录的化合物数目就已超过了 1300万种,目前已知的化合物远远超过 3000 万种,已经进入环境中的化学物质 6.5 万~8.5 万种。全球人工合成的化学物质,1970 年已达 6000 多万吨,到 1985 年增加到 2 亿 5 千万吨。全世界平均每年排放 Hg、Cu、Pb、Mn、Ni 分别达到 1.5 万吨、340 万吨、500 万吨、1500 万吨、100 万吨。进入自然界中的化合物(污染物)受到物理、化学、光化学和生物的作用而降解转化。从 20 世纪 70 年代,荷兰、美国等发现化学废弃物的倾倒导致土壤严重污染至今,土壤污染已遍布全球并主要集中在欧洲,其次是亚洲和美洲。亚洲约有 2.5×10^4 km^2 的污灌区,其中遭受重金属污染的占 64.8%。我国近 30 年来伴随工艺水平化、城市化、农村集约化进程的加速,土壤问题日益突出。农业部调查全国污灌区中重金属污染占64.8%、轻度 46.7%、严重 8.4%。土壤污染不仅影响土壤与土地生产力、导致水体与大气质量下降,而且对我国实现可持续发展构成威胁。大量的环境异生物质通过各种途径进入环境,含量不一,变化多端,给环境带来巨大影响,给地球生物带来各种即时的或潜在的危害。污染场地对环境的危害主要包括以下几种。

① 由于污染场地渗漏液导致地下水与地表水质量恶化;

② 公众直接与污染土壤接触,或污染土壤对植物产生影响并通过食物链传递;

③ 垃圾填埋场气体的爆炸、燃烧与渗漏液对地下水的危害;

④ 污染场地泄漏液对地下管道和建筑物的侵蚀。

在环境产业发达的国家,土壤修复产业占环保产业的市场份额高达 30%~50%。污染场地修复技术起源于欧美发达国家和地区,全球每年总修复费用为 200 亿~400 亿美元。从表 1.1 可以看出,污染场地修复市场巨大。

表 1.1　2009 年全球污染场地修复市场

国家	污染场地数量/个	目前市场值	未来潜在市场
美国	50000	120 亿美元,约占全球需求量的 30%	30～35 年后,估计达到 1000 亿美元
加拿大	30000	2.5 亿～5 亿美元	10 年内达到 35 亿美元
澳大利亚	160000	—	—
英国	100000	60 亿英镑	—
日本	500000	12 亿美元	2010 年达到 30 亿美元

1.2　土壤污染状况

土壤资源是人类食物的主要来源,健康土壤带来健康生活。有研究表明 95% 的食物来自于土壤。中国是有 13 亿人口的大国,同时意味着它是粮食消费的大国,目前土壤生产和生态服务功能正不断下降。我国的土壤污染类型多样,呈现出新老污染物并存、无机有机复合污染的局面,既有重金属、农药、抗生素和持久性有机物等污染,又有放射性、病原菌等污染类型。土壤污染途径多,原因复杂,控制难度大。目前,我国土壤环境问题形势严峻,200 多万公顷以上的矿区污染仅有不到 20% 得到复垦,非正规垃圾填埋场导致的土壤和地下水污染总量巨大。产业转移及城镇化的进展,在客观上推动了我国污染场地修复行业的发展和进步。

根据《全国土壤污染状况调查公报》(2014 年 4 月 17 日),全国土壤环境状况总体不容乐观,部分地区土壤污染较重,耕地土壤环境质量堪忧,工矿业废弃地土壤环境问题突出。工矿业、农业等人为活动以及土壤环境背景值高是造成土壤污染或超标的主要原因。全国土壤总的超标率为 16.1%,其中轻微、轻度、中度和重度污染点位比例分别为 11.2%、2.3%、1.5% 和 1.1%。污染类型以无机型为主,有机型次之,复合型污染比重较小,无机污染物超标点位数占全部超标点位数的 82.8%。南方土壤污染重于北方;长江三角洲、珠江三角洲、东北老工业基地等部分区域土壤污染问题较为突出,西南、中南地区土壤重金属超标范围较大;镉、汞、砷、铅 4 种无机污染物含量分布呈现从西北到东南、从东北到西南方向逐渐升高的态势。

无机污染物镉、汞、砷、铜、铅、铬、锌、镍 8 种无机污染物点位超标率分别为 7.0%、1.6%、2.7%、2.1%、1.5%、1.1%、0.9%、4.8%。有机污染物六六六、滴滴涕、多环芳烃 3 类有机污染物点位超标率分别为 0.5%、1.9%、1.4%。

耕地土壤点位超标率为 19.4%,其中轻微、轻度、中度和重度污染点位比例分别为 13.7%、2.8%、1.8% 和 1.1%,主要污染物为镉、镍、铜、砷、汞、铅、滴滴涕和多环芳烃。林地土壤点位超标率为 10.0%,其中轻微、轻度、中度和重度污染点位比例分别为 5.9%、1.6%、1.2% 和 1.3%,主要污染物为砷、镉、六六六和滴滴涕。草地土壤点位超标率为 10.4%,其中轻微、轻度、中度和重度污染点位比例分别为 7.6%、1.2%、0.9% 和 0.7%,主要污染物为镍、镉和砷。未利用地土壤点位超标率为 11.4%,其中轻微、轻度、中度和重度污染点位比例分别为 8.4%、1.1%、0.9% 和 1.0%,主要污染物为镍和镉。

重污染企业土壤超标点位占 36.3%,主要涉及黑色金属、有色金属、皮革制品、造纸、石油煤炭、化工医药、化纤橡塑、矿物制品、金属制品、电力等行业。工业废弃地超标点位占 34.9%，主要污染物为锌、汞、铅、铬、砷和多环芳烃，主要涉及化工业、矿业、冶金业等行业。工业园区土壤超标点位占 29.4%，金属冶炼类工业园区及其周边土壤主要污染物为镉、铅、铜、砷和锌，化工类园区及周边土壤的主要污染物为多环芳烃。固体废物处理处置场地的土壤超标点位占 21.3%，以无机污染为主，垃圾焚烧和填埋场有机污染严重。采油区土壤超标点位占 23.6%，主要污染物为石油烃和多环芳烃。采矿区土壤超标点位占 33.4%，主要污染物为镉、铅、砷和多环芳烃。有色金属矿区周边土壤镉、砷、铅等污染较为严重。调查 55 个污水灌溉区有 39 个存在土壤污染，超标点位占 26.4%，主要污染物为镉、砷和多环芳烃。干线公路两侧土壤超标点位占 20.3%，主要污染物为铅、锌、砷和多环芳烃，一般集中在公路两侧 150 米范围内。

国土部地质调查局发布的《中国耕地地球化学调查报告（2015 年）》，调查面积 150.7 万平方千米，调查耕地将近 14 亿亩，占 20 亿亩耕地的 68%。调查结果显示，8% 的耕地是受到污染的。我国真正意义上的土壤管理始于 2005 年，国务院发布《关于落实科学发展观加强环境保护的决定》，这个决定指出，以防治土壤污染为重点，加强农村环境保护；开展全国土壤污染调查和超标耕地综合治理；污染严重难以修复的耕地应依法调整。中国目前治理污染土壤花费了巨大财力，有专家称保护和修复已经受到污染的财力分布是 1∶100 的关系，即花 1 块钱保护、花 100 块钱修复。因此，源头保护，使土壤不变毒是基本需求。

我国的场地类型主要有：农田耕地、工业市政场地、矿区土地、非正规堆场。场地污染有很大隐蔽性、潜在性、滞后性和持久性。污染物通常存在于土壤并通过土壤转移，变化和移动非常缓慢（几年甚至几十年），污染只有触及受体时才可能会被发现。

土壤修复市场主要包括污染场地修复、矿山土地修复和耕地修复。到 2020 年我国整个土壤修复的市场有可能达到上万亿元人民币。由于中国城市化进程加快，以前的化工矿产企业逐渐从城市中心搬迁至郊区，目前对城市中的污染场地修复需求最高。

土壤修复是多学科协同的复杂系统工程，随着近年来土壤污染事故时有发生，土壤污染治理开始成为热点，由此引爆了土壤污染修复市场。我国土壤污染治理刚刚起步，与发达国家相比总体差距较大，可一旦市场打开，其规模将远远大于大气和水污染治理。土壤污染一定程度上可看作是大气污染、水污染和固体废物污染的结果。目前我国土壤污染修复产业产值尚不足环保产业总产值的 1%。而在发达国家，这一比重达 30% 以上。2013 年，全国土壤修复领域企业由 200 多家增至 500 多家，产值达 140 亿元。未来 4～5 年，将是土壤修复产业快速发展的黄金期。我国计划到 2020 年，土壤污染恶化趋势得到遏制，农用地土壤得到有效保护，建设用地土壤安全得到基本保障，土壤污染防治示范取得明显成效，土壤环境管理体制机制基本健全。同时加快建立法规标准体系，实施土壤修复工程，实施农用地分级管理，坚决切断各类污染来源，实施建设用地分类管理，强化土壤环境空间管制，加大科技研发力度，推动环保产业发展。发挥市场作用，完善投融资机制；建立健全管理体系，提升监管能力；强化目标考核，严格责任追究等。

1.3 地下水污染状况

世界上可供人类使用的淡水中 68% 是地下水。全世界超过 15 亿的人口主要依靠地下水作为饮用水。据统计日本 25% 的饮用水为地下水，美国 85% 以上的饮用水来自地下水，欧洲的比例约为 80%。中国地下水天然资源占全国水资源总量的 1/3，约为 8.625×10^{11} m³。

地下水开采量占全国总供水量的近 20%，全国 70% 的人口饮用地下水。在全国 600 多个城市中有 400 多个城市开采利用地下水。在广大的农村，地下水更成为主要的饮用水源。

凡是人类活动导致进入地下水并使水质恶化的溶解物或悬浮物，无论其浓度是否达到使水质明显恶化的程度，均称为地下水污染物。对地下水的污染途径可以分为：间歇入渗型、连续入渗型、越流型、径流型。连续入渗和间接入渗主要是污染潜水。对含水层污染的主要是越流型污染，它对地下水的影响非常大。在地下水中最难治理和对人类危害最大的是有机污染。美国环保署（USEPA）水质调查发现供水系统中有机污染物有 2110 种，饮用水中含 765 种。

我国部分行业严重威胁地下水环境安全，仅 2009 年全国 2 亿多吨工业固体废物未得到有效综合利用或处置，铬渣和锰渣堆放场渗漏污染地下水事件时有发生；石油化工行业勘探、开采及生产等活动显著影响地下水水质，加油站渗漏污染地下水问题日益显现；部分工业企业通过渗井、渗坑和裂隙排放、倾倒工业废水，造成地下水污染；部分地下水工程设施及活动止水措施不完善，导致地表污水直接污染含水层，以及不同含水层之间交叉污染。我国单位耕地面积化肥及农药用量分别为世界平均水平的 2.8 倍和 3 倍，大量化肥和农药通过土壤渗透等方式污染地下水；部分地区长期利用污水灌溉，对农田及地下水环境构成危害，农业区地下水氨氮、硝酸盐氮、亚硝酸盐氮超标和有机污染日益严重。加油站渗漏的典型污染物为石油烃（TPH）、苯系物（BTEX）、萘和甲基叔丁基醚（MTBE）。垃圾填埋场的主要污染物为 COD、Cd、Cu、Pb、Cr、Zn、氨氮、BOD_5。2008—2010 年，通过对全国 31 个省的 69 个城市地下水有机污染物检测，我国城市地下水有机污染超标率较低，但是检出率较高。超标率由高到低分别为：四氯化碳 0.75%、苯 0.5%、氯仿（三氯甲烷）0.25%、1,2-二氯乙烷（$C_2H_4Cl_2$）0.25%、三氯乙烯（C_2HCl_3，TCE）0.13%、1,1,2-三氯乙烷（$C_2H_3Cl_3$）0.13%、1,2-二氯丙烷 0.13%、苯并 [a] 芘 0.13%。地下水无机污染物主要是金属，包括 Cr、Cd、Pb、Hg、As、Ni、Zn、Cu、Ag 等；类金属砷；有机污染物如苯并 [a] 芘、四氯化碳、农药；无机污染物如硝酸盐等。

我国 90% 城市地下水不同程度遭受有机污染物、氮素、有毒有害元素污染，其中 60% 污染严重。地下水污染已经呈现出由点向面演化、由东部向西部扩展、由城市向农村蔓延、由局部向区域扩散的趋势；污染物组分则由无机物向有机物发展，危害程度日趋严重；地下水污染面积不断扩大，污染程度加剧。我国地下水中"三氮"，即氨氮（NH_3-N）、硝酸盐（NO_3^-）、亚硝酸盐（NO_2^-）超标普遍。

地下水中常见无机污染物有 37 种：最常见的是 NO_3^--N，其次是 Cl^-、硬度、SO_4^{2-}、TDS 等。它们的特点是大面积的污染多，局部的污染少，金属污染物比较少见。

地下水中常见有机污染物有 183 种：其中芳烃类 32 种；卤代烃类 25 种；含特殊元素烃类 111 种；其他烃类 15 种。它们包含了 63 种农药。最常见检出率高的是氯代烃，如 PCE、TCE、DCE、DCA（dichloroethane）、TCM 等；其次是单环芳烃，如 BTEX。

地下水微量有机污染组分含量虽然很低，往往都是 ppm（10^{-6}）、ppb（10^{-9}）甚至是 ppt（10^{-12}）数量级的，但其危害是极其严重的，在世界范围内的饮用地下水中，已检出有机污染物 700 多种，其中 117 种是属于"三致"（致癌、致畸、致突变）物质。一些地区肠癌、宫颈癌、卵巢癌的高发均与饮水有机污染有关。有些有机组分使遗传基因发生变化，对人类繁衍构成危机。

地下水的补充速度是非常缓慢的，其循环周期是 1400 年，地下水蓄水层的形成需要几十甚至上百年，而人们抽取地下水的速度远远高于其补充速度。而且由于某些地理及自然条件的限制，过度采集地下水会使地下蓄水层沉积物变得致密，从而使地下蓄水层的储水量不可逆转地永久缩减。同时由于地下水自净能力较差，一旦受到污染，修复起来是相当困难的，有些甚至是不可逆转的。随着水中污染物质不断在蓄水层中积累，可利用的地下水源正迅速减少。

1.4 污染场地发展历史与相关法律法规

1.4.1 污染场地相关概念

场地（site）是指某一地块范围内的土壤、地下水、地表水以及地块内所有构筑物、设施和生物的总和，或具有一定平面（面积为几百平方米至几平方千米）或空间范围的地域，包括地表附属物及地表以下的土壤和地下水。污染场地是指具有实际危害或潜在威胁的特定空间区域。

污染场地是指因从事生产、经营、使用、贮存、堆放有毒有害物质，或者处理、处置有毒有害废物，或者因有毒有害物质迁移、突发事故，造成场地内及周边不同程度的环境污染，涉及场地内部各种废弃物、建筑物墙体和设备，场地及周边土壤、地下水、地表水等，从而超过人体健康、生态环境可接受风险水平的场地。

中国环保部对污染场地的定义为：污染场地是指因堆积、贮存、处理、处置或其他方式（如迁移）承载了有害物质的，对人体健康或环境产生危害或具有潜在风险的空间区域。

污染场地构成必须是指一定区域或范围内存在的有害物质的含量或浓度对人类健康或生态环境构成威胁。其中有毒有害物质是污染场地的必要条件，污染场地法律规范研究和保护的对象为敏感受体并具有生命特征。污染场地属于非区域性环境问题，是非自然因素引起的有害有毒物质在环境中浓度升高（自然背景），且有害有毒物质浓度超过风险可接受水平。

国外对污染场地的定义与评论见表1.2。

表 1.2 国外对污染场地的定义与评论

出处	定义	评论
美国环保署（U. S. EPA）:《超级基金法》	因堆积、贮存、处理或其他方式（如迁移）承载了有害物质的任何区域或空间	定义中没有规定有害物质浓度或累积的量需要达到何种程度。导致污染场地数量有夸大的可能
加拿大标准协会（CSA）	因有害物质存在于土壤、水体、空气等环境介质中，可能对人类健康或自然环境产生负面影响的区域	"可能"一词用得不当，极易与潜在污染场地混淆
荷兰:《土壤保护法》（1994）	已被有害物质污染或可能被污染，并对人类、植物或动物的功能属性已经或正在产生影响的场地	"或可能被污染"有些画蛇添足，去掉为好
西班牙	因人为活动产生的有毒有害物质的污染，使土壤功能失去平衡的区域	"使土壤功能失去平衡"只指土壤，范围太局限。而地下水、地表水等环境介质呢？
奥地利:《污染场地清洁法》(1989)	依据风险评价结果，包括土壤和地下水在内对人类和环境构成相当威胁的废物场地和工业场地	定义的"废物场地和工业场地"范围有些局限,问题出在对场地概念的理解

续表

出处	定义	评论
比利时：《土壤修复法令》	因人类的活动产生的污染物质赋存于土壤环境，并造成直接或间接的负面影响，或可能产生潜在负面影响的区域	只指土壤，范围太局限。与西班牙定义的缺陷一样
丹麦：《污染场地政策》	物质浓度高于指定的质量标准，对人类或环境存在威胁的场地	这一定义包括了自然状况下有害物质情形，若增加"人类活动或影响"这样的定语就更完善了
芬兰：《废物法》	土壤中过量有害物质导致急性或长期危害	只指土壤，范围太局限。与西班牙、比利时定义的缺陷一样
瑞典环保署	经由工业或其他活动，故意或非故意污染的区域、垃圾场地、土地、地下水或沉积物	用"污染区域"来定义"污染场地"，概念转移，等同于没有解释
欧盟环保署：《西欧污染场地管理》(2000)	依据风险评价结果，废物或有害物质量或浓度构成对人类或环境威胁的场所	把"场地"解释为"场所"，不太准确

1.4.2 美国污染场地

1962 年蕾切尔·卡逊（Rachel Carson）的《寂静的春天》直接推动了包括 DDT 在内的一系列杀虫剂的禁用，导致公众目光聚焦到农药污染土壤上。美国 1976 年颁布《资源保护与回收法》，其中对场地污染作了法律规定；1980 年发布《综合环境响应、补偿和义务法》（Comprehensive Environmental Response，Compensation，and Liability Act，CERCLA），其中规定土地拥有者和使用者必须对土地的污染负责和有清除污染的义务，并批准设立污染场地管理与修复的超级基金制度。

1.4.2.1 美国超级基金制度

1976—1978 年拉芙运河（Love Canal）事件：1894 年在美国加利福尼亚州开凿运河，1920 年废弃运河为游泳和休闲之后，1943—1953 年胡克电化学公司（Hooker Electrochemical Company），将 2 万吨的化学物质废料封存入铁桶中，放入拉芙运河，填埋废物 21000t，超过 248 种化学品，59kg 二噁英，用泥土封住了运河的顶部；1953 年 Hooker 公司将该地块卖给了尼亚加拉瀑布市教育委员会，随后该委员会在该地块上建立了学校，并将其他部分卖出建设居住用地，最终导致污染物在地面聚积并四处流窜。1976 年及随后大量的调查报告表明，有毒污染物已渗入到居民的地下室，该地区出现了人、动植物异常，包括流产率、婴儿死亡率、肾和泌尿系统疾病增加等。主要有毒废物包括二噁英等。1994 年西方石油公司（收购胡克公司）被裁定"在废物处理和出售土地方面疏忽但不莽撞"、胡克（Hooker）化学的母公司被勒令支付 2.36 亿美元的赔偿。截至 2004 年，在付出 4 亿美元的代价和 24 年的时间后，拉芙运河的污染物清除工作才宣告完成。修复后拉芙运河地区再次成为繁荣社区。

在拉芙运河事件后，1980 年联邦政府通过了《超级基金法》，该法案强迫污染者付费清除被抛弃废弃物的垃圾场和他们制造的新废弃物。1980-12-11《综合环境响应、赔偿和责任法》——"超级基金"法（Comprehensive Environmental Response，Compensation，and Liability Act of 1980，CERCLA）赋予联邦政府（USEPA）管理污染场地的责任和权力，提出全国污染场地管理计划（超级基金计划），确定相关责任方的原则，设立场地污染治理资金（16亿美元信托基金，又称超级基金），主要用于风险评估、责任追溯。而对于无主和污染者无力承担的污染场地，超级基金可支付约30%的费用。

美国超级基金制度与评价体系分为评估和修复两个阶段，场地评估是起始工作，筛选污染严重、危害最高的污染场地作为优先治理的场地列入国家优先控制场地名录（NPL），并基于《超级基金法》进行修复。评估包括如下内容。

（1）通知和发现污染场地、列入CERCLIS数据库　CERCLA规定，如果污染物质释放量超过了其常规限值——"值得上报数量"（Reportable Quantities，RQ），当事人必须上报国家应急中心（National Response Center），否则会受到处罚。全国应急中心通知相应的职责部门，并采取任何必要的执法行动。污染场地的发现，不但包括各级环保机构的稽查行动，历史清单或调查项目，而且任何公民和组织均可检举可能存在的危险物质释放。

（2）PA初步评估　初步评估（Preliminary Assessment，PA）包括文件搜索；桌面数据收集；地图、地质信息、数据库和地理信息系统、航拍照片、电话咨询；实地勘察（实地勘察准备、进行场内勘察、污染源特性描述和目标识别、额外数据收集、场地草图和照片文件材料、健康和安全问题）；进行场外勘察（周边考察、场地周围地区考察、额外数据收集）；应急反应相关问题。

初步评估是针对所有CERCLIS中的场地都要进行的一项概况调查工作。PA的目标是在有限的经费支持下，根据有限的数据资料，区分出场地对于人类健康和环境的危害程度，减轻超级基金后续工作任务和节约管理成本。PA调查人员根据US EPA 1991年颁布的《场地初步评估手册》（*Guidance for Performing Preliminary Assessments Under CERCLA*）进行评估。调查人员收集场地有关的数据、文件记录和图文资料等，通常还包括现场勘察，但不进行采样分析，根据PA指南或EPA提供的PA-Score评分软件评估场地的危害程度，如果场地得分大于28.50则要求进一步调查，给出场地调查（SI）的建议。PA过程中还需要评估采取应急清除措施的必要性。如果调查者判断可以不需要进行完整的PA就可以达成目标，则可以进行简化PA（Abbreviated PA，APA）。在PA阶段，可能部分重要数据尚缺乏，比如环境介质的污染分析浓度和受体实际暴露状况等，这些都是后续HRS评分的关键因子，在PA阶段只能依赖调查者合理且具有一致性的专业判断来评估，以作出对于有害物质释放及其传播到受体状况的假设。PA阶段所作的专业判断是后续SI阶段所需印证的各种假设的基础和工作重点。由于PA调查的局限性，定性评估在PA初步评估阶段扮演重要角色，因此调查者的专业素养和从业经验就十分重要。关键的专业判断包括以下两种假设形式：①排放可能性——存在或不存在可疑的危险物质排放；②暴露目标——存在或不存在可疑的、暴露于危险物质的可能性较高的具体目标。

初步评估后建立综合环境反应、赔偿和责任信息系统（Comprehensive Environmental Response，Compensation，and Liability Information System，CERCLIS）是EPA维护的超级基金污染场地的数据库。CERCLIS包含了美国全国各地污染场地的基本信息，包括场地ID（CERCLIS识别号码），名称，位置（市、县、州），NPL状态，关注污染物，当前清理工作状态，清理行动的里程碑，已经清理污染介质（固体或液体）的数量，还有场地的记录文件，比如RODs、五年审查等。

（3）SI场地调查、扩展SI（如有必要）　完成PA以后，如果场地得分大于28.50，则需进行场地调查（Site Inspection，SI），为危害分级系统（Hazard Ranking System，HRS）评分提供确切信息，判断场地是否列入NPL以及进行相关数据文件的建档管理。

SI 是对场地进行的第一次实际采样分析，其取样位置经过策略性布置，以便确认场地存在哪些危险物质，并确认这些危险物质是否已经释放到环境中，以及这些物质是否已经对特定受体造成威胁。SI 可以分一个或两个阶段进行。第一个阶段分析检验 PA 的各项假设，并获得 HRS 评分所需要的信息。如果还需要更多数据才足以完成 HRS，则进行扩大 SI（Expended Site Inspection）。SI 现场作业包括场地踏勘、现场观测、采样测量、健康与安全监测。场地调查方法包括重点场地调查、扩大的场地调查、单一的场地调查。

（4）危害分级系统（Hazard Ranking System，HRS） 根据 HRS 指导手册，HRS 采用结构化分析方法，将各个因子依照与风险的相关程度赋值计分。HRS 包括四个途径：地下水迁移（饮用水）；地表水迁移（饮用水，人类食物链，敏感环境）；土壤暴露（居住人口，附近人口，敏感环境）；空气迁移（人口，敏感环境）。每条途径考虑三个涉及风险的因素：排放/暴露可能性（LR）、废物特性（WC）和目标（T）。HRS 对每个因素基于场地的实际条件进行赋值，将三个因素赋值相乘（LR×WC×T）并转化成百分制，从而得到场地每个途径的分数，场地最终的 HRS 得分采用均方根法综合各个途径的得分。采用结构化分析方法，将各污染因子依照与风险的相关程度赋值计分，并转化成百分制，从而得到场地每个途径的分数，场地最终 HRS 得分采用均方根法综合各个途径的得分。大于等于 28.50 分，列入 NPL 名录。

（5）国家优先控制场地名录（National Priorities List，NPL） 国家优先控制场地名录是对已知或潜在威胁的危险物质或污染排放场地，进入优先排序的国家级管理清单。根据 CERCLA 规定，NPL 场地引入机制包含以下三种方式。

① 危害分级系统（HRS），一旦场地 HRS 评分超过 28.50 就可能列入 NPL，这是最主要的引入方式。

② NPL 允许各州或美国属地指定一个最高优先级的场地，而不管其 HRS 评分结果。据 EPA 统计的 60 个州和属地中，目前大概有 43 个州和属地指定了这样的场地列入 NPL。

③ 如果场地满足以下三个条件：a. 美国卫生部的有毒物质与疾病登记中心（ATSDR）发出健康警报，建议人们从场地撤离；b. EPA 确定场地对公众健康构成重大威胁；c. EPA 预计对场地采取修复程序比应急清除更符合成本效益（只有列入 NPL 的场地可以使用超级基金支持修复行动，不管是否列入 NPL 的场地都可以使用超级基金支持清除行动）。

NPL 包括两个部分，一部分由 EPA 主管，负责评估和修复治理的普通污染场地，一般也被称为"常规超级基金部分"（General Superfund Section）；另一部分被称为"联邦设施部分"（Federal Facilities Section），因为这些污染场地都是属于其他联邦部门所有或管理。联邦设施场地，一般由所属联邦部门负责响应行动。根据《超级基金法》（CERCLA section 120）和 12580 号行政命令（52 FR 2923，1987），每个联邦部门都有责任对自己管辖、保管或控制的设施开展最大程度的响应行动，包括评估调查和清除、修复治理等。对于联邦设施污染场地，EPA 一般只负责为其准备 HRS 评分和确定是否能列入 NPL，以及后续的修复监管等。

EPA 每年都对 NPL 进行更新管理，主要根据 HRS 提议一些新的场地（Proposed Sites）列入清单，并将已完成公示并符合 NPL 引入机制的场地列入清单中（Final Sites），对已完成修复治理的污染排放风险可接受的或依据超级基金法不需要进一步行动的场地进行"删除"，退出清单（Deleted Sites）。

1992 年之前，美国 EPA 实施超级基金项目主要分两个阶段：一是场地评估阶段，其主要目标是获取必要的数据，以鉴别出那些对人类健康和环境具有最大威胁的场地，优先列入国家治理名单（NPL）；二是场地修复阶段，其主要目标是对场地实施修复，以去除、减少或控制对人类和环境产生的风险。

1992 年后，美国 EPA 改革了超级基金项目过程，引入了"超级基金加速场地净化模式"（SACM）。SACM 对早期的超级基金项目过程的重要改进是：一是将场地评价行动组合，取消了一系列经常重复的评价，即将原来的场地初步评估（PA）、场地调查（SI）和修复调查（RI）过程组合为一个单一、连续的场地筛查和评价过程。筛查工作完成后，对于具有潜在威胁的污染场地，直接进入到修复调查（RI）的层次采集数据。二是取消了原有超级基金去除项目和修复项目中净化过程类型的交叉部分，将超级基金的净化行动重新定义和区分为早期行动和长期行动。

美国超级基金项目（1980 年）至今已有 30 多年的历史，EPA 已发展出一套完整有效的工作程序和方法。超级基金工作流程可分为评估和修复两个阶段，场地评估工作是超级基金程序的起始工作，其重要目的在于筛选污染严重、危害最高的污染场地，筛选出需要优先治理的场地列入 NPL 名录，并基于《超级基金法》进行修复。超级基金场地评估工作主要包括：通知和发现污染场地、列入 CERCLIS 数据库、PA 初步评估、SI 场地调查、扩展 SI（如有必要）、HRS 危害分级程序包准备和列入 NPL 名录等。超级基金项目在实施中不断改革和完善（如 SACM 技术改革和 1995 年的两轮管理改革），使得该项目朝着更加快速、更加公平、更加有效的方向发展。

1.4.2.2 美国污染场地现状

发达国家在工业化过程中，工业土地污染高达 20% 以上，美国 10%～30% 的地下储油罐均存在不同程度的泄漏。美国有 1680 万个化粪池和污水渗井（坑）（1971），它的主要污染物是 BOD、COD、TSS、TN 和 TP。这些污水是地下水氮污染、细菌污染的主要来源。美国在 20 世纪 90 年代用于污染土壤及地下水修复方面的投资达近 1000 亿美元。截至 2013 年 10 月，美国环保局在 1685 个国家污染优先控制修复污染场地清单中已有 371 个达到修复目标，平均每个场地修复费用约 4000 万美元，花费时间 15 年左右。1970 年美国环保产业总产值为 390 亿美元，占 GDP 的 0.9%。2003 年美国环保产业总产值为 3010 亿美元，占 GDP 的 2.74%。2010 年美国环保产业总产值达 3570 亿美元，环保就业人数 539 万人。据 Environmental Business International Inc. 预测，到 2020 年，美国环保产值将达到 4420 亿美元。就业人数可达 638 万人。2015 年，美国以土壤和地下水修复为主的环境修复业产值预计在 700 亿美元左右（约 4200 亿元人民币）。据估计如果美国于 2030 年将目前 30 万个场地全部修复，需要 2000 亿美元，需要 30～35 年才能完成大部分修复工作，而且很大一部分地下水污染在未来 50～100 年内很难达到预期修复目标。很多场地实际上由于原先调查的不确定性、水文地质条件的复杂性和技术本身问题，很难达到预计修复目标。

1.4.2.3 美国修复行业可资借鉴的经验

与中国正在处于成长期的修复行业不同，美国修复行业起步早、发展迅速、体系健全、行业产业链完整，涵盖了调查评估、方案设计、修复工程施工监理、设备制造、药剂研发应用等方面，仅 2012 年营收高达 80.7 亿美元。借鉴美国市场的成熟经验有助于我国修复行业利用后发优势，实现"弯道超车"式的健康发展。

（1）完善政策法规，注重顶层设计　美国污染场地修复市场的兴起，起源于 1980 年制定的《超级基金法》以及配套的《国家应急计划》。这两个法案不仅在法律上解决了"为什么要对污染场地进行修复"的法理问题，而且解决了"如何进行污染场地管理"的问题，同时在技术上对超级基金污染场地项目的工作程序作了详细的规定，在超级基金项目工作流程中，场地地籍信息和风险评价得到了重视，在摸清美国污染场地底数的基础上，结合场地评估结果实行优先修复制度，对敏感区域和重点类型场地进行优先处理。

（2）细分行业市场，重视评价监测　　污染场地修复业务按照其生命周期可以划分为场地调查、风险评价和可行性研究，修复设计，修复施工，验收和监测四个阶段。在过去的 5 年里，美国的修复市场份额以修复施工为主，并且有逐年稳步上升的趋势；这和美国大量的超级基金项目已经从前期的调查和设计阶段进入修复施工阶段有关，而修复设计市场份额的逐年降低正好与之对应。场地评估、风险评价和可行性研究的市场份额非常稳定，保持在 18%，表明场地修复是一个长期持续的市场，即使经过 30 余年的发展，美国仍然有大量的污染场地陆续被发现，并进入待修复队列。同样地，每年稳定有大约 8%的费用花费在验收和监测评估。这是因为虽然投入了大量的人力和财力进行场地修复，但是大多数污染场地并不能够修复到完全没有残余风险，因此在完成修复后的污染场地上进行规划限制、交易约束和社区防护等多种制度性控制措施还是非常必要的。因此，对修复效果及制度控制措施有效性进行长期持续的监测在修复市场上必然占据一席之地。

（3）设立专项基金，解决资金来源　　由于污染场地修复工程往往耗资巨大，因此在修复行业初始阶段，为解决修复资金来源问题，《超级基金法》设立了总额高达 16 亿美元的信托基金，专门用于污染场地的治理。但单一资金来源并无法解决大量亟待修复的场地，因此修复行业要面临的另一个问题就是必须解决资金的来源。《超级基金法》通过确定"潜在责任方"的方法，按照"污染者付费原则"解决修复经费问题。与当前国内的"谁污染，谁治理"原则相比，《超级基金法》在司法实践上用身份认定代替行为认定，即政府追责的潜在责任方未必一定是直接导致场地污染的行为人。因此，在《超级基金法》中规定的首要"潜在责任方"就是污染场地的业主或者当前的经营者。这一司法实践原则直接导致了工业界对污染场地责任厘清和减缓的强烈需求，并最终形成了污染场地管理业务在环保公共管理部门和自由市场并驾齐驱的局面。同时，除了设立超级基金作为修复资金的来源以外，拓展多元化的资金来源也是美国环保监管部门筹集资金的重要渠道。联邦直属机构、军方和私有企业是美国污染场地修复的三大责任方。如美国能源部是当前美国污染场地修复的最大责任方，花在污染场地修复的费用年均超过 20 亿美元，同时在过去的 5 年中，私有企业作为修复资金的来源所占比例一直在增加中。

1.4.3　英国污染场地

欧美等发达国家和地区在污染场地风险管理方面构建了比较完善的相关标准、规范、法律法规体系，以英国、德国、荷兰最有代表性。英国污染场地的界定是在风险评估基础上确定的，被称为"重新开发利用管理模式"，存在治标不治本的现象。污染场地制度是通过《污染场地法》实施的。

英国环境署在 2000 年《污染土地管理模板程序》中，提出了基于风险评价的场地调查框架。调查框架包括初步调查、探索性调查、主要调查三个阶段，各阶段调查目的和主要工作内容简述如下。

① 初步调查阶段主要是获取场地足够的信息，初步了解场地可能的风险，建立场地初

步概念模型。该阶段主要工作内容包括案桌信息研究、场地踏勘、概念模型初步建立。

② 探索性调查阶段主要是确定污染链，修正初步调查阶段建立的概念模型，设计包括安全和环境保护在内的详细调查计划。该阶段主要工作内容包括核查已有的信息，补充案桌研究，开展有限的地面调查、取样和分析，修正场地概念模型。

③ 主要调查阶段是为评估场地风险获取足够的信息，并评价风险的可接受性，检验和修正场地概念模型，开展风险评价和修复设计，进一步获取风险评价或修复设计的信息，评价修复行动的效果。该阶段主要工作内容包括综合调查、取样和分析（包括侵入式和非侵入式调查），修正场地概念模型，开展进一步调查，布置一定时间调查和监测。

英国污染场地估计为 10 万个。英国 30％以上的加油站以及几乎所有的化工厂、炼油厂、化学物质存放点均存在严重污染。

最早提出经济、社会、环境三要素共同发展的英国，其土壤修复标准是在现有的经济情况下，选择最适用的技术手段能够处理并达到人体健康可接受的标准。英国奥林匹克公园的污染场地，由于没有钱做土壤修复，就一直原地不动。2008 年在奥运场馆建设过程中，通过水洗和垫土修复后把污染场地转换成了运动场，不用花费政府的钱，让奥运投资商、赞助商出钱治理污染场地。英国土壤修复由工业界（如英国污染场地实地应用组织）通过前期调查、实际案例，对行业行为自发地进行规范。但英国没有与美国超级基金对等的资金安排，也没有这样的框架。根据英国环保法第 2A 部分，主管机构有权对相应责任的污染场地进行修复，由当地主管部门介入或带队进行清理修复，修复费用由现在的场地持有人承担。场地持有人不一定是历史污染人，但排污的企业找不到了，由继承土地的人治理。此点，英国的这种污染管理与美国相同，在美国，根据法律规定，能够找到原来的污染者，让污染者治理；找不到原污染者，那就让现在的土地使用者或拥有者承担治理责任；甚至银行也需要负责任，即所谓的责任延伸，因为银行贷款给污染者从中获得了利润。

1.4.4　日本污染场地

1999 年，日本环境省在借鉴美国污染场地管理模式的基础上制定了《土壤与地下水污染调查与应对指南》（以下简称《指南》）。《指南》的调查技术程序中有一个核心模块，即场地污染调查分为：资料调查、一般条件调查、详细调查三个调查阶段。

资料调查主要是进行收集资料、访问调查及场地踏勘等工作，不包括采样分析工作。一般条件调查主要是进行地面及表层土壤的调查与样品分析等工作，不包括采用钻探设备的调查。详细调查主要是采用钻探设备等技术手段，圈出污染物空间分布范围特别是要圈出需要整治的土壤与地下水污染范围。

日本对农业土壤污染采用政府直接实施的模式，《农用地土壤污染防治法》通过防止和去除特定有害物质对农用土壤的污染，并合理利用受污染土地，防止受污染土地妨碍农作物的生长及农产品危害人体健康，即由政府监测农用地的土壤污染状况，及时划定污染对策区域并制订对策计划，组织实施修复工作，修复费用由政府承担。日本《城市用地土壤污染防治法》通过对土壤中有害物质污染状况进行调查，采取相应修复措施，防止工业用地污染对人体健康和环境造成损害。

1.4.5　加拿大污染场地

加拿大的土壤保护法大多由省级政府制定，在污染场地修复与管理方面赋予各省更大的自主权责,但均具有如下特点:污染者付费原则;污染者责任可追溯力;出于控制污染行动或场地的考虑,非污染者也可能被追究责任;在某些情况下公司主要管理人员与股东将承担相应的个人责任。在联邦政府层面,设立了一个跨省的协调委员会即加拿大环境部长委员会(Canadian Council of Ministers of the Environment,CCME)。加拿大针对污染场地的主要法律法规有《污染场地法规》(1997年)和《污染场地条例》(2005年),以提供人力与资金支持对污染场地的确定、评估与修复高风险的遗弃场地或无主废弃地,并支持相关的修复技术、法律责任和修复标准的研究。

(1)初步采样测试 通过初步采样测试提供初步的场地条件,对污染情况进行描述。初步采样测试具体步骤如下。

① 方案制订。包括确定采样类型(表层土壤、下层土壤、地下水或地表水)、采样方法(非干扰式方法:土壤挥发物的测定。干扰式方法:钻井、挖坑、钻孔等)、样品的分析方法和质控的程序方法。

② 野外调查和采样。通过历史回顾识别出热点区,并通过采样获得关于污染物性质和范围的直接信息,采样时应选择适宜的采样技术、采样工具、采样密度、采样介质和分析参数。

③ 样品分析。一般运用野外现场速测的方法,以筛选出高浓度污染区和需要进行实验室分析的采样区。

④ 数据的解释和评价。包括数据质量目标和测定结果的比较、质控措施和质控数据的评价、根据采样推测场地的情况。

⑤ 风险识别。采样分析得出污染物的性质和位置、污染物潜在的迁移暴露途径、敏感受体的位置、直接或潜在的人群暴露途径。

⑥ 建立场地概念模型。概念模型是对场地污染物物理化学条件的描述,建立概念模型包括明确地下污染物的类型和数量、确定污染物迁移的途径、识别潜在受体等内容。

(2)污染场地分类 加拿大环境部长委员会开发了污染场地国家分类系统(National Classification System,NCS),用于划分污染场地的优先管理程序,可筛选出需要采取进一步措施的污染场地。NCS评分系统包括污染物性质、暴露途径和受体3个方面要素共9个因子,总分值100分,3个要素的单项总分值分别为33分、33分和34分,每个因子分4个等级赋分。NCS的技术基础是依据对场地性质因子的评分进而将场地污染危害或危害潜力分级,根据NCS评估得分可将污染场地分为高风险(≥70分)、中度风险(50~70分)、低风险(37~50分)和基本无风险(<37分)4类。

在场地分类的基础上,对初步测试识别的关注区域进行详细的调查和分析。目的是量化所有的污染物浓度和边界,更详细地说明场地条件以识别与风险有关的污染物迁移途径,为制订修复方案和风险评价提供有关污染物及其他方面的信息。根据详细调查的结果重新利用NCS为场地赋分,分类排序,对场地再分类。

因为各因子可能存在不同的赋值,NCS评分系统对赋值方法给出了参考,场地评估者可在不超过最高分值的情况下对评估因子进行赋值评分。若场地评估总分值为0,则表示场地污染危害程度最低;如场地评估总分值为100,则表示场地污染危害程度最高。

(3)制订和实施修复管理措施 如果场地的采样测试结果(初步测试以及详细的调查和分析结果)超过修复指导值,则需制订场地特定的修复措施和场地风险管理计划。

① 场地修复目标的确定 制订场地修复目标可通过两种途径实现。第一种方法是根据

修复指导值确定修复目标，这种方法相对比较简单。通用的修复指导值是指在假定条件下，对大多数区域和受体等都认为是安全无危害的污染物浓度值。当场地条件、土地利用方式、受体、暴露途径与通用指导值的假定条件有所不同时，需要对通用指导值进行修正，得出场地特定的修复指导值，作为制订场地修复目标的依据。第二种方法是当场地存在下列任何一种情况时，通过风险评估的方法制订修复目标。

a. 存在敏感环境，存在稀有、濒危、敏感的物种或生态环境，现有或计划的土地利用涉及自然公园或自然保护区；

b. 存在污染物的转移介质（如饮用水源）；

c. 污染物的暴露途径是制订通用指导值的假定条件中未考虑的；

d. 土地利用方式发生变化；

e. 场地上出现的污染物至少有 1 种毒性和环境行为不清楚；

f. 场地条件特殊（如有地质断裂或石灰岩地层、永久冻结带，污染物的归趋不确定）；

g. 土壤厚度和性质使污染物能淋滤到地下岩层；

h. 缺乏污染物的环境质量指导值；

i. 土壤 $pH < 5$ 或 $pH > 9$，使污染物有更高的活性；

j. 按通用指导值或场地修正指导值作为修复目标，修复的代价太大。

② 修复措施的制定和实施　当修复目标确定以后，就要决定是否需要对场地进行修复。如果需要，就要选择适合的修复措施。不仅要考虑风险因素，还要考虑技术、经济、社会和政治等因素，通常是将场地污染物水平降低到场地管理者、所有者及其他各利益方都可接受的水平。修复措施包括移除或减少污染物、减少或限制受体对场地的使用、拦截或截断暴露途径。

评估修复技术关键是看修复的效力。修复计划必须融合公众和各利益方的意见，并在执行前得到权威部门的认可。修复计划的成功实施，除了要有详细的规范和文件，专业的、有经验的工程承包商也是必需的。承包商和分包商必须具有类似场地利用相同技术修复的成功经验，有适宜的健康安全保护计划；并且在修复实施过程中，必须有连续、完整的记录文件。修复计划要足够灵活可调，这包括系统处理能力的增减、个人防护设备的变化、监测行为的变化等。

（4）最终报告及后期监测

① 确认采样和最终报告　再次采样以证明修复效果并形成最终报告，作为场地文件存档以备后查。采样应由有资质的第三方执行，并采用标准一致的采样方法。承担样品分析的实验室也应该是有资质并经过加拿大环境分析实验室协会认可的、有质量保证和质量控制程序的实验室，并保证分析方法的一致性。若证实已达到修复目标或者风险评价证明残留水平可接受，则修复行动结束；若未达到目标，则需要进一步修复，土地利用仍有限制。

② 长期监测　长期监测是为证实修复行动是否已执行并已作为场地管理的目标。长期监测计划必须根据场地特定的条件制订，由有资质的人员定期进行。如果监测结果超过修复目标，应该报告超过的数额并重新评估修复行动计划以便采取应变措施。有时还要考虑是否需要再一次修复。

加拿大的污染场地法规与美国的《超级基金法》非常相似，实行 10 步管理流程：即包括：a. 识别可疑场地；b. 场地历史调查；c. 初步采样测试；d. 场地分类；e. 详细采样测试；f. 场地再分类；g. 制定修复管理措施；h. 实施修复管理措施；i. 确认采样和最终报告；j. 长期监测。加拿大污染场地管理方法的 10 个步骤中，每一步骤都涉及若干指导性文件，这些技术文件都是在多年研究的基础上形成的。在加拿大的 10 步管理流程中，步骤 a. 识别可疑场地和步骤 b. 场地历史调查均采用国际普遍采用的方法，如识别有潜在的污染场地的依据，包括过去的环境记录、其他有关的环境项目、周围居民的反映、其他类似污染场地的情况、可观察到的或曾经发生的污染物泄漏、过去或现在场地上及其周边活动的性质等。场地历史调查包括收集回顾所有与场地有关的历史信息，如文献综述、场地勘查和走访知情者等，通过场地历史回顾，可基本获得场地利用特征、可能存在污染物的性质和场地的物理特征等信息。加拿大的污染场地法规与美国的《超级基金法》非常相似。

1.4.6　荷兰

荷兰是欧盟中最先制定土壤保护专门立法的国家，荷兰于 1983 年开始土壤修复立法，1987 年荷兰《土壤保护法》生效。荷兰首选制定法律标准（即干预值）。2008 年生效的《荷兰土壤质量法令》建立了新的土壤质量标准框架，设立了三大类、10 种不同土壤功能的国家标准，简化为自然/农业、住宅区、工业。新的标准体系包括：目标值（背景值）、干预值（基于严重风险水平，确定修复的紧迫性）和国家土壤用途值（基于特殊土壤用途的相关风险，确定修复目标）。若某一场地的土壤浓度值高于干预值，可适用逐级风险评估系统（土壤修复标准）以确定修复的紧迫性。

场地污染调查的判定标准为在土壤至少 19m^3 范围内，一种或多种化学物质的平均浓度超出干预值，判定严重污染；在至少 100m^3 孔隙饱和土壤中，一种或多种物质的平均浓度超出干预值，判定地下水严重污染。然后利用模型评估对人类、生态系统的风险及污染扩散对地下水的风险。

但荷兰污染场地管理方面存在土壤质量标准不够细致的问题，缺乏相应的污染场地应对机制，尤其是对突发事故引起的污染场地。

1.4.7　德国

1999 年德国开始实施《联邦土壤保护法》、《联邦土壤保护与污染场地条例》和《建设条例》等较为完善的污染场地管理制度，包括污染场地的识别、风险评价、修复和检测四个阶段。强调可持续发展思想与预防性的土壤保护理念。强调对农业土壤的保护。

1.4.8　国外污染场地调查修复特点

纵观国内外关于污染场地的法律标准和技术规范，它们有一个共同点，都是基于保护生态受体和人体健康的原则制定的，旨在保护直接或间接暴露于污染土地上的土壤生物和人群，换言之，这些污染场地法律规范研究和保护的对象（称之为"敏感受体"）具有"生命特征"。在进行场地环境评价（ESA）和污染场地土壤修复治理时，若评价的对象是具有"非生命特征"的"非敏感受体"时，目前国内外的已颁布和实施的污染场地评价标准体系便不再适用。

从世界范围看，无论是发达国家，还是发展中国家，场地污染调查评价工作都是按阶段进行的，这是国际上污染场地调查评价普遍认同和采用的一种工作模式。发达国家场地污染调查程序有以下共同特征。

① 阶段性特征：世界发达国家开展污染场地的调查工作都是按阶段进行的，一般以三个阶段居多。

② 驱动性特征：场地污染调查是在不同目的驱动下进行的，一般以土地利用过程中健康风险、生态风险评价或污染场地修复为目的开展相应的调查。为此，场地调查应先弄清调查的目的，然后再采取相应的调查步骤和技术方法进行调查。

③ 因国制宜、不断完善的特征：场地污染调查的技术要求应与各国的国情和发展阶段相适应。这是因为处于不同发展水平的国家，其生产力水平、需要解决的污染问题的迫切性等均有所不同，因此场地污染调查需要因国制宜，并且与时俱进，在实践中不断修订和完善。表1.3列出了污染场地修复管理的相关导则。

表 1.3　污染场地修复管理的相关导则

国家	部门	导则名称
英国	环保署	固定化、稳定化技术处理污染土壤使用导则(2004)
	环保署	污染土地报告
加拿大	污染场地管理工作组	场地修复技术：参考手册(1997)
	新不伦瑞克省和当地政府	污染场地管理导则(2003)
	加拿大爱德华王子岛	石油污染场地修复技术导则(1999)
	萨斯喀彻温省环境资源管理部门	市政废物处置场石油污染土壤的处理和处置导则(1995)
美国	新泽西州环境保护局	污染土壤修复导则(1998)
	美国环保署超级基金	修复技术调查与可行性研究导则(1988)
	华盛顿州生态毒物清洁项目部	石油污染土壤修复技术导则(1995)
丹麦	丹麦环保局	污染场地修复导则(2004)
新西兰	环境部	木材处理化学品健康和环境导则(1997)
		新西兰煤气厂污染场地评估和管理导则(1997)
		新西兰石油烃类污染场地评估和管理导则(1999)
澳大利亚	澳大利亚和新西兰环保部	澳大利亚和新西兰污染场地评估和管理导则(1992)
	环境部	昆士兰污染土地评估和管理导则(草案)(1998)
	南澳环保局	环保局导则：土壤生物修复技术(异位)(2005)

④ 加拿大和美国的技术导则主要侧重于对具体修复技术的阐述，而丹麦侧重于土壤修复过程。加拿大的《场地修复技术：参考手册》大篇幅阐述了五类修复技术：土壤和地下水原位处理技术、抽提的地下水处理技术、溢出气体处理技术、土壤和地下水原位控制技术及挖掘的土壤异位处理技术。美国新泽西州《污染土壤修复导则》主要阐述了挖掘技术、污染土壤处理技术、土壤再利用、限制和控制暴露这四类修复技术。丹麦的《污染场地修复导则》则关注于土壤修复过程，并将该过程分为初始调研，场地调查，风险评估，土壤、空气和地下水质量标准，报告，设计，修复措施和操作及评估八个阶段，其中对修复措施并没有过多阐明。

⑤ 尽管导则使用的名字略有不同，但是由于土壤和地下水的密不可分性，这些国家在处理场地土壤修复技术时，都包括了对地下水的修复。加拿大和丹麦修复的对象是"site"（场地），美国新泽西州的修复对象是"soils"（土壤）。

1.5 我国污染场地发展历史与现状

1.5.1 我国污染场地发展历史

污染土壤的产生可以追溯到 50 多年前（甚至新中国成立前更早时期），一些高污染工业企业的建设。工业企业搬迁遗留遗弃场地是近年来城市发展的产物。当时，大多数工厂建在城市的周边地区。如今，这些生产历史悠久、工艺设备相对落后的老企业，经营管理粗放，环保设施缺少或很不完善。因此，造成的土壤污染状况十分严重，污染土壤的环境问题导致土地再开发难以进行，有些场地污染物浓度非常高，有的超过有关监管标准的数百倍甚至更高，污染深度甚至达到地下十几米，有些有机污染物还以非水相液体（Non-Aqueous Phase Liquid，NAPL）的形式在地下土层中大量聚积，成为新的污染源，有些污染物甚至迁移至地下水并扩散导致更大范围的污染。

我国污染土壤及地下水修复技术的研究主要起始于 20 世纪 90 年代，涉及场地修复的时间很短，正处于从实验室向实用规模研究的过渡阶段，技术正在逐步走向成熟。

我国开展污染场地调查时间较晚，尚未建立分类体系，有开发利用价值的污染场地被很快治理修复，而其他场地的环境风险和危害可能被忽略。

上海开始筹备 2010 年世博会后，于 2005 年专门成立了土壤修复中心，对世博会规划区域内的原工业用地污染土壤进行处理处置。到目前为止，我国已成功完成了多个场地的土壤修复工作，如北京化工三厂、红狮涂料厂、北京焦化厂（南区）、北京染料厂等。据统计，"十二五"期间仅湖南、湖北、广东、陕西等 6 省土壤修复计划投资额就在 780 亿元以上。其中湖南"十二五"计划投资 505 亿元；湖北省"十二五"期间重金属污染规划投资达 142 亿元。

回顾过去 10 年，污染场地修复行业在中国的发展是一个复杂的博弈过程，涉及中央及地方政府和环保主管部门、污染责任方、业主、从业公司之间能否达到"帕累托最优"的过程。同时，污染场地修复行业在中国的发展也是一个循序渐进的过程。但是，针对前述问题，仅靠单一方面的推进无法破解行业整体发展的困局。为此，在充分借鉴国外成熟技术和经验的基础上，国内环保主管部门需要重视行业政策导向，积极地进行大框架的顶层设计，开创新的污染场地调查与修复的融资模式，通过指南、政策法规等形式引导市场有序竞争，良性发展。对于污染场地修复行业从业者而言，在修复决策上应将治理思维从"彻底修复"转向"基于风险的修复"，重视环境影响评价在整个调查与修复过程中的指导作用；在治理技术上，应积极主动吸收国外有益经验和先进技术，从单一修复方法转向复合修复方法联用，并在保证达成修复目标的前提下提高修复技术效费比，推动修复技术进步；在修复设备上，应从基于固定式设备场外修复转向移动式设备的现场原位修复，尽量减少污染场地调查与修复过程对周边环境的影响；在修复对象上，应从单纯修复土壤和地下水到涵盖土壤、地下水、土壤气以及周边的微环境的修复等方面。

同时，我国当前的污染场地修复业务基本上集中于修复施工，缺乏大量必要的前期场地调查和后期跟踪监测工作。这一缺陷直接导致了污染场地修复项目仓促上马，修复热点设定盲目，修复结果追求"短平快"等诸多问题。随着修复市场的进一步规范和发展，修复行业的产业链必将进一步拓展和细分，逐渐向前端和后端延伸，形成和美国类似的具备完备产业链的修复市场格局。面临前述的各种问题，只有全行业参与，并且各方齐心协力，才能形成一整套有机的产业发展机制，达到逐步解决现存问题，弥补各项投入不足，推动污染场地修复这一新兴领域持续、健康向前发展的目标。

1.5.2 我国污染场地类型

污染场地按活动类型可分为工业类、农业类、市政类和特殊类四种。根据污染物类型划分的污染场地主要有无机污染场地、有机污染场地和复合污染场地，如表1.4所示。

表 1.4 污染场地类型划分

划分标准	场地类型	亚 类
污染物类型	无机污染场地	氮污染、磷污染、铬污染、镉污染、矿化度、砷污染、硬度等
	有机污染场地	LNAPL污染场地、DNAPL污染场地
	复合污染场地	无机与有机或几种污染物的混合污染
污染源形状	点源污染场地	垃圾填埋场渗滤液泄漏、地下储罐及管道破裂泄漏的污染
	线源污染场地	排污渠道、污染河流两岸、地下水污染
	面源污染场地	化肥、农药以及大气沉降
污染源类型	污水泄漏污染	工业污水、生活污水、污染地表水体的泄漏污染
	固体废物污染	城市固体废物、工业固体废物、危险废物
	农业灌溉污染	不适当的化肥、农药施放，污水灌溉
	矿产开采污染	石油与固体矿产开采
	地下储存罐泄漏	加油站、地下储存罐
原场地用途	工业污染场地	废水排放污染场地、固体废物填埋与堆放污染场地、地下储存罐污染场地、化学品堆放污染场地、工厂搬迁遗址污染场地、突发事故污染场地
	市政污染场地	污水处理污泥处置污染场地、垃圾填埋场污染场地
	农业污染场地	种植污染场地、养殖污染场地
	特殊污染场地	交通事故泄漏污染场地、化学武器遗弃污染场地、军事基地污染场地
污染物迁移方式	对流型	脉冲-对流型、连续-对流型、间歇-对流型
	弥散型	连续-弥散型、脉冲-弥散型、间歇-弥散型；机械弥散与分子弥散
污染物泄漏方式	脉冲形式	脉冲-对流型、脉冲-弥散型；事故泄漏
	连续泄漏	连续-对流型、连续-弥散型；垃圾渗漏液
	间歇性释放	间歇-对流型、间歇-弥散型；化肥农药，污水灌溉

污染源泄漏方式主要有3种，脉冲式、连续式和间歇式。脉冲式大多是由于事故导致的污染泄漏，一次性发生，可较快消除。连续式是持续释放，如垃圾填埋场的垃圾渗漏液。间歇式是污染物具有一定规律的持续性释放，如农业活动。

按照主要污染物的类型来划分，城市工业污染土壤大致可以分为以下几类。

① 重金属污染场地。主要来自钢铁冶炼企业、尾矿，以及化工行业固体废物的堆存场，代表性的污染物包括砷、铅、镉、铬等。

② 持续性有机污染物（POPs）污染场地。我国曾经生产和广泛使用过的杀虫剂类POPs主要有滴滴涕、六氯苯、氯丹及灭蚁灵等，有些农药尽管已经禁用多年，但土壤中仍有残留。我国目前农药类POPs场地较多。此外，还有其他POPs污染场地，如含多氯联苯

（PCBs）的电力设备的封存和拆解场地等。

③ 以有机污染为主的石油、化工、焦化等污染场地。污染物以有机溶剂类，如苯系物、卤代烃为代表。也常复合有其他污染物，如重金属等。

④ 电子废弃物污染场地等。粗放式的电子废弃物处置会对人群健康构成威胁。这类场地污染物以重金属和POPs（主要是溴代阻燃剂和二噁英类剧毒物质）为主要污染特征。

我国污染场地中主要污染物有重金属（如铬、镉、汞、砷、铅、铜、锌、镍等）、农药（如滴滴涕、六六六、三氯杀螨醇等）、石油烃、持久性有机污染物（如多氯联苯、灭蚁灵、多环芳烃等）、挥发性或溶剂类有机污染物（如三氯乙烯、二氯乙烷、四氯化碳、苯系物等）、有机-金属类污染物（如有机砷、有机锡、代森锰锌等）等，有的场地还存在酸污染或碱污染，大部分场地处于复、混合污染状态。

首先是工矿业生产经营活动。工矿企业生产经营活动中排放的废气、废水、废渣等，是造成周边土壤污染的主要原因。此外，农业生产活动造成的面源污染对土壤污染更大。这包括污水灌溉和化肥、农药、农膜等不合理使用，以及养殖污水不经处理随意排放等。尤其是养殖污水对土壤的破坏性很强，污水中的COD含量可能高达每升上万毫克，超出一般工业废水的几十倍。

（1）农村土壤污染　我国耕地面积不足全世界一成，却使用了全世界近四成的化肥；化肥年使用量已达4000余万吨；农药年生产量达40余万吨；我国单位面积农药使用量是世界平均水平的2.5倍。农村土壤污染主要包括化肥污染、农药污染、农膜污染、煤渣污染、垃圾污染、其他有害物质的污染。仅以土壤重金属污染为例，全国每年就因重金属污染而减产粮食1000多万吨，另外被重金属污染的粮食每年也多达1200万吨，合计经济损失至少200亿元。尽管近年我国淘汰、禁用了剧毒高残农药品种，新品种农药不断推出上市，但目前我国农药用量仍是世界平均水平的2倍，加剧了耕地土壤污染。农田土壤污染与工业"三废"排放，以及农药、化肥、地膜等农用化学品的过量投入有直接关系。土壤污染直接关乎"舌尖上的安全"，地下水源的化学农药污染与癌症、肝脏疾病、中枢神经紊乱症十分相关。目前城市工业场地修复因为标准日趋规范，技术较为成熟，在土地再开发价值的驱动下，修复市场已经形成。相比之下，农田土壤修复更值得关注。一方面要减少工业"三废"排放和农用化学品投入，科学普及农药、化肥使用常识；另一方面，必须举全社会之力，加快农田土壤修复。相对于已有商业化操作的工业场地污染修复，农村耕地污染修复尚以调查和开发技术为主，未进入规模化修复阶段，迫切需要成熟的修复技术支撑。如果能撬动农村土壤及地下水修复的市场，那么市场容量将会相当巨大。不同于工业场地采用固化稳定化的修复技术可以防范污染物在环境中暴露的风险，农田是一个生命体，植物在生长过程中会改变根系周围各种各样重金属污染物存在的形态。所以，就出现了有些地区土壤没有超标，但种出来的粮食超标的情况；而有些地区土壤超过标准值几十倍，但粮食又是安全的。虽然换土、换耕等方法简单，但这种看似简单却实施困难的方法并不适合作为主流技术在全国大范围推广。目前，亟待开发和推广低成本的依托综合集成和先进设备的原位修复技术、环境友好的植物修复技术、快捷的化学修复技术，积极研发生产土壤化学修复剂等。因此，农田土壤修复应该作为重中之重。

（2）城市土壤污染　城市污水管网的泄漏、地下储存罐泄漏、工业泄漏场地（几乎所有的工厂都存在跑、冒、滴、漏），主要包括石油行业、煤炭行业、钢铁行业、化工行业，还有制药、造纸、医药、纺织等轻工业行业以及城市中的养殖场、屠宰场。石油化工行业在产生大量污染场地，是麻烦的制造者，但同时也应该成为污染场地的解决者。是一个污染面积广、污染时间长且有着充裕的支付能力的行业，是一个可以进入并且能够取得一定业绩的重点工业污染行业。据了解，每个油田都拥有自己的研究院，专门从事石油方面的研究，其中也包括石油污染防治研究，很多油田、输油管道、加油站的基本资料都掌握在这些研究院中，但石油污染的范围巨大，单凭研究院的力量不足以完成所有污染土壤及地下水的修复治理，这就为企业进入石油行业进行土壤修复提供了一个突破口和契机。对于土壤修复，石化行业有独特的办法和优势，企业应该发挥作用，主动担当起社会责任，积极参与到土壤的治理与修复中。北京市在"北京地下水有机污染调查"项目实施后，对所有加油站都进行了打井检测，发现有 50% 左右的地下水超标。重庆在 2008—2011 年搬迁城区 93 家企业，置换出的 16520 亩土地中有 5295 亩需要修复后才能用于建筑用地。

工业企业排污直接进入地表坑塘，造成了地表和浅层地下水的严重污染。全国污水排放量 5.84×10^{10} m³/a，可能更大；生活和工业垃圾以 1.3×10^8 t/a 的速度增加，现存垃圾总量超过 1.20×10^{10} t；全国工业固体废物累计堆存量已达 5.92×10^9 t，占地 5.5×10^4 hm²，其中占用农田 3.70×10^3 hm²。污水排放、垃圾堆放和农药的大量使用，远远超出了环境系统的自净能力（环境容量），不仅对地表水，而且对土壤和地下水产生严重污染，水质日趋恶化，使水资源紧缺形势更加严峻。

煤炭行业带来的土壤修复商机不仅仅反映在矿区污染土壤及地下水的生态恢复上，在城市化进程加快的脚步下，大量的煤炭厂从城区中搬迁，遗留下的污染场地更加亟待修复，以实现土地的再利用。我国大中城市的焦化厂基本上都处于搬迁的名录当中，一旦地方政府开始注重环保事业的发展，搬迁焦化厂这样的污染企业必然是一条先行的政策，由此而遗留的污染场地，形成了一个场地修复的大市场。钢铁厂的搬迁在城市环境保护的政策中也是现行的、在大中城市推行较多的一种方式，因此，同关注大中城市焦化厂的搬迁遗留污染土壤一样，钢铁厂的搬迁遗留污染土壤也是一部分需要进行土壤及地下水修复的潜力市场。危险废物填埋场土地和地下水污染问题也很严重。

（3）城市垃圾填埋场 包括 2/3 的城市形成的"垃圾包围城市"中的生活垃圾填埋场是非常重要潜在的污染场地；中国每年垃圾年产量为 1.2×10^8 t 左右，并且每年以 8% 的速度增长。建造一座填埋场所需投资一般高达 4000 万元以上，但使用年限仅为 10~15 年。尽早探讨研究符合我国国情的填埋场土壤修复后的再建设、再利用问题，市场前景是良好的。

（4）建筑垃圾 我国建筑废料的回收利用率较低，绝大部分建筑垃圾未经任何处理，便被施工单位运往郊外或乡村，采用露天堆放或填埋的方式进行处理，耗用大量的征用土地费、垃圾清运等建设经费，同时，大量的建筑垃圾掺杂在土壤中，导致土壤质量趋于恶化，如果我们能够对建筑垃圾堆放引起的土壤问题重视起来，这片市场也能够逐渐培育起来。

（5）矿业污染 各种矿山废物的露天堆放造成不同的渣山导致地下水严重恶化，重金属超标、地下水硬度超标等而无法使用。我国矿山废弃地的复垦率只有 12% 左右，矿山土壤污染严重。矿山复垦工作起步于 20 世纪 70~80 年代，1988 年国务院颁布的《土地复垦规定》，使我国的废弃地复垦逐渐向生态恢复与土壤肥力提高等转变。

1.5.3 我国污染场地的现状与特点

场地污染的特点主要有：隐蔽性和滞后性，累积性与不可逆性，潜伏性与长期性，难恢复、水土耦合，危害严重并难治理性，缺乏统一的治理技术，修复成本高、周期长。

目前我国工业污染场地数量和面积明显增加，重金属污染逐渐凸显，特殊污染场地逐步显露。部分土壤污染严重，耕地土壤环境质量堪忧，工矿企业废弃地土壤环境问题突出，地下水环境恶化，修复难度大，周期长，并存在生物放大现象与食物链污染等耦合。

表1.5列出了我国土壤环境质量总体状况，表1.6列出了我国土壤主要污染物超标情况，表1.7列出了不同土壤污染类型超标情况。

表1.5 我国土壤环境质量总体状况

项目	总点位超标率/%	不同程度点位超标率/%			
		轻微	轻度	中度	重度
总体	16.1	11.2	2.3	1.5	1.1
耕地	19.4	13.7	2.8	1.8	1.1
林地	10.0	5.9	1.6	1.2	1.3
草地	10.4	7.6	1.2	0.9	0.7
未利用地	11.4	8.4	1.1	0.9	1.0

表1.6 我国土壤主要污染物超标情况

污染物	总点位超标率/%	不同程度点位超标率/%			
		轻微	轻度	中度	重度
镉	7.0	5.2	0.8	0.5	0.5
汞	1.6	1.2	0.2	0.1	0.1
砷	2.7	2.0	0.4	0.2	0.1
铜	2.1	1.6	0.3	0.15	0.05
铅	1.5	1.1	0.2	0.1	0.1
铬	1.1	0.9	0.15	0.04	0.01
锌	0.9	0.75	0.08	0.05	0.02
镍	4.8	3.9	0.5	0.3	0.1
六六六	0.5	0.3	0.1	0.06	0.04
滴滴涕	1.9	1.1	0.3	0.25	0.25
多环芳烃	1.4	0.8	0.2	0.2	0.2

表1.7 不同土壤污染类型超标情况

污染类型	调查对象/个	土壤点位数/个	点位超标率/%
重污染企业	690	5846	36.3
工业废弃地	81	775	34.9
工业园区	146	2523	29.4
固废处理处置场地	188	1351	21.3
采油区	13	494	23.6
金属矿区	70	1672	33.4
污水灌溉区	55	1378	26.4
干线公路两侧	267	1578	20.3

1.5.4 我国污染场地法律法规的发展过程

① 原国家环保总局 2004 年发布了 47 号文件《关于切实做好企业搬迁过程中环境污染防治工作的通知》。针对性地提出对污染场地进行土壤修复的意见。该意见对推动中国污染场地的风险管理具有里程碑的作用。2005 年，《国务院关于落实科学发展观加强环境保护工作决定》提出："加强土壤环境保护工作，防治土壤污染"。2006 启动首次全国土壤污染状况调查，2007 年发布《国家环境保护"十一五"规划》。2008 年环境保护部发布了《关于加强土壤污染防治工作的意见》；2011 年 3 月 24 日召开的环境保护部部务会议，审议并原则通过《污染场地土壤环境管理暂行办法》，将择机发布。2011 年，《国民经济和社会发展第十二个五年规划纲要》中明确提出：强化土壤污染防治监督管理。2011 年，国务院批准《国家环境保护"十二五"规划》，对土壤环境保护工作提出：加强土壤环境保护制度建设；强化土壤环境监管；推进重点地区污染场地和土壤修复；完善土壤环境质量标准；制定农产品产地土壤环境保护监督管理办法和技术规范。

② 环保部：《场地环境调查技术导则》（HJ 25.1—2014），2014 年 7 月 1 日实施。

该导则规定采用系统的调查方法，确定场地是否污染以及污染程度和范围的过程。针对场地特征和潜在污染物特性，进行浓度和空间分别调查；采用程序化和系统化的方式，保证调查过程的科学性和客观性；综合考虑调查方法、时间、费用和专业技术水平等因素，使调查过程切实可行。

但该导则只规定了污染场地中土壤和地下水环境调查，没有规定含有放射性污染的场地调查、沉积物污染调查及场地建筑物、设备、固体废物污染的调查，场地内建构筑物和设备调查和取样可以参考《杀虫剂类可持续有机污染物污染场地环境风险管理技术研究》。没有针对土壤气调查规范，以及更为细致的社会调查。

③ 环保部：《场地环境监测技术导则》（HJ 25.2—2014），2014 年 7 月 1 日实施。

④ 环保部：《污染场地风险评估技术导则》（HJ 25.3—2014），2014 年 7 月 1 日实施。

⑤ 环保部：《污染场地土壤修复技术导则》（HJ 25.4—2014），2014 年 7 月 1 日实施。

《污染场地土壤修复技术导则》（HJ 25.4—2014）规定了化学性污染场地土壤修复可行性研究的原则、内容、程序和技术要求。该修复标准的可行性研究报告主要内容包括确定预修复目标、技术预评估、筛选评价修复技术、集成修复技术、确定修复技术的工艺参数、制订修复监测计划、估算修复的污染土壤体积，分析经济效益、评价修复工程的环境影响、制订安全防护计划、安排修复进度和编制可行性研究报告。其中筛选评价修复技术和确定修复技术的工艺参数与美国《CERCLA 修复调查和可行性研究导则》内容一致，而制订修复监测计划、估算修复的污染土壤体积、分析经济效益、评价修复工程的环境影响、制订安全防护计划、安排修复进度是为了适合我国需要而增加的内容。

场地环境污染的风险主要取决于场地的环境污染状况和场地的未来用途。导则提出了分阶段、分层次逐渐递进的场地环境调查与评价的基本原则和程序。导则首先要求进行风险识别，这是场地调查、场地风险评价的一个很重要的环节。导则特别强调要对场地历史变迁和生产过程中使用的原材料、生产工艺及其可能产生的污染物排放状况以及环境事故等进行调查。第一阶段的场地调查对第二阶段场地采样布点方案的编制提供了重要基础。导则重点提出了分阶段采样的方法，第一次采样主要为确认采样，并应用相关风险评价基准值进行风险初步筛选，排查场地是否存在风险。如果场地确实污染，则开展详细采样和补充采样。

⑥ 环保部：《污染场地术语》（HJ 682—2014）。

⑦ 环保部：《工业企业场地环境调查评估与修复工作指南（试行）》（2014 年 11 月）规定如下。

按照"谁污染，谁治理"的原则，造成场地污染的单位和个人承担场地环境调查评估和治理。造成场地污染的单位因改制或合并、分立等原因发生变更的，依法由继承其债权债务的单位承担场地环境调查评估和治理修复责任。若造成污染场地的单位已将土地使用权依法转让的，由土地使用权受让人承担场地环境调查评估和治理修复责任。造成场地污染的单位因破产、解散等原因终止，或者无法确立权利义务受让人的，由所在地县级以上地方人民政府依法承担场地环境调查评估和治理修复责任。

对于拟关停搬迁和正在关停搬迁的工业企业场地，关停搬迁的工业企业应组织开展原址场地的环境调查评估工作，并及时公布场地的土壤和地下水环境质量状况。经场地环境调查评估认定为污染场地的，场地责任主体应落实治理修复责任并编制治理修复方案，将场地环境调查、风险评估和治理修复等所需费用列入搬迁成本。对于拟开发利用的关停搬迁的工业企业场地，未按有关规定开展场地环境调查及风险评估的、未明确治理修复责任主体的，禁止进行土地流转；污染场地未经治理修复的，禁止开工建设与治理修复无关的任何项目。对暂不开发利用的关停搬迁的工业企业场地，责任主体应组织开展场地环境调查评估，基于场地环境调查评估情况及现实情况，暂不治理修复的，应采取必要的隔离等风险防控措施，防止污染扩散，控制环境风险。场地责任主体应委托专业机构开展场地环境调查评估，并将场地环境调查评估报告报所在地设区的市级以上地方环保部门备案。场地环境调查评估确定场地需修复时，场地责任主体应委托专业机构实施治理修复，并委托专业机构编制场地修复方案，报所在地设区的市级以上地方环保部门备案。对于开展治理修复的场地，场地责任主体应委托专业机构对治理修复工程实施环境监理。在治理修复工作完成后，场地责任主体应组织开展场地修复验收工作，必要时应开展后期管理工作，委托专业机构进行第三方验收和后期管理，将相关材料和结果报所在地设区的市级以上地方环保部门备案，并在实施过程中接受当地环保部门的监督和检查。场地使用权人等相关责任主体应当将场地环境调查评估情况及相应的治理修复工作进展情况等信息，通过门户网站、有关媒体予以公开，或者印制专门的资料供公众查阅。但我国目前"谁污染、谁治理"并未完全践行，环保行为还主要是政府性行为，相应的第三方污染治理产业正待培育。

对于拟关停搬迁和正在关停搬迁的工业企业场地，关停搬迁的工业企业应组织开展原址场地的环境调查评估工作，并及时公布场地的土壤和地下水环境质量状况。经场地环境调查评估认定为污染场地的，场地责任主体应落实治理修复责任并编制治理修复方案，将场地环境调查、风险评估和治理修复等所需费用列入搬迁成本。

土壤污染与水污染、大气污染等问题是一个系统问题，地下水和地表水均会与土壤产生接触，而空气中的污染物会通过降雨等渗入地表，最终导致土壤与地下水的污染。我国的土壤和地下水污染治理事业尚处于发展初期，还需要从政策立法、行业规则方面建立。

1.5.5 我国污染场地发展存在的主要问题

从技术层面来看，目前国外已经开发了几十种实用修复技术，而国内目前修复工程应用的修复技术主要限于水泥窑焚烧和填埋等极少数的修复技术。大多数技术还处在研发和示范阶段，很少能够真正运用于实际的场地修复中，没有形成真正工程化和商业化的实用技术。

国内真正专业化的修复公司非常少。虽然有些公司已经开展了一些修复工作，但是无论从专业化的角度来看，还是从人员、技术、装备来看，仍处在发展的初步阶段。但从国外的发展经验来看，污染场地修复行业是一个非常具有发展前景的行业。场地修复涉及很大的资金，在整个环保产业中的地位非常重要，是环保产业发展的一个大方向。污染场地修复很有可能成为我国今后环保领域的科技突破点和环保产业的主要增长点。以后有关我国的污染场地评估与修复，特别是规范化修复技术将陆续出台。我国目标急待在以下几个方面加强。

（1）政策法规不够完善，监管执法缺乏法律依据　在我国，尽管国家和地方环保主管部门已经开始重视污染场地管理工作，并于2014年发布了一系列污染场地环保标准，旨在为各地开展场地环境状况调查、风险评估、修复治理提供技术指导和支持，为推进土壤和地下水污染防治法律法规体系建设提供基础支撑。然而，相比较水污染和大气污染所具有的国家性防治法律依据和行动纲领，相对于"水十条"和"气十条"，污染场地修复行业仍然缺乏顶层设计和更高层面统筹规划的专门法律，直接导致地方各级环保部门在开展监管工作时面临无法可用、无法可依的窘境。相关法律条文的缺失也直接导致了基层环境执法部门在面对污染场地治理时，无法明确责任主体，而只能笼统地依照《环境保护法》相关条文进行处理。我们应在"污染者付费原则"和执行效率之间找到一个平衡点，明确利益相关与责任分配，以避免冗长和昂贵的诉讼程序而不利于场地的有效管理。同时建立相应的基金和程序，以处理当原始污染者无法确定或污染者没有能力支付修复费用时污染场地的修复问题。

（2）控制现在污染场地风险的保障政策　当大量污染场地无法及时修复时应保证重心放在如何有效封盖、阻隔场地污染扩散，将对人类健康的危害或环境风险降至最低，而非对一个场地进行彻底完全的修复。如建立污染场地修复成功案例与人体健康及相关风险评估模型和数据库。

（3）我国的土壤与地下水污染治理尚处于发展初期　有关土壤修复基准的研究正在进行，还需要从政策立法、行业规范和技术标准方面建立适应于我国环境特色的污染场地评价与修复方法。应该设立"土壤银行"，将土壤价值纳入到自然资源核算体系当中，设立土壤保护基金，以资金补助的方式来刺激有机农业的发展。同时公开土壤环境信息，开通公众和社会监督检举等渠道，创新公众和企业、政府合作共赢管理模式。

（4）修复目标的最佳水平的确定　取决于场地与人居中心邻近程度和场地的用途，采取基于风险管理的修复目标是一种良好的实践模式。

（5）建立场地修复的持续筹资机制　建立相关税收机制，对土地出让金加收一定比例的场地调查评价与修复税，作为政府资金的补充。对于急需修复的场地，甚至在还没有确定该谁支付修复费用之前，利用这些资金开始修复工作，确定谁该支付修复费用后再补充归还筹资基金。即类似于BT模式政策，或以污染场地治理所需投资金额换取相应的土地使用权或其他。如PPP和绿色金融，也可参照德国、英国等国的生态银行的作法。

（6）资金有困难、法规不配套、技术存制约　中国在修复资金方面，由于缺乏对污染者的追责问责机制、修复行为责任主体不明晰，污染场地修复行业的资金来源一直是广大修复行业从业者的关注焦点。统计表明，政府预算拨款占我国污染场地修复资金来源的54.3%，政府财政拨款和修复企业自筹占21%，剩余的不到1/4的资金来源才是污染责任方企业自筹和其他渠道。一方面，中央财政虽然有一定数额的专项整治经费用于污染场地修复，但分到全国各地众多亟待修复的场地项目上，显得杯水车薪；另一方面，地方政府也很难抽出足够的经费支持当地的修复项目。资金问题是多数土壤修复企业在业务推进中所遇到的最大问题，即融资难、融资成本高、投资见效慢，很多民间资本对于土壤修复市场的兴趣还不大。而同样的修复工程在国外，有相当一部分是靠民间资本在大力推进。为鼓励社会资本进入土壤修复这一新兴市场，国家应积极细化社会资本投资土壤修复行业的各项鼓励措施，包括财政补贴、税收支持和贷款优惠等内容。土壤修复必须由政府引导、企业参与、全社会合作。在运作上采用 PPP 模式，可以推进土壤修复，这是国际上比较流行的方法。土壤环境保护的立法工作，也是土壤修复的必经之路。废水和废渣的处理、农业投入品的乱用滥用等问题，都将影响土壤修复的效果。因此法律法规对污染的截留作用，将对土壤修复市场的开拓和发展大有裨益。技术问题是制约土壤修复业发展的难点。由于我国各地的土壤性质、气候条件、污染程度都不尽相同，土壤污染的检测和治理技术还不成熟，因此土壤修复亟须突破技术瓶颈。

(7) 中国污染场地修复产业发展的问题　在修复技术理念方面，中国仍处于"彻底清除污染，恢复污染场地至初始状态"的阶段，对污染场地修复技术的理解主要集中在借鉴和参考以美国为代表的国外先进技术的基础上进行模仿式的工程实施。此观点约相当于 30 年前美国修复行业的主流观点，但是所付出的修复成本非常高昂，也由于污染场地本身错综复杂的性质，只有极少数场地能够达到预定的修复目标。

同时，中国现阶段所采用的修复技术也较为粗放，在修复设备的生产研发、修复药剂的开发、修复施工管理体系的建设和运营、修复技术的应用规模等方面还处在起步阶段。反观以美国为代表的发达国家，其修复目标已经转移到"阻隔和停止污染，保护人体健康和环境安全"上。在对污染场地概念模型和修复技术具有深入理解的基础上，允许采用基于风险的管理方式，针对不同的污染类型、污染途径、人体损害模式等采取不同的修复方法，极大地节约了修复工程的成本，同时提高了政府管理机构和行业从业者的环境风险管理水平。有理由相信，随着污染修复行业的发展和行业修复理念的转变，我国的修复行业也将转向基于风险的修复方式。大多数已经研发的修复技术并没有得到商业化的应用，商业化的修复药剂研发落后，大量修复药剂依靠进口，修复设备研发和制造落后，如热解设备等依赖进口。场地地下水修复往往被忽略，风险控制技术缺乏。

(8) 污染场地底数不清，亟待修复场地数量巨大　中国虽然在 2006 年开展了全国土壤污染状况调查工作，针对重污染工业企业等 10 类场地进行调查，但是受限于诸多因素，调查的普及面相当有限，无法全面掌握我国主要行业退役工业用地的污染状况，更不用说建立类似美国"国家优先治理场地列表"的污染场地清单。另外，在已经调查过的数量有限的场地中，场地的众多基础数据和资料严重缺失，无法用于建立污染场地档案。

我国目前亟待解决的主要问题是：①修复技术规范的建立；②风险评估体系的建立和完善；③评估与修复技术的开发与应用。我国应在借鉴别国经验的基础上，结合我国污染场地修复的初步经验，尽快建立适合我国国情的污染场地调查和修复的技术规范。

我国环保行业起步较晚，而污染场地具有滞后性与隐蔽性，直至近年才开始受到重视，相关技术落后欧美 10～20 年，但我国的土壤具有自己的特征，在引用欧美技术时不可照搬其操作模式。力争到 2020 年，我国土壤污染趋势得到遏制，土壤环境质量总体稳定，农用地土壤环境得到有效保护，建设用地土壤环境安全得到基本保障。

1.5.6　我国《土壤污染防治行动计划》解读

俗称"土十条"的《土壤污染防治行动计划》2016 年 5 月 31 日颁布，其首要任务是摸清家底。预计到 2020 年，全国土壤污染加重趋势得到初步遏制，到 2020 年和 2030 年，受污染耕地安全利用率分别达到 90％左右和 95％以上，土壤环境风险得到基本管控，到 21 世纪中叶，土壤环境质量全面改善。土壤污染具有隐蔽性、累积性、扩散慢、治理周期长的特点，与水污染、大气污染以'治'为主的思路不同，"土十条"的编制思路突出了'防'和'控'。《土壤污染防治行动计划》（简称"土十条"）最重要的是防治理念转变，从一刀切的指标控制到综合风险防控，并不准备进行全面的污染土地"大修复"。治污的目的是不让其对人造成危害，并非一定要把污染物从土里取出来。

"土十条"以改善土壤环境质量为核心，以保障农产品质量和人居环境安全为出发点，坚持预防为主、保护优先、风险管控，突出重点区域、行业和污染物，实施分类别、分用途、分阶段治理，严控新增污染、逐步减少存量，形成政府主导、企业担责、公众参与、社会监督的土壤污染防治体系。

土壤治污关键在于风险管控：土壤污染和空气、水污染不一样，污染物在介质中并没有那么均匀分布，可能相隔几十米远，这块土地和那块土地的污染程度就不相同。在这种情况下，当务之急，是要摸清土壤污染的"家底"。

安全利用是风险管控的概念，安全利用率提高到 90％并不意味着要完全靠动土修复。比如耕地种植出安全的农产品，城市里的居住用地、工业用地是安全的。对农用地而言，有农艺调控、替代种植、退耕还林还草和划定特定农产品禁止生产区域等多种方法，如种粮食不行，不意味着种草、种树也不行。建设用地中建学校和公园的要求是不一样的，可在开发利用前摸清土壤污染状况，建立污染地块名录，符合相应规划用地土壤环境质量要求的，方可进入用地程序。安全利用需要达到相应的标准，比如土壤质量标准、农作物食品安全标准以及其他规范等。不同功能和用途的土地，对应不同的质量标准和管理要求，需要精准治理。综合的风险管控重于末端的污染修复，这在常州外国语学校的风波中就可窥见一斑。16.1％的全国"土壤污染点位超标率"对于实际的污染防治工作而言并没有太大价值，调查依据标准都是"一刀切"的，也不足以反映真正需要治理的需求情况。风险管控比大规模的土壤修复更重要，下一步将展开的土壤污染调查应该是以分类治理为目的而不是以总量控制为目的。

根据"土十条"的要求，国家将投入的资金在 4500 亿元左右，其中包括监测、评估、风险防控和治理试点的投入。土壤治污是一个大治理的过程，强调风险控制，不会简单依赖投入巨资进行"大修复"，避免再走弯路。土壤污染防治并不等同于土壤修复，修复是要把土壤里面的污染物"拿出来"，使得土壤的质量达到一定标准。从污染土地尤其是受污染的耕地里"拿出"污染物，是最末端、最迫不得已的一种治理方式。土壤本身就富集各种重金属、有机物，有些地方的地质条件本身使得土壤中天然含有"超标"的各种重金属等物质。土壤污染的防治本质上是要在保护土壤不受污染的基础上，分类合理利用土地。

土壤修复的"正确打开方式"：决定土地用途的规划如果做得好，可以只花较少的钱就修复必须要修复的土地，规划得不好，就是天价的投入也未必有多好的结果。而且，风险管控也必须要贯穿始终，因为就算是费很大力气修复"达标"了，如果不能合理安全利用，重金属"达标"的土壤也能种出"镉超标"的大米，因为外部环境的变化和干扰可能会使得土壤中的化学成分变成污染物。如把一个地方修复到能继续当耕地使用，要花费 10 个亿，但在政府、企业、公众三方充分沟通下，只花 2000 万就把整个村子搬走安置，土地退耕还林，这不是更好吗？但钱的去向不同了，对治理效果的评价标准也不同了。对于污染程度较轻微的，可以调整农作物结构，可以通过撒石灰调整酸碱度，对于污染特别严重的，可以实行风险管控，休耕退耕等。未来可能会有大的承包商、农业大户，把一块地包起来，国家给予一定的补贴和优惠政策，合理开发和治理。比如说，如果水稻种不了了，也许可以种麦子，或者棉花，通过这种方式，来实现农地的安全利用。

　　建立完善建设用地和农用地的环境质量标准，其核心内容将不再是各种污染物在土壤中含量的限值，而是根据土地的不同用途来选用不同的方法评估。合理的土壤修复应该是一个市场化的行为，最应该优先修复的不是广袤的农地，而是那些人口密集、污染严重的中心城市地块和工业污染场地。

2　场地污染过程与模拟

污染物在环境中的迁移是指污染物在环境中发生的空间位置相对移动所引起的污染物的富集、扩散和消失的现象。污染物的迁移可以使局部污染形成区域性污染，并伴随着污染物形态的变化。污染物在环境中的迁移方式主要有：机械迁移、物理-化学迁移和生物迁移。污染物在环境中的迁移主要受污染物本身的物理化学性质和外界环境的物理化学条件（包括区域自然地理、水文地质条件等）的制约。

2.1　场地基本特性简介

2.1.1　土壤基本特性

土壤是历史自然体，是位于地球陆地表面和浅水域底部的具有生命力、生产力的疏松而不均匀的聚积层，是地球系统的组成部分和调控环境质量的中心要素。土壤是一个由固相、液相和气相组成的多孔多相分散体系。土壤剖面分为四个层次：表层→沉积层→母质层→岩石层。

土壤原生矿物为风化过程中未改变化学组成的原始成岩矿物。土壤粗粒部分主要由原生矿物组成：长石类、辉石、角闪石、云母类、方解石、白云石、石英、赤铁矿、褐铁矿、金红石、鳞灰石。常见的土壤级制见表2.1。

表 2.1　常见的土壤级制

当量粒径/mm	中国制(1987年)	卡钦斯基制(1957年)		美国农业部制(1951年)	国际制(1930年)
2~3	石砾	石砾		石砾	石砾
1~2				极粗砂粒	
0.5~1	粗砂粒	物理性砂粒	粗砂粒	粗砂砾	粗砂砾
0.25~0.5			中砂粒	中砂砾	
0.2~0.25	细砂粒		细砂粒	细砂粒	细砂粒
0.1~0.2					
0.05~0.1				极细砂粒	
0.02~0.05	粗粉粒	物理性黏粒	粗粉粒	粉粒	粉粒
0.01~0.02					
0.005~0.01	中粉粒		中粉粒		
0.002~0.05	细粉粒		细粉粒		黏粒
0.001~0.002	粗黏粒			黏粒	
0.0005~0.001	细黏粒	黏粒	粗黏粒		
0.0001~0.0005			细黏粒		
<0.0001			胶质黏粒		

　　次生或黏土矿物为风化成土过程中形成的矿物。黏粒主要由次生矿物组成：高岭石、蒙脱石、伊利石、蛭石、绿泥石、简单盐、氧化物。

　　根据土壤矿物质与土壤质地将土壤分为黏土、粉质黏土、粉土、砂质粉土、粉质砂土、砂土。土壤矿物质以 O、Si、Al、Fe 元素为主。土壤有机质中干物质的主要元素组成为碳 52%～58%、氧 34%～39%、氢 3.3%～4.8%、氮 3.7%～4.1%；纤维素 2%～10%、半纤维素 0～2%、木质素 30%～50%、蛋白质脂肪 28%～35%、树脂等 1%～8%。土壤的基本物质组成见图 2.1。

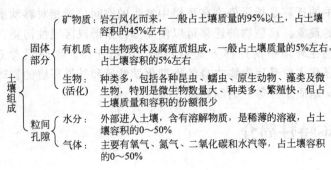

图 2.1　土壤的基本物质组成

　　土壤生物包括：微生物＜0.2mm［微（原生）植物＜0.2mm，如细菌、放线菌、丝状菌、藻类；原生动物（＜0.2mm 微小动物）］；中等动物 0.2～2mm，如线虫类、螨虫类；大型动物 2～20mm，如蚂蚁科、跳虫类；巨型动物＞20mm，如蚯蚓。污染场地营养级与食物网的关系见图 2.2。

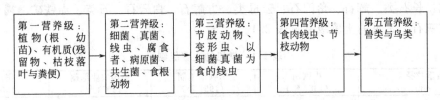

图 2.2　污染场地营养级与食物网的关系

　　土壤水分为气态水、固态水（化学结合水与冰）与液态水（吸附水与自由水）。吸附水包括吸湿水（紧束缚水）与膜状水（松束缚水），自由水包括毛细管水（毛细管悬着水与毛细管上升水）、重力水和地下水。如图 2.3 所示。

　　土壤吸湿水指固相土粒靠其表面的分子引力和静电引力从大气和土壤空气中吸附气态水，附着于土粒表面成单分子或多分子层。

　　膜状水：吸湿水达到最大后，土粒还有剩余的引力吸附液态水，在吸湿水的外围形成一层水膜，这种水分称为膜状水。

　　毛细管水：靠毛管力保持在土壤孔隙中的水分称为土壤毛细管水。

　　重力水：土壤重力水是过量的水分不能被毛管吸持，而在重力作用下沿着大孔隙向下渗漏成为多余的水。

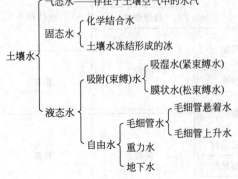

图 2.3　土壤水存在状态

　　土壤气体组成与大气相似，但有差别。主要

表现在二氧化碳含量高；氧气含量低；相对湿度高；含还原性气体；组成和数量处于变化中。

土壤孔隙度：土壤孔隙度是指单位体积自然状态的土壤中，所有孔隙的容积占土壤总容积的百分数。孔隙度反映土壤孔隙状况和松紧程度。一般粗砂土孔隙度为 $33\%\sim35\%$，大孔隙较多。黏质土孔隙度为 $45\%\sim60\%$，小孔隙多。土壤孔隙按当量孔径可分为：非活性孔隙（当量孔径小于 0.002mm）；毛管孔隙（当量孔径为 $0.002\sim0.02$mm）；通气孔隙（当量孔径大于 0.02mm）。

孔隙度＝（孔隙容积/土壤容积）×100%＝[（土壤容积－土粒容积）/土壤容积]×100%
＝（1－土粒容积/土壤容积）×100%

土壤密度是指单位体积土壤固体质量，土壤密度一般取其平均值 $2.65g/cm^3$。土壤容重是指田间自然状态下单位体积的干土重，土壤容重一般为 $1.0\sim1.8g/cm^3$。耕地土壤耕作层容重一般为 $1.0\sim1.6g/cm^3$。

土壤的 pH 为 $4.5\sim8.5$，具有"南酸北碱、或东南酸西北碱"的规律。土壤的氧化还原电位（Oxidation-Reduction Potential，ORP）或 Eh 可在氧化条件下的 $600\sim700$mV 到还原条件下的 $-300\sim-200$mV 的范围变动。旱地土壤的 Eh 一般在 $400\sim700$mV，水稻土则为 $-300\sim-200$mV。可以以 300mV 作为氧化还原的分界点，在 300mV 以上溶解氧在电位方面起重要作用。在 300mV 以下的还原土壤中，决定电位的主要是有机还原物质，而铁、锰、硫的还原则是与有机还原性物质相作用的结果。

土壤胶体：有机胶体主要为腐殖质；无机胶体（矿质胶体）为层状硅酸盐矿物、含水氧化物和有机无机复合胶体。

阳离子交换作用：

阴离子与土粒表面已经配位结合的某些基团（$H_2PO_4^-$、$H_3SiO_4^-$、MoO_4^-）进行配位交换，称为配位吸附（也叫专性吸附）。带正电荷的胶粒因静电引力吸附阴离子于双电层的外层作为平衡离子（Cl^-、NO_3^-、ClO_4^-），称阴离子的非专性吸附。表2.2~表2.9分别列出了各种土的物理量参数。

表 2.2　各种土的渗透系数经验值

土质类别	K/(cm/s)	土质类别	K/(cm/s)
粗砾	$1\sim0.5$	黄土（砂质）	$1\times10^{-4}\sim1\times10^{-3}$
砂质砾	$0.1\sim0.01$	黄土（泥质）	$1\times10^{-6}\sim1\times10^{-5}$
粗砂	$1\times10^{-2}\sim5\times10^{-2}$	黏壤土	$1\times10^{-4}\sim1\times10^{-6}$
细砂	$1\times10^{-3}\sim5\times10^{-3}$	淤泥土	$1\times10^{-7}\sim1\times10^{-6}$
黏质砂	$1\times10^{-4}\sim2\times10^{-3}$	黏土	$1\times10^{-8}\sim1\times10^{-6}$
沙壤土	$1\times10^{-4}\sim1\times10^{-3}$	均匀肥黏土	$1\times10^{-10}\sim1\times10^{-8}$

引自：毛昶熙. 堤防工程手册. 北京：中国水利水电出版社，2009.

表 2.3 岩石和岩体的渗透系数

岩块	K(实验室测定)/(cm/s)	岩体	K(实验室测定)/(cm/s)
砂岩(白垩复理层)	$1 \times 10^{-10} \sim 1 \times 10^{-8}$	脉状混合岩	3.3×10^{-3}
粉岩(白垩复理层)	$1 \times 10^{-9} \sim 1 \times 10^{-8}$	绿泥石化脉状页岩	0.7×10^{-2}
花岗岩	$5 \times 10^{-11} \sim 2 \times 10^{-10}$	片麻岩	$1.2 \times 10^{-3} \sim 1.9 \times 10^{-3}$
板岩	$7 \times 10^{-11} \sim 1.6 \times 10^{-10}$	伟晶花岗岩	0.6×10^{-3}
角砾岩	4.6×10^{-10}	褐煤层	$1.7 \times 10^{-2} \sim 2.39 \times 10^{-2}$
方解岩	$7 \times 10^{-10} \sim 9.3 \times 10^{-8}$	砂岩	1×10^{-2}
灰岩	$7 \times 10^{-10} \sim 1.2 \times 10^{-7}$	泥岩	1×10^{-4}
白云岩	$4.6 \times 10^{-9} \sim 1.2 \times 10^{-8}$	鳞状片岩	$1 \times 10^{-4} \sim 1 \times 10^{-2}$
砂岩	$1.6 \times 10^{-7} \sim 1.2 \times 10^{-6}$	1个吕荣单位、裂隙宽度 0.1mm、间距 1m 和不透水岩块的岩体	0.8×10^{-4}
砂泥岩	$6 \times 10^{-7} \sim 2 \times 10^{-6}$		
细粒砂岩	2×10^{-7}		
蚀变花岗岩	$0.6 \times 10^{-5} \sim 1.5 \times 10^{-5}$		

表 2.4 各种岩土的给水度 μ

岩土类别	渗透系数 K/(cm/s)	孔隙率 n	给水度 μ	资料来源
砾	240	0.371	0.354	瑞士工学研究所
粗砾	160	0.431	0.338	
砂砾	0.76	0.327	0.251	
砂砾	0.17	0.265	0.182	
砂砾	7.2×10^{-2}	0.335	0.161	
中粗砂	4.8×10^{-2}	0.394	0.18	
含黏土的砂	1.1×10^{-4}	0.397	0.0052	
含黏土 1% 的砂砾	2.3×10^{-5}	0.394	0.0036	
含黏土 16% 的砂砾	2.5×10^{-6}	0.342	0.0021	
重粉质壤土 $d_{50} = 0.02$mm	2×10^{-4}	0.442	0.007	南京水利科学研究院
中细砂 $d_{50} = 0.2$mm	$6.1 \times 10^{-4} \sim 1.7 \times 10^{-3}$	$0.438 \sim 0.392$	$0.074 \sim 0.039$	
粗砾 $d_{50} = 5$mm	613	0.392	0.36	
砂砾石料	2.4×10^{-3}	0.302	0.078	
砂砾石料	1.1×10^{-1}	0.264	0.096	
砂砾石料	115	0.306	0.22	
砂砾石料	0.25	0.442	0.3	
砂砾石料	6.72×10^{-2}	0.358	0.21	
砂砾岩			$0.025 \sim 0.35$	O. B. C
胶结砂岩			$0.02 \sim 0.03$	
裂隙石灰岩			$0.003 \sim 0.1$	

表 2.5　各种岩土的压缩弹性模量 E 及单位储存量 S 的值

岩土类别	E/kPa	S/m^{-1}
塑性软黏土	$3.82\times10^{-3}\sim4.8\times10^{-2}$	$2.6\times10^{-3}\sim2\times10^{-2}$
坚硬黏土	$3.82\times10^{-3}\sim7.65\times10^{-3}$	$1.3\times10^{-3}\sim2.6\times10^{-3}$
中等硬黏土	$1.47\times10^{-3}\sim7.65\times10^{-3}$	$6.9\times10^{-4}\sim1.3\times10^{-3}$
松砂	$1.96\times10^{-4}\sim9.61\times10^{-3}$	$4.9\times10^{-4}\sim1\times10^{-3}$
密实砂	$4.8\times10^{-4}\sim7.65\times10^{-4}$	$1.3\times10^{-4}\sim2\times10^{-4}$
密实砂质砾	$1.96\times10^{-5}\sim9.51\times10^{-4}$	$4.9\times10^{-5}\sim1\times10^{-4}$
裂隙节理的岩石	$3.14\times10^{-6}\sim1.47\times10^{-5}$	$3.3\times10^{-6}\sim6.9\times10^{-5}$
较完整的岩石	$>3.04\times10^{-6}$	$<3.3\times10^{-6}$

引自：郑春苗，Bennett Gordon D. 地下水污染物迁移模拟. 第 2 版. 北京：高等教育出版社，2009.

表 2.6　不同岩石类型的渗透系数取值范围

材料	渗透系数 $K/(cm/s)$	材料	渗透系数 $K/(cm/s)$
沉积物	—	砂岩	$3\times10^{-8}\sim6\times10^{-4}$
砾石	$3\times10^{-2}\sim3$	泥岩	$1\times10^{-9}\sim1\times10^{-6}$
粗砂	$9\times10^{-5}\sim6\times10^{-1}$	盐	$1\times10^{-10}\sim1\times10^{-8}$
中砂	$9\times10^{-5}\sim5\times10^{-2}$	硬石膏	$4\times10^{-11}\sim2\times10^{-6}$
细砂	$2\times10^{-5}\sim2\times10^{-2}$	页岩	$1\times10^{-11}\sim2\times10^{-7}$
粉砂，黄土	$1\times10^{-7}\sim2\times10^{-3}$	结晶岩	—
冰碛物	$1\times10^{-10}\sim2\times10^{-4}$	可透水的玄武岩	$4\times10^{-5}\sim3$
黏土	$1\times10^{-9}\sim5\times10^{-7}$	裂隙火成岩和变质岩	$8\times10^{-7}\sim3\times10^{-2}$
未风化的海积黏土	$8\times10^{-11}\sim2\times10^{-7}$	风化花岗岩	$3\times10^{-4}\sim3\times10^{-3}$
沉积岩	—	风化辉长岩	$6\times10^{-5}\sim3\times10^{-4}$
岩溶和礁灰岩	$1\times10^{-4}\sim2$	玄武岩	$2\times10^{-9}\sim3\times10^{-5}$
灰岩，白云岩	$1\times10^{-7}\sim6\times10^{-4}$	无裂隙火成岩和变质岩	$3\times10^{-2}\sim3\times10^{-8}$

表 2.7　不同地质材料的单位给水度

材料	单位给水度/%	材料	单位给水度/%
砾石（粗）	23	灰岩	14
砾石（中粗）	24	沙丘砂	38
砾石（细）	25	黄土	18
砂（粗）	27	泥炭土	44
砂（中粗）	28	片岩	26
砂（细）	23	泥岩	12
粉砂	8	耕作土（主要为泥）	6
黏土	3	耕作土（主要为砂）	16
砂岩（细粒）	21	耕作土（主要为砾石）	16
砂岩（中粒）	27	凝灰岩	21

表 2.8 不同地质材料的孔隙率

材料	孔隙率/%	材料	孔隙率/%
沉积物		灰岩,白云岩	0～20
砾石(粗)	24～36	岩溶灰岩	5～50
砾石(细)	25～38	页岩	0～10
砂(粗)	31～46	结晶岩	
砂(细)	26～53	有裂隙的结晶岩	0～10
淤泥	34～61	致密的结晶岩	0～5
黏土	34～60	玄武岩	3～35
沉积岩		风化花岗岩	34～57
砂岩	5～30	风化辉长岩	42～45
泥岩	21～41		

引自：朱学愚，钱孝星. 地下水水文学. 北京：中国环境科学出版社，2005.

表 2.9 典型孔隙率数值

岩土类别	孔隙率/%	岩土类别	孔隙率/%
有充填的粗砾石	28	沙丘砂	45
粗砂	39	黄土	49
淤泥	46	凝灰岩	41
细砂岩	33	玄武岩	17
石灰岩	30	风化花岗岩	45
黏土	42		

土壤污染是指人为因素有意或无意地将对人类本身和其他生命体有害的物质施加到土壤中，使其某种成分的含量明显高于原有含量，并引起现存的或潜在的土壤环境质量恶化的现象。土壤污染的特点：①间接性、隐蔽性与潜伏性，从污染到产生不良后果，有一个很长的、间接的、逐步积累的隐蔽过程；②复杂性与后果严重性，进入土壤的污染物，其转化过程比大气及水体污染物的转化过程更为复杂，速度更慢，但是后果往往更严重；③长期性和不可逆性，特别是有机氯农药、有毒重金属和某些病原微生物等的污染，对动物可产生长期持续的危害，并且难以恢复。

2.1.2 地下水基本特性

地下水是指在地面以下岩石空隙中的水。地下水污染是指人为因素影响下地下水水质的明显恶变。

2.1.2.1 地下水分布特征与地质结构

地下水埋藏条件与分类见表 2.10 和图 2.4。

表 2.10 地下水埋藏条件与分类

埋藏条件	定义	按含水层孔隙水性质		
		孔隙水	裂隙水	岩溶水
包气带水	贮存在地下自由水面以上包气带中的水	土壤水,局部黏性土隔水层上季节性存在的重力水(上层滞水)、过路及悬留毛细水及重力水	裂隙岩层浅部季节性存在的重力水及毛细水	裸露岩溶化岩层上部通道中季节性存在的重力水
潜水	饱水带中自地表向下第一个具有自由水面的含水层的水	各类松散沉积物浅部的水	裸露于地表的各类裂隙岩层中的水	裸露于地表的岩溶化岩中的水
承压水	充满于两个稳定隔水层之间的含水层中的水	山间盆地及平原松散沉积物深部的水	组成构造盆地,向斜构造类裂隙岩中的水	组成构造盆地、向斜构造或单斜板块的被掩覆的溶化岩层中的水

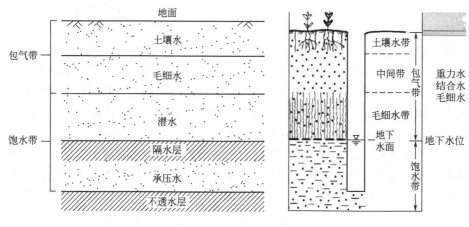

图 2.4 地下水的赋存图

① 包气带/非饱和带是指地表与潜水面之间的地带。

② 潜水是指地表以下,第一个稳定隔水层以上具有自由水面的地下水。

③ 承压水指充满于两个隔水层(弱透水层)之间的含水层中的水。其承受压力大于大气压力。包含:a.承压含水层;b.隔水顶板;c.隔水底板;d.承压含水层厚度(M);e.承压高度(H);f.测压水位线(面);g.补给区;h.承压区;i.排泄区;j.自溢区。

上层滞水:当包气带存在局部隔水层(弱透水层)时,局部隔水层(弱透水层)上会积聚具有自由水面的重力水,这便是上层滞水。分布最接近地表,接受大气降水的补给,通过蒸发或向隔水底板(弱透水层底板)的边缘下渗排泄;水量小,动态变化显著,只有在缺水地区才能成为小型供水水源或暂时性供水水源;包气带中的上层滞水,对其下部的潜水的补给与蒸发排泄,起到一定的滞后调节作用;上层滞水极易受污染,利用其作为饮用水源时要格外注意卫生防护。

2.1.2.2 地下水的运动方式主要有以下几种

① 渗流:地下水在岩石空隙中的运动称为渗流或渗透。

② 稳定流:水在渗流场内运动时,各个运动要素(水位、流速、流向等)不随时间改

变，称为稳定流。

③ 非稳定流：水质点的各个运动要素随时间改变的水流运动。

地下一定深度岩石中的空隙被重力水所充满，形成一个自由水面，称为地下水面（水位），以海拔高度表示，称之为地下水位。地下水面以上部分，包括毛细水带、中间带和土壤水带，岩石中的空隙未被水充满，称为包气带。地下水面以下部分，包括潜水层和承压水层，岩石中的空隙被水充满，称为饱水带。

2.1.2.3　饱水岩层中，根据岩层给水与透水能力而进行的划分

含水层：是能够透过并给出相当数量水的岩层，如各类砂土、砂岩等。

隔水层：不能透过与给出水或透过与给出的水量微不足道的、岩层裂隙不发育的基岩、页岩、板岩、黏土（致密）。

弱透水层：渗透性很差，给出的水量微不足道，但在较大水力梯度作用下，具有一定的透水能力的各种黏土、泥质粉砂岩、砂质页岩。

饱水带中第一个具有自由表面的稳定含水层中的水称为潜水。潜水具有自由表面和稳定特点。自由表面——没有隔水顶板或只有局部隔水顶板，与大气直接相通，除大气压强外不受其他任何附加压强。稳定——具有一定的空间连续性（范围），以与上层滞水区分。

赋存潜水的岩层称为潜水含水层。潜水表面是一个自由的水面。潜水面上任一点的海拔高程为潜水位。从潜水面到隔水底板的垂直距离为潜水含水层厚度。潜水面到地面的垂直距离为潜水埋藏深度。潜水含水层厚度与潜水埋藏深度随潜水面的升降而发生相应的变化。

松散沉积物中的孔隙——孔隙水，坚硬岩石中的裂隙——裂隙水，可溶性岩石中的溶隙——岩溶水。孔隙度是指某一体积岩石（包括孔隙在内）中孔隙体积所占的比例。有效孔隙度：指重力水流动的孔隙体积（不包括结合水占据的空间）与岩石体积之比。岩石中的孔隙和水分为支持毛细水和悬挂毛细水。支持毛细水是指存在于饱水带以上并与地下水面相连的毛细空隙中的水。能传递静水压力，当温度低于 $0℃$ 时结冰。悬挂毛细水是指存在于包气带并与地下水面不相连的毛细空隙中的水。呈悬挂状态，经蒸发后消失。

容水性（容水度）是指岩石能容纳一定数量水的性质。持水性（持水度）是指岩石在重力释水后能在空隙中保持一定数量水的性质。给水性（给水度）是指饱水岩石在重力作用下能自由排出一定数量水的性质。透水性（渗透系数）是指岩石允许水通过的性质。渗透系数与岩石的空隙性质有关，渗透系数与水的某些物理性质有关。水流在岩石空隙中运动，需要克服隙壁与水及水质点间的摩擦阻力，例如黏滞性不同的两种液体在同一岩石中运动，则黏滞性大的液体渗透系数就小于黏滞性小的液体。一般情况下当水的物理性质变化不大时，把渗透系数看成单纯说明岩石渗透性能的参数。表 2.11 列出了地下水动力学中的基本概念。

表 2.11　地下水动力学中的基本概念

1	地下水动力学 （groundwater dynamics）	研究地下水在孔隙岩石、裂隙岩石和岩溶（喀斯特）岩石中运动规律的科学，它是模拟地下水流基本状态和地下水中溶质运移过程，对地下水从数量上和质量上进行定量评价和合理开发利用，以及兴利除害的理论基础。主要研究重力水的运动规律
2	多孔介质 （porous medium）	指地下水动力学中具有孔隙的岩石,能够赋存流体且流体可在其中运动,包括孔隙和裂隙岩层,也包括一些岩溶化比较均匀的岩层
3	孔隙介质 （pore medium）	含有孔隙水的岩层;赋存流体且流体可在其中运动的孔隙岩层

续表

4	裂隙介质 (fissure medium)	含有裂隙水的岩层;赋存流体且流体可在其中运动的裂隙岩层
5	岩溶介质 (karst medium)	含有岩溶水的岩溶化岩层;赋存流体且流体可在其中运动的岩溶化岩层
6	骨架 (matrix)	多孔介质中固体部分(固相)
7	地下水状态方程	表示地下水的体积变化或密度变化与压强之间的关系式 (1)体积变化:$V=V_0 e^{-\beta(P-P_0)}$,$V=V_0[1-\beta(P-P_0)]$,式中,V_0为初始压强P_0下水的体积;β为水的压缩系数。 (2)密度变化:$\rho=\rho_0[1+\beta(P-P_0)]$,式中,$\rho_0$为初始压强$P_0$下水的密度
8	孔隙度 (porosity)	多孔介质中孔隙体积与多孔介质总体积之比(符号为n),可表示为小数或百分数
9	有效孔隙 (effective pores)	多孔介质中相互连通的、不为结合水所占据的那一部分孔隙
10	有效孔隙度 (effective porosity)	多孔介质中有效孔隙体积与多孔介质总体积之比(符号为n_e),可表示为小数或百分数
11	死端孔隙 (dead-end pores)	多孔介质中一端与其他孔隙连通、另一端是封闭的孔隙
12	多孔介质压缩系数 (coefficient of compressibility)	表示多孔介质在压强变化时的压缩性的指标
13	固体颗粒 压缩系数	表示多孔介质中固体颗粒本身的压缩性的指标
14	孔隙压缩系数 (compressibility of the pores of a porous medium)	表示多孔介质中孔隙的压缩性的指标
15	贮水系数 (storativity)	又称释水系数或储水系数,指面积为一个单位、厚度为含水层全厚度M的含水层柱体中,当水头改变一个单位时弹性释放或贮存的水量,无量纲。既适用于承压含水层,也适用于潜水含水层
16	贮水率 (specific storativity)	指当水头下降(或上升)一个单位时,由于含水层内骨架的压缩(或膨胀)和水的膨胀(或压缩)而从单位体积含水层柱体中弹性释放(或贮存)的水量
17	重力疏干 (gravity drainage/yield)	在无压含水层中抽水或排水时,空隙中的水在重力作用下排出而使部分含水层疏干的现象
18	延迟给水 (delayed drainage)	(滞后给水)在潜水含水层中抽水时潜水位下降后其上部新形成的包气带重力水缓慢逐渐排出的现象
19	含水层弹性释放 (elasticity release of aquifers)	在含水层中抽水,因水头(水位)下降水的压力减少颗粒间有效应力增加使岩层骨架压缩和水体积膨胀的释水过程
20	渗流 (seepage flow)	是一种代替真实地下水流的、充满整个岩石截面的假想水流,其性质(密度、黏滞性等)与真实地下水相同,充满整个含水层空间(包括空隙空间和岩石颗粒所占据的空间),流动时所受的阻力等于真实地下水流所受的阻力,通过任一断面及任一点的压力或水头均与实际水流相同
21	渗流场 (flow domain)	假想水流所占据的空间区

22	典型单元体 (representative elementary volume)	又称代表性单元体，是渗流场中其物理量的平均值能够近似代替整个渗流场的特征值的代表性单元体积
23	过水断面 (cross-sectional area)	渗流场中垂直于渗流方向的任意一个岩石截面，包括空隙面积和固体颗粒所占据的面积。渗流平行流动时为平面。弯曲流动时为曲面
24	渗流量 (seepage discharge)	单位时间内通过过水断面的水体积，用 Q 表示，单位为 m³/d
25	渗流速度 (specific discharge/ seepage velocity)	又称渗透速度、比流量，是渗流在过水断面上的平均流速。它不代表任何真实水流的速度，只是一种假想速度。记为 V，单位为 m/d
26	实际平均流速 (mean actual velocity)	多孔介质中地下水通过孔隙面积的平均速度；地下水流通过含水层过水断面的平均流速，其值等于流量除以过水断面上的孔隙面积，量纲为 L/T，记为 $\bar{u}$
27	测压管水头 (piezometric head)	位置水头与压力水头之和
28	压力水头 (pressure head)	含水层中某点的压力水头(h)指以水柱高度表示的该点水的压强，量纲为 L，即：$h = P/W$，式中，P 为该点水的压强；W 为水的容重
29	速度水头 (velocity head)	在含水层中的某点水所具有的动能转变为势能时所达到的高度，量纲为 L，即 $h = v^2/2g$，式中，v 为地下水在该点流动的速度；g 为重力加速度
30	总水头 (total head)	测压管水头和流速水头之和
31	等水头面	渗流场内水头值相同的各点所连成的一个面，它可以是平面，也可为曲面，等水头面上任意一条线上的水头都是相等的
32	等水头线 (groundwater contour)	渗流场内等水头面与某一平面的交线，不同数值的等水头线不会相交
33	水力坡度 (hydraulic gradient)	在渗流场中，大小等于梯度值，方向沿着等水头面的法线，并指向水头降低方向的矢量
34	渗流运动要素 (seepage elements)	表征渗流运动特征的物理量，主要有渗流量 Q、渗流速度 v、压强 P、水头 H 等
35	地下水运动方向 (groundwater flow direction)	渗透流速矢量的方向
36	稳定流 (steady flow)	在一定的观测时间内水头、渗流速度等渗透要素不随时间变化的地下水运动
37	非稳定流 (unsteady flow)	水头、渗流速度等任一渗透要素随时间变化的地下水运动
38	层流 (laminar flow)	水流流束彼此不相混杂、运动迹线呈近似平行的流动
39	紊流 (turbulent flow)	水流流束相互混杂、运动迹线呈不规则的流动
40	一维流 (one-dimensional flow)	也称单向运动，指渗流场中水头、流速等渗流要素仅随一个坐标变化的水流，其速度向量仅有一个分量、流线呈平行

41	二维流 (two-dimensional flow)	也称平面运动,地下水的渗透流速沿空间两个坐标轴方向都有分速度、仅仅一个坐标轴方向的分速度为零的渗流;水头、流速等渗流要素随两个坐标变化的水流,其速度向量可分为两个分量,流线与某一固定平面呈平行的水流
42	平面二维流 (two-dimensional flow in plane)	由两个水平速度分量所组成的二维流
43	剖面二维流 (two-dimensional flow in section)	由一个垂直速度分量和一个水平速度分量组成的二维流
44	单宽流量 (discharge per unit width)	渗流场中单位宽度的渗流量,等于总流量 Q 与宽度 B 之比,$q=Q/B$
45	三维流 (three-dimensional flow)	也称空间运动,地下水的渗透流速沿空间三个坐标轴的分量均不等于零的渗流;水头、流速等渗流要素随空间三个坐标而变化的水流
46	达西定律 (Darcy's Law)	描述以黏滞力为主、雷诺数 $Re<1\sim10$ 的层流状态下的地下水渗流基本定律,指出渗流速度 v 与水力梯度 J 呈线性关系,$v=KJ$,或 $Q=KAJ$,为水力梯度等于1时的渗流速度。又称线性渗透定律。它反映了渗流场中的能量守恒与转换定律
47	渗透系数(coefficient of permeability, hydraulic conductivity)	也称水力传导系数,是表征岩层透水性的参数,影响渗透系数大小的主要是岩石的性质以及渗透液体的物理性质,记为 K。是水力坡度等于1时的渗透速度。单位为 m/d 或 cm/s
48	渗透率 (intrinsic permeability)	表征岩层渗透性能的参数;渗透率只取决于岩石的性质,而与液体的性质无关,记为 k,单位为 cm²
49	雷诺数 (reynolds number)	判断水流呈层流和紊流状态的指数。其值为管内惯性力与黏滞力的比值,与地下水渗透速度(v)、含水介质颗粒平均粒径(d)呈正比,与地下水运动黏滞系数(γ)呈反比,即 $Re=vd/\gamma$,式中,Re 为雷诺数
50	达西(D)	当液体的动力黏滞度为 0.001Pa·s,压强差为 101325Pa 的情况下,通过面积为 1cm²、长度为 1cm 岩样的流量为 1cm³/s 时岩样的渗透率,记为 D
51	尺度效应	渗透系数与试验范围有关,随着试验范围的增大而增大的现象,$K=K(x)$
52	导水系数 (transmisivity)	是描述含水层出水能力的参数;水力坡度等于1时,通过整个含水层厚度上的单宽流量(T);亦即含水层的渗透系数(K)与含水层厚度(M)之积,$T=KM$。它是定义在一维或二维流中的水文地质参数。单位为 m²/d
53	非线性渗流定律 (non-linear seepage law)	描述雷诺数大于 $1\sim10$ 的流体的渗透流速与水力坡度之间非线性关系的方程,包括 Forchheimer 公式 $J=av+bv^2$,$J=av+bv^m$,Chezy 公式 $v=KcJ^{1/2}$ 式中,J 为水力坡度;v 为地下水渗流速度;a、b、m 是由试验确定的常数
54	均质岩层 (homogeneous strata)	渗流场中所有点都具有相同参数的岩层
55	非均质含水层 (inhomogeneous strata)	渗流场中所有点不都具有相同参数的岩层,渗透系数 $K=K(x,y,z)$,为坐标的函数
56	各向同性岩层 (isotropic strata)	渗流场中某一点的渗透系数不取决于方向,即不管渗流方向如何都具有相同渗透系数的岩层
57	各向异性岩层 (anisotropic strata)	渗流场中某一点的渗透系数取决于方向,渗透系数随渗流方向不同而不同的岩层
58	主方向 (principal direction)	各向异性介质中的水力坡度和渗透速度的方向是不一致的,但在三个方向上两者是平行的,而且这三个方向是相互正交的。这三个方向就称为主方向

59	主渗透系数 (major hydraulic conductivity)	渗流场中沿主方向测得的渗透系数,分别以 K_1,K_2,K_3 表示
60	渗流折射定律 (law of seepage flow refraction)	描述地下水流斜向穿过两种渗透性岩层的分界面时流线发生折射的定律,指流线偏离分界面法线角度的正切与岩层渗透系数(K)呈正比关系,即 $\tan\theta_1/\tan\theta_2=K_1/K_2$
61	渗透系数张量 (tensor of hydraulic conductivity)	表示透水性各不相同的薄层相互交错组成的层状岩层渗透性能的参数;平行层面的等效渗透系数 K_p 为等效导水系数 T_p 与岩层总厚度 M 之比;垂直层面的等效渗透系数 K_v 为岩层总厚度 M 与各层岩层厚度与渗透系数比值之和之比。因此 $K_p>K_v$
62	流网 (flownet)	渗流场内由一组流线和一组等势线所组成的网格。对各向同性介质组成正交网
63	流线 (streamline)	渗流场内处处与渗流速度矢量相切的曲线
64	半承压含水层 (semi-confined aquifer)	上、下岩层并不是绝对隔水的,其中一个或两个可能是弱透水层,通过弱透水层可能与相邻含水层发生水力联系的承压含水层
65	越流含水层 (leakage aquifer)	亦即半承压含水层
66	越流 (leakage)	当承压含水层与相邻含水层存在水头差时,地下水便会从水头高的含水层流向水头低的含水层的现象。对于指定含水层来说,水流可能流入也可能流出该含水层
67	渗出面 (seepage face)	在下游界面上潜水面以下、下游水面以上的地段
68	越流系统 (leakage system)	由主含水层、弱含水层以及相邻供给水量的含水层所组成的含水系统
69	边界条件 (boundary conditions)	渗透区边界所处的条件,用以表示水头 H(或渗流量 q)在渗流区边界上所应满足的条件,也就是渗流区内水流与其周围环境相互制约的关系
70	初始条件 (initial conditions)	某一选定的初始时刻($t=0$)渗流区内水头 H 的分布情况
71	第一类边界条件	Dirichlet 条件,在边界上直接给出未知函数水头 H 的数值,又称给定水头的边界
72	第二类边界条件	Neuman 条件,在边界上给出了未知函数沿边界外法线方向的导数,又称给定流量的边界
73	第三类边界条件	混合边界条件,给出了未知函数水头 H 及其导数的线性组合关系
74	物理模型 (physical model)	对地质、水文地质条件加以概化后所得到的天然地质体
75	数学模型 (physical model)	从物理模型出发,用简洁的数学语言,即一组数学关系式来刻画它的数学关系和空间形式,从而反映所研究地质体的地质、水文地质条件和地下水运动的基本特征,达到复制或再现一个实际水流系统基本状态的目的的一种数学结构
76	随机模型 (stochastic model)	数学关系式中含有一个或多个随机变量的模型
77	确定性模型 (deterministic model)	数学模型中各变量之间有严格的数学关系的模型
78	适定问题 (well-posed problem)	数学模型满足:①解是存在的(存在性);②解是唯一的(唯一性);③解对原始数据是连续依赖的(稳定性)这三个条件的问题

79	正问题	根据数学模型、给定的含水层水文地质参数和定解条件求解水头的问题,又称水头预报问题
80	逆问题 (inverse problem)	根据数学模型、动态观测资料或抽水试验资料反过来确定含水层水文地质参数的问题
81	解析解 (analytic solution)	精确解,用解析方法求解数学问题所得到的解析表达式
82	数值解 (numerical solution)	用数值方法求得的数值解,是一种近似解
83	潜水回水	潜水水位壅高,在地表水与两岸潜水存在水力联系的情况下,河(库)水位的抬高引起潜水位相应抬高的现象
84	河渠引渗回水	引渗回灌,利用河渠地表水的侧渗作用来补充地下水以达到灌溉农田的目的的过程
85	浸润曲线	潜水降落曲线,depression curve 潜水面或承压水的测压水面与水流方向剖面的交线。对潜水又称潜水浸润曲线
86	管井(pipe well)	直径通常小于 0.5m、深度比较大,采用钻机开凿的水井
87	筒井	直径通常大于 0.5m 甚至数米、深度比较浅,通常用人工开挖的水井
88	完整井 (completely penetrating well)	贯穿整个含水层,在全部含水层厚度上都安装有过滤器并能全断面进水的井
89	非完整井 (partially penetrating well)	未贯穿整个含水层、只有井底和含水层的部分厚度上能进水或进水部分仅贯穿部分含水层的井
90	潜水井 (well in a phreatic aquifer)	揭露潜水含水层的水井
91	承压水井 (well in a confined aquifer)	揭露承压含水层的水井
92	水位降深 (drawdown)	简称降深,抽水井及其周围某时刻的水头比初始水头的降低值
93	降落漏斗 (cone of depression)	抽水井周围总体上形成的漏斗状水头下降区;亦即由抽水(排水)而形成的漏斗状的水头(水位)下降区
94	拟稳定流 (quasi-steady flow)	流速不变而水头随时间变化的地下水不稳定运动
95	有效井半径 (effective well radius)	由井轴到井管外壁某一点的水平距离。在该点,按稳定流计算的理论降深正好等于过滤器外壁的实际降深
96	影响半径 (radius of influence)	抽水井周围圆形岛的半径,该处降深为零;可看作是从抽水井起到实际上观测不出(或可忽略)水位降深处的距离
97	注水井 (injection well/recharge well)	补给井,进行人工补给地下水或利用含水层储能的水井
98	承压-无压井	承压水井中大降深抽水过程井水位低于含水层顶板、井附近出现无压区时的水井

99	均匀流 (uniform flow)	流速和水力坡度的大小或方向沿流程保持不变的水流;水力坡度与渗透系数为常数的地下水流
100	井损(well loss)	包括三部分:①水流通过过滤器时所产生的水头损失;②水流穿过过滤器时因水流方向偏转所产生的水头损失,水流在滤水管内向上运动时因流量流速不断增加所引起的水头损失;③水流在井管内向上运动至水泵吸水口的沿程水头损失
101	含水层损失	地下水在含水层中向水井流动时产生的水头损失
102	井损常数 (well loss constant)	井损 Δh 与抽水静流量 Q 的平方成正比的比例系数 C,$\Delta h = CQ^2$
103	导压系数 (hydraulic diffusivity)	又称压力传导系数,表征承压含水层水头变化传递速度的参数。其值为导水系数 T 与贮水系数 μ^* 的比值,$a = \dfrac{T}{\mu^*}$,量纲为 L^2/T
104	配线法 (type-curve method)	标准曲线法,在双对数坐标中利用抽水试验实测曲线与理论曲线的匹配求解水文地质参数的一种图解方法,可分为降深-时间距离配线法、降深-时间配线法和降深-距离配线法
105	直线图解法 (linear method)	在半对数坐标中,利用抽水试验实测资料绘制的直线斜率和截距求解水文地质参数的图解方法
106	水位恢复法	利用抽水试验的恢复水位资料求解水文地质参数方法
107	拐点法 (inflected point method)	利用半对数坐标上时间-降深曲线拐点出现的时间、降深和斜率计算有越流的含水层的导水系数、释水系数和越流系数的一种图解方法
108	第一越流系统	不考虑弱透水层的弹性释水,忽略补给含水层水头变化的越流系统
109	第二越流系统	考虑弱透水层的弹性释水,不考虑补给含水层水头变化的越流系统
110	第三越流系统	不考虑弱透水层的弹性释水,考虑补给含水层水头变化的越流系统
111	延迟系数 (delayed index)	又称延迟指数,表征潜水含水层延迟给水效应影响持续时间的指标。一般来说延迟指数 $1/\alpha$ 随重力给水介质的粒度的减小而增大,延迟给水效应影响的持续时间延长
112	实井(real well)	实际的抽水井或注水井
113	虚井(real well)	虚构的抽(注)水井,用以代替边界的作用
114	映射法(image method)	镜像法,利用渗流迭加原理,处理地下水边界问题时的一种计算方法。边界的影响可用虚井的影响代替,把实际上有界的渗流区化为虚构的无限渗流区,把求解边界附近的单井抽水问题,化为求解无限含水层重实井和虚井同时抽水(注水)问题,从而求得原问题的解 当直线边界附近有井或井群工作时,以边界为对称面,在边界的另一侧虚设流量相同的井或井群,并使两井同时工作时,保持原水流条件,这样就以虚设的井或井群代替边界的作用
115	隔水边界	不透水边界、渗透性极差的含水层边界,即法线方向水力梯度(或流量)等于零的边界
116	弱透水边界 (weakly-permeable boundary)	能通过一定流量的渗透性较弱的含水层边界
117	透水边界 (permeable boundary)	补给边界,供水边界,渗透性良好的含水层边界
118	无限含水层 (unlimited aquifer)	没有边界限制、平面上无限分布的含水层
119	半无限含水层 (semi-limited aquifer)	有一侧边界限制、另一侧在平面上呈现无限分布的含水层
120	扇形含水层 (fan-shape aquifer)	两个会聚边界所组成的呈扇形的含水层
121	条形含水层	两条平行边界中间的含水层

毛细水（capillary water）指的是地下水受土粒间孔隙的毛细作用上升的水分，是受到水与空气交界面处表面张力作用的自由水。其形成过程通常用物理学中毛细管现象解释。分布在土粒内部相互贯通的孔隙，可以看成是许多形状不一、直径各异、彼此连通的毛细管。毛细水的种类有支持毛细水、悬挂毛细水和孔角毛细水。

由于毛细力的作用，水从地下水面沿着小孔隙上升到一定高度，地下水面以上形成毛细水带，此带的毛细水下部有地下水面支持，故称支持毛细水。毛细水带随地下水面的变化和蒸发作用而变化，但其厚度基本不变。观察表明，毛细带水除了作上述垂直运动以外，由于其性质似重力水，故也随重力水向低处流动，只是运动速度较为缓慢而已。

地下水由细颗粒层次快速降到粗颗粒层次中时，由于上下弯液面毛细力的作用，在细土层中会保留与地下水面不相连接的毛细水，这种毛细水称为悬挂毛细水。

孔角毛细水在包气带中颗粒接触点上或许多孔角的狭窄处，水是个别的点滴状态，在重力作用下也不移动，因为它与孔壁形成弯液面，结合紧密，将水滞留在孔角上。

2.1.2.4　地下水污染途径

间歇入渗型：农田、垃圾填埋场、矿山等。

连续入渗型：排污渠、受污染的地表水体、污水渗坑等。

越流型：已污染的浅层地下水通过层间、天窗及井管的越流。

径流型：海水入侵、污水通过岩溶管道的渗流。

2.1.2.5　地下水污染特点

隐蔽性：浓度低，往往无色无味难以发现。

长期性/滞后性：地下水流动缓慢，污染物迁移更缓慢，有时几十年才迁移几千米（水平方向和垂向上的运移）。

难恢复性/难以逆转性：由于含水层水交替缓慢，因此，即使截断污染源，污染的地下水也很难靠自身的能力更新或净化；地下水深埋地下，难以治理。

2.1.2.6　地下水污染过程

地下水中污染物的迁移与转化通过水动力弥散作用、吸附与阻滞、化学/非生物过程、挥发作用、溶解性有机污染物的生物降解动力学等实现。

水动力弥散＝机械弥散＋分子扩散。机械弥散主要为纯力学作用的结果。所谓机械作用，就是由于孔隙系统的存在，使得流速在孔隙中的分布无论其大小和方向都不均一。

（1）机械弥散　机械弥散主要为纯力学作用的结果。所谓机械作用，就是由于孔隙系统的存在，使得流速在孔隙中的分布无论其大小和方向都不均一。

① 同一孔隙中（图2.5），地下水质点流速不等于实际平均流速。由于流体的黏滞性，使得单个孔隙通道轴处的流速大，固体表面处的流速接近于零，类似于笔直的毛细管中的流体速度的抛物线状分布。

② 不同孔隙中地下水质点的实际流速也是不同的（图2.6）。地下水质点的实际流速与平均流速是完全不同的两个概念。

③ 受相互连通的孔隙空间的形状影响（图2.7），即固体骨架的阻挡，孔隙空间的流线相当于平均流动绕流，使地下水质点的实际运动曲折起伏。

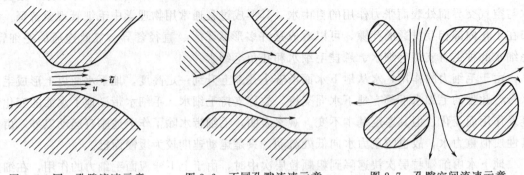

图 2.5 同一孔隙流速示意　　　图 2.6 不同孔隙流速示意　　　图 2.7 孔隙空间流速示意

（2）分子扩散　借助分子微观运动，使组分从浓度高处向浓度低处传递。分子扩散发生在静止流或作层流流动的流体中。

分子扩散速率：可用费克定律——扩散速率正比于浓度梯度，方向沿浓度降低方向。

$$J_A = -D_{AB} \frac{dc_A}{dZ}$$

描述溶质迁移的一维平流-弥散-吸附方程：

$$\frac{\partial C}{\partial t} = D_L \frac{\partial^2 C}{\partial X^2} - V_x \boxed{\frac{\partial C}{\partial X}} - \frac{\rho_b}{\theta} \frac{\partial S}{\partial t} + \left(\frac{\partial C}{\partial t}\right)_r$$

（弥散项）（对流项）（吸附项）（反应项）

$$S = K_d C$$

$$\frac{\partial S}{\partial t} = \frac{\partial (K_d C)}{\partial t} = K_d \frac{\partial C}{\partial t}$$

$$\frac{\partial C}{\partial t} \boxed{\left(1 + \frac{\rho_b}{\theta} K_d\right)} = D_L \frac{\partial^2 C}{\partial X^2} - v_x \frac{\partial C}{\partial X} + \left(\frac{\partial C}{\partial t}\right)_r$$

$\boxed{R}$　$R = 1 + \frac{\rho_b}{\theta} K_d$，此式一般称为溶质运移后方程。

式中，C 为液相中溶质浓度；D_L 为弥散系数；v_x 为地下水平均线性流速；X 为地下水运动距离；S 为固相中吸附态溶质浓度；ρ_b 为饱水介质容重；θ 为孔隙度；t 为时间；下标 r 是指化学反应和生化反应引起溶质浓度的变化。

滞后因子

线性方程：$R = 1 + \frac{\rho_b}{\theta} K_d$

Freundlich：$R = 1 + \frac{\rho_b KNC^{N-1}}{\theta}$

Langmuir：$R = 1 + \frac{\rho_b}{\theta} \left[\frac{KS_m}{(1+KC)^2}\right]$

自然界中的吸附剂：包气带和含水层中广泛分布着各种类型的吸附剂，其主要类型有黏土矿物，如蒙脱石、依利石、高岭石等；铁、铝和锰的氧化物和氢氧化物；有机质。

影响包气带和含水层吸附能力的主要因素：①吸附剂的数量和种类。例如，我国北方土壤中的黏土矿物以蒙脱石和伊利石为主，CEC 值较大；而南方的红壤的黏土矿物多为高岭石和铁铝氢氧化物，一般 CEC 小（小于 20meq/100g）。②沉积物颗粒大小。由于吸附是一种表面反应，因此，沉积物比表面积的大小直接影响其吸附能力。一般来说，颗粒越小，比表面积越大。③pH 值。固体颗粒表面的电荷，无论其性质和数量都是 pH 值的函数。当介质 pH 大于 pHz 时，表面电荷为负电，吸附阳离子；当介质 pH 小于 pHz 时，表面电荷为正电，吸附阴离子。表 2.12 列出了某些岩石和矿物的交换容量。

表 2.12 某些岩石和矿物的交换容量

吸附剂	阳离子交换容量/(meq/100g)		阴离子交换容量 /(meq/100g)(Grlm,1988)
	Grlm,1988	Garroll,1959	
沸石	130～300	230～620	1988
蛭石	100～150	100～150	4
蒙脱石	80～150	70～100	23～31
多水高岭石	40～60		
多水高岭石	60～10		
高岭石	3～15		6.6～13.3
高岭石(胶体)			20.2
硅质胶体		80	
新沉积物的土壤	100～150		
伊利石	10～40	10～40	
蒙脱石	10～40	10～40	
蒙脱石			12～20
皂石			21
贝得石			21
白榴石		480	
方钠石		920	
钙霞石		1090	
脱方石		880	
水铝英石	26～60	70	
页岩		10～41	
凝灰岩		31～40	
玄武岩		0.5～2.8	
长石		1～2	
石英		0.5～5.3	

离子交换容量及其影响因素：①土壤和岩石的吸附能力往往以其离子交换容量来衡量。阳离子交换容量是一个重要的吸附参数，它以符号"CEC"（cation exchange capacity）表示，其含义是每百克干土（岩石）所含的全部可交换性阳离子的毫克当量数，其单位为 meq/100g。②固体颗粒表面的电荷，无论从其性质和数量都是 pH 值的函数。pH 值低时（低到一定程度），正的表面电荷占优势，吸附阴离子；pH 值高时，完全是负的表面电荷，吸附阳离子。pH 为一中间值时，颗粒表面电荷为零，这一状态称为电荷零点，该状态下的

pH 值称为电荷零点 pH 值，记为 pHz。pHz 是表面电荷的分界点。当介质 pH 大于 pHz 时，表面电荷为负电，吸附阳离子；当介质 pH 小于 pHz 时，表面电荷为正电，吸附阴离子。某些矿物零点电位 pH 值（pHz）见表 2.13。

表 2.13 某些矿物零点电位 pH 值（pHz）

矿物	pHz	矿物	pHz
$(Na \cdot Ca)(Al \cdot Si)AlSi_2O_8$（斜长石）	2.0	$Al_2Si_4O_{10}(OH)_2 \cdot xH_2O$（蒙脱石）	≤2.5
$KAlSi_3O_8$（微斜长石）	2.0	Fe_3O_4（磁铁矿）	6.5
MnO_2（各种形式）	2.0	$Fe_2O_3 \cdot nH_2O$	6.0～9.0
SiO_2（胶体）	1.0～2.5	TiO_2（脱钛矿）	7.2
$\beta\text{-}MnO_2$（软锰矿）	4.6,7.3	$Al(OH)_3$（三水铝石）	6.8～9.2
HgS（辰砂）	3～4	$Fe(OH)_3$（非晶体）	8.5～8.8
$Al_2Si_2O_5(OH)_4$（高岭石）	3.3～4.6	$CaCO_3$（方解石）	8.0～9.0
SiO_2（石英）	<3.7	Al_2O_3（刚玉）	9.1
$\alpha\text{-}FeOOH$（针铁矿）	5.9～6.7		

2.1.3 污染场地的相关参数

污染场地的污染过程及其相关参数主要工作内容包括场地特征参数和受体暴露参数的调查。

① 调查场地特征参数：不同代表位置和土层或选定土层的土壤样品的理化性质分析数据，如土壤 pH 值、容重、有机碳含量、含水率和质地等；场地（所在地）气候、水文、地质特征信息和数据，如地表年平均风速和水力传导系数等。根据风险评估和场地修复实际需要，选取适当的参数进行调查。

② 受体暴露参数：包括场地及周边地区土地利用方式、人群及建筑物等相关信息。

调查方法：场地特征参数和受体暴露参数的调查可采用资料查询、现场实测和实验室分析测试等方法。

③ 土壤筛选值（soil screening levels）：常又称为 cleanup criteria，preliminary remediation guideline，soil quality guideline 等，国内文献常常翻译为土壤修复基准、土壤质量标准、土壤质量指导值、修复指导值。

2.2 污染物在场地环境中的迁移

2.2.1 污染物迁移过程

地下水污染方式可分为直接污染和间接污染两种。直接污染的特点是污染物直接进入含水层，在污染过程中，污染物的性质不变。这是对地下水污染的主要方式。间接污染的特点是，地下水污染并非由于污染物直接进入含水层引起的，而是由于污染物作用于其他物质，使这些物质中的某些成分进入地下水造成的。间接污染过程复杂，污染原因易被掩盖，要查清污染来源和途径较为困难。地下水污染的结果是使地下水中的有害成分如重金属、放射性物质、细菌、有机物等的含量增高。

有机物进入地下环境后，主要有 4 种赋存形态，即自由态、残留态、挥发态和溶解态。残留态是指由于毛细作用或吸附作用残留在介质孔隙中的有机物，该形态有机物以液态形式存在，但不能在重力作用下迁移，是最难去除的部分。

非水相重质液体（Dense Non-Aqueous Phase Liquids，DNAPL）、非水相轻质液体（Light Non-Aqueous Phase Liquids，LNAPL）和重金属类污染物已经成为目前地下水污染控制的重中之重。

2.2.2 地下水污染迁移过程

地下水污染途径指污染物从污染地进入地下水所经过的路径。除了少部分气体、液体污染物可以直接通过岩石空隙进入地下水外，大部分污染物会随着补给地下水的水源一道进入地下水。因此，地下水污染途径与地下水的补给来源有密切的关系。通常可分为以下几种形式：通过包气带渗入，由集中通道直接注入，由地表水体侧向渗入，含水层之间的垂直越流污染。

① 通过包气带渗入。通过包气带渗入又可分为连续渗入和断续渗入。连续渗入是污染液从废水坑等污染源不断通过包气带向地下水渗漏，其污染程度主要受包气带岩层厚度和岩性控制；断续渗入是堆放在地面的工业废渣和城市垃圾被降雨淋滤而通过包气带下渗污染地下水，其污染程度与污染物的种类和性质，以及下渗水源的多少、包气带岩层的厚度和岩性因素有关。

② 由集中通道直接注入。这种途径是利用废井坑道或岩溶通道将废水直接排入地下岩石孔隙、裂隙中，直接造成地下水的污染。

③ 由地表水体侧向渗入，被污染的地表水间接污染地下水，其污染程度受河流沿岸岩石的地质结构、水动力条件以及水源地距岸边的距离等影响。

④ 含水层之间的垂直越流污染。这种污染途径主要指污染了的第四系或石炭系等浅层地下水越流入渗污染深层地下水。对于岩溶山区的岩溶地下水（承压水）而言是一种潜在的污染源，并且一旦被污染，很难在短期得到治理。

非水相液体污染物（NAPL）进入地下水后可能存在形式为：溶解相、残余相、气相、自由相。正常情况下可用油-水界面仪测定自由相的 NAPL 分布。LNAPL 与 DNAPL 共存时，如果发生互溶作用，混合后的 NAPL 在地下水中的迁移转化取决于混合后 NAPL 污染物的密度（混合后密度＝混合后总质量/混合后 NAPL 污染物的总体积），当混合后密度大于 1，则污染物迁移规律与 DNAPL 类似，如密度小于 1 则与 LNAPL 迁移规律一致。NAPL 从包气带向地下水中迁移，首先要满足包气带介质中污染物的截留，然后继续向下迁移，在地下水位以上的毛细带聚集，需要突破毛细力作用进入地下水，这在较细的地层介质中特别明显。NAPL 污染物在含水层中有时呈现"乳化"现象，导致检测不到 NAPL-水分布界面，似乎没有自由相的 NAPL 存在，但地下水取样时 NAPL 浓度非常高，甚至超过最大饱和溶解度。如硝基苯与苯和苯胺共存时发生共溶与增溶作用，导致硝基苯浓度超过水中最大溶解度的 5～10 倍。

（1）污染源位置的确定 一般可采用现场调查、包气带取样和含水层取样等方法确定污染源位置和污染物的空间分布。包气带土中污染物含量分析并配合地下水中污染物浓度等值线图来分析判断污染源位置，或直接利用地球物理方法确定污染源位置与污染范围。

包气带地土样分析是通过对场地范围内若干取样点进行分层取样，进行污染物含量分析，绘制不同平面污染物等值线图、不同剖面等值线图。通过对污染物等值线图件分析判断污染源位置，包括平面与垂向位置，同时确定污染物含量及空间三维分布。

（2）地质介层的 3D 刻画　当污染源泄漏时，污染物从泄漏点向周围扩散，一般是通过包气带进入含水层，污染物在地下水环境中以液态形式扩散为主。污染物在地下环境中的运移过程（一般情况下）主要包括：在包气带中以垂向运移为主的过程和污染物进入含水层后以侧向运移为主的过程。包气带是地下水与地表很重要的联系途径，具有储存功能、缓冲功能、反应功能和气体传输功能。自然条件下，在黏性土层中，水的平均迁移速度为 0.7m/a，而在砂性沉积物中则为 2.3m/a。污染液体通过包气带时，主要发生机械过滤，吸附交替作用，溶解、沉淀作用，微生物作用。

理论上圆球状土壤颗粒介质，颗粒大小与孔隙大小之比为 6.46，可以被机械过滤的污染流体悬浮物质的直径范围在 $d/15 \sim d/5$（d 为包气带介质的有效颗粒直径）。

地下环境中微生物通过好氧呼吸、反硝化、锰还原、铁还原、硫酸盐还原和发酵等作用氧化分解外部有机物质获得所需能量，完成对污染物的降解。微生物的代谢形成一个复杂的电子传递链。微生物通过改变地下环境的氧化还原条件、pH 和碱度实现对无机反应过程的控制，如离子交换、吸附反应和矿物沉淀与溶解等，进而影响污染物的迁移与转化。如痕量金属的迁移直接受铁锰（大多以氢氧化合物形态存在）还原和微生物活动的影响：微生物活动引起 pH 变化从而影响痕量金属的迁移。微生物的代谢产物可以和金属离子形成配合物或直接以共价键结合，从而间接影响金属离子的迁移。

污染源-污染途径-污染受体是污染场地调查评价的主要内容，对污染场地的 3D 刻画是污染控制与修复的基础，包括地层岩性的刻画 [渗透系数：$K(x, y, z)$] 等，污染物分布的刻画 [污染物浓度：$C(x, y, z)$]，表达清楚地下介质的非均质、各向异性等以满足不同地层介质、不同污染物修复技术要求的不同需要。首先通过钻探资料绘制钻孔柱状图，确定和划分钻孔位置的地层垂向分布；然后选择不同的钻孔，进行剖面图的绘制，分为横向和纵向剖面。或利用钻孔资料进行地层介质的三维计算机模拟刻画，如 GMS 模型。在 3D 刻画中，岩性分布，特别是低渗透介质的分布尤其重要，因为污染物更趋向于在低渗透介质中聚集，低渗透地层中的污染物能不断缓慢迁移扩散到地下水中，导致低渗透介质中污染物的去除最为困难。

（3）污染物在含水层中的运移　污染物在含水层中的运移受多种因素的控制，主要有地下水的对流作用、弥散作用以及污染物与含水层介质之间的各种物理、化学和生物化学作用等。表 2.14 为地下水中污染物运移的主要作用，对某一特定污染物的运移，可能是其中某个或几个因素起主要作用。

表 2.14　地下水中污染物运移的作用

各种作用		过程描述	结果
物理作用	地下水对流	地下水在岩石、土壤的孔隙和裂隙中流动	携带溶解或悬浮污染物
	弥散	地孔隙或裂隙中流动速度不均一，可能是混合作用	污染物浓度变小，污染面积扩大
	漂浮	密度小的在水面，密度大的在水的底部	在含水层的顶部或底部富集
	过滤	具有孔隙的土壤或岩石对污染物的机械过滤	水中悬浮物含量减少
	放射性衰变	元素的原子结构发生变化	污染元素减少
	挥发	从潜水面挥发进入包气带或空气中	挥发性污染物含量减少
	热效应	污染物散发的热效应可改变其物理化学性质	多变

各种作用		过程描述	结果
化学作用	离子交换吸附	溶于水中的颗粒物易被含水层的矿物颗粒吸附	减少浓度或运移速度
	氧化还原	污染物的分子结构和离子特征改变	毒性、化学性、活动性改变
	水解作用	污染物与水作用,改变其分子、离子特性	改变分子、离子特性
	配合作用	配合后形成新的污染物	可增加运移能力或改变化学特性
	溶解沉淀	水与岩石发生溶解,从固相进入液相;或沉淀	污染物增加或减少
	酸碱作用	具有质子(H^+)转移的化学反应	改变 pH,间接控制迁移
生物作用		微生物可分解或转化有机或无机污染物	降低污染物浓度或甲基化产生新的有毒污染物

污染物在地下水中的运移并非仅受对流控制,而是发生了弥散,呈"活塞式"推进,使地下水中的污染物浓度降低,在浓度-距离曲线上呈现反"S"形状。地下水中污染物的运移存在着水动力弥散,从而使污染物的点运移偏离了地下水流的平均速度。原因在于:首先,由于浓度场的作用存在着近地点的分子扩散,但分子扩散通常与对流作用相比非常小,只有在地下水流速非常慢的区域,分子扩散才有意义;其次,在微观上孔隙结构的非均质性和孔隙通道的弯曲导致了污染质点的弥散现象;最后,在宏观上所有孔隙介质都存在着非均质性,但这种宏观上的非均质性大多是在实际观察中难以得到的。

(4)多孔介质渗流的基本定律——Darcy 定律 1956 年 H. Darcy 推断液体通过砂柱横截面的体积流量 Q 与横截面积 A、水头差 (h_1-h_2) 成正比,而与砂柱长度 L 成反比。Darcy 定律:

$$Q = K'A \frac{h_1 - h_2}{L}$$

式中,K' 为水力传导系数或渗透系数,用速度单位表示。$(h_1-h_2)/L$ 称为水力梯度,用 J 表示。通过某一断面的流量 Q 等于流速 v 与横截面积 A 的积,$Q = Av$。Darcy 定律是在单相不可压缩的一维流动情况下得出的,也适应单相流体的三维流动和多相液体的流动,但 Darcy 定律具有速度下限、速度上限和密度下限的适用范围。自然条件下的地下水运动多服从 Darcy 定律。但在岩溶发育的碳酸岩地层、抽水井井壁及泉水出口附近则不符合 Darcy 定律。而是采用 P. Forchheimer 公式:

$$J = av + bv^2 \quad 或 \quad J = av + bv^m \quad (1.6 \leqslant m \leqslant 2)$$

式中,a 为线性阻力,表示地下水流过地层颗粒表面的线性摩擦阻力;b 为非线性阻力(尾涡),土壤颗粒不是流线形导致水流脱离颗粒表面,有可能出现尾涡,即非线性流态,当 $a=0$ 时,上式变为 Chezy 公式:$v = K_c J^{1/2}$。表面渗透速率与水力梯度的 1/2 次方成正比,K_c 为渗透系数。

渗流速度或达西速度是平均意义上的总体水流速度,并不反映微观上单个水流质点的速度,表示微观弥散过程:

$$v = -\frac{K}{n_e} \times \frac{dh}{dl}$$

$$q = \frac{Q}{A} = -K \frac{dh}{dl}$$

式中,v 为渗流速度;K 为渗透系数;n_e 为有效孔隙度;$\frac{dh}{dl}$ 为水力梯度;q 为达西速度；Q 为流量；A 为横切面积。

实际上可把污染物在含水层中的运移分为一部分属于渗流速度，即对流作用；另一部分是弥散作用。而弥散包含了分子扩散和机械弥散。

$$D_{xx}=\alpha_{\mathrm{L}}\frac{v_x v_x}{|v|}+\alpha_{\mathrm{T}}\frac{v_y v_y}{|v|}+D^*$$

$$D_{yy}=\alpha_{\mathrm{L}}\frac{v_y v_y}{|v|}+\alpha_{\mathrm{T}}\frac{v_x v_x}{|v|}+D^*$$

式中，D_{xx}，D_{yy} 分别为纵向弥散系数和横向弥散系数；v_x，v_y 分别表示沿 x 轴、y 轴方向的渗流速度；α_{L}，α_{T} 分别为纵向弥散度和横向弥散度；D^* 为视扩散系数（表征分子扩散）。

在野外污染物运移的弥散作用主要受介质的宏观非均质性，而不是微观的孔隙差异控制。宏观上介质的非均质性在划分节点和计算单元的基础上，首先体现在整个研究区域渗透系数（K）和孔隙度（n）的确定上，实际上通过分单元确定来采用概化的 K、n 值进行计算。在野外，微观弥散相对于宏观弥散很小。污染物的宏观弥散作用随着介质非均质程度增加而增大。在地下水中污染物模拟预报时，应结合研究尺度，分析含水层介质的非均质特点，而不能简单套用弥散系数。当非均质的尺度与污染物运移距离或计算尺度相比较小时，往往能达到满意的模拟效果。因此，在模型模拟中应尽可能确定出渗透系数在三维空间的变化。

（5）地下水中污染物运移的阻滞作用 污染物除对流、弥散作用外，还会与水、土介质发生各种物理、化学和生物化学作用，导致污染物在地下的迁移速度滞后于地下水的对流速度，可用阻滞因子 R 表示。

线性等温吸附的阻滞因子 R 可用下式计算：

$$R=\frac{\rho}{n}K_{\mathrm{d}}+1$$

$$R=\frac{v}{v'}$$

式中，R 为阻滞因子；ρ 为土的容重；n 为土的有效孔隙度；K_{d} 为分配系数（S/C）；v 为渗透液体的平均速度；v' 为污染物迁移峰面速度。

2.2.3 污染物迁移原理与模拟

（1）机械迁移 大气对污染物的机械迁移作用主要是通过污染物的自由扩散和气体对流的搬运携带作用而实现，主要受到地形、地貌、气候条件、污染物的排放量和排放高度等影响。污染物在水中的迁移主要是污染物的自由扩散和水流的搬运作用。水对污染物的机械迁移作用受水文、气候和污染物排放浓度、距离污染源等因素的影响。重力迁移作用也是污染物迁移的一种重要迁移方式。

（2）物理-化学迁移 污染物进入土壤与地下水后的传质迁移过程主要为一系列物理过程，大致可分为气固传质过程、液固传质过程、气液传质过程、液液传质过程。土壤颗粒表面的巨大表面能导致气相或液相中的污染物与土壤介质间的吸附与解吸作用。液液两相间的传质迁移主要为挥发与溶解、溶解-沉淀、氧化-还原、水解、配合和螯合、吸附-解吸、化学分解、光化学反应、生物化学分解等作用。配合与氧化还原作用是地下水-岩系统中复杂而重要的化学作用。物理-化学迁移是污染物迁移最重要的形式，决定了污染物在环境中的存在形式、富集状况和潜在的危害程度。

（3）生物性迁移　生物迁移是指通过生物体的吸收、代谢、生长、死亡等过程而实现的迁移。某些生物体对污染物具有选择吸收和累积作用或降解能力。生物体可通过食物链的传递而发生富集现象，发生明显的放大积累效果。

（4）挥发　污染物在环境介质中通过对流扩散、机械弥散和分子扩散等作用呈现由排放点扩散成的带状称为污染羽。蒸气压是有机溶剂在气体中的溶解度，污染物的气液两相分率由亨利定律确定：

$$P_g = HC_t$$

式中，P_g 为气相分压；H 为亨利常数；C_t 为污染物的液相浓度。

当地下存在 NAPL 相时，污染物很少为单一化合物，需要利用拉乌尔定律来确定多组分 NAPL 相污染物的气相浓度：

$$P_i = y_i P_i^0$$

式中，P_i 为组分 i 的气相分压；y_i 为混合物中组分 i 的摩尔分数；P_i^0 为纯组分 i 的蒸气压。

气液（NAPL）传质过程：

$$I_{Ng} = \phi S_g \lambda_{Ng} (C_g - C_{ge})$$

式中，I_{Ng} 为 NAPL 进入土壤气相中的挥发速率；ϕ 为孔隙率；S_g 为土壤气相饱和度；λ_{Ng} 为团粒传质系数；C_g 为气相浓度；C_{ge} 为气相平衡浓度或饱和蒸气浓度。

$$\lambda_{Ng} = ka$$

式中，a 为特征传质界面（表示单位体积土壤中 NAPL-空气的传质界面）面积；k 为传质系数。

（5）溶解　NAPL 在饱和带进入水相的溶解传质过程可采用推动力的一级表达式作为总传质动力学方程：

$$I_{Nw} = \phi S_w \lambda_{Nw} (C_w - C_{we})$$

式中，I_{Nw} 为 NAPL 进入水中的溶解速率；ϕ 为土壤总孔隙率；S_w 为水饱和度；λ_{Nw} 为 NAPL 的溶解速率常数，可通过现场实验数据由实验回归获得；C_w 为水中 NAPL 浓度；C_{we} 为水中 NAPL 平衡浓度或饱和浓度。

（6）吸附与解吸　多孔介质的表面积和表面性质是决定吸附容量的主要因素。固体对溶质的亲和吸附作用主要通过静电引力、范德华力和化学键力的作用。吸附作用包括机械过滤作用、物理吸附作用、化学吸附作用、离子交换吸附作用等。

土壤中阳离子交换能力大小顺序为：$Fe^{3+} > Al^{3+} > H^+ > Ba^{2+} > Sr^{2+} > Ca^{2+} > Mg^{2+} > Cr^{3+} > Rb^+ > NH_4^+ > K^+ > Na^+ > Li^+$。

阳离子交换反应表示为：

$$a A + b B_x \rightleftharpoons a A_x + b B$$

$$K_{A-B} = \frac{[A_x]^a [B]^b}{[A]^a [B_x]^b}$$

式中，K_{A-B} 为阳离子交换平衡常数；A、B 为水中的离子；A_x、B_x 为吸附在固体表面的离子；方括号代表活度。

对阴离子起吸附作用的是带正电荷的胶体。岩土颗粒表面多带负电荷，阴离子吸附比阳离子吸附弱很多。PO_4^{3-} 易被高岭土吸附，硅质胶体易吸附 PO_4^{3-}、AsO_4^{3-}，不吸附 SO_4^{2-}、

Cl^-、NO_3^-。随着土壤中 Fe_2O_3、$Fe(OH)_3$ 等铁的氧化物与氢氧化物的增加，SO_4^{2-}、Cl^-、F^- 的吸附增加。阴离子吸附大小顺序为：$F^- > PO_4^{3-} > HPO_4^{2-} > HCO_3^{2-} > H_2BO_3^- > SO_4^{2-} > Cl^- > NO_3^-$。

有机物分配系数 K_d 随着固相吸附剂中有机碳含量增加而增大：

$$K_d = K_{OC} f_{OC}$$

式中，K_d 为有机物分配系数；K_{OC} 为有机物在水和纯有机碳间的分配系数；f_{OC} 为介质中有机碳的含量，为单位质量多孔介质中有机碳的含量。

在饱和水介质中，有机碳的吸附主要发生在小颗粒上。在包气带中，有机碳的含量从地表向下逐渐降低，表层土壤中有机碳的含量最高。假设介质中有机质含量为 f_{OM}，则 $f_{OC} = f_{OM}/1.724$；如果土壤中的含氮量为 f_N，则 $f_{OC} = 11f_N$；有机物的值通常由该有机物在疏水溶剂辛醇和水之间的分配系数来推算：

$$K_{OC} = aK_{OW}^b \quad 或 \quad \lg K_{OC} = b\lg K_{OW} + \lg a$$

式中，K_{OW} 为有机物在辛醇和水之间的分配系数，为有机物在辛醇中的浓度与在水中的浓度之比；a，b 为实验常数。对于多种有机物，K_{OC} 是有机物在水中的溶解度的函数：$K_{OC} = \alpha S_W^\beta$ 或 $\lg K_{OC} = \beta\lg S_W + \lg\alpha$

式中，S_W 为溶解度；α，β 为实验常数。

（7）平衡吸附　液相浓度与固相浓度的数学表达式称为吸附模式，其相应的图式表达为吸附等温线。在土壤与地下水研究中常用线性 Henry、非线性 Freundlich、Langmuir 和 Temkin 吸附模式。

① 线性 Henry 等温吸附　吸附到固相中的污染物浓度（C_s）与液相中的污染物浓度（C）成正比，吸附等温线为一直线，吸附方程为：

$$C_s = K_d C$$

式中，K_d 为分配系数，为吸附平衡时固相浓度与液相浓度的比值，$K_d = C_s/C_0$。吸附过程 $K_d \geqslant 0$；解吸过程 $K_d \leqslant 0$。

理论上吸附量可以无限，但线性吸附不可能无限增加，并且吸附等温线大多为曲线。

② 非线性 Freundlich 等温吸附模式方程

$$C_s = K_f C^N \quad 或 \quad \lg C_s = \lg K_f + N\lg C$$

式中，K_f 为 Freundlich 常数；N 为衡量是否为等温线的参数，当 $N = 1$ 时为线性吸附。

③ Langmuir 等温吸附　是建立在固体表面吸附位有限基础上的，当所有吸附位均被占满时，固体表面不再有吸附能力。假设各分子吸附能相同且与其在吸附质表面的覆盖程度无关，有机物吸附仅发生在吸附剂的固定位置并且吸附质之间没有相互作用。Langmuir 等温吸附方程：

$$\frac{C}{C_s} = \frac{1}{\alpha\beta} + \frac{C}{\beta}$$

式中，α 为 Langmuir 常数；C_s、C 分别为固相与液相浓度；β 为最大吸附容量，为单位多孔介质所能吸附的最大持量。

④ Temkin 吸附平衡方程

$$C_s = K\ln C_e + \alpha$$

式中，C_e 为平衡时浓度。

（8）非平衡吸附（动态吸附模式） 假设吸附速率与液相污染物的浓度成正比，污染物一旦被吸附则不再发生解吸，吸附是不可逆的。

① 线性不可逆吸附方程

$$\frac{\partial C_s}{\partial t} = \lambda_1 C$$

式中，λ_1 为反应速率常数；t 为时间。

② 线性可逆动态吸附方程 但实际上吸附过程就是可逆的。

$$\frac{\partial C_s}{\partial t} = \lambda_2 C - \lambda_3 C_s$$

式中，λ_2 为一级反应速率常数；λ_3 为一级逆反应速率常数。如果有足够的时间使反应达到平衡，则 C_s 不再随时间而发生变化，此时 $\partial C_s / \partial t = 0$，则为线性等温吸附模式。

③ Freundlich 动态吸附 假设吸附反应是线性的。Freundlich 动态吸附方程为：

$$\frac{\partial C_s}{\partial t} = \lambda_4 C - \lambda_5 C_s$$

式中，λ_4、λ_5 分别为正反应与逆反应速率常数。当吸附达到平衡时退化为 Freundlich 等温吸附方程：$C_s = K_f C^N$。

④ Langmuir 动态吸附方程 具有双线性特征。

$$\frac{\partial C_s}{\partial t} = \lambda_6 C(\beta - C_s) - \lambda_7 C_s$$

式中，λ_6、λ_7 为正反应与逆反应速率常数；β 为固体所能吸附的最大容量。

在总污染源一定的情况下，降雨量的增加和污染土壤厚度的增大会导致下层土壤中有机物浓度降低。

（9）化学反应 地下水系统可视为一个化学处理系统，地下水水质变化是由于地下水在流动过程中经受地球化学和生物化学反应引起的，即任意一点的水质是水沿流动途径运动至该点前所经历的一系列化学反应及综合作用的结果。典型的反应过程分别为单相反应（化学平衡反应和动态化学反应）、多组分快速反应。

（10）生物作用 生物作用包括生物降解、生物积累、植物摄取。

① 碳氢化合物降解速率 Monod 方程

$$\frac{dC}{dt} = -Mh_u \left(\frac{C}{K_C + C}\right)\left(\frac{O}{K_O + O}\right)$$

式中，C 为液相中碳氢化合物的浓度；O 为液相中氧（电子受体）浓度；M 是好氧微生物的浓度；h_u 是微生物的降解速率常数，为单位时间好氧微生物所能降解碳氢化合物的最大质量；K_C 为碳氢化合物的半饱和浓度常数；K_O 是氧的半饱和浓度常数。

② 氧的消耗速率

$$\frac{dO}{dt} = -Mh_u G \left(\frac{C}{K_C + C}\right)\left(\frac{O}{K_O + O}\right)$$

式中，G 为比例系数，为降解单位质量碳氢化合物所用氧的质量。

③ 微生物的生长速率

$$\frac{dM}{dt} = Mh_u Y \left(\frac{C}{K_C + C}\right)\left(\frac{O}{K_O + O}\right) + \lambda_M (M_0 - M)$$

式中，Y 为微生物产生系数，即单位质量碳氢化合物所产生的微生物的质量；λ_M 为微生物衰减速率常数；M_0 是微生物初始浓度。

④ 微生物在厌氧条件下降解的 Monod 方程

$$\frac{dC}{dt} = -h_{ua}M_a\left(\frac{C}{K_a+C}\right)$$

式中，M_a 为厌氧微生物浓度；h_{ua} 为厌氧微生物降解能力常数，为单位时间单位质量厌氧微生物所能降解的碳氢化合物的最大质量；K_a 为厌氧条件下碳氢化合物的半饱和浓度。

⑤ 如果考虑微生物的抑制（毒害）作用，则 Monod 方程：

$$I_c\frac{dC}{dt} = -h_{ua}M_a\left(\frac{C}{K_a+C+I_c}\right)$$

式中，I_c 为抑制因子，表示毒性底物对微生物生长的抑制程度。

⑥ 每一种碳氢化合物均有一个生物浓度低限，低于此浓度微生物的降解作用停止。低限浓度 C_{min} 表示为：

$$C_{min} = K_c\left(\frac{\lambda_M}{Yh_u-\lambda_M}\right)$$

2.3 污染物迁移数据处理与制图

2.3.1 离散数据网格化方法简介

一般实施的采样方法为不规则测网法。绘制污染等值线图时，要根据客观环境特征和数据本身的特点，选择合适的网格化方法。

(1) 网格化方法的特征及应用条件　网格化是指通过一定的插值方法，将稀疏的、不规则分布的数据插值加密为规则分布的数据，以适合绘图的需要。原始数据的不规则分布，造成缺失数据的"空洞"。网格化则是用外推或者内插的算法填充了这些"空洞"。

(2) 网格化方法　主要等值线图绘制软件有 Surfer 及 Mapgis。

Mapgis 中有 4 种网格化方法：距离幂函数反比加权网格化、Kring 泛克里格法网格化、稠密数据中指选取网格化、稠密数据高斯距离权网格化。

Surfer 中网格化方法有 12 种。Surfer 网格化方法基本涵盖 Mapgis 网格化方法。Surfer 网格化方法有：加权反距离插值法（inverse distance to a power）、克里格法（Kriging）、最小曲率法（minimum curvature）、谢别德法（Modified shepard's method）、自然邻点插值法（natural neighbor）、最近邻点法（nearest neighbor）、多项式回归法（polynomial regression）、径向基本函数法（radial basis function）、带线性插值的三角剖分法（triangulation/liner interpolation）、移动平均法（moving average）、数据度量法（data metrics）和局部多项式法（local polynomial）。

Surfer 应用更广泛，下面详细介绍 Surfer 中各种网格化方法的特征。

① 加权反距离插值法　首先由气象学家和地质工作者提出的加权反距离法是一种加权平均内插，可以是准确插值或平滑插值，通常表现为准确插值。基本原理是设平面上分布一系列离散点，已知其位置坐标和属性值，$P(x, y)$ 为任一网格点，根据周围离散点的属性值，通过距离加权插值求 P 点属性值。实质是待插值点领域内已知散乱点属性值的加权平均，权的大小与待插值点领域内散乱点之间的距离有关，是距离 n 次方的倒数。

加权反距离插值法认为任何一个观测值都对邻近的区域有影响，且影响的大小随距离的增大而减小。在计算一个网格节点的 Z 值时，赋给数据点的权重是分数，所有数据点的权重和为1。权重与数据点到节点的距离成反比，愈靠近节点的原始数据点，其权重愈大。

该方法的优点是可以通过权重调整空间插值等值线的结构，但是其计算值容易受到数据点集群的影响，计算结果中常出现孤立点数据明显高于周围数据点的现象，表现为在网格区内围绕着某些数据点可能产生牛眼状（Bull's eye）等值线。可以通过设置 Smoothing 参数平滑内插网格来消减牛眼效应。加权反距离插值法是一种非常快速的网格化方法，在小于500个数据点时，可以使用 No Search（使用所有点）的搜索类型来快速生成网格。加权反距离插值法方程：

$$Z_j = \frac{\sum\limits_{i=1}^{n} \dfrac{Z_i}{h_{ij}^{\beta}}}{\sum\limits_{i=1}^{n} \dfrac{1}{h_{ij}^{\beta}}} \qquad h_{ij} = \sqrt{d_{ij}^2 + \delta^2}$$

式中，h_{ij} 为网格节点"j"与邻近点"i"之间的有效分离距离；Z_j 为网格节点"j"的内插值；Z_i 为邻近点；d_{ij} 为网格节点"j"与邻近点"i"之间的距离；β 为权重系数；δ 为 Smoothing 参数。

加权反距离插值法高级选项：设置加权反距离插值高级选项 Power 和 Smoothing 参数。权重系数 Power 确定随着数据点到网格节点距离的增加，其权重降低的程度。随着 Power 逼近0，生成的表面逼近一个水平面，该平面通过数据文件中的所有观测点的平均值。随着权重系数的增加，生成的表面由最邻近点插值，导致表面变成多边形。多边形表现了最接近内插节点的观测表面。可接受的权重系数通常在1～3之间。

平滑参数 Smoothing 把"不确定性"因素与用户输入的数据联系起来，平滑参数愈大，计算相邻网格节点 Z 值时特异观察点的绝对影响就愈小。平滑参数大于0，则没有任何一个数据点对于某个节点的权重为1，即使该数据点正好位于网格节点上。

② 克里格法　克里格法是一种在许多领域都很有用的地质统计网格化方法。最初是由南非金矿地质学家克里格根据南非金矿的具体情况提出的计算矿产储量的方法：按照样品与待估块段的相对空间位置和相关程度来计算块段品位及储量，并使估计误差为最小。后来，法国学者马特隆对克里格法进行了详细的研究，使之公式化和合理化。克里格法的基本原理是根据相邻变量的值（如若干样品元素含量值），利用变差函数所揭示的区域化变量的内在联系来估计空间变量数值。克里格法试图表示隐含在数据中的趋势，例如，高点会是沿一个脊连接，而不是被牛眼形等值线所孤立。

该方法总是尽可能地去描述原数据所隐含的趋势特征，以区域化变量理论为基础，以变差函数为主要工具，在保证研究对象的估计值满足无偏性条件和最小方差条件的前提下求得估计值。对于高值数据点会使之沿某一"脊"分布，而不围绕该点孤立插值，不形成牛眼状等值线。克里格法极为灵活，广泛地应用于各个科学领域，适于各种类型的离散数据，网格化精度高，是极佳的网格化方法。克里格法中包含了几个因子：变异图模型、漂移类型和矿块效应。其中变异图模型（Variogram Model）是用来确定插值每一个结点时所用数据点的邻域，以及在计算结点时给予数据点的权重。

Surfer 提供了多种最常用的变异图模型，它们是指数、高斯模型、线性、对数、矿块效应、幂、二次模型、有理数二次模型、球面模型和波（空洞效应）。如果拿不准用哪一种变异图，可选用线性变异图，大多数情况下，效果较好。

③ 最小曲率法　这是一种在地学中广泛应用的网格化方法。由最小曲率法构成的插值表面像一个线性弹性薄板，试图在尽可能严格地尊重数据的同时，生成与原始数据点尽可能吻合的最平滑的曲面。最小曲率法不是准确插值，是典型的平滑插值。使用最小曲率法时要涉及两个参数：最大残差参数和最大循环次数参数，来控制最小曲率的收敛标准。

最大残差（max reciduals）：单位与数据相同，比较合适的值是数据精度的10%。缺省的最大残差为 $0.001（Z_{max}-Z_{min}）$。

最大循环次数参数（max iterations）：通常设为网格结点数的 $1\sim2$ 倍。例如，对于 50×50 的网格，最大重复参数在 $2500\sim5000$。

内部和边缘张性系数（internal and boundary tension）：设定弹性薄板内部和边缘弯曲度的参数。该值愈大，弯曲愈小。缺省值均为0。

松弛系数（relaxation factor）：算法参数，通常该值愈大，迭代算法会聚愈快。缺省值为1，一般不用另设定。

④ 谢别德法　谢别德法是一种加权反距离法的最小二乘法。与加权反距离插值法相似，但由于使用局部最小二乘法，消除或减少了绘制等值线时的"牛眼"效应。谢别德法可以是准确插值或者是平滑插值。可以设置网格化的平滑参数，允许进行平滑插值。随平滑参数值的增加，平滑效果愈明显。通常，该值在 $0\sim1$ 最合适。

⑤ 最近邻点法　又称泰森多边形方法，泰森多边形（Thiesen，又叫 Dirichlet 或 Voronoi 多边形）分析法是荷兰气象学家 A. H. Thiessen 提出的一种分析方法。最初用于从离散分布气象站的降雨量数据中计算平均降雨量，现在 GIS 和地理分析中经常采用泰森多边形进行快速赋值。实际上，最近邻点插值的一个隐含的假设条件是任一网格点 $P(x,y)$ 的属性值都使用距它最近的位置点的属性值，用每一个网格节点的最邻点值作为待定节点值。当数据已经是均匀间隔分布，要先将数据转换为 Surfer 的网格文件，可以应用最近邻点插值法；或者在一个文件中，数据紧密完整，只有少数点没有取值，可用最近邻点插值法来填充无值的数据点。有时需要排除网格文件中的无值区域，再搜索椭圆（search ellipse）设置一个值，对无值区域赋予该网格文件里的空白值。设置的搜索半径的大小要小于该网格文件数据值之间的距离，所有的无数据网格节点都被赋予空白值。在使用最近邻点插值网格化法将一个规则间隔的 XYZ 数据转换为一个网格文件时，可设置网格间隔和 XYZ 数据的数据点之间的间距相等。最近邻点插值网格化法没有选项，它是均质且无变化的，对均匀间隔的数据进行插值很有用，同时，它对填充无值数据的区域很有效。

最近邻点法用最邻近的数据点来计算每个网格结点的值。这种方法通常用于已有规则网格只需要转换为 Surfer 网格文件时，或数据点几乎构成网格，只有个别点缺失，该方法可以有效地填充"空洞"。通过设置搜寻椭圆半径的值小于数据点之间距离的方法，给缺少数据点的结点赋值为空白。最近邻点插值网格化法没有选项，它是均质且无变化的，对均匀间隔的数据进行插值很有用，同时，它对填充无值数据的区域很有效。

⑥ 多项式回归法　多元回归被用来确定数据的大规模的趋势和图案。可以用几个选项来确定需要的趋势面类型。多元回归实际上不是插值器，因为它并不试图预测未知的 Z 值。它实际上是一个趋势面分析作图程序。使用多元回归法时要涉及曲面定义和指定 XY 的最高方次设置，曲面定义是选择采用的数据的多项式类型，这些类型分别是简单平面、双线性鞍、二次曲面、三次曲面和用户定义的多项式。参数设置是指定多项式方程中 X 组元和 Y

组元的最高方次。多项式回归法用来确定用户数据整体的趋势或构造一种模型。多项式回归法实际上并不是一种插值，因为它并不试图预测未知的 Z 值。用户可以在表面选定（surface difination）框内选择 4 种曲面中的任一种。

⑦ 自然邻点插值法　自然邻点插值法（natural neighbor）是 Surfer 7.0 开始才有的网格化新方法，广泛应用于一些研究领域中。其基本原理是对于一组泰森（Thiessen）多边形，当在数据集中加入一个新的数据点（目标）时，就会修改这些泰森多边形，而使用邻点的权重平均值将决定待插点的权重，待插点的权重和目标泰森多边形成比例。实际上，在这些多边形中，有一些多边形的尺寸将缩小，并且没有一个多边形的大小会增加。同时，自然邻点插值法在数据点凸起的位置并不外推等值线（如泰森多边形的轮廓线）。

⑧ 径向基本函数法　径向基本函数法是多个数据插值方法的组合。根据适应的数据和生成一个圆滑曲面的能力，其中的复二次函数被许多人认为是最好的方法。所有径向基本函数法都是准确的插值器，它们都要为数据而努力。为了试图生成一个更圆滑的曲面，对所有这些方法都可以引入一个圆滑系数。可以指定的函数类似于克里格中的变化图。当对一个格网结点插值时，这些个函数给数据点规定了一套最佳权重。

⑨ 带线性插值的三角剖分法　是一种严密的准确插值，它的工作路线与手工绘制等值线相近。方法是在相邻点之间连线构成三角形，并且保持任一三角形的边都不与其他三角形的边相交。这样在网格范围内由一系列三角形平面构成拼接图。由于数据点平均分布，在通过地形变化显示断层线时，三角形法非常有效。因为每一个三角形都构成一个平面，所有的结点都在三角形中，其坐标被三角形平面方程唯一地确定。对于有 200～1000 个数据点，且平均地分配在网格区域里时，用带线性插值的三角剖分法最好。

（3）常用的网格化方法对比分析　不同的网格化方法可以得到不同的网格文件，用户应当选用最能代表自己数据特点的方法，选择网格化方法时应当考虑原始数据点数量的多寡。

① 从原始数据点数量角度考虑　10 个或 10 个以下的数据点，除了反映数据的一般趋势外，没有多大意义。这样少的点，带线性插值的三角剖分法无效，数据点<250 个时，具线性变异图的克里格法、多重二次曲面法的径向基函数法都可以产生较好代表原始数据特点的网格。

中等数据量（250～1000 数据点），带线性插值的三角剖分法网格化很快，并能生成很好代表原始数据特点的网格。克里格法和径向基函数法较慢，也可以产生高质量的网格。

大的数据量（>1000 数据点），最小曲率法最快，网格足以代表原始数据特点。带线性插值的三角剖分法网格化较慢，网格有足够的代表性。

② 常用网格化法特征　大部分情况下，具有线性变异图的克里格法是十分有效的，应首先予以推荐。其次是很接近的径向基函数法中的多重二次曲面法。这两种方法都能产生较好的代表原始数据的网格。但对于大量数据的网格化，克里格法比较慢。加权反距离法最快，但是围绕数据点，有产生"牛眼"效应的趋势。

谢别德法与加权的反距离法插值法相似，但没有产生等值线"牛眼"效应的缺点。带线性插值的三角剖分法对于中等数量的数据点，网格化很快。一个优点是，当有足够的数据点时，三角剖分法可以反映出数据文件所内含的不连续性。例如断层线。

③ 常用的 8 种网格化方法及其特征和应用条件　如表 2.15 所示。

表 2.15　常用的 8 种网格化方法及其特征和应用条件

类型	特征	应用条件	图
加权反距离插值法	认为任何一个观测值都对邻近的区域有影响,且影响的大小随距离的增大而减小。缺点是围绕数据点,有产生"牛眼"效应的趋势	可以通过权重调整空间插值等值线的结构,计算值容易受到数据点集群的影响,常出现孤立点数据明显高于周围数据点	
克里格法	根据相邻变量的值,利用变差函数所揭示的区域变量的内在联系来估计空间变量数值,网格化精度高	数量小于 250 个点数据的网格化,对于 250～1000 个数据点,效果也不错	
最小曲率法	采用迭代的方法逐次求取网格节点数据	方法速度快,适合于大量(1000 个以上)数据的网格化	

类型	特征	应用条件	图
谢别德法	与加权反距离插值法相似,但没有产生等值线"牛眼"效应的缺点	与加权反距离插值法相似	
最近邻点法	采用距离网格节点最近的数据点的值来表明网格节点的值	适合规则分布或者大多数数据点位于网格节点上的数据,更适合于均匀间隔的数据插值,可以有效填充无值数据的区域	
多项式回归法	仅仅通过定义趋势面类型来表明原数据的大状态趋势,并不增加未知的网格节点值	实际上是一种趋势面分析作图程序,可用来确定数据的大规模趋势和图案,被广泛应用于地质科学,该方法具有速度快的特点,然而其去掉了原数据中的局部细节,不利于资料的详细分析	
径向基函数法	多个数据插值方法组合的、多形式的方法	使用范围类似克里格法	

续表

类型	特征	应用条件	图
带插值的三角形剖分法	通过直线连接各数据点形成一系列互补相交的三角形,每个三角形内的网格节点值由该三角平面决定,一个优点是,当有足够的数据点时,三角剖分法可以反映出数据文件所内含的不连续性。例如断层线	方法速度快,适合中等数量、均匀分布的数据网格化,对于 1000 个以上数据的网格化较慢,但是网格有足够的代表性	

（4）网格化方法选择 选择网格化方法时应当考虑原始数据点数量的多寡,≤10 个数据或＜250 个时,具线性变异图的克里格法、多重二次曲面法的径向基函数法都可以产生较好代表原始数据特点的网格。中等数据量（250～1000 个数据点）时,带线性插值的三角剖分法网格化很快,并生成很好代表原始数据特点的网格。克里格法和径向基函数法也可以产生高质量的网格。大的数据量（＞1000 个数据点）,最小曲率法最快,网格足以代表原始数据特点。带线性插值的三角剖分法网格化较慢,网格有足够的代表性。

推荐方法：大部分情况下,具有线性变异图的克里格法是十分有效的,应首先予以推荐。其次是径向基函数法。径向基函数法十分灵活,与克里格法产生的网格十分类似。改进的谢别德（Shepard's）法与反距离加权插值法相似,但没有产生等值线"牛眼"效应的缺点。

（5）采样点值必须保持 必须保证采样点的值不被插值算法改变：反距离加权插值法、克里格插值法、径向基函数法,在插值点与取样点重合时,插值点的值就是样本点的值,其他方法不能保证如此。

（6）交叉验证 各种算法都可以检验插值质量,这就是"交叉验证"。即移去一个已知资料点的数据,用其他各点的数据来估计该点的数据,将插值数据和真实数据进行比较,以检验插值精度的方法。

一般这样的验证都是全交叉验证,即所有的资料点都要进行验证。对于验证的结果,运用绝对平均误差（MAE）、相对平均误差及均方根误差（RMSE）作为检验的质量标准。而检验结果的报告可以作为文件保存。

2.3.2 污染物扩散迁移推荐模型

进入土壤中的污染物可在土壤液相、气相和固相分配并达到平衡。表层、下层土壤及地下水中的挥发性污染物可扩散进入室外空气,下层土壤和地下水挥发性污染物可扩散进入室内空气,土壤中污染物可淋溶、迁移进入地下水。以下给出了土壤和地下水中污染物扩散迁移的相关模型。

2.3.2.1 气态污染物有效扩散系数计算模型

（1）土壤中气态污染物的有效扩散系数

$$D_s^{eff}=D_a \times \frac{\theta_{as}^{3.33}}{\theta^2}+D_w \times \frac{\theta_{ws}^{3.33}}{H' \times \theta^2}$$

式中，D_s^{eff} 为土壤中气态污染物的有效扩散系数，cm^2/s；D_a 为空气中扩散系数，cm^2/s；D_w 为水中扩散系数，cm^2/s；H' 为无量纲亨利常数，cm^3/cm^3；θ 为非饱和土层土壤中总孔隙体积比，无量纲；θ_{ws} 为非饱和土层土壤中孔隙水体积比，无量纲；θ_{as} 为非饱和土层土壤中总孔隙空气体积比，无量纲。

其中

$$\theta=1-\frac{\rho_b}{\rho_s}$$

$$\theta_{ws}=\frac{\rho_b \times P_{ws}}{\rho_w}$$

$$\theta_{as}=\theta-\theta_{ws}$$

式中，ρ_b 为土壤容重，kg/dm^3，推荐值可查阅相关手册；ρ_s 为土壤颗粒密度，kg/dm^3，推荐值可查阅相关手册；P_{ws} 为土壤含水率，kg/dm^3，土壤推荐值可查阅相关手册；ρ_w 为水的密度，$1kg/dm^3$。

（2）气态污染物在地基与墙体裂隙中的有效扩散系数

$$D_{crack}^{eff}=D_a \times \frac{\theta_{acrack}^{3.33}}{\theta^2}+D_w \times \frac{\theta_{wcrack}^{3.33}}{H' \times \theta^2}$$

式中，D_{crack}^{eff} 为气态污染物在地基与墙体裂隙中的有效扩散系数，cm^2/s；θ_{acrack} 为地基裂隙中空气体积比，无量纲；θ_{wcrack} 为地基裂隙中水体积比，无量纲。

（3）毛细管层中气态污染物的有效扩散系数

$$D_{cap}^{eff}=D_a \times \frac{\theta_{acap}^{3.33}}{\theta^2}+D_w \times \frac{\theta_{wcap}^{3.33}}{H' \times \theta^2}$$

式中，D_{cap}^{eff} 为毛细管层中气态污染物的有效扩散系数，cm^2/s；θ_{acap} 为毛细管层土壤中孔隙空气体积比，无量纲；θ_{wcap} 为毛细管层土壤中孔隙水体积比，无量纲。

（4）气态污染物从地下水到表层土壤的有效扩散系数

$$D_{gws}^{eff}=\frac{L_{gw}}{\frac{h_{cap}}{D_{cap}^{eff}}+\frac{h_v}{D_s^{eff}}}$$

式中，D_{gws}^{eff} 为地下水到表层土壤的有效扩散系数，cm^2/s；h_{cap} 为地下水土壤交界处毛细管层厚度，cm，推荐值可查阅相关手册；h_v 为非饱和土层厚度，cm，优先根据场地调查数据确定，推荐值可查阅相关手册；L_{gw} 为地下水埋深，cm，必须根据场地调查获得参数值。

（5）土壤-水中污染物分配系数

$$K_{sw}=\frac{\theta_{ws}+(K_d \times \rho_b)+(H' \times \theta_{as})}{\rho_b}$$

式中，K_{sw} 为土壤-水中污染物分配系数，cm^3/g；K_d 为土壤固相-水中污染物分配系数，cm^3/g。

其中

$$K_d=K_{oc} \times f_{oc}$$

$$f_{oc}=\frac{f_{om}}{1.7 \times 1000}$$

式中，K_{oc} 为土壤有机碳/土壤孔隙水分配系数，L/kg；f_{oc} 为土壤有机碳质量分数，无量纲；f_{om} 为土壤有机质含量，g/kg，根据场地调查获得参数值。

（6）室外空气中气态污染物扩散因子

$$DF_{oa} = \frac{U_{air} \times W \times \delta_{air}}{A}$$

式中，DF_{oa} 为室外空气中气态污染物扩散因子，[g/(cm² · s)]/ (g/cm³)；U_{air} 为混合区风速，cm³/s；A 为污染源区面积，cm²；W 为污染源区宽度，cm²；δ_{air} 为混合区高度，cm。

（7）室内空气中气态污染物扩散因子

$$DF_{ia} = L_B \times ER \times \frac{1}{86400}$$

式中，DF_{ia} 为室内空气中气态污染物扩散因子，[g/(cm² · s)]/ (g/cm³)；ER 为室内空气交换速率，次/d；L_B 为室内空间体积与气态污染物入渗面积比，cm；86400 为时间单位转换系数，s/d。

（8）流经地下室底板裂隙的对流空气流速

$$Q_s = \frac{2 \times \pi \times dP \times K_v \times X_{crack}}{\mu_{air} \times \ln\left(\frac{2 \times Z_{crack}}{R_{crack}}\right)}$$

$$R_{crack} = \frac{A_b \times \eta}{X_{crack}}$$

式中，Q_s 为流经地下室地板裂隙的对流空气流速，cm³/s；π 为圆周率常数，3.14159；dP 为室内和室外大气压力差，g/(cm · s)；K_v 为土壤透性系数，cm²；X_{crack} 为地下室内地板（裂隙）周长，cm；μ_{air} 为空气黏滞系数，1.81×10^{-4} g/(cm · s)；Z_{crack} 为地下室地面到地板底部厚度，cm；R_{crack} 为室内裂隙宽度，cm；A_b 为地下室内地板面积，cm²；η 为地基和墙体裂隙表面积占室内地表面积的比例，无量纲。

2.3.2.2　污染物扩散进入室外空气的挥发因子计算模型

（1）表层土壤中污染物扩散进入室外空气的挥发因子

$$VF_{suroa1} = \frac{\rho_b}{DF_{oa}} \sqrt{\frac{4 \times D_s^{eff} \times H'}{\pi \times \tau \times 31536000 \times K_{sw} \times \rho_b}} \times 10^3$$

$$VF_{suroa2} = \frac{d \times \rho_b}{DF_{oa} \times \tau \times 31536000} \times 10^3$$

$$VF_{suroa} = MIN(VF_{suroa1}, VF_{suroa2})$$

VF_{suroa1} 为表层土壤总污染物扩散进入室外空气的挥发因子（算法一），kg/m³；VF_{suroa2} 为表层土壤总污染物扩散进入室外空气的挥发因子（算法二），kg/m³；VF_{suroa} 为表层土壤总污染物扩散进入室外空气的挥发因子（算法一和算法二中的较小值），kg/m³；τ 为气态污染物入侵持续时间，a；d 为表层污染土壤层厚度，cm，必须根据场地调查获得参数值；31536000 为时间单位转换系数，s/a。

（2）下层土壤中污染物扩散进入室外空气的挥发因子

$$VF_{suboa1} = \frac{1}{\left(1 + \frac{DF_{oa} \times L_s}{D_s^{eff}}\right) \times \frac{K_{sw}}{H'}} \times 10^3$$

如下层污染土壤厚度已知，污染物进入室外空气的挥发因子：

$$VF_{suboa2} = \frac{d_s \times \rho_b}{DF_{oa} \times \tau \times 31536000} \times 10^3$$

$$VF_{suboa} = \min(VF_{suboa1}, VF_{suboa2})$$

式中，VF_{suboa1} 为下层土壤中污染物扩散进入室外空气的挥发因子（算法一），kg/m^3；VF_{suboa2} 为下层土壤中污染物扩散进入室外空气的挥发因子（算法二），kg/m^3；VF_{suboa} 为下层土壤中污染物扩散进入室外空气的挥发因子（算法一和算法二中的较小值），kg/m^3；L_s 为下层污染土壤上表面到地表距离，cm，必须根据场地调查获得参数值；d_s 为下层污染土壤厚度，cm。

（3）地下水中污染物扩散进入室外空气的挥发因子

$$VF_{gwoa} = \frac{1}{\left(1 + \dfrac{DF_{oa} \times L_{gw}}{D_{gws}^{eff}}\right) \times \dfrac{1}{H'}} \times 10^3$$

式中，VF_{gwoa} 为地下水中污染物扩散进入室外空气的挥发因子，L/m^3。

2.3.2.3 污染物扩散进入室内空气的挥发因子计算模型

（1）建筑物下方土壤中污染物进入室内空气的挥发因子

$Q_s = 0$ 时

$$VF_{subia1} = \frac{1}{\dfrac{K_{sw}}{H'} \times \left(1 + \dfrac{D_s^{eff}}{DF_{ia} \times L_s} + \dfrac{D_s^{eff} \times L_{crack}}{D_s^{eff} \times L_s \times \eta}\right) \times \dfrac{DF_{ia} \times L_s}{D_s^{eff}}} \times 10^3$$

$Q_s > 0$ 时

$$VF_{subia1} = \frac{1}{\dfrac{K_{sw}}{H'} \times \left[e^\xi + \dfrac{D_s^{eff}}{DF_{ia} \times L_s} + \dfrac{D_s^{eff} \times A_b}{Q_s \times L_s} \times (e^\xi - 1)\right] \times \dfrac{DF_{ia} \times L_s}{D_s^{eff} \times e^\xi}} \times 10^3$$

$$\xi = \frac{Q_s \times L_{crack}}{A_b \times D_{crack}^{eff} \times \eta}$$

如下层污染土壤厚度已知，污染物进入室内空气的挥发因子：

$$VF_{subia2} = \frac{d_s \times \rho_b}{DF_{ia} \times \tau \times 31536000} \times 10^3$$

$$VF_{subia} = \min(VF_{subia1}, VF_{subia2})$$

式中，VF_{subia1} 为下层土壤中污染物扩散进入室内空气的挥发因子（算法一），kg/m^3；VF_{subia2} 为下层土壤中污染物扩散进入室内空气的挥发因子（算法二），kg/m^3；VF_{subia} 为下层土壤中污染物扩散进入室内空气的挥发因子（算法一和算法二中的较小值），kg/m^3；L_{crack} 为室内地基或墙体厚度，cm，推荐值可查阅相关手册；ξ 为土壤污染物进入室内挥发因子计算过程参数；31536000 为时间单位转换系数，s/a。

（2）地下水中污染物扩散进入室内空气的挥发因子

$Q_s = 0$ 时

$$VF_{gwia1} = \frac{1}{\dfrac{1}{H'} \times \left(1 + \dfrac{D_{gws}^{eff}}{DF_{ia} \times L_{gw}} + \dfrac{D_{gws}^{eff} \times L_{crack}}{D_{crack}^{eff} \times L_{gw} \times \eta}\right) \times \dfrac{DF_{ia}}{D_{gws}^{eff}} \times L_{gw}} \times 10^3$$

$Q_s > 0$ 时

$$VF_{gwia1} = \cfrac{1}{\cfrac{1}{H'} \times \left[e^{\xi} + \cfrac{D_{gws}^{eff}}{DF_{ia} \times L_{gw}} + \cfrac{D_{gws}^{eff} \times A_b}{Q_s \times L_{gw}} \times (e^{\xi}-1)\right] \times \cfrac{DF_{ia} \times L_{gw}}{D_{gws}^{eff} \times e^{\xi}}} \times 10^3$$

$$VF_{gwia} = \min(VF_{gwia1}, VF_{gwia2})$$

式中，VF_{gwia1} 为地下水中污染物扩散进入室内空气的挥发因子（算法一），kg/m^3；VF_{gwia2} 为地下水中污染物扩散进入室内空气的挥发因子（算法二），kg/m^3；VF_{gwia} 为地下水中污染物扩散进入室内空气的挥发因子（算法一和算法二中较小值），kg/m^3。

2.3.2.4 污染物迁移进入地下水的淋溶因子计算模型

土壤中污染物迁移进入地下水的淋溶因子

$$LF_{sgw1} = \frac{LF_{spw-gw}}{K_{sw}}$$

$$LF_{spw-gw} = \cfrac{1}{1 + \cfrac{U_{gw} \times \delta_{gw}}{I \times W}}$$

如下层污染土壤厚度已知，污染物迁移进入地下水的淋溶因子：

$$LF_{sgw2} = \frac{d_s \times \rho_b}{I \times \tau}$$

$$LF_{sgw} = \min(LF_{sgw1}, LF_{sgw2})$$

式中，LF_{sgw1} 为土壤中污染物迁移进入地下水的淋溶因子（算法一），kg/m^3；LF_{spw-gw} 为土壤孔隙水中污染物迁移进入地下水的淋溶因子（土壤孔隙水与地下水中污染物浓度的比值），无量纲；LF_{sgw2} 为土壤中污染物迁移进入地下水的淋溶因子（算法二），kg/m^3；LF_{sgw} 为土壤中污染物迁移进入地下水的淋溶因子（算法一和算法二中的较小值），kg/m^3；U_{gw} 为地下水的达西速率，cm/a，推荐值可查阅相关手册；δ_{gw} 为地下水混合区厚度，cm，推荐值可查阅相关手册；I 为土壤中水的渗透速率，cm/a，推荐值可查阅相关手册。

2.4 污染场地模拟软件模型

2.4.1 GMS (Groundwater Modeling System)

地下水模拟系统（Groundwater Modeling System，GMS），是美国 Brigham Young University 的环境模型研究实验室和美国军队排水工程试验工作站在综合 MODFLOW、FEMWATER、MT3DMS、RT3D、SEAM3D、MODPATH、SEEP2D、NUFT、UTCHEM 等已有地下水模型的基础上开发的一个综合性的、用于地下水模拟的图形界面软件。GMS 是一个集各类软件于一体的、能够从钻孔到地层结构、从平面到空间、从单元到系统的综合性、系统性、全面性的软件。不仅具有地下水流模拟、地下水溶质运移模拟的功能，还在实现水文地质结构可视化方面具有很强大的功能。GMS 具有便捷的图形界面、前后处理功能强大、自检查功能等特点。其图形界面由下拉菜单、编辑条、常用模块、工具栏、快捷键和帮助条 6 部分组成，使用起来非常便捷。由于 GMS 软件具有良好的使用界面，强大的前处理、后处理功能及优良的三维可视效果，目前已成为国际上最受欢迎的地下水模拟软件。GMS 是三维环境下处理地下水模拟的最高级的软件系统。性能优化的三维可视化，在真实 3D 中与模型互动，创建逼真的效果图，可生成动画以便放到 ppt 或网页中，在模型中悬垂图形并控制不透明度。

2.4.2 Visual MODFlow

加拿大 Waterloo 水文地质公司开发研制的 Visual MODFlow 是目前国际上最为流行且被各国同行一致认可的三维地下水流和溶质运移模拟的标准可视化专业软件系统。

MODFlow 已经被广泛使用，并作为了一个标准模型。对污染物的迁移数值模拟来说，MT3DMS 的应用则最为广泛，地下水流场的计算是污染物迁移模拟计算的基础，MODFlow 的广泛使用也推动了 MT3DMS 的发展。因此，由于 MODFlow 和 MT3DMS 的无缝式结合，使其成为了当前用于模拟地下水污染物迁移的黄金组合。

2.4.3 Visual Groundwater

Visual Groundwater 是一个功能强大的三维可视化与动画模拟软件，可以将包括钻孔或水质浓度数据在内的野外观测数据进行高质量的三维图形化展示。可用于展现土壤或地下水污染羽的空间分布范围，显示复杂的土壤岩性及钻孔位置信息，利用野外现场的描述性数据绘制表面图等方面。其主要特点为：可通过定义并生成不透明或透明的等浓度面将重点地区的数据展示出来；将场地地图（DXF）叠加在彩色的等值面之上，可以将所谓的重点区域与道路、建筑物、地界线等联系起来；通过动画演示时间序列数据来展示土壤或地下水中化学物质"实时"的运移或衰减过程；利用文字标注以及多种彩色的形状符号，例如立方体、球体或四面体来突出显示离散的数据点；自定义的参数设置信息（包括动画及旋转）可以保存到程序特定的配置文件中，可以支持的模拟程序包括 Visual MODFlow、FEFlow 和 GMS 等。

3 污染场地调查与监测方法

污染场地评估基本内容概括起来即为污染源、污染受体和迁移途径。

① 污染源是造成场地污染的污染物发生源，通常是指向环境排放或释放有害物质或对环境产生有害影响的场所、设备和装置。

② 污染受体是受污染源影响生命体或资源，如人类、植物、动物或环境资源。

③ 迁移途径指污染源到受体的污染途径，如地下水、地表水、直接接触或空气迁移。

从世界范围看，无论是发达国家，还是发展中国家，任何一个地方的发展均经历了三个阶段：原始生态、破坏生态和重建生态。场地污染调查评价工作也是按阶段进行的，这是国际上污染场地调查评价普遍认同和采用的一种工作模式。发达国家场地污染调查程序有以下共同特征。

① 阶段性特征：世界发达国家开展污染场地的调查工作都是按阶段进行的，一般以三个阶段居多。

② 驱动性特征：场地污染调查是在不同目的驱动下进行的，一般以土地利用过程中健康风险、生态风险评价或以污染场地修复为目的开展相应的调查。为此场地调查应先弄清调查的目的，然后再采取相应的调查步骤和技术方法进行调查。

③ 因国制宜、不断完善的特征：场地污染调查的技术要求应与各国的国情和发展阶段相适应。这是因为处于不同发展水平的国家，其生产力水平、需要解决的污染问题的迫切性等均有所不同，因此场地污染调查需要因国制宜，并且应与时俱进，在实践中不断修订和完善。场地调查、评估与修复基本流程见图 3.1。

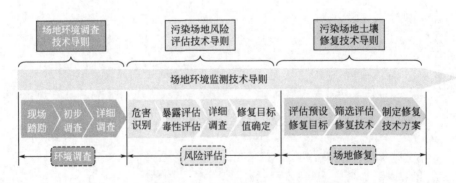

图 3.1 场地调查、评估与修复基本流程

不同国家对污染场地的调查步骤与方法规定均不同，但首先根据已有资料进行潜在污染场地的分析，如区域潜在污染源的填图等。对于一个特定的污染场地，调查主要分为三个阶段：初步调查、详细调查、补充调查。场地调查是基础。

3.1 场地调查的基本程序

3.1.1 国外场地调查基本程序

场地调查有别于传统的工程地质勘察与水文地质调查，不仅要求获取土层、含水层的常用参数，还需要了解污染物类型、垂直向及水平向分布特征、污染物与介质的物理化学关系等。

国内外污染场地的样品采集过程一般可分为前期采样、正式采样和补充采样三个阶段。每个采样阶段的工作内容具体包括：①前期采样。对于存在污染或潜在污染的场地，可依据背景资料与现场踏勘结果，在正式采样之前采集有限数量的样品进行分析和测试，初步验证场地污染物的扩散，确定污染物的污染程度和污染范围，为进一步完善场地调查计划（包括布点、监测项目和样品数量等）以及下一步大规模的采样提供依据。前期采样可与现场调查同时进行。场地大气监测不进行前期采样。②正式采样。按调查方案实施现场样。③补充采样：获得风险评估及场地修复所需要的参数，弥补前期调查的不足。

在通常情况下，污染场地应采集目标样品、背景样品和 QA/AC 样品三类现场样品。

目标样品：是指为了确定场地的污染状况从场地及周边地区采集的各类样品。目标样品构成污染场地调查样品的主体。

背景样品：为了正确判断场地污染状况，背景样品应从场地附近未受污染的区域采集，在采集目标样品的同时还应采集背景样品。采集的数量一般为 2～3 个，采集的时间基本与目标样品一致。

质量保证/质量控制（QA/QC）样品：QA/QC 样品作为现场样品的一种，将有助于评价监测结果和野外采样方法，其不作任何特殊标记，与目标样品采用相同的方法进行收集、储存、运输和分析。QA/QC 样品一般包括现场空白样品、现场加标样品和复制样品等。采集的数量一般为现场样品总数的 10%～20%，其中复制样品的数量为现场样品总数的 5% 左右。

3.1.2 我国《污染场地调查技术导则》的场地调查流程

我国《污染场地调查技术导则》调查程序主要参考：美国（ASTM E1527，ASTM E1528，ASTM E1903），加拿大（CSA Z768-01），强调"循序渐进"，"逐步判断"。本导则只规定了污染场地中土壤和地下水环境调查，没有规定含有放射性污染的场地调查、沉积物污染调查及场地建筑物、设备、固废污染的调查，场地内建构筑物和设备调查和取样可以参考《杀虫剂类可持续有机污染物污染场地环境风险管理技术研究》。没有针对土壤气的调查规范，以及更为细致的社会调查规范。

调查的原则：①针对性原则，针对场地特征和潜在污染物特性，进行浓度和空间分别调查；②规范性原则，采用程序化和系统化的方式，保证调查过程的科学性和客观性；③可操作性，综合考虑调查方法、时间、费用和专业技术水平等因素，使调查过程切实可行。

图 3.2 所示为我国《污染场地调查技术导则》污染场地调查流程图。

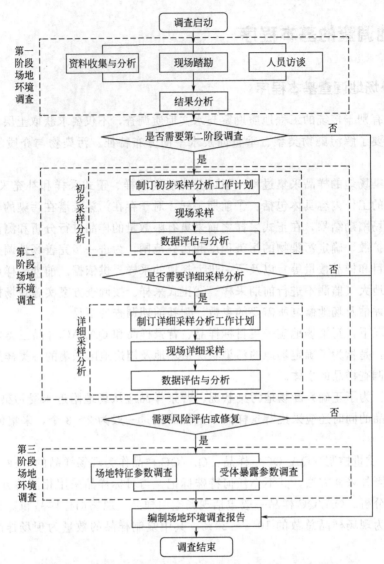

图 3.2　我国《污染场地调查技术导则》污染场地调查流程图

3.2　场地第一阶段调查

　　通过资料分析，如果确定场地可能属于潜在的污染场地，需要进一步调查确认时，可进行初步调查。目的是确定污染源的位置，场地现在与过去的活动（运转时间与污染物等），场地的水文、地质条件等，污染介质以及初步的污染范围。

　　在荷兰污染场地环境质量（土壤、水和气）标准分为 3 个层次：①目标值，表明对人体、植物、动物和生态环境没有风险的物质含量水平；②限制值，是指通过努力可以达到的污染物含量水平；③干涉值，指需要开展污染场地修复的污染物含量水平。在场地调查中如果发现污染物的浓度高于（干涉值＋目标值）/2，则可能存在严重污染，需要进行详细调查。

　　场地污染调查采用的比例尺：①对于几百平方米的场地如加油站，宜采用 1∶200 或更大的比例尺开展工作；②对于几万平方米的场地如化工厂，宜采用 1：500 或 1：1000 的比例尺开展工作；③对于几个平方千米的大型场地如钢铁厂、工业园区，调查的比例尺可适当减小，但不能小于 1：10000。

3.2.1 第一阶段调查内容

第一阶段调查是以资料收集、现场踏勘和人员访谈为主的污染识别阶段，原则上不进行现场采样分析。即识别主要污染物→可能的污染区域→初步建立场地概念模型。

（1）资料收集 污染场地环境现状调查的主要工作是通过资料收集、现场踏勘、人员访谈和现场监测，识别土壤、地下水、地表水、环境空气及残余废弃物中的关注污染物，全面分析场地污染特征，从而确定场地的污染物种类、污染程度和污染范围（表 3.1）。

表 3.1 资料收集：文件、档案、影像资料等，反映场地污染历史情况

	名称	内容	来源
1	场地利用变迁资料	场地开发及活动的航片或卫星图片，土地使用和规划资料，以及变迁过程中建筑、设施、工艺流程和生产污染等变化	场地所有者、网络、图书馆
2	生产信息	原辅材料及中间体清单、平面布置图、工艺流程图、地下管线图、化学品存储及使用清单、地上及地下储罐清单等	场地使用者
3	场地环境资料	场地土壤及地下水污染记录、危险废物堆放记录，以及场地与敏感区(自然保护区、水源地等)位置关系 区域环境保护规划、环境质量公告、环境备案和批复，以及环境监测数据、环境影响报告书、环境审计报告、地勘报告等	环境监管部门、安监部门、场地使用者等
4	自然信息	地理位置图、地形、地貌、土壤、水文地质和气象资料	图书馆、网络
5	社会信息	人口密度和分布，敏感目标分布、土地利用方式、区域所在地经济现状和发展规划，相关国家和地方的政策、法规与标准，以及地方疾病统计信息等	地区政府、网络、图书馆

初步调查是对场地污染的可能性作出判断，确定场地的水文地质条件、地层、岩性特征及分布，形成对场地污染性质、位置和分布范围的假设。场地初步调查由案桌研究和场地踏勘组成。初步调查是在资料收集的基础上，通过调查技术方法的探索性应用，确定详细调查阶段工作方法，初步了解场地污染特征的一项野外调查活动。主要在场地内进行频繁的地面观察，以资料收集、现场踏勘和人员访谈为主的污染识别阶段，原则上不进行现场采样分析。

（2）现场踏勘 核实资料，观测污染痕迹（异常），周边关系，污染现状。

踏勘范围以场地内为主，并包括场地周边区域，其范围根据污染物可能迁移距离判断。应观察场地及周边的地形地貌、水文、地质等环境条件，大气风向，场地边界、建筑物及地面特征，场地工作条件，影响物探仪器工作的电磁干扰环境，疑似污染或污染现象，泉及水井分布情况，场地安全隐患等。观察应敏锐、仔细、全面，表格示例见表 3.2。

① 地质水文和地形：场地及周边区域地质、水文地质与地形。

② 踏勘方法：气味辨识、快速仪器测定，图像和现场笔记记录。

③ 安全防护：防护服、口罩、安全帽等。

④ 踏勘重点：有毒有害物质使用、处置、存储；生产过程和设备，储槽与管线；恶臭、化学品味道与刺激性气味，污染和腐蚀痕迹；排水管或渠、污水池和废弃物堆场等；敏感目标周边居民区、学校、医院、饮用水源保护区及其他公共场所。

表 3.2　现场踏勘重点信息核查表（示例）

序号	重点信息	是/否	备注（位置、特征等）
1	场地内有无化学品储存罐？如有是否有泄漏与保护设施？		
2	场地内是否有废弃物堆放区或临时堆放区？		
3	场地内是否有填埋场？是否有污水处理厂？		
4	是否有多氯联苯的设备及位置？是否有储存燃料油、润滑油、洗涤剂？		
5	现场是否有异味？是否有颜色异常的土壤？		
6	现场是否发现生长异常的植物？		
7	场地内外有无地表水体？有无水井（含废弃的）？如有其功能是什么？		
8	场地周边区域是否有烟囱等潜在的气体排放源？		
9	场地内是否有潜在的地下水污染源？		
10	场地周边地形地貌特征是否存在污染物迁移的可能？		
11	场地内与周边人员对场地污染的描述与指正		

（3）场地现状与历史情况　相邻场地现状与历史情况：可能造成土壤和地下水污染的物质使用、生产、贮存，三废处理与排放、泄漏情况，场地使用留下的可能造成土壤和地下水污染的异常迹象；周边区域的现状与历史情况：周边区域目前或过去土地利用类型，周边现存或废弃的各类井，污水处理和排放系统，化学品和废弃物存储和处置设施，地面上的沟、河、池，地表水-雨水排放和径流，道路和公共设施。

① 收集与场地有关的自然环境（气象、水文、地形地貌、地质、土壤类型植被、动物等）、社会环境（人口、经济发展水平、产业结构、人群健康状况、环境敏感目标等）、土地利用、污染源和场地污染历史等方面的资料及相关的国家法律法规文件，了解场地的属性和国家的相关要求；

② 访问场地及周边的产权单位和相关的政府管理部门，告知场地调查的目的、工作程序和工作内容，签订场地准入合同，为开展场地勘察和现场调查作好准备；

③ 进行现场实地勘察，了解场地的实际情况，核实已收集信息的可靠性；

④ 整理和分析调查资料，初步推断场地污染或者可能遭受污染的可能性以及污染的主要途径（如土壤、地表水、沉积物、地下水和大气等）、主要污染物种类、污染程度以及大概的污染范围，分析污染物来源。

通过收集与场地相关资料及现场踏勘，分析和推断场地污染或潜在污染源类型、污染物构成、可能的污染途径、污染范围等。与国外发达国家相比，我国缺乏系统完整的污染场地历史档案记录，对于场地的污染调查和环境监测带来很大的困难，尤其是污染历史追踪有时甚至无法进行。在这种情况下，强化前期调查，同时结合前期调查进行适当的前期采样，将有利于准确地获取场地污染信息，识别场地的污染状况，降低场地调查的总体成本。

3.2.2　第一阶段调查方法

第一阶段调查是在资料收集的基础上，通过调查技术方法的探索性应用，确定详细调查阶段工作方法，初步了解场地污染特征的一项野外调查活动。标志性活动是：在场地内频繁的地面观察，各种调查技术手段特别是便携式调查技术手段的适宜性研究，少量样品的采集与分析。

（1）观察　应观察场地及周边的地形地貌、水文、地质等环境条件，大气风向，场地边界、建筑物及地面特征，场地工作条件，影响物探仪器工作的电磁干扰环境，疑似污染或污染现象，泉及水井分布情况，场地安全隐患等。观察应敏锐、仔细、全面。

（2）访问　应对场地主管生产活动的部门及人员，见证了场地生产、经营活动的职工，场地及附近居民，管理地下水的部门及人员，地方有关部门进行访问。访问应讲究策略，针对不同的对象，访问不同的内容。示例见表3.3。

表3.3　现场访谈问题记录表（示例）

1	土地是否用于工业？
2	以你的知识水平来看,土地或相邻的土地在过去是否用于工业？
3	土地或相邻土地是否建立过加油站,汽车修理厂,广告印刷厂,干洗店,相片冲洗室,填埋场,废物处理、贮存、处置及回收厂？
4	以你的知识来看,土地或相邻土地是否建立过加油站,汽车修理厂,广告印刷厂,干洗店,相片冲洗室,填埋场、废物处理、贮存、处置及回收厂？
5	以你的知识来看,在这块土地或工厂里,丢弃的汽车电池、工业电池、杀虫剂、涂料、其他化学物质是否单个体积超过19L或总体积超过190L？
6	以你的知识来看,在这块土地或工厂里,是否有过工业容器或装过化学物质的麻布袋？
7	污泥是否来源于污染的土地或不知道来源？
8	现在,以你的知识来看,在与废物处理或处置相关的土地上,是否有深坑、池塘、湖泊？
9	以你的知识来看,这块土地是否曾经被污染过？

（3）便携式仪器现场测量　在场地可疑污染点，用便携式仪器测量土壤物理化学指标（pH、电导率等）、可疑污染组分含量（挥发性有机物、重金属等）。在场地及周边水井、地表水、污水排放点测量水化学指标变化（溶解氧、电导率等），初步了解场地及周边土壤与地下水的污染状况。气体多参数检测仪可测量挥发性有机气体（VOC）、氧气、甲烷气、硫化氢气、二氧化碳气、氯气、氨气、氡气等，能识别土壤的有机污染。野外便携式XRF仪可测量26种元素，能识别土壤重金属污染。水质多参数测量仪可测量水温、pH、电导率、氧化还原电位、溶解氧5个参数，可辅助识别地表水、地下水污染状况。土壤三参数仪可测量电导率、含水量、温度3个参数，是识别污灌场地土壤污染的利器，获取土壤物理参数。测磷仪、农残仪、生物毒性仪可分别测量土壤或地下水中的磷、农药残留与水质毒性。便携式仪器的功能及优缺点见表3.4。

表3.4　便携式仪器的功能及优缺点

仪器名称	主要功能	优缺点
X射线荧光分析仪（XRF）	检测土壤中的重金属	优点:快速进行现场分析 缺点:需要前期训练操作人员;可能受到基质干扰;检测限较高
火焰离子检测仪（FID）	半定量检测土壤中VOC组分的含量	优点:迅速获得结果 缺点:只能检测到VOC组分
光离子检测仪（PID）	检测土壤中VOC、部分SVOC和无机物的浓度	优点:迅速获得结果;容易使用 缺点:测试结果受环境湿度等影响;不能确定特定的有机组分浓度

（4）取样分析　在可见污染源或疑似重污染区及场地外围不受污染影响的区域采集少量的土壤和地下水样品，初步确定场地污染物种类和组分及场地背景值。

3.2.3　第一阶段调查目标

第一阶段调查主要目标如下。

① 初步建立场地的污染概念模型：综合考虑可见污染源或疑似污染源位置、污染物性质、场地历史、场地地质和水文地质条件，分析污染物可能污染的深度和范围，初步构建场地污染概念模型。

② 确定污染场地土壤和地下水的测试清单（污染物及其他物理、化学、微生物等测试指标）：编绘大比例尺土地利用及污染史信息图，图面应反映出土地利用类型及分布范围，从总体上把握场地疑似污染源分布情况。

③ 确定相应的调查技术与工作方法（如调查采用的技术组合，调查布点方法等）。

④ 初步判断场地污染分布特征。

a. 基本均匀分布的污染场地（如污灌区、农田施肥区等）；

b. 块状均匀分布的污染场地（场地存在多个污染源，但按使用功能或污染物种类分块后，污染物在分块内分布基本均匀）；

c. 极不均匀分布的污染场地（存在多个污染源和多种污染物且无分块化特征的污染场地）。

⑤ 确定是否进入第二阶段调查：如果多于一种污染物的深度超过了（干涉值 I ＋目标值 T）/2，则可以确定存在严重污染，需要进行下一步调查。当浓度低于（干涉值 I ＋目标值 T）/2，但多种污染物的浓度超过了（目标值 T）/2，则也需根据实际情况进行下一步调查。

3.3　场地第二阶段调查

场地第二阶段调查是在初步调查的基础上，通过稳定的调查技术方法的应用，详细了解污染场地污染物及相关参数分布及变化规律的一项野外调查活动。标志性活动是：采用便携式调查技术手段、物探技术、钻探技术或其组合方法，系统调查场地污染分布特征，采集大量水、土、气样品进行分析测试，采用的调查技术与方法相对稳定并按一定的技术规程操作。有国家标准的，执行国家标准；没有国家标准的，暂采用美国 EPA 等其他分析方法。

3.3.1　场地第二阶段调查主要目标

① 确定场地污染物的空间分布及状态（物态、化态、聚集）特征；

② 完善场地的污染概念模型；

③ 为场地污染风险评价、场地污染防控或治理方案提供数据与技术支持。

从初步调查开始至详细调查结束，强调建立与完善场地污染概念模型的重要性。资料收集、信息与参数获取工作不再单独作为一个工作阶段，而是作为贯穿调查工作的一项连续、不断细化的工作。

污染场地的详细调查主要分为两部分：第一部分的目标是更为精确地确定污染物的深度水平与分布范围，确定场地地层、岩性分布的非均质性；第二部分主要考虑污染范围的变化，以及人体接触可能性的评价（气体、饮用水等）。详细调查包括野外观测、水文地质条件、土和水样的理化分析，污染物的迁移转化评价，建立各种模型进行模拟分析。一般污染严重的场地需要进行到第三阶段的调查，以确定污染的修复方案和技术。

污染场地调查的主要任务是在污染场地初步调查的基础上，通过现场的采样和样品的分析，对场地污染状况进行确认，并证实场地初步评估阶段的推论。污染场地调查主要包含四个工作环节：①验证有关数据和信息的准确性和完整性；②组织项目小组，拟定场地工作计划、采样计划、健康和安全计划、调查过程中产生废物的处理计划；③进行野外工作，实地考察场地和采样；④评估所有数据并准备场地调查报告。每个环节的具体工作内容如下。

（1）验证场地信息调查资料　在拟定场地计划以前，应验证以前调查的结果，尤其是分析数据，有助于指导下一步的现场采样。在验证场地资料的基础上，对以下内容作出初步评估：①有害物质是否向地下水扩散造成饮用水水井的污染；②有害物质是否向地表水扩散危及饮用水取水口；③有害物质是否向地表水扩散危及渔场和敏感地区；④土壤是否被污染，是否已对居民、学生和敏感地区产生危害；⑤有害物质是否向大气扩散危及人类和敏感地区。

（2）场地调查的准备工作　场地调查的准备工作是污染场地环境调查的一项重要任务，其内容主要包括组织准备、资料准备、装备准备和场地调查计划四个方面。

成立场地调查项目组：在明确任务的基础上，需要成立项目工作组。项目工作组主要由管理人员和相关专业技术人员组成。项目管理人员主要负责项目的组织、管理、协调以及项目的后勤保障；相关专业技术人员负责样品采集、分析和场地调查报告的编制等。

制订场地调查计划：在场地调查工作开始前，均应制订场地调查计划。场地调查计划应包括项目工作程序与要求、样品采集与分析方案、健康和安全计划、废物管理计划。其中健康和安全计划、废物管理计划是污染场地环境调查计划中一个非常重要的组成部分，应给予特别的关注。尤其是涉及危险化学品、有毒有害污染物质时更是如此，因此，在污染场地环境调查技术规范中应予以充分体现。

资料准备：在场地初步评估的基础上，进一步收集和核实已收集的自然环境、社会环境、土地利用、污染源、场地污染历史，以及与场地有关的以往的调查或研究资料（土壤类型、背景值等）的可靠性和准确性，为进行场地监测提供基础。

相关图件资料：土壤类型图、地形地貌图、植被图、土地利相图、污染源分布图、行政区划图、交通图以及（1：500）～（1：10000）比例尺的电子地图。

① 对于几百平方米的场地如加油站，宜采用1：200或更大的比例尺开展工作；

② 对于几万平方米的场地如化工厂，宜采用1：500或1：1000的比例尺开展工作；

③ 对于几平方千米的大型场地如钢铁厂、工业园区，调查的比例尺可适当减小，但不能小于1：10000。

采样工具：根据场地初步评估的结果，准备相关环境介质（土壤、地表水、地下水、沉积物及空气）的样品采集设备和保存容器。采样设备和样品保存容器的具体类型和要求参照国家相关的规定。

其他采样辅助器材：数码照相机、GPS、卷尺、采样记录表、样品标签、样品流转单、资料夹、铅笔、工作服、工作鞋、安全帽、药品等。

（3）样品采集与分析　样品采集过程主要包括场地勘测、野外观察、测量、样品采集。在进行现场工作前应先进行场地的勘测，包括场地勘察、污染源分析、采样点核对以及采样安排。在正常情况下，现场样品采集过程一般需要 2~6d。场地规模较大或场地有多个污染源或需要构筑地下水监控井的场地监测，则可能需要更长的野外作业时间。

污染场地环境调查现场采样工作的内容为：①完成野外勘察，绘制场地及采样途径草图，核对采样点位置并进行准确定位；②测量采样点与目标物之间的距离并进行定位；③调查场地周边人口数量；④采集场地污染源样品和环境介质样品；⑤样品包装、运输、提交实验室。

在采集目标样品的同时还应采集背景样品和质量保证/质量控制样品。背景样品应从场地附近未受污染的区域采集，采集的数量一般为 2~3 个，采集的时间基本与目标样品一致。QA/QC 样品包括现场空白样品、现场加标样品和复制样品等。采集的样品数量一般为采集样品总数的 10%~20%，其中复制样品的数量为采集样品总数的 5% 左右。

现场采样记录也是质量控制和质量保证的一个重要组成部分。野外记录应包括采样点的位置、样品标签、样品采集过程、样品的保存方法、野外观察和测量的结果。另外，特别需要注意的是采样点的任何调整和采样的异常情况都应详细记录下来。

（4）场地监测数据评价与报告　在实验室分析工作结束后，项目工作组应汇总场地现场调查资料、采样原始记录、实验室原始记录以及采样点点位图、监测结果报表等相关图表，并对其进行整理和分析，对场地污染状况作出评价。评估内容包括：场地特性和污染源特点，场地中的主要污染物种类，对保护目标的影响，场地监测数据的评价。

详细调查是定量确定污染物的量级和空间分布、污染区域的性质和分布范围及污染的程度，为场地风险评价提供足够的数据。详细调查需要采集和分析的土壤、地表水、地下水和土壤气样品，获得必要的信息，以全面评价污染对人类和其他潜在受体的风险，也要识别出合适的控制或修复行动以及评估初步的造价。以采样分析为主的污染证实阶段，确定污染物种类、浓度和空间分布，分为初步采样分析和详细采样分析，包括制订工作计划、现场采样、数据评估和结果分析等步骤。

详细调查是在初步调查的基础上，通过稳定的调查技术方法的应用，详细了解污染场地污染物与相关参数分布及变化规律的一项野外调查活动。标志性活动是：采用便携式调查技术手段、物探技术、钻探技术或其组合方法，系统调查场地污染分布特征，采集大量水、土、气样品进行分析测试，采用的调查技术与方法相对稳定并按一定的技术规程操作。详细调查的主要任务如下。

① 确定场地污染物的空间分布及状态（物态、化态、聚集）特征；

② 完善场地的污染概念模型；

③ 为场地污染风险评价、场地污染防控或治理方案提供数据与技术支持。

从初步调查开始至详细调查结束，建立与完善场地污染概念模型是关键。

3.3.2　确定第二阶段调查测试清单

步骤一：界定污染场地类型。

通过场地踏勘、访问等活动，查明场地历史变迁与现状，确定场地的污染类型，以缩小污染物种类筛查范围。

步骤二：列出污染物初步测试清单。

可通过以下途径获得并列出污染物初步测试清单。

① 国内外类似污染场地调查、监测与修复活动中检出与评价的化学物质。

② 调查场地以往水、土介质，分析测试资料中检出的化学物质。

③ 调查场地（特别是工矿企业污染场地）生产及经营活动中存在的化学物质（原料、添加剂、中间产物、产品等）及其在场地环境中经化学、生物化学作用过程可能转化形成的化学物质。

④ 在初步调查阶段，现场踏勘观察到的污染物信息、采用便携式现场检出的土壤和地下水环境中浓度或含量高的化学物质，以及采集污染源区样品分析检出的化学物质。

步骤三：筛选测试分析的污染物。

以初步测试清单中的污染物为基础，同时满足以下三个原则，筛选测试分析的污染物。

① 对人类健康危害大的污染物。以急性毒性值、慢性毒性值和"三致"（致突变性、致畸性、致癌性）毒性值综合评估化学物质的毒性。

② 国内外土壤和地下水质量标准或污染风险评价标准中列出的污染物。

③ 我国大多数实验室具有检测某化学物质的标准方法和质量控制体系。

步骤四：确定场地污染调查的测试清单。

以污染物测试清单为基础，考虑两个因素，确定场地污染调查的测试清单。这个清单应该包括污染物和相关参数两部分的内容。

考虑的第一个因素是，用以研究污染物在环境介质中迁移转化规律的物理、化学、生物影响因素，可根据国内外理论研究、室内与野外试验研究成果确定。例如调查与研究六价铬在土壤中的迁移规律，必须要测定土壤 pH 值、氧化还原电位、有机碳、铁锰氧化物、Fe^{2+}、硫化物含量等。

考虑的第二个因素是，污染物测试方法的"普扫性"。例如，要调查一个石油污染的场地，苯是经过上述步骤二和步骤三筛选出来的地下水中的污染物。测试地下水中的苯，采用的是美国 EPA 8260C：2006 气相色谱-质谱法，这一方法可以同时测定包括苯在内的 54 项挥发性有机物。那么，在不附加测试费用、不付出额外劳动的前提下，应将其他 53 项挥发性有机污染物列入到场地调查污染物测试清单中。

第二阶段调查是以采样分析为主的污染证实阶段，确定污染物种类、浓度和空间分布，分为初步采样分析和详细采样分析，包括制订工作计划、现场采样、数据评估和结果分析等步骤。多阶段采样，根据不同阶段采样目的，确定采样数目。结合识别污染热点区域，进行确认采样或重点采样。

物探-钻探-便携式仪器组合调查，更好，更快，更经济。采样深度可依据土层结构、地下水的深度、污染物进入土壤的途径及在土壤中的迁移规律、地面扰动深度来确定。若难以合理判断采样深度，可按 0.5～2m 等间距设置采样位置；当第一层含水层为非承压类型，采样点的具体设置如下。

① 表层：根据土层性质变化及是否存在回填土等情况确定表层采样点的深度，表层采样点深度一般为 0～1.5m。

② 表层与含水层之间：应至少保证一个采样点，当表层与隔水层的厚度在 5m 以上，可考虑增加采样点，采样点间距大于 3m，但小于 5m。各采样点的具体位置可根据便携式现场测试仪器、土壤污染目视判断（如异常气味和颜色等）来确定。

③ 地下水位线：至少在地下水位线附近设置一个土壤采样点。

④ 含水层：当地下水可能受污染时，应增加含水层采样点。

⑤ 隔水层（含水层底板）：隔水层顶部（即含水层底板顶部）应设置一个土壤采样点。

当第一层含水层为承压水或层间水时，采样点的具体设置如下。

① 表层：根据土层性质变化及是否存在回填土等情况确定表层采样点的深度，表层采样点深度一般为 0～1.5m。

② 表层与上隔水层之间：应至少保证一个采样点。当表层与隔水层的厚度在 5m 以上，可考虑增加采样点，采样点间距大于 3m，但小于 5m。各采样点的具体位置可根据便携式现场测试仪器、土壤污染目视判断（如异常气味和颜色等）来确定。

③ 隔水层：在隔水层顶部设置一个采样点。对于不需建井的钻孔，钻孔深度不应打穿相对隔水层（不透水层）。

④ 地下水位线：当钻孔须建观测井时，则至少在地下水位线附近设置一个土壤采样点。

含水层及含水层底板：在地下水可能受污染的情况下，应增加含水层内及含水层底板采样点。

场地背景点设置如下。

要求在距污染场地一定距离的上风向或地下水流向上游处设置土壤和地下水背景点。

数据有效性分析要求如下。

对于异常值的分析，根据统计规律或验证采样；现场质量控制与质量保证可防止采样过程中交叉污染、采集现场质量控制样品，包括运输空白样、现场重复样、设备清洗样、介质重复样、样品保存要求和检测有效时限等，并设置实验室质量控制与质量保证措施。建议每20 个样品设置 1 个质控样，质控样品数量不少于检测样品的 5%，同时分析人员对分析方法进行适用性检验。多阶段的采样方法可有效降低场地调查成本和不确定性。

3.3.3 第二阶段调查方法

污染场地调查方法包括现场踏勘方法、地球物理勘查方法、钻探取样方法、实验室分析方法、计算机分析方法。

① 现场踏勘方法：可通过对异常气味的辨识、摄影和照相、现场笔记等方式初步判断场地污染的状况。踏勘期间，可以使用现场快速测定仪器。现场工作人员应遵守安全法规，按照规定的程序和要求进行调查工作。必要时应在进入场地前进行专门的培训，并在企业有关工作人员带领下进行场地环境调查。现场踏勘的范围、内容、方法执行《场地环境调查技术导则》（HJ 25.1）。

② 地球物理勘查方法：包括电磁法、电阻/电导法、磁法、地震方法等。采用专业调查表格、GPS 定位仪、摄/录像设备等手段，仔细观察、辨别、记录场地及其周边重要环境状况及其疑似污染痕迹，并可采用 X 射线荧光分析仪（XRF）、光离子检测仪（PID）等野外便携式筛查仪器进行现场快速测量，辅助识别和判断场地污染状况。

③ 钻探取样方法：包括各种钻探方法，水、土取样方法。

④ 实验室分析方法：包括定性与定量分析，确定在样品中污染物的种类、浓度与特性。实验室分析方法大多根据国家规定的具体标准与规范进行。

⑤ 计算机分析方法：计算机技术进行高效的数据管理、解译分析、决策、方法与系统配置，如 GIS、GPS、RS 以及各种软件与模型的应用。

此外，现场还可采用便携式分析仪器设备进行样品的定性和半定量分析。水样的温度须在现场进行分析测试，溶解氧、pH、电导率、色度、浊度等监测项目亦可在现场进行分析测试，并应保持监测时间的一致性。岩心样品采集后，用取样铲从每段岩心中采集少量土样置于自封塑料袋内并密封，一般应在有明显污染痕迹或地层发生明显变化的位置采样。之后适当对土样进行揉捏以确保土样松散，使其稳定5～10min后将相应仪器或设备（如PID检测器等）探头伸入自封袋内并读取样品的读数。

3.3.4 场地概念模型建立方法

场地污染概念模型（contaminated site conceptual model）指场地污染影响范围内，将水文地质条件与污染分布特征高度概化的模型。根据地质、水文地质和污染物浓度数据，对场地的了解程度、对已知和怀疑存在污染物的一种功能性描述，对于场地调查具有指导意义。一般采用剖面图或立体图展示场地污染概念模型。场地污染概念模型的组成要素包括以下几点。

① 岩性结构及水文地质特征：场地最大污染深度以上岩性分层及含水层结构、地下水流向、地下水水位。

② 污染源特征：如污染源类型、分布形式。

③ 特征污染物及其状态：特征污染物及其相态、形态、价态。如石油类污染场地VOC污染物，重金属污染场地的Cr元素的形态及价态。

④ 污染物的聚集介质：土壤与地下水。

⑤ 污染物在介质中的分布、扩散及迁移规律：用钻孔剖面、数学模型等描述主要污染物浓度及其状态在污染介质内的变化规律。

⑥ 污染排放机制：对排放或疑似排放进行描述。例如，地下管槽渗漏。

⑦ 有无次生污染源：包括所有被原污染源潜在污染的环境介质，如表面土壤、深层土壤、地下水等。

⑧ 污染物迁移机制：描述污染物在各介质中迁移转化的行为与规律。

⑨ 环境暴露介质：是指使污染受体接触到污染物的介质。

⑩ 暴露方式：污染物与受体的接触方式（如摄入、吸入、皮肤接触）。

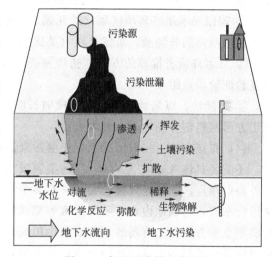

图3.3 场地基本简要模型图

⑪ 场地概念模型构建导致的不确定性：场地概念模型构建若缺失某一环节，将导致调查的重大失误。

场地基本简要模型图见图3.3。

3.4 土壤污染场地调查与监测方法

3.4.1 土壤样方设置方法

3.4.1.1 概述

（1）污染场地调查采样点的布设主要应考虑的原则　目标保护原则，污染区设点原则，污染源鉴别原则，背景浓度确定原则，质量保证/质量控制（QA/QC）原则。采样点的布设应综合考虑污染场地规模、污染源特征、污染物性质以及特定的保护目标（如饮用水水源、居民区、自然保护区、名胜风景区等）等，进行有针对性的布设。

（2）土壤污染场地布点要求 土壤是场地污染最主要的环境受体，也是污染场地监测中应最为关注的环境介质，因此在污染场地调查中，应首先考虑场地土壤污染的可能性，并需要足够数量的土壤样品，以清楚界定场地土壤污染的范围。在进行场地土壤污染途径采样点的布设时，应充分考虑土壤样品的空间变异。

（3）取样点距离设置方法

① 取样点设置距离

$$N = \frac{A}{G^2}$$

$$G = \frac{R}{0.59}$$

式中，G 为两个取样点的距离（即正方形风格的边长），m；R 为取样要捕获的最小污染物半径，m；0.59 为捕获圆形污染源概率为 95% 时，污染源半径与正方形边长的比例；A 为取样区域面积，m²；N 为取样点数。

② 若以场地敏感环境区域（幼儿园、学校、生活区、重点关注区等）为风险保护目标，按正方形网格剖分场地，布置点距（英国 EPA）。

③ 日本环境省推荐的方法：初步调查阶段点距 25～50m；详细调查阶段点距 5～10m；修复验证阶段点距 1～5m。

④ 经验法：以场地平面纵向、横向长度的 1/20～1/10 比例作为调查点间距，按长方形或正方形网格剖分场地，布置调查点。

（4）布点方法 一般情况下，土壤污染途径采样点的布设除要考虑土壤布点的基本方法外，还需要具体考虑以下方法：①污染源较为单一的场地，可采用辐射布点的方法从污染源向外辐射布点；②场地规模较大或含有多个或没有明显污染源的场地，应采用网格随机布点法进行布点；③场地内含有不同土壤类型或场地中污染物浓度相差较大的场地，可采用分块随机布点的方法，先将场地划分成数个单元，然后在每个单元内随机布点进行采样；④在保护目标附近或高污染域应加密布点；⑤土壤背景样品采样点应布设在场地上风向、相同土壤类型的区域。

污染场地土壤采样常用的点位布设方法包括判断布点法、随机布点法、分区布点法及系统布点法等，如表 3.5 所示。

表 3.5 常见的布点方法及适用条件

布点方法	适 用 条 件
判断布点法	根据现场调查结果或污染源位置，依靠专业知识判断采样点位置。节省费用，可作为进一步采样布点的依据。适用于无扰动且潜在污染明确的场地
随机布点法	将评价区划分成网格，每个网格编上号码，确定采样数后，随机抽取采样网格号码。适用于评价区污染分布均匀时，如固体废物堆放处和废气污染源
分区布点法	当评价区污染物分布差异比较大，可将评价区划分成各个相对均匀的分区，根据小区的面积或污染特点确定布点方法。该方法比系统法节省费用，可以取得污染分布情况。适用于污染分布不均匀，并获得污染分布情况的场地
系统布点法	将评价区域划分成统一的方形、矩形或三角形网格，在网格内或交叉处采样，网格间距一般在 15～40m。适用于各类场地情况，特别是污染分布不明确或污染分布范围大的情况。可以获得污染分布，但其精度受到网格间距大小影响，费用较高

网格点位数应视所评价场地的面积及潜在污染源的数目、污染物迁移情况等确定，原则上网格大小不应超过1600m²，也可参考《场地环境评价导则》（DB11/T 656）中的相关推荐数目。

表3.6列出了几种常用布点取样方法的适宜性，图3.4列出了土壤调查布点方式。

表3.6　几种常用布点取样方法的适宜性（美国 EPA）

布点目的	判断	随机	分块随机	系统网格	系统随机	搜寻	切线
确定危害程度	1	4	3	2	3	3	2
识别污染源	1	4	2	2	3	2	3
圈定污染范围	4	3	3	1	1	1	1
评价治理或处置	3	3	1	2	2	4	2
验证净化效果	4	1	3	1	1	1	1

注：1—最适宜方法；2—适宜方法；3—较适宜方法；4—不适宜方法。

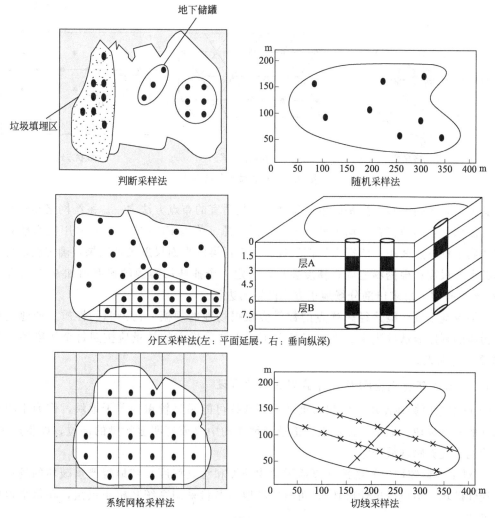

图3.4

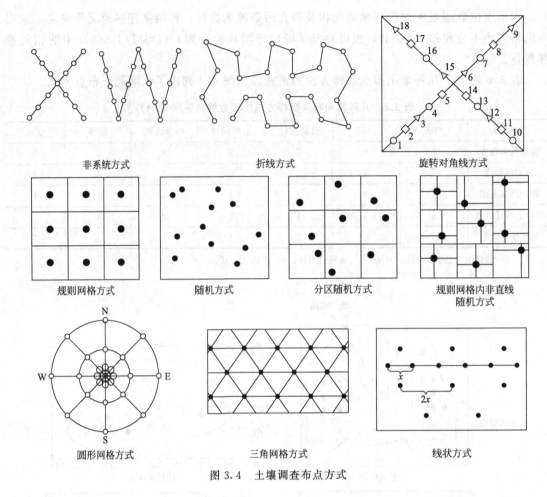

图 3.4　土壤调查布点方式

其中，系统网格布点法是简单、易操作、最适宜的布点方法之一。系统网格布点法点距确定方法如下：场地存在非均匀分布的点状污染源（美国 EPA 方法）宜采用概率捕获污染源方法确定调查点间距；依据大比例尺地面调查污染源平面尺度统计结果，确定场地可见污染源的平均尺度；根据场地调查精度要求，设定一个捕获污染源的概率值如 94%（即错失率为 6%）查表，反求出剖分场地正方形网格的边长。

污染场地土壤污染途径采样点的数量应根据场地的规模、污染源的性质、场地土壤类型、污染的程度等情况决定。在一般情况下，土壤采样点的数量应按照每个污染源不少于 2～3 个进行布设。

3.4.1.2　土壤环境调查初步采样监测点位的布设

① 可根据原场地使用功能和污染特征，选择可能污染较重的若干地块，作为土壤污染物识别的监测地块。原则上监测点位应选择地块的中央或有明显污染的部位，如生产车间、污水管线、废弃物堆放处等。

② 对于污染较均匀的场地（包括污染物种类和污染程度）和地貌严重破坏的场地（包括拆迁性破坏、历史变更性破坏），可根据场地的形状采用系统随机布点法，在每个地块的中心采样。

③ 监测点位的数量与采样深度应根据场地面积、污染类型及不同使用功能区域等调查

结论确定。

④ 对于每个监测地块,表层土壤和深层土壤垂直方向层次的划分应综合考虑污染物迁移情况、构筑物及管线破损情况、土壤特征等因素确定。采样深度应扣除地表非土壤硬化层厚度,原则上建议 3m 以内深层土壤的采样间隔为 0.5m,3～6m 采样间隔为 1m,6m 至地下水采样间隔为 2m,具体间隔可根据实际情况适当调整。

⑤ 一般情况下,应根据场地环境调查结论及现场情况确定深层土壤的采样深度,最大深度应直至未受污染的深度为止。

土壤样品分表层土和深层土。深层土的采样深度应考虑污染物可能释放和迁移的深度(如地下管线和储槽埋深)、污染物性质、土壤的质地和孔隙度、地下水位和回填土等因素。可利用现场探测设备辅助判断采样深度。采集含挥发性污染物的样品时,应尽量减少对样品的扰动,严禁对样品进行均质化处理。土壤样品采集后,应根据污染物理化性质等,选用合适的容器保存。含汞或有机污染物的土壤样品应在 4℃ 以下的温度条件下保存和运输,具体参照 HJ 25.2。

土壤采样时应进行现场记录,主要内容包括:样品名称和编号、气象条件、采样时间、采样位置、采样深度、样品质地、样品的颜色和气味、现场检测结果以及采样人员等。

3.4.1.3 土壤采样布点中需要注意以下情形

当场地污染为局部污染,且热点地区(第一阶段及第二阶段初步采样所确认的污染地块)分布明确时,应采用判断布点法在污染热点地区及周边进行密集取样,布点范围应略大于判断的污染范围。当确定的热点区域范围较大时,也可采用更小的网格单元,在热点区域内及周边采用网格加密的方法布点。在非热点地区,应随机布置少量采样点,以尽量减少判断失误。随机布点数目不应低于总布点数的 5%。

如需采集土壤混合样,可根据每个监测地块的污染程度和地块面积,将其分成 1～9 个均等面积的网格,在每个网格中心进行采样,将同层的土样制成混合样(挥发性有机物污染的场地除外)。

深层采样点的布置应根据初步采样所揭示的污染物垂直分布规律来确定,符合污染初步采样阶段的相关要求及《场地环境监测技术导则》(HJ 25.2)的相关要求。

当详细采样不能满足风险评估要求,或划定场地污染修复范围的要求时,应该采用判断布点法进行一次或多次补充采样,直至有足够数据划定污染修复范围为止。必要时,可开展土壤气、场地人群和动植物调查等,以进行更深层次的风险评估。

3.4.1.4 深部土壤污染调查地球物理勘查技术

污染场地调查中涉及的地球物理方法包括地质雷达法、高密度电阻率法、综合测井技术等。在实际工作中,往往需要多种物探方法开展场地调查,常用物探方法的应用范围及特点见表 3.7。

表 3.7 常用物探方法的应用范围及特点

地球物理方法	应用范围及特点	适用调查阶段
地质雷达法	石油类污染场地、垃圾场、城市污水等,勘测污染源、污染范围和深度,可进行一维、二维、三维地面原位测试	初步采样和详细采样
高密度电阻率法	石油类污染场地、垃圾场、城市污水等,勘测污染源、污染范围和深度,可进行二维、地面原位测试	详细采样

地球物理方法	应用范围及特点	适用调查阶段
声波及千层地震勘探	城市污水渠、核废料处理和垃圾填埋场等领域勘探,确定地下水埋深、垃圾场边界、核废料处理井结构等	详细采样
跨孔电磁波/超声波 CT 成像法	适用于各类污染场地勘测空间污染源、污染边界和污染通道的精细测量	详细采样
综合物探探井技术	可针对所有场地污染调查钻孔实施多参数综合物探测井,原位测定污染介质的属性和异常特征	详细采样

在表层土壤污染浓度高、深部土壤极可能受到污染的区域,以及场地邻近未受污染的区域,开展物探方法适宜性研究,获取地层结构、地下水埋深和污染程度等场地特征依据(电阻率、介电常数异常等),确定最佳物探组合方法。并将场地邻近未受污染区域的钻孔作为场地背景值点。

应选择合适的地球物理方法或组合方法,识别场地土壤岩性、地层结构、地下水埋深、地下构筑物、隐伏污染源分布及土壤和地下水的污染范围。在前期调查阶段,可布置几条二维测网,初步查明污染场地与背景区物性参数差异与分布特征;在后期调查阶段,可选择典型污染区布置二维、三维测网,解译污染可能的空间分布范围。

布置网格状物探测线:测线应穿过表层土壤污染程度高的区域和未显示污染的区域,以探测深部土壤污染分布情况,识别表层土壤与深部土壤污染纵深变化情况,将深部污染范围在地面的最大投影边界作为物探识别的深部土壤污染区域边界。表 3.8 列出了地球物理调查测线/测点布置及采集方法。表 3.9 列出了场地污染调查中常用的地球物理方法。

表 3.8 地球物理调查测线/测点布置及采集方法

调查方法	测线布置方式	测点布置及采集方法
地质雷达法(频率:40~50MHz)(测深:0~50m)		① 一维测点、等间隔点测线(多频段分体天线) ② 二维剖面连续剖面测量(中、低频组合天线) ③ 折线或平行剖面三维测网(中、低频组合天线)
电磁法(CMD:0.6~1.5m)(EH4:>0.5m 测深)		可布置等间隔测点,插值构成二维断面图,密布网格测线,亦可形成二维插值平面等深图
高密度电法(极距:0.2~5.0m)(测深:0.5~100m)		① 可采用电极站等间隔布置,采用多种供电和反演模式,构成场地二维电阻率测量剖面或平面等值图 ② 场地中折线布置等间隔电极网格,构成三维测网 ③ 依据分辨率和探测深度确定电极距间隔

表 3.9　场地污染调查中常用的地球物理方法

方法	参数	应　　用
地质雷达法	介电常数、电磁波速、吸收衰减系数等	① 石油类污染源、污染晕等污染调查； ② 垃圾填埋场边界及渗滤液污染空间分布； ③ 探测废弃管道、阀井及污染物渗漏位置； ④ 划分场地地层结构、岩性及静水位等； ⑤ 圈定污灌渠、线状污染及扩散范围
高密度电法	土壤电阻率、场地电阻率空间变化情况	① 用于石油渗漏源、污染晕等污染调查； ② 勘测垃圾填埋位置、边界及渗滤液空间范围； ③ 圈定城市污水渠、管道渗漏及扩散范围； ④ 测量地下水矿化度，划分咸淡水分界面
电磁法	地下介质分层电导率测量	① 石油渗漏源、污染晕、污染羽分布等调查； ② 圈定浅地表污染源、边界范围； ③ 城市污水渠、管道渗漏及扩散范围； ④ 测量土壤异电特性、矿化度以及划分咸淡水分界面等
单孔物探测井方法	电阻率、自然电位、自然伽马、伽马-伽马、土壤波速(v_p/v_s)等	① 适用钻孔深度大于10m； ② 深部地层原位测量电阻率值、自然电位自然伽马和伽马-伽马等参数； ③ 污染土壤与地下水介质弹性参数变化等
声波跨孔层析法	土壤介质纵横波速(v_p/v_s)、弹性模量、泊松比、密度等	① 适用钻孔深度大于20m，间距小于30m； ② 描述钻孔间土壤介质断面污染源与污染范围的空间变化情况； ③ 评价污染场地地层结构与岩土特性
电磁波孔间CT成像法	电磁波速、电磁波衰减度等	① 适用钻孔深度大于20m，间距小于20m； ② 描述钻孔间土壤介质断面污染源与污染范围的空间变化情况； ③ 评价污染场地孔间断面电磁衰减分布特征
钻孔雷达测井法	介电常数、电磁波衰减度等	① 钻孔雷达适用孔深大于10m； ② 评价土壤与地下水介质半径小于10m； ③ 可用于所有污染调查勘查孔和监测孔

3.4.1.5　深部土壤污染调查——钻探调查

应根据深部土壤的岩性与污染深度，选用适宜的钻探工具成孔，见表3.10所示。

表 3.10　不同钻探方法适用条件

钻探方法	调查深度	地层条件	应用
钢钎或螺旋钻	0.8～1.0m	非坚硬岩石层	表层土壤气筛查，不能取样
手(机械)动力钻	1.0～5.0m	土层	可采集土壤不扰动样
洛阳铲	2.0～10.0m	土层	可采集土壤扰动样
冲击钻	20.0～25.0m	土层及薄砂层	可采集土壤样，轻微扰动
直接压入钻	20.0～60.0m	不含大砾石土层	可采集土壤样，水样，轻微扰动
冲击-回转钻	100～150m	不受限制	可采集土壤样，轻微或不扰动
回转钻	>150m	不受限制	可采集土壤样，轻微或不扰动

（1）钻孔布设　钻孔应主要布置在污染浓度高的区域和污染区域外围地带。一般在污染浓度高的区域内少布置钻孔，在表层污染区域和深部污染区域形成的外包络线地带多布置钻孔，原则上包络线的拐点处应有钻孔控制，在包络线拐点稀疏处应适当增加钻孔，如图3.5所示。对于挥发性有机污染场地，外围钻孔宜由污染边界外推3～10m；对于难挥发污染场

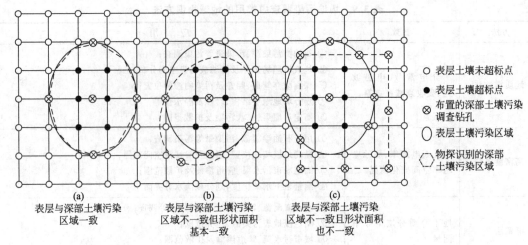

图 3.5 钻孔布设方法示意图

地（如重金属污染），钻孔宜靠近污染区边界。

① 当表层土壤无污染显示但根据前期调查研究认为深部土壤确有污染存在时（如埋藏于地下一定深度内的储油罐渗漏），应根据隐伏污染源的分布特征，布置钻探工作。对于点状隐伏污染源，宜采用放射状布点法布置钻孔，源区钻孔密度大、外围密度小；对于线状隐伏污染源，宜采用线状布点法布置钻孔，靠近源区钻孔线距小、密度大，远离源区钻孔线距大、密度小；对于面状隐伏污染源，宜采用系统网格布点法按场地平面纵向、横向长度的 1/10～1/20 间距布置钻孔。

② 深部土壤钻孔数量应视场地规模、污染复杂程度等确定，但最低不能少于 5 个钻孔。

（2）钻探过程技术要求

① 钻探时应由专业人员编录，认真填写编录表格。岩芯由上至下按顺序排放，标记岩芯所在钻孔的编号和深度，并拍摄照片。

② 钻进过程中应采用便携式仪器跟进检测并记录岩芯土壤污染物浓度、物理化学参数的变化情况，检测间距 0.3～1.0m，并将测量结果填写在表内。

③ 应以便携式仪器现场检测结果作为深部土壤样品采集的参考依据，采样间隔一般为 1～5m。可根据实际情况调整深部土壤取样间隔，调整的一般原则是：浅部取样的密度要大于深部；岩性、颜色、结构、含水量、气味突变时取样；位于地下水波动带时加密取样。

④ 钻进过程中土壤理化样品的采集参照 GB 50021—2001 规定执行。应主要控制土壤岩性变化，采样间隔一般小于污染样品采样间隔。

（3）深部土壤污染调查——钻探过程技术要求。

第一步：钻进取样。

采用的钻进方式应保证地层结构及性质受到最小扰动，钻孔岩芯采取率不低于 95%。

第二步：标识钻进深度段岩芯。

应在每一回次岩芯底部，用标签纸标明钻孔编号和岩芯深度范围。

第三步：拍摄岩芯并记录。

应选用近距离、垂直俯瞰式拍摄方式，拍摄岩芯及标签纸，并在钻探编录表中记录照片的编号。

第四步：岩性分层及描述。

① 沿岩芯的纵剖面用刀削出新鲜面，观察和触摸颜色、岩性随深度的变化；在纵断面岩性变化段选取几个断面，用刀横切，观察横断面岩芯的结构变化。

② 按《岩土工程勘察规范》分层。进行岩性分层，一般分为砂土层、粉土层、粉质黏土层、黏土层四大类型，砂土层根据颗粒大小又细分为粉砂层、细砂层、中砂层、粗砂层。

在某一岩性层中，颜色、结构等有变化时可以细分。岩性描述的顺序一般是，特殊结构特征/污染特征→颜色→岩性层。如含钙质结核、根系发育、污迹明显的灰黑色粉质黏土层。对于具有特殊结构的岩性样品，应拍照并记录编号。

第五步：现场便携式仪器跟进检测。

选用便携式仪器（如测土壤 VOC 的 PID 仪，测土壤的电导率、温度、湿度仪，测土壤的 pH 仪等），依据岩性分层情况，选择适当的深度测定，一般便携式仪器测试点数应大于等于岩性分层数。并在专用表格内记录测试点的深度及测量结果。

第六步：采集污染分析样品。

综合考虑岩性分层、便携式仪器测试结果确定取样位置。一般原则如下。

① 浅部取样的密度要大于深部；

② 在岩性、颜色、结构、便携式仪器测量值有较大变化的深度段取样；

③ 岩性厚度较大或位于地下水波动带时加密取样；

④ 最大取样间隔不超过 5m；

⑤ 采样点最好与便携式仪器的测量点一致。

样品袋上应贴标签，标签上应注明钻孔编号和取样深度。编录人员应在钻孔编录表中记录取样深度段、取样类型（污染组样品，还是工程土样），用标签镶嵌在取样的岩芯段，作为取样标识。注意：一定不能把被钻进液污染的表层土混进样品中。

第七步：采集土工/物理分析样品。

① 一般在大类岩性层内（砂土层，粉土层，粉质黏土层，黏土层）采集土工/物理分析样品，采样密度应小于污染样品采样密度。

② 一般用铝皮盒装土工/物理分析样品，用胶带固定铝盒侧面和顶底面。

③ 铝皮盒上应粘贴标签，标签上应注明钻孔编号、取样深度和时间。

④ 装有样品的铝皮盒应放置在阴凉处或挖坑填埋于地下。

⑤ 编录人员应在钻孔编录表中记录采集土工样品的位置、取样类型（样品污染组分分析还是样品物理性质分析）；用标签镶嵌在取样的岩芯段，作为取样标识。

3.4.2 土壤样品的采集、保存与运输

3.4.2.1 土壤样品的采集

采集工具：正常情况下，无机污染物的土壤分析样品应采用竹片或硬塑料片采集，有机物污染物的土壤分析样品应用铁锹或土钻采集。土壤分层样品可通过土壤剖面或土壤原状采样器采集。

采集方法：由于土壤存在小范围内的高度变异性，因此在土壤样品的采集时，一般采集混合样品，以确保所采样品能代表指定的位置和深度，但不能将不同采样区域（或单元）或不同采样层次的样品进行混合。混合样品可采用对角线、梅花点、棋盘法或蛇行法由 3 个以上的采样点样品混合而成。目标污染物为挥发性和半挥发性有机物的样品宜使用具有聚四氟乙烯密封垫的直口螺口瓶收集。

用于分析土壤挥发性有机物的样品只能采集单独样品，而不能采集混合样品，因为土壤的混合过程会导致挥发性有机物的挥发损失。

在土壤样品的采样深度方面，污染场地样品与常规环境监测样品有较大的差别。在常规环境监测中，农业土壤的一般采样深度为 0～20cm，城市土壤的一般采样深度为 0～60cm，林地土壤的一般采样深度为 0～50cm，而污染场地土壤样品的采样深度则需要根据污染物的性质和采样的目的确定。例如，对于一般的污染物种类，土壤样品的采集深度一般为 0～20cm，最大不会超过 60cm；对于某些易于迁移的污染物，因可能向下迁移，在土壤样品的采集时往往需要根据前期采样的分析结果确定采样的深度，一般在 1～2m。如果是为了了解地下储罐或管道泄漏所要采集的土壤样品，采样深度则需要根据储罐或管道的埋深再向下适当延伸。

土壤深度样品一般需要采集分层混合样品，采样层次可根据土壤自然发生层或人为规定。需要挖掘土壤剖面时，土壤剖面的常规规格为长 1.5m，宽 0.8m，深 1～2m，剖面观察面向阳，土壤分层样品应自下而上进行采集。土壤样品的采样量一般为 1kg 左右。

(1) 混合样品　如果只是一般了解土壤污染状况，对种植一般农作物的耕地，只需采集 0～20cm 耕作层土壤；对于种植果林类农作物的耕地，采集 0～60cm 耕作层土壤。将在一个采样单元内各采样分点采集的土样混合均匀制成混合样，组成混合样的分点数通常为 5～20 个。混合样往往较大，需要用四分法弃取，最后留下 1～2kg，装入样品袋。

(2) 剖面样品　如果要了解土壤污染深度，则应按土壤剖面层次分层采样。土壤剖面指地面向下的垂直土体的切面。在垂直切面上可观察到与地面大致平行的若干层具有不同颜色、性状的土层。采样时应该从下往上采，通常在各层的中部采样。典型的自然土壤剖面分为 A 层、B 层、C 层和底岩层。

(3) 测容重　测容重时，环刀刚好与地面平行即可；不要打得太深，否则把土打紧了就测不准。环刀中的土可用一字螺丝刀取出来再装入塑料自封存袋中。测容重所用的标签请自备。带回当地实验室后，一定要及时称鲜重。

采样地点的选择应具有代表性。因为土壤本身在空间分布上具有一定的不均匀性，故应多点采样、混合均匀以使所采样品具有代表性。写好两张标签，一张在袋内，一张扎在袋口上，标签上记载采样地点、深度、日期及采集人等。

经过四分法后剩下的土样应装入采样瓶或塑料袋中。写好两张标签，一张在袋内，一张扎在袋口上，标签上记载采样地点、深度、日期及采集人等。在取样点用铁铲挖成小土坑，宽与铁铲宽相当，深达到采样深度要求，土坑一面铲成垂直状，从垂直面自上而下铲取 2cm 左右厚的土块，并取 5cm 左右宽的条状土块为该点样品。

3.4.2.2　土壤样品的保存和运输

无机分析土壤样品应先置于塑料袋中，然后放入棉布袋中，然后在常温、通风的条件下保存。有机化合物样品应置于棕色玻璃瓶中，装满、盖严，用聚四氟乙烯胶带密封，在 4℃ 以下保存，保存期为半个月。样品保存时间大致为：①重金属，玻璃或塑料容器，可保存 180 天；汞，(4 ± 2)℃ 冷藏，玻璃或塑料容器，可保存 28 天，②六价铬，(4 ± 2)℃ 冷藏，玻璃或塑料容器，可保存 48h。③氰化物，(4 ± 2)℃ 冷藏，玻璃或塑料容器，可保存 14 天。④PCB，(4 ± 2)℃ 冷藏，玻璃容器，使用带特氟龙垫子的瓶盖，萃取前 14 天，萃取后 40 天。⑤SVOC，(4 ± 2)℃ 冷藏，玻璃容器，使用带特氟龙垫子的瓶盖，萃取前 14 天，萃取后 40 天；⑥VOC，(4 ± 2)℃ 冷藏，玻璃容器，使用带特氟龙垫子的瓶盖，从取样到检测分析可保存 2 天。

在采样现场，土壤样品必须逐件与样品登记表、样品标签和采样记录进行核对，核对无误后分类装箱。在样品运输过程中严防样品损失、混淆和沾污。样品送至目的地后，送样人员应与接样者当面清点核实样品，并在样品交接单上签字确认。样品交接单由双方各存一份备查。

3.4.2.3　土壤样品的处理

① 样品风干　在风干室将潮湿土样倒在白色搪瓷盘内或塑料膜上，摊成 2cm 厚的薄层，用玻璃棒间断地压碎、翻动，使其均匀风干。在风干过程中，拣出碎石、砂砾及植物残体等杂质。

② 磨碎与过筛　如果进行土壤颗粒分析及物理性质测定等物理分析，取风干样品 100～200g 于有机玻璃板上用木棒、木棍再次压碎，经反复处理使其全部通过 2mm 孔径（10 目）的筛子，混匀后储于广口玻璃瓶内。通过 0.25mm（60 目）孔径筛的土壤样品，用于农药、土壤有机质、土壤全氮量等项目的测定；通过 0.149mm（100 目）孔径筛的土壤样品用于元素分析。样品装入样品瓶或样品袋后，及时填写标签，一式两份，瓶内或袋内 1 份，外贴 1 份。测定挥发性或不稳定组分如挥发酚、氨态氮、硝态氮、氰化物等，需用新鲜的土样。过筛后的土样经充分混匀，然后装入玻塞广口瓶或塑料袋中，内外各具标签一张，写明编号、采样地点、土壤名称、深度、筛孔、采样日期和采样者等项目。所有样品都须按编号用专册登记。制备好的土样要妥为贮存，避免日光、高温、潮湿和有害气体的污染。一般土样保存半年至一年，直至全部分析工作结束，分析数据核实无误后，才能弃去。

无机分析土壤样品置于塑料袋中，在常温、通风的条件下保存。有机分析样品应置于棕色玻璃瓶中，装满、盖严，用四氟乙烯胶带密封，在 4℃ 以下保存。挥发性有机物的分析样品应尽快送至实验室进行分析。

现场采样记录作为质量保证/质量控制的一个重要的环节，在采集样的同时，应由专人填写样品标签、采样记录。土壤采样记录一般应包括采样时间、地点、样品编号、监测项目、采样深度样品描述（土壤颜色、质地、湿度）、植物根系和经纬度等，附采样点位置示意图。

3.4.2.4　土壤样品分析

土壤的常规理化特征，如土壤 pH、粒径分布、容重、孔隙度、有机质含量、渗透系数、阳离子交换量等的分析测试应按照《岩土工程勘察规范》（GB 50021）执行。土壤样品关注污染物的分析测试应按照《土壤环境质量标准》（GB 15618）和《土壤环境监测技术规范》（HJ/T 166）中的指定方法执行。污染土壤的危险废物特征鉴别分析，应按照《危险废物鉴别标准》（GB 5085）和《危险废物鉴别技术规范》（HJ/T 298）中的指定方法执行。

3.4.2.5　土壤监测中的几类主要有机污染物

① 单环芳烃：苯、甲苯、乙苯、二甲苯、苯乙烯等被称为单环芳烃。单环芳烃被广泛用作油脂、橡胶、树脂、涂料等溶剂和基本化工原料，从而造成石油化工、农药、有机化工、炼焦化工等行业排放的废水、废气、废渣中含有较多的单环芳烃，成为河流、空气和地下水等有机污染物的重要来源。其中苯是致癌物，其他对人体和水生生物均有不同程度的毒性。

② 挥发性卤代烃：指烃分子中的氢被卤素取代，且沸点低于 200℃ 的一类化合物。如二氯甲烷、三氯甲烷、溴仿、氯乙烯等。卤代烃主要被用作溶剂和制药、化工等的基本原料，

由于它的高挥发性、高穿透性因而具有很强迁移能力，是造成河流、空气和地下水污染的重要来源。卤代烃对人体和生物均有不同程度毒性，其中毒理实验已经表明三卤甲烷等为动物致癌物。

苯系物、挥发性卤代烃等挥发性有机化合物主要以混合物的形式存在于城市地区。尤其是在城区的抽样水井中，苯系物、挥发性卤代烃具有较高的检出率。地下水含有的 VOC 被认为是后工业时代城市迅速发展的示踪剂。

③ 有机氯农药：是一类对环境构成严重威胁的人工合成有毒有害有机化合物，优先控制污染物黑名单中的非常重要成员。有机氯主要包括有六六六（包括 α-BHC、β-BHC、γ-BHC、δ-BHC 四种异构体）、DDT、DDD、艾氏剂（Aldrin）、狄氏剂（Dieldrin）、氯丹（Chlordane）（包括顺式氯丹和反式氯丹两种）、七氯（Heptachlor）、毒杀芬（Toxaphene）、异狄氏剂（Endrin）、硫丹（Endosulfan-I 和 Endosulfan-II）、环氧七氯（eptachlor epoxide）等，都属于难降解农药。其中艾氏剂、狄氏剂、异狄氏剂、滴滴涕、七氯、氯丹、灭蚁灵、毒杀芬、六氯苯、多氯联苯、二噁英和呋喃属于控制的持久性有机污染物（POP）。

④ 取代苯类：来源广泛，尤其在石油开采、石油化工冶炼和加工过程产生大量该类污染物。它是一类中等亲脂性有毒有害有机污染物，包括硝基苯、六氯苯、2,6-二硝基甲苯、苯酚、苯胺、氯代苯酚类。

⑤ 多环芳烃：多环芳烃是含碳氢化合物在温度高于 400℃ 时，经热解环化、聚合而生成的产物。生物毒性实验表明许多多环芳烃具有致癌性，是公认的有毒有害有机污染物，也是最早发现有致癌作用的化合物。多环芳烃种类多达数百种，它们的基本结构是芳香烃的多环同系物。

美国环保署公布的 129 种优先控制污染物中，有以下 16 种重要的多环芳烃：萘、苊、二氢苊、芴、菲、蒽、荧蒽、芘、苯并 [a] 蒽、䓛、苯并 [b] 荧蒽、苯并 [k] 荧蒽、茚苯并（1,2,3-c,d）芘、苯并 [a] 芘、二苯并 [a,h] 蒽、苯并 [g,h,i] 芘。

⑥ 多氯联苯（PCB）：多氯联苯是联苯进行氯代过程的产物，共有 209 种异构体。多氯联苯具有较高的稳定性和优良的介电性能，因此曾经广泛用于电容器、变压器和传热载体等。自 20 世纪 20 年代末开始生产和陆续大量使用以来，污染范围极为广泛，从南极的企鹅到北极的海豹体内都曾检出 PCB，因而 PCB 污染已成为全球性的问题。近 20 年来，各国非常重视 PCB 的生产和使用，对环境残留要求严格控制。

⑦ 酚类化合物：是有机化工的基本原料，被广泛用于许多商品的生产中，如酚醛树脂、尼龙、增塑剂、抗氧化剂、制药和农药。酚类化合物是炼焦、染化、造纸、医药、化工等工业废水中的主要污染物。酚类化合物属于有毒有机污染物。大多数的硝基酚有致突变作用，酚的甲基衍生物不仅致畸，而且致癌。

⑧ 酞酸酯：邻苯二甲酸（或酸酐）与醇酯化而成，其 80% 用作增塑剂。它对人和动物的毒性一般为中等毒性。具有致突、致畸作用，未见致癌作用。美国环保署将六种酞酸酯列入 129 种重点控制的污染物。

美国 EPA：邻苯二甲酸二甲酯、邻苯二甲酸、二乙酯、丁基苄基酯、二正辛酯和双（2-乙基己基）酯、邻苯二甲酸二丁酯。

日本：邻苯二甲酸二正丁酯、二异丁酯、二异庚酯、二正辛酯、双（2-乙基己基）酯和二异癸酯。

我国：二甲酸二甲酯、邻苯二甲酸二正丁酯和二正辛酯。

3.5 地下水污染场地调查

3.5.1 地下水调查内容与原则

地下水污染调查主要包括地下水系统特征与地下水污染特征调查（见表3.11）。以地下水系统理论为指导，在掌握研究区地质-构造条件的基础上，通过钻探、物探、试验等手段深入调查研究区水文地质条件，重点揭示介质空间、水动力场和水化学场的特征。通过监测、示踪、模拟等方法，掌握研究区水文地球化学背景，识别污染，查明污染源、污染物、污染途径，获取有关参数，为地下水污染评价、污染防治提供基础。

表 3.11　地下水污染特征调查内容

地下水污染调查	地下水系统特征	介质空间	分布、岩性、空隙（含水、隔水）	资料收集
		水动力场	水位、流向、流速	地球物理
		水化学场	pH\E_h\EDST，水化学类型及分带性，特征组分与空间分布	钻探
	地下水污染特征	污染源		监测 试验
		污染物	种类、浓度、迁移性	
		污染途径		

地下含水层和包气带中污染物的累积是场地污染物的重要归宿和迁移转化途径，在通常情况下，污染场地地下水的监测应设置背景井和监测井。背景井应设置在场地地下水上游、无污染的区域背景，背景井的布设应尽可能远离城市居民区、工业生产区、农药化肥施用区、污染区及交通要道。监测井应考虑场地地下水的流向、污染源的分布以及污染物在地下水中的扩散形式，采用点面结合的方法进行布设。监测井的布设方法具体如下。

① 存在渗坑、渗井或有固体废物堆放的场地，在含水层渗透性较大的情况下，污染物的扩散大多以带状形式扩散，在布点时应沿地下水流向进行布设。

② 存在渗坑、渗井或有固体废物堆放的场地，在含水层渗透性较小的情况下，污染物大多以点扩散形式扩散，在布点时应采用辐射布点法。

③ 存在污染物排放渠并存在渗漏的场地，污染物大多以带状形式扩散，布点时应根据渠道的形状、地下水的流向以及场地地质条件采用网格法布设垂直于渠道的监测线。

④ 透水性好的强扩散区或老工业区，污染范围可能较大，监测线应适当延长；反之，可在场地污染源附近设点。

监测井的布设数量应根据场地污染源的性质、场地水文地质条件、污染的程度等情况决定。一般情况下，采样点数量在1～14个。

地下水监测点布置应遵循以下原则。

① 以建设厂区为重点，兼顾外围：厂区内可能的污染设施如有毒原料储罐、污水储存池、固体废物堆放场地附近均需设置监测点。

② 以下游监测为重点，兼顾上游和侧面。

③ 对地下水进行分层监测，重点放在易受污染的浅层潜水和作为饮用水源的含水层，兼顾其他含水层。

④ 地下水监测每年至少 2 次，分丰水期和枯水期进行，重点区域和出现异常情况下应增加监测频率。

污染场地地下水污染途径采样点的布设除要考虑上述布点基本原则外，还应具体考虑以下几点：①尽量利用场地及周边现有的饮用水水井或生产用水井作为采样点。如果没有，则需要构筑新的监测井进行采样。②地下水污染较为严重的区域应加大布点密度，污染小的区域应适当减少布点密度。③在没有场地地下水水文地质资料的地区，应将监测井设置在离场地或污染源较近的位置。④如场地内有饮用水水井，作为保护目标应尽量在此设置采样点。⑤背景样品应在场地地下水上游，与目标样品处于同一含水层。

3.5.2 地下水监测布点方法

3.5.2.1 地下水监测布点原则

地下水取样点或钻孔应根据前一批钻孔土、水样品分析结果，结合污染场地的实际情况，以及地球物理方法的信息，布置下一批钻孔位置，直至能准确反映污染源、污染羽、污染程度等要求。污染场地调查取样钻孔的位置主要根据具体的场地条件、污染泄漏方式和污染物特性等综合分析后确定，没有统一的布置方式。但原则上应：①上游与下游兼顾，重点在污染场地下游布置。至少上游 1 个代表背景值、下游 3 个并不在同一直线上，便于绘制地下水等值线图并确定流向。②钻孔要分批布置。③第一批钻孔应根据水文地质与污染源泄漏的情况布置在距离污染源泄漏点几百米的距离范围内。根据美国 184 个污染场地地下水统计资料表明 BTEX、PCE、TCE、TCA、DCA 和其他的污染羽分别为 65m×45m、300m×150m、300m×150m、150m×100m、150m×100m、210m×150m。而小规模的泄漏更应集中在泄漏点附近。但如果污染含水层为基岩裂隙水或岩溶水时，污染物可通过裂隙或岩溶通道迁移很长距离。④地下水采样首先应考虑污染物特点，如 LNAPL 应在地下水面重点取样，DNAPL 应在含水层底板位置重点取样。⑤不同岩性层位均进行取样，钻孔剖面上部（接近地表）的取样密度一般要大于下部的取样密度，污染泄漏点附近应加密取样。

根据地球物理探测结果在污染源位置和污染羽范围的基础上进行首批钻孔布置，然后分批布孔进行。如没有地球物理探测且污染源位置不确定时，可先进行污染源位置确定，通过现场走访、结合浅层包气带取样确定地下水污染源，然后考虑地下水流速、污染时间、污染物特征以及污染地地层介质与污染物的作用因素，进行首批钻孔的布置。

3.5.2.2 地下水监测布点基本要求

① 对于地下水流向及地下水位，可结合环境调查结论间隔一定距离按三角形或四边形至少布置 3～4 个点位监测判断。

② 地下水监测点位应沿地下水流向布设，可在地下水流向上游、地下水可能污染较严重区域和地下水流向下游分别布设监测点位。确定地下水污染程度和污染范围时，应参照详细监测阶段土壤的监测点位，根据实际情况确定，并在污染较重区域加密布点。

③ 应根据监测目的、所处含水层类型及其埋深和相对厚度来确定监测井的深度，且不穿透浅层地下水底板。地下水监测目的层与其他含水层之间要有良好的止水性。

④ 一般情况下采样深度应在监测井水面下 0.5m 以下。对于低密度非水溶性有机物污染，监测点位应设置在含水层顶部；对于高密度非水溶性有机物污染，监测点位应设置在含水层底部和不透水层顶部。

⑤ 一般情况下，应在地下水流向上游的一定距离设置对照监测井。

⑥ 如场地面积较大，地下水污染较重，且地下水较丰富，可在场地内地下水径流的上游和下游各增加 1~2 个监测井。

⑦ 如果场地内没有符合要求的浅层地下水监测井，则可根据调查结论在地下水径流的下游布设监测井。

⑧ 如果场地地下岩石层较浅，没有浅层地下水富集，则在径流的下游方向可能的地下蓄水处布设监测井。

⑨ 若前期监测的浅层地下水污染非常严重，且存在深层地下水时，可在做好分层止水条件下增加一口深井至深层地下水，以评价深层地下水的污染情况。

3.5.2.3 地下水监测布点的其他要求

① 当第一层含水层为非承压类型，采样点的具体设置如下。

a. 表层：根据土层性质变化及是否存在回填土等情况确定表层采样点的深度，表层采样点深度一般为 0~1.5m。

b. 表层与含水层之间：应至少保证一个采样点，当表层与隔水层的厚度在 5m 以上，可考虑增加采样点，采样点间距大于 3m，但小于 5m。各采样点的具体位置可根据便携式现场测试仪器、土壤污染目视判断（如异常气味和颜色等）来确定。

c. 地下水位线：至少在地下水位线附近设置一个土壤采样点。

d. 含水层：当地下水可能受污染时，应增加含水层采样点。

e. 隔水层（含水层底板）：隔水层顶部（即含水层底板顶部）应设置一个土壤采样点。

② 当第一层含水层为承压水或层间水时，采样点的具体设置如下。

a. 表层：根据土层性质变化及是否存在回填土等情况确定表层采样点的深度，表层采样点深度一般为 0~1.5m。

b. 表层与上隔水层之间：应至少保证一个采样点。当表层与隔水层的厚度在 5m 以上，可考虑增加采样点，采样点间距大于 3m，但小于 5m。各采样点的具体位置可根据便携式现场测试仪器、土壤污染目视判断（如异常气味和颜色等）来确定。

c. 隔水层：在隔水层顶部设置一个采样点。对于不需建井的钻孔，钻孔深度不应打穿相对隔水层（不透水层）。

d. 地下水位线：当钻孔须建观测井时，则至少在地下水位线附近设置一个土壤采样点。

e. 含水层及含水层底板：在地下水可能受污染的情况下，应增加含水层内及含水层底板采样点。

3.5.3 地下水调查方法

（1）采样准备 制定采样计划表，准备各种记录表单、必需的监控器材、足够的取样器材并进行消毒或预先清洗。

（2）现场定位 现场定位测量（高程、坐标）。可采用地物法和仪器测量法，经纬仪、水准仪、全站仪和高精度的全球定位仪。定位测量后，可用钉桩、旗帜等器材标志采样点。

（3）钻探调查 钻探调查应按照深部土壤污染调查有关要求进行。钻进过程中应采用便携式仪器现场跟进检测水土介质的污染状况，初步判断地下水污染的深度，观察和分析污染物存在的状态。钻探深度应揭穿污染的含水层。钻探初见地下水时，宜采集水样并检测污染物清单中列出的化学组分，现场测量有关的水化学指标。

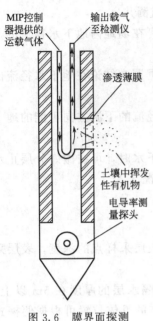

图 3.6 膜界面探测
原理示意图

图中标注：MIP控制器提供的运载气体；输出载气至检测仪；渗透薄膜；土壤中挥发性有机物；电导率测量探头

直接推进钻探膜界面探测技术可以用来进行包气带和含水层土壤样品采集、地层渗透系数探测，以及直接测定地层中污染物组成。其原理示意图见图 3.6。

(4) 计划调整　当出现下列情况可调整采样计划：当现场条件受限无法实施采样，可根据现场情况进行适当调整；现场状况和预期之间差异较大时，如现场水文地质条件与布点时的预期相差较大时，应根据现场水文地质勘测结果，调整布点或开展必要的补充采样。

(5) 样品采集　根据中国地质调查局的地下水取样要求（DD 2008—01），地下水采样前应进行井孔的清洗，井孔清洗时至少要抽出 3 倍于井内容量的水量（3～5 倍），观察出水颜色、浊度等，并现场测量水温、电导率、pH、氧化还原电位、溶解氧等参数至少 5 次以上，直至最后 3 次各项参数稳定后方可采样；或者清洗达到检测项目全部稳定后方可采样。

其他的取样方式主要有在线检测、定深取样、双栓塞系统、多层式监测取样井，能有利于描述污染物在含水层中的空间分布。较好的方法可采用定深取样与在线检测相结合的方法，以达到污染物分布的三维刻画。如果需要研究监测井水中污染物浓度与附近地下水污染浓度间的关系，可在测试取样前进行必要的扰动，然后等待一定时间后再进行测试取样。

根据采样计划，现场采集土壤及地下水样品，同时采集现场质量控制样。在采样时，应作好现场记录。若污染穿越多个含水层或分布在几个含水段内，应按巢式或丛式多级监测井成井；若污染只在浅部含水层或主要集中在一个厚度较小的含水层，应按单管监测井成井。应利用监测井观测水位、采集水样，进一步分析和确定地下水中污染物的组分和浓度。

(6) 样品运输与保存　针对不同检测项目，选择不同的样品保存方式。目标污染物为无机物的样品通常用塑料瓶（袋）收集；具体的土壤样品收集器和样品的保存要求可查阅相关资料。

运输样品时，应填写实验室准备的采样送检单，并尽快将样品与采样送检单一同送往分析检测实验室。采样送检单应保证填写正确无误并保存完整。

① 评估初步采样分析的结果：分析初步采样获取的场地信息，主要包括土壤类型、水文地质条件、现场和实验室检测数据等；初步确定污染物种类、程度和空间分布；评估初步采样分析的质量保证和质量控制。

② 制定采样方案：根据初步采样分析的结果，结合场地分区，制定采样方案。应采用系统布点法加密布设采样点。对于需要划定污染边界范围的区域，采样单元面积不大于 1600m² （40m×40m 网格）。垂直方向采样深度和间隔根据初步采样的结果判断。

③ 制定样品分析方案：根据初步调查结果，制定样品分析方案。样品分析项目以已确定的场地关注污染物为主。

a. 采样前的准备：现场采样应准备的材料和设备包括定位仪器、现场探测设备、调查信息记录装备、监测井的建井材料、土壤和地下水取样设备、样品的保存装置和安全防护装备等。

b. 定位和探测：采样前，可采用卷尺、GPS 卫星定位仪、经纬仪和水准仪等工具在现场确定采样点的具体位置和地面标高，并在采样布点图中标出。可采用金属探测器或探地雷达等设备探测地下障碍物，确保采样位置避开地下电缆、管线、沟、槽等地下障碍物。采用水位仪测量地下水水位，采用油水界面仪探测地下水非水相液体。

c. 现场检测：可采用便携式有机物快速测定仪、重金属快速测定仪、生物毒性测试等现场快速筛选技术手段进行定性或定量分析，可采用直接贯入设备现场连续测试地层和污染物垂向分布情况，也可采用土壤气体现场检测手段和地球物理手段初步判断场地污染物及其分布，指导样品采集及监测点位布设。采用便携式设备现场测定地下水水温、pH 值、电导率、浊度和氧化还原电位等。

④ 技术要求。

样品追踪管理：应建立完整的样品追踪管理程序，内容包括样品的保存、运输和交接等过程的书面记录和责任归属，避免样品被错误放置、混淆及保存过期。

数据评估和结果分析：a. 委托有资质的实验室进行样品检测分析。b. 数据评估。整理调查信息和检测结果，评估检测数据的质量，分析数据的有效性和充分性，确定是否需要补充采样分析等。c. 结果分析。根据土壤和地下水检测结果进行统计分析，确定场地关注污染物种类、浓度水平和空间分布。

物理样的采集与土工试验是在详细采样阶段为风险评估提供数据支撑，以模拟污染物在环境介质中的迁移过程。主要包括以下参数的测试获取：土壤粒径分布、土壤容重、含水量、天然密度、饱和度、孔隙比、孔隙率、塑限、塑性指数、液性指数、实验室垂直渗透系数和水平渗透系数以及粒径分布曲线等物理参数。具体参数根据风险评估需要确定。

除了进行土壤和地下水采样之外，目前在场地污染调查实践中常采用便携式仪器、地球物理勘查技术等进行调查。

① 防止采样过程的交叉污染　在两次钻孔之间，钻探设备应该进行清洗；当同一钻孔在不同深度采样时，应对钻探设备、取样装置进行清洗；当与土壤接触的其他采样工具重复使用时，应清洗后使用。

采样过程中要佩戴手套。为避免不同样品之间的交叉污染，每采集一个样品须更换一次手套。每采完一次样，都须将采样工具用自来水洗净后再用蒸馏水淋洗一遍。液体汲取器则为一次性使用。

② 防止采样的二次污染　每个采样点钻探结束后，应将所有剩余的废弃土装入垃圾袋内，统一运往指定地点储存；洗井及设备清洗废水应使用塑料容器进行收集，不得随意排放。

③ 现场质量控制　规范采样操作：采样前组织操作培训，采样中一律按规程操作，设置第三方监理。

采集质量控制样：现场采集质量控制样一般包括现场平行样、现场空白样、运输空白样、清洗空白样等，且质量控制样的总数应不少于总样品数的 10%。

规范采样记录：将所有必需的记录项制成表格，并逐一填写。采样送检单必须注明填写人和核对人。

④ 个人防护　根据国家有关危险物质使用及健康安全等相关法规制订现场人员安全防护计划，并对相关人员进行必要的培训。现场人员须按有关规定，使用个人防护装备。严格执行现场设备操作规范，防止因设备使用不当造成的各类工伤事故。对现场危险区域，如深井、水池等应进行标识。

⑤ 应急处理　当现场评价过程中发现存在危险物质泄漏时，应对泄漏情况及危害程度进行快速评估，并确定是否需要立即采取措施清除泄漏源。一旦确认需要进行紧急清除，则应立即通知场地业主和当地环保部门。

详细采样分析工作计划：在初步采样分析的基础上制订详细采样分析工作计划。详细采样分析工作计划主要包括评估初步采样分析工作计划和结果、制订采样方案以及制订样品分析方案等。详细调查过程中监测的技术要求按照 HJ 25.2 中的规定执行。

⑥ 便携式仪器调查　常用的便携式仪器包括检测挥发性气体的光离子化检测仪（PID）、检测重金属的 X 射线荧光分析仪（XRF）等。实际操作时，可根据便携仪器的测量值，确定具体的采样位置。一般可用洛阳铲、手动螺旋钻等在采样点处凿孔，并使用便携仪器测定污染物组分的浓度；在初步采样和详细采样认定的污染较重的区域，可采用便携仪器进行加密检测。

⑦ 现场样品分析　溶解氧、pH、电导率、色度、浊度。有明显污染痕迹或地层发生明显变化的岩心样品→自封塑料袋内并密封→揉捏松散→稳定 5～10min→便携式如 PID 检测器探头伸入自封袋内并读取样品的读数。

⑧ 高清晰度场地表征　实时检测技术一般在选定区域产生高密度环境数据，使其能够生成高清晰度和低不确定性的污染物三维视觉化图形。高清晰度场地表征，有利于使用"手术式"技术，进行针对性的原位修复。

⑨ 确定地下水污染源区特征　依据水土样调查结果和污染物性质，分析场地地下水污染特征。对污染物在地下水系统的存在形式（溶解相、非水溶 NAPL 相）、地下水污染可能的垂向和水平分布范围及相互联系（是单个污染源，还是多个地下水污染源）作出判断，并确定地下水污染特征指标。

⑩ 调查孔及监测井布设　首先应依据估计的地下水污染羽延伸范围布置第一批调查孔。一般以地下水污染源区中心为起点，沿地下水流向（纵向）和垂直地下水流向（横向）各布置一条剖面，每条剖面至少布置 3～4 口监测井。在地下水流向上纵向弥散轴的端点和中点、以及垂直地下水流向横向弥散轴的两个端点布置调查孔。监测井的深度应根据场地含水层系统结构特征（如黏性土厚度、优势通道大小）、污染物性质等确定。

若第一批调查孔不能确定地下水污染羽的分布范围，应布置第二批甚至第三批调查孔。在布置新的一批调查孔前，应在前期布置的调查孔/井内采集至少 1 次水样，检测分析污染物浓度沿地下水污染羽纵横方向和深度的变化，并依此确定新的调查孔的位置和成井结构。补充的调查孔数量，应与地下水污染羽规模、不均匀分布程度相适应。圈定地下水污染羽调查孔布设的步骤及方法如图 3.7 所示。地下水污染调查成井类型如图 3.8 所示。

地下水监测点点位按《场地环境监测技术导则》（HJ 25.2）布设。当场地地质条件比较复杂时，应设置组井（丛式监测井）。

地下水采样一般应建地下水监测井。监测井的建设过程分为设计、钻孔、过滤管和井管的选择和安装、滤料的选择和装填以及封闭和固定等。监测井的建设可参照 HJ/T 164 中的有关要求。所用的设备和材料应清洗除污，建设结束后需及时进行洗井。

现场采样时，应避免采样设备及外部环境等因素污染样品，采取必要措施避免污染物在环境中扩散。

地下水主要为场地边界内的地下水或经场地地下径流到下游汇集区的浅层地下水。在污染较重且地质结构有利于污染物向深层土壤迁移的区域，则对深层地下水进行监测。

应在疑似污染严重的区域布点，同时考虑在场地内地下水径流的下游布点。如需要通过

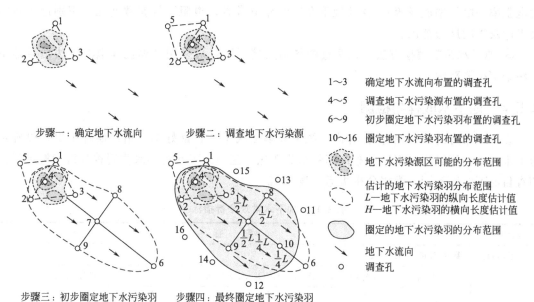

1～3　确定地下水流向布置的调查孔
4～5　调查地下水污染源布置的调查孔
6～9　初步圈定地下水污染羽布置的调查孔
10～16　圈定地下水污染羽布置的调查孔
地下水污染源区可能的分布范围
估计的地下水污染羽分布范围
L—地下水污染羽的纵向长度估计值
H—地下水污染羽的横向长度估计值
圈定的地下水污染羽的分布范围
地下水流向
调查孔

步骤一：确定地下水流向　　步骤二：调查地下水污染源

步骤三：初步圈定地下水污染羽　　步骤四：最终圈定地下水污染羽

图 3.7　地下水污染羽调查孔及监测井布设

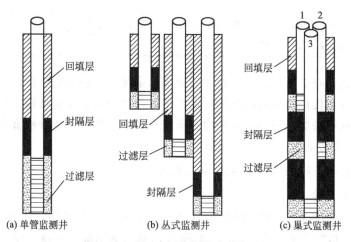

(a) 单管监测井　　(b) 丛式监测井　　(c) 巢式监测井

图 3.8　地下水污染调查成井类型

地下水的监测了解场地的污染特征，则在一定距离内的地下水径流下游汇水区内布点。按以下三种方法计算地下水污染羽纵向、横向弥散距离。

① 水动力弥散法。利用场地含水层渗透系数（K）、水力坡度（i）、有效孔隙度（n_e）、土壤容重（P），污染物在土-水间的分配系数（K_d），纵向弥散度（α_1）、横向弥散度（$\alpha_h = \alpha_1/10$）、地下水被污染的时间（t）。

方法 1：纵向弥散距离为 $l = 2\sqrt{\dfrac{10s}{\pi}}$，横向弥散距离为 $l/10$。

式中，$s = \dfrac{1.1\alpha_1 K \times i}{n_e \times R_f} \times t$，$R_f = 1 + \dfrac{K_d \rho}{n_e}$。

方法 2：纵向弥散距离为 $l = \dfrac{k \times i}{n_e \times R_f} \times t$，横向弥散距离为 $l/10$。

② 地球物理勘查方法。利用二维或三维高精度地球物理勘探方法（如地质雷达、高密

度电阻率和电导率成像等），探测地下介质的介电常数、电阻率等参数变化，识别地下水污染平面及垂向展布范围。

③ 地下水污染模拟方法。在调查资料满足情况下，可采用计算机模拟的方法估算地下水污染羽扩散范围。

3.5.4 地下水取样与检测

在场地布置的所有调查孔/井内，统一采集 2 次水样，最好丰、枯水期各 1 次，以确定地下水污染羽污染物浓度及分布范围的季节变化。区域地下水污染水质调查分析指标可根据调查目的不同而不同。常规分析指标见表 3.12。

表 3.12 地下水常规分析指标

指标类别		指　　标
物理性指标		温度、浊度、色度、嗅、味
化学性指标	简分析	pH、游离 CO_2、Cl^-、SO_4^{2-}、HCO_3^-、CO_3^{2-}、K^+、Ca^{2+}、Na^+、Mg^{2+}、总硬度、总矿化度
	全分析	除含简分析外，还包括 NH_4^+、Fe^{2+}、Fe^{3+}、NO_2^-、NO_3^-、F^-、Br^-、I^-、PO_4^{3-}、COD、可溶性二氧化硅
	微量组分	Cu、Pb、Zn、Cd、Mn、Fe、Ni、Co、Cr^{6+}、总 Cr、V、W、Hg、Sr、Ba、U、Ra、Th、B、Se、Mo、As、Rb、Cs、Li、Al
	有机组分	COD、BOD、石油类、酚、有机氮、有机磷、苯系物、烃类
生物性指标		细菌总数、大肠杆菌数

地下水污染物调查必须分析可能存在的全部污染物和一些常规指标，应首先根据污染源中污染物的种类和特性进行分析指标的确定并结合与之相关的常规指标。如加油站地下水污染分析重点指标在石油类、烃类与苯系物，而城市垃圾填场地下水分析重点既有无机污染物（重金属）又有有机污染物。

3.5.4.1 地下水污染场地中一般主要监测指标

（1）挥发性有机物

① 卤代烃：三氯甲烷、四氯化碳、1,1,1-三氯乙烷、三氯乙烯、四氯乙烯、二氯甲烷、1,2-二氯乙烷、1,1,2-三氯乙烷、1,2-二氯丙烷、溴二氯甲烷、一氯二溴甲烷、溴仿（Bromoform）、氯乙烯、1,1-二氯乙烯、1,2-二氯乙烯，共 15 种。

② 氯代苯类：氯苯，邻二氯苯，间二氯苯，对二氯苯，1,2,4-三氯苯。

③ 单环芳烃：苯，甲苯，乙苯，二甲苯，苯乙烯。

④ 汽油添加剂：甲基叔丁基醚。

（2）半挥发性有机物

① 有机农药：α-BHC、β-BHC、γ-BHC、δ-BHC、p,p'-DDE、p,p'-DDD、o,p-DDT、p,p'-DDT、六氯苯、七氯、七氯环氧、艾氏剂、狄氏剂、异狄氏剂、氯丹、有机磷农药（敌敌畏、甲基对硫磷、马拉硫磷、乐果、甲拌磷）。

② 其他杀虫剂和除草剂：阿特拉津 Atrazine，克百威，涕灭威。

③ 多环芳烃：萘、苊、二氢苊、芴、菲、蒽、荧蒽、芘、苯并 [a] 蒽、䓛、苯并 [b] 荧蒽、苯并 [k] 荧蒽、茚并（1,2,3）芘、二苯并 [a,h] 蒽、苯并 [g,h,i] 苝。

④ 氯代苯类：1,2,3-三氯苯，1,3,5-三氯苯。

⑤ 酚类：五氯酚（pentachlorophenol）、2，4，6-三氯酚、2，4-二氯酚、间甲酚、苯酚（phenol）、对硝基酚。

⑥ 酯类：二-(2-乙基己基)邻苯二甲酸酯、二（2-乙基己基）己二酸酯、二（2-乙基己基）磷酸酯。

⑦ 多氯联苯：多氯联苯。

⑧ 总石油烃：原油、汽油、柴油等。

⑨ 其他：二氯乙酸、三氯乙酸、三氯乙醛。

3.5.4.2 地下水监测中必测指标 37 项

① 卤代烃：三氯甲烷、四氯化碳、1，1，1-三氯乙烷、三氯乙烯、四氯乙烯、二氯甲烷、1，2-二氯乙烷、1，1，2-三氯乙烷、1，2-二氯丙烷、溴二氯甲烷、一氯二溴甲烷、溴仿、氯乙烯、1，1-二氯乙烯、1，2-二氯乙烯。

② 氯代苯类：氯苯、邻二氯苯、间二氯苯、对二氯苯、1，2，4-三氯苯。

③ 单环芳烃：苯、甲苯、乙苯、二甲苯、苯乙烯。

④ 有机氯农药：总六六六、α-BHC、β-BHC、γ-BHC、δ-BHC、滴滴涕、p,p'-DDE、p,p'-DDD、o,p-DDT，p,p'-DDT、六氯苯。

⑤ 多环芳烃：苯并［a］芘。

建议增加：萘、甲基叔丁基醚（MTBE）。

地下水样品一般用塑料瓶或玻璃瓶保存。但有机物分析样品必须用棕色玻璃瓶收集。样品容器在采样前应清洗。地下水样品的保存容器和保存方法可查阅相关资料。水样在装箱前应将样品容器盖拧紧，核对后装入包装箱。尽量将同一采样点的样品装在同一箱子中。箱子底部及瓶子之间应用泡沫塑料和纸板间隔防振，以防在运输途中破损。样品送至目的地后，送样人员应与接样者清点核实样品，并在样品交接单上签字确认。样品交接单由双方各存一份备查。

3.5.5 地下水污染羽圈定

依据主要污染组分物理化学性质（溶解性、密度等）、地下水系统特征及污染物浓度检测结果，分析污染物在地下水中的存在形式（NAPL 相、溶解相）及位置，对照场地背景值，通过便携式仪器测量、薄膜界面探测，特别是地下水污染动态监测与分析，圈出主要污染组分在平面和垂向上的分布范围。

目前 DNAPL 污染场地的监测技术主要有基准方法、土壤气调查、PITT 技术（Partitioning Interwell Tracer Tests）、氡通量法（Radon Flux Rates）、可溶性挥发性有机物浓度溯源调查（Backt racking Dissolved VOC Concentration in Wells）、地球物理勘探、圆锥贯入技术（Cone Penet Rometer Methods）、柔性线性地下技术（Flexible Liner Underground Technologies）和电阻抗断层成像技术。

此外，还可以借鉴世界发达国家积累的大量场地调查、修复的经验和案例，针对不同污染场地类型，估计地下水流向上污染羽的长度。地下水污染羽长度估算见表 3.13。

表 3.13　地下水污染羽长度估算

污染场地类型	污染羽长度/m	污染场地类型	污染羽长度/m
燃料碳氢化合物污染场地	76	氯化溶剂（PCE/TCE/DCE/VC）污染场地	305
苯污染场地	<76	氯化溶剂（TCA/DCA）污染场地	152
苯系物（BTEX）污染场地	65		

3.6 场地内其他污染调查方法

3.6.1 地表水污染调查

(1) 采样断面布设应考虑的原则 场地地表水监测断面的布设应具体考虑以下几个原则：①在污染场地周边 3km 范围内，如没有地表水，则不需要对地表水进行监测；②对过境河流应设置对照断面（或背景断面）、控制断面和出境断面；③应按水体功能区设置控制监测断面，同一水体功能区至少要设置 1 个监测断面；④监测断面应尽量设置在河道顺直、河床稳定、水流平稳、水面宽阔、无急流、无浅滩处，避开死水区、回水区和排污口；⑤监测断面尽量与水文监测断面一致，以便有效利用水文参数，实现水质监测与水量监测的结合；⑥受污染物影响较大的重要湖泊、水库，应在污染物主要输送路线上设置控制断面。

(2) 采样断面的布设方法 场地地表水监测断面的设置方法一般应考虑以下事项：①对照断面应设置在未受污染的上游河段，远离城市居民区、工业区、农药化肥施用区及主要交通路线；②控制断面应设置在排污区（口）的下游，污水与河水基本混匀处；③出境断面应设置在本场地最后的污水排放口下游，并尽可能靠近水系出境处；④湖（库）通常按不同水域，如进水区、出水区、深水区、浅水区、湖心区、岸边区，按水体类别设置监测垂线；⑤如场地临湖（库）有污染口，则监测断面的设置按点源处理，即从排污口向外延伸布设监测断面。

(3) 采样点位的确定与采样频度的考虑 河道断面的采样垂线和垂线上的采样点位置应根据河道的宽度和深度确定。一般情况下，每个监测断面可设置 3 条采样垂线（河道两侧和河道中间），每条垂线可分别设置上、中和下 3 层（上层是指水面下 0.5m 处、中层是指水深 1/2 处、下层是指底部以上 0.5m 处）采样点。如水深小于 10m，也可设置上、下两层采样点。为了充分体现场地污染源对地表水水体的影响，地表水的采样频次可根据地表水的流量分别选择在枯水期、丰水期或平水期，但枯水期的采样较为重要。

(4) 地表水样品的采集技术 地表水样品的采集一般可使用聚乙烯塑料桶、采水瓶、直立式采水器和自动采样器进行采集。具体情况可根据现场情况选择。采水设备在采样之前都应进行有效的清洗。

污染场地地表水监测通常采集瞬时水样。具体方法为：先将采样器缓慢沉入到指定的深度，然后将采水器提出水面，放入集水水桶中，混合后移入样品容器中（样品容器应用采集水洗涤 3 次以上），立即加入保存剂，盖上盖子，用四氟乙烯胶带密封。样品采集后，应马上加入保存剂进行固定。

地表水样品的采集应注意以下事项：①采样时不得搅动水底的沉积物。②采样时应保证采样点的位置准确。可使用 GPS 定位仪进行定位。③用于测定油类的水样，应在水面 0~30cm 处采集单独柱状水样，并全部用于测定。采样瓶（容器）不能用采集的水样冲洗。④用于测定溶解氧、生化需氧量和有机污染物等项目的水样，必须注满容器，上部不留空间，瓶口用水封口或用四氟乙烯胶带密封。⑤如果水样中含有沉降性固体（如泥沙等），则应分离除去。分离方法为，将所采集的水样混摇后倒入筒形玻璃容器（如 1~2L 的量筒）内，静置 30min，将不含沉降性固体但含有悬浮性固体的水样移入样品容器，并加入保存剂。测定水温、pH 值、DO、电导率、总悬浮物和油类的水样除外。⑥用于测定湖（库）水 COD、高锰酸盐指数、总氮、总磷的样品，采样后水样应静置 30min，用吸管一次或几次移取水样，吸管进水口应在水样表层 5cm 以下位置，再加保存剂保存。⑦用于测定油类、BOD、DO、硫化物、余氯、类大肠菌群、悬浮物等项目的样品要采集单独样品。⑧采样结束前，应核对采样记录与水样数量，如有错误或遗漏，应立即补采或重采。

采样结束后，应用签字笔或铅笔认真填写"地表水采样记录表"。"水质采样记录表"的内容由现场描述和现场测定项目两部分组成。具体为水温、pH 值、DO、透明度、电导率、氧化还原电位、浊度、水样感官描述（如颜色、气味/嗅、水面有无油膜等）、水文参数、气象参数（如气温、气压、风向、风速和相对湿度）等。

现场采样的样品，应马上加入保存剂进行固定。不同监测项目的保存容器、保存方法以及保存时间可查阅相关资料。水样运输前应将容器的外（内）盖盖紧。装箱时应用泡沫塑料等分隔，以防破损。箱子上应有"切勿倒置"等明显标志。同一采样点的样品瓶应尽量装在同一个箱子中；如分装在几个箱子内，则各箱内均应有同样的采样记录表。运输前应检查所采水样是否已全部装箱。运输时应有专门的押运人员。水样交化验室时，应有交接手续。

3.6.2　沉积物采样点的布设及样品采集技术

（1）采样点布设　沉积物样品的采样点通常为地面水采样点的垂线正下方。此处若无法采集，可略作移动，但应将移动的情况在采样记录表上详细注明。底质采样点应避开河床冲刷、底质沉积不稳定及水草茂盛、表层底质易受搅动的地点。湖（库）沉积物的采样点一般应设在主要河流及污染源排放口与湖（库）水混合均匀处。

（2）沉积物样品的采集技术　沉积物样品的采样点通常为地面水采样点的垂线正下方。如此处无法采集，可略作移动，移动的情况应在采样记录表上详细注明。沉积物样品通常用掘式采泥器采集。采泥器的材质应符合样品的要求。在浅水区或干涸河段也可用塑料勺或金属铲等工具采集。沉积物的采样量通常为 1～2kg。如一次采样量不够时，可在周围采集几次，然后混合均匀，采集混合样品。

沉积物样品的采集过程中应注意以下事项：①样品中的砾石、贝壳、动植物残体等杂物应予以剔除；②样品尽量沥干水分，然后用塑料袋包装或用玻璃瓶盛装；③供有机物测定的样品，应采集单独样品，用金属器工具采样，置于棕色磨口玻璃瓶中，并用四氟乙烯胶带密封；④样品容器瓶口不要沾染污泥，以保证磨口塞能塞紧。

样品采集后要及时将样品编号，贴上标签，并将沉积物的外观性状（如泥质状态、颜色、嗅味、生物现象等）填入采样记录表中。采集的样品和采样记录表运回后一并提交给实验室，并办理交接手续。

3.6.3　大气污染调查采样点的布设及样品采集技术

（1）采样点布设　如果场地的初步评估中发现场地存在或可能存在空气污染，并对场地或周边环境敏感目标构成危害或存在潜在危害的情况下，应对场地大气环境进行调查，以评估其危害。通常情况下，污染场地大气环境的监测应根据场地的主导风向，在场地主导风向上风向场界、主导风向的下风向场界和场地污染源下风向布设采样点，监测点的数量一般不少于 4 个。场地上风场界的采样点可视为背景（或对照）采样点。

（2）空气样品的采集技术

样品种类：一般情况下，场地大气环境的监测只采集气态污染物样品，而不采集颗粒物样品。因为场地颗粒物样品与场地土壤关系更大。但在某些特殊的情况下，如土壤污染严重且扬尘较大的场地，为了评估场地污染土壤对保护目标的影响，则需要采集大气颗粒物样品。

采样频度：污染场地大气样品的采样频度一般为每天 4 次、共 6 天，或每天 3 次、共 2 周。每次采样时间可因污染物种类而异，但每次采样时间不少于 45min。

采样方法：气态污染物一般采用带有气体捕集装置的大流量或中流量大气采样器，或用聚乙烯袋、铝箔袋、采气瓶等直接采样。空气中颗粒物的采集常用带有不同粒径过滤膜的大流量或中流量大气采样器。

在大气样品采集前应严格检查样品采集设备连接线路及其气密性，并对其流量计、计时器等进行校正。在样品采集过程中应记录采样流量、开始时间、气样温度以及压力等参数。气样温度和压力可分别从温度计和气压表中获得。采样结束后，取下样品，密封气体捕集装置进出口，记录采样流量、结束时间、气样温度及压力等参数。在采样过程中还应观测采样位置的环境大气温度、压力、相对湿度、风向、风速等气象参数，以便校正气体流量。用于分析颗粒物中挥发性有机物的颗粒物样品应在低温冷藏条件下保存，并尽快送至实验室进行分析。用吸收液吸收的样品应立即送实验室进行分析，不得贮存。

所有用吸附管或用气袋直接采集的气态样品或用于分析颗粒物中挥发性有机物的颗粒物样品均应在低温冷藏条件下保存，并尽快送至实验室进行分析。用吸收液吸收的样品应立即送实验室进行分析，不得贮存。

无机分析沉积物样品应先置于双层塑料袋中在常温、通风的条件下保存。有机化合物样品应置于棕色玻璃瓶中，装满、盖严，用四氟乙烯胶带密封，在 4℃ 以下保存，保存期为半个月。有机分析样品应尽快送至实验室进行分析。

在采样现场，沉积物样品必须逐件与样品登记表、样品标签和采样记录进行核对，核对无误后分类装箱。在样品运输过程中严防样品损失、混淆和沾污。样品送至目的地后，送样人员应与接样者当面清点核实样品，并在样品交接单上签字确认。样品交接单由双方各存一份备查。

3.6.4 污染场地样品分析方法

3.6.4.1 分析指标的确定方法

在通常情况下，污染场地监测指标可分为国家指定分析指标和选择性分析指标。国家指定分析指标是指国家相关规定中指明的分析项目，为必测项目；选择性分析指标为场地工作者依据场地污染源的实际情况以及场地中保护目标的要求作出的选择性分析指标，为自选分析项目。自选分析项目一般为污染场地中含量较高、对环境危害较大、影响范围较广、毒性强的污染物，或者污染事故对环境造成严重不良影响的物质，具体包括有毒有害的无机污染物和有机污染物。无机污染物主要包含镉、铬、汞、砷、铅、铜、锌、镍等重金属元素；有机污染物分析项目主要包含挥发性有机物、半挥发性有机物、总石油烃、农药 4 大类物质。

3.6.4.2　分析方法的确定

为了规范污染物的分析，世界上大部分国家都根据自己国家的实际情况确定了污染物的分析技术和方法，但由于经济实力、设备条件以及实验室环境等的差异，国内外在污染场地监测项目的分析方法上存在着较大的差别，特别是有机样品的分析。相比较而言，美国的分析方法最为详尽，如美国 EPA 的（SW-846），其对污染物的分析方法进行了详细的规定，其几乎涵盖了目前所有常见的各种有机和无机污染物。其他国家的分析方法或直接引用美国的分析方法，或根据本国的具体情况进行修订。我国环境监测中的许多方法也是参照美国或其他发达国家的相关分析方法修订的。制定样品分析方案：检测项目应根据保守性原则，按照第一阶段调查确定的场地内外潜在污染源和污染物，同时考虑污染物的迁移转化，判断样品的检测分析项目；对于不能确定的项目，可选取潜在典型污染样品进行筛选分析。一般工业场地可选择的检测项目有：重金属、挥发性有机物、半挥发性有机物、氰化物和石棉等。如土壤和地下水明显异常而常规检测项目无法识别时，可采用生物毒性测试方法进行筛选判断。

污染场地监测项目的分析方法可分为国家指定分析方法和选择分析方法两类。国家指定分析方法是指国家有关的规定中指定的分析项目，这些项目应按照国家的规定执行。选测项目可采用国内外权威部门推荐的分析方法或根据实验室设备、人员等实际情况，自选等效方法，但应作标准样品验证或比对实验，其检出限、准确度、精密度不应低于相应的通用方法水平及待测物准确定量的要求。选测项目分析方法的选择应着重考虑以下几个方面：①分析方法的可靠性；②数据精确度；③设备的可靠性；④分析样品的数量；⑤对特殊分离或分析技术的需求；⑥数据的可比性和代表性。

相对于无机污染物而言，在污染场地的环境监测中，有机污染物的分析方法的确定更为重要，原因是有机污染物的分析技术更为复杂，也更为困难。下面是国内外在有机污染物分析方面所采用的主要分析技术和分析方法。

（1）样品的预处理技术　根据有机物的挥发性，可以将有机污染物分类为挥发性有机物和半挥发性有机物，其预处理和定量分析方法不尽相同。

① 半挥发性有机物样品的萃取

液-液萃取法：是一种常用的有机化合物提取方法，主要应用于水样中微溶于水或不溶于水的有机化合物的萃取。该方法的主要操作步骤为，在分液漏斗中或连续液-液提取器中加入 1L 的水样，调节样品 pH 值，加入二氯甲烷，然后进行逐次提取，最后经干燥、浓缩后用于分析。

索氏萃取法：可应用于固体样品（如土壤、污泥和废物）中的非挥发性或半挥发性的有机化合物的萃取。主要操作步骤为，将固体样品与无水硫酸钠混合，置于提取套筒或 2 个玻璃棉塞之间，在索氏提取器中用溶剂进行提取，提取液干燥、浓缩后用于分析。

以上两种方法为较传统的方法，其提取回收效率较高，误差较小，但操作周期长，劳动强度较大，其应用逐渐减少。

超声波萃取法：是一种利用超声波技术辅助溶剂提取有机化合物的先进方法，可用于固体样品（如土壤、污泥和废物）中非挥发性或半挥发性的有机化合物的萃取。其主要操作步骤为，在固体样品中加入适量的无水硫酸钠，混合均匀，加入二氯甲烷和丙酮的混合液，在超声波的作用下提取数分钟，即可分离得到样品中的有机化合物。

超临界萃取法：是近代化工分离中出现的高新技术，它将传统的蒸馏和有机溶剂萃取法融合为一体，利用超临界条件下 CO_2 优良的溶解力，将基质与萃取物有效分离、提取和纯化。超临界流体萃取原理是以 CO_2 为萃取剂，在超临界加压的条件下使 CO_2 溶解度增大，将基质中的物质溶解出来，然后通过减压又将 CO_2 释放出来。在压力为 $8\sim40MPa$ 的超临界条件下，CO_2 足以溶解任何非极性、中极性化合物，加入改性剂后则可溶解极性化合物。该技术除可替代传统溶剂分离法外，还可以用于生物大分子、热敏性和化学不稳定性物质的分离，因而在食品、医药、香料、化工等领域受到广泛重视。

② 挥发性有机化合物的提取。样品中挥发性有机化合物的提取方法较少，目前常用的方法仅有汽提与捕集法。汽提与捕集法的原理是在样品溶液中通入惰性气体，将样品溶液中的挥发性有机化合物转移到气相中，然后流经 1 个内含吸附剂的捕集器，以收集气相中的有机化合物。汽提结束后，将捕集器加热且用惰性气体反冲，以解吸捕集器中的有机物，然后进入气相色谱仪进行分析。该方法可应用于水样或经处理后可转化为液体样品的固体、废物、土壤或沉积物样品及水混溶液体中的挥发性有机物的提取。

③ 样品纯化技术。萃取液中含有大量的杂质，如直接进样，势必会导致大量杂峰的出现、色谱柱分辨率和仪器灵敏度的降低以及色谱柱寿命的缩短。因此，在进行仪器分析之前，必须对萃取液进行纯化，以便除去其中的杂质。目前样品的纯化技术较多，但常用的只有几种，包括氧化铝柱纯化、硅酸镁载体柱纯化、硅胶纯化和凝胶渗透纯化。

氧化铝柱纯化：氧化铝是一种多孔分子筛，是目前应用最广的有机物纯化材料，可普遍用于各种极性有机化合物的分离和纯化。氧化铝材料分为酸性氧化铝、碱性氧化铝和中性氧化铝三种。碱性氧化铝（B）可用于各种碱性和中性化合物样品的纯化，其优点是对碱、醇类、烃类、甾族化合物类、生物碱类、天然颜料等化合物稳定，其缺点是可引起聚合、缩合和脱水反应，且不能用丙酮或乙酸乙酯作为洗脱液；中性氧化铝（N）可用于分离和纯化醛类、酮类、醌类、酯类、内酯类、配糖物，其缺点是比碱性氧化铝的纯化效果要差；酸性氧化铝（A）可用于酸性颜料、强酸性化合物的纯化。

硅酸镁载体柱纯化：硅酸镁载体是一种酸性的硅酸镁。常用于气相色谱分析前的纯化处理，包括农药和氯代烃类的纯化，从烃类中分离氮化合物，从脂肪族和芳香族混合物中分离芳香化合物等。

硅胶净化：硅胶是一种弱酸性不定形二氧化硅可再生吸附剂，由硅酸钠和硫酸制备而成，可用作分离柱纯化各种有机化合物。硅胶在活化状态下，经过 $150\sim160℃$ 加热数小时可用于碳氢化合物的分离；在非活化状态下（脱活），含有 $10\%\sim20\%$ 水分的硅胶可用于离子化或非离子化的大多数功能团的分离和纯化，如生物碱类、糖酯、配糖类，染料、碱金属阳离子、类脂化合物，甘油酯类、甾族化合物、萜烯化合物和增塑剂类等。

凝胶渗透净化：凝胶渗透是一种多孔物质，其主要利用孔隙大小进行分离和纯化。凝胶渗透可用于从样品中除去各种类脂化合物、聚合物、共聚物、蛋白质、天然树脂和聚合物、甾族化合物、高分子量化合物等杂质。此外，凝胶渗透还可以用于酚类、有机酸类、硝基芳香类、多环芳烃类、氯代烃类、碱性或中性化合物、有机磷杀虫剂、有机氯杀虫剂、含氯除草剂等各种化合物样品提取液的净化。

（2）有机污染物的定量分析方法

① 气相色谱法（GC）：气相色谱法是一种定量分析的技术，可以用于挥发性和半挥发性有机污染物的检测，如总石油烃、直链烷烃、多环芳烃、挥发酚、有机农药、多氯联苯以

及酞酸酯等。对于分子中含有氯、氧等带电性原子的有机物多采用电子捕获检测器（ECD），其余多采用火焰离子检测器（FID）。气相色谱柱有填充柱和毛细管柱两种，对于污染物浓度较高、杂质较多的有机污染物分析，可用该柱；另一种色谱柱是石英毛细管柱，该色谱柱内径较细，进样量较少（1~2μL），分离效率高，是目前国内外应用较多的一种色谱柱。样品的定量可以采用外标法，也可以采用内标法进行。外标相对简单，而内标可以减少因进样量的变化带来的误差。

② 气相色谱-质谱法（GC-MS）：气相色谱-质谱法是定性、定量分析有机化合物较为先进的方法，主要由质谱柱和质谱检测器组成，利用质谱对有机化合物很好的分离能力和质谱检测器的检测效果，对环境介质中各种有机污染物进行定性与定量分析的效果均很好，也是目前国外各国使用较多的一种检测方法。

只要预处理方法适当，气相色谱-质谱法可应用于几乎所有类型的挥发性样品和绝大多数半挥发性有机化合物样品。如多环芳烃类、氯代烃类、农药、有机磷酸酯类、亚硝胺类、卤醚类、醛类、醚类、酮类、苯胺类、吡啶、喹啉类、硝基芳香化合物、酚类包括硝基酚等。

③ 液相色谱法：液相色谱法也是一种国内外较常用的检测方法，它可用于不同介质中有机化合物的定性与定量分析。这种仪器主要由色谱柱和检测器组成。液相色谱柱一般均为填充柱，而常见的检测器有紫外检测器（包括二极管阵列检测器）、荧光检测器、示差折光检测器、电导检测器等，可供具有不同响应的污染物的分析检测。如多环芳烃类物质由于其具有明显的荧光响应，而多用液相色谱检测。

④ 红外光谱法：国内外较常见的测定总石油烃的方法是红外光谱法，该方法不能区分其中的不同组分，但对总石油烃的测定精度较高，操作较为简单。

⑤ 紫外光谱法：这种方法主要是利用烃类化合物对254nm波长紫外光的线性响应原理进行测定。测量精度等能很好地满足分析的要求。

（3）其他样品分析　地下水样品、地表水样品、环境空气样品、残余废弃物样品的分析应分别按照《地下水环境监测技术规范》（HJ/T 164）、《地表水和污水监测技术规范》（HJ/T 91）、《环境空气质量手工监测技术规范》（HJ/T 194）、《恶臭污染物排放标准》（GB 14554）、《危险废物鉴别标准》（GB 5085）和《危险废物鉴别技术规范》（HJ/T 298）中的指定方法执行。

3.6.5　场地第三阶段调查

通过将污染初步采样结果与国家和地方等相关标准以及清洁对照点浓度比较，排查场地是否存在风险。相关标准可采用国家相关土壤和地下水标准、国家以及地区制定的场地污染筛选值，国内没有的可参照国际上常用的筛选值，或者应用场地参数计算适用于该场地的特征筛选值。若污染物筛选值低于当地背景值，采用背景值作为筛选值。

一般在确定了开发场地土地利用功能的情况下：若污染物检测值低于相关标准或场地污染筛选值，并且经过不确定性分析表明场地未受污染或健康风险较低，可结束场地调查工作并编制第二阶段场地调查报告。若检测值超过相关标准或场地污染筛选值，则认为场地存在潜在人体健康风险，应开展详细采样，并进行第三阶段风险评估。

第三阶段调查以补充采样分析为主，获得满足风险评估及土壤和地下水修复所需参数。采样、数据评估和结果分析等步骤与第二阶段调查方法相似。

3.7 数据处理与质量控制

3.7.1 分析结果的表示方法

平行样测定结果在允许偏差范围之内时，则用其平均值表示测定结果。各分析项目不同监测方法的分析结果，其有效数字最多位数和小数点后最多位数按方法规定执行。当测定结果高于分析方法检出限时，按实际测定结果报值；当测定结果低于分析方法检出限时，按所使用方法的检出限值报值，并加标志位"L"。

① 平行双样的精密度用相对偏差表示。

② 一组测量值的精密度常用标准偏差或相对标准偏差表示。

3.7.2 质量保证和质量控制

现场质量保证和质量控制措施应包括：防止样品污染的工作程序，运输空白样分析，现场重复样分析，采样设备清洗空白样分析，采样介质对分析结果影响分析，以及样品保存方式和时间对分析结果的影响分析等，具体参见 HJ 25.2。实验室分析的质量保证和质量控制的具体要求见 HJ/T 164 和 HJ/T 166。

监测结束后，项目组应指派专人负责调查原始资料的收集、核查和整理工作。收集、核查和整理的内容包括监测任务下达、样点布设、样品采集、样品保存、样品运输、采样记录、样品标签、监测项目和分析方法、试剂和标准溶液的配制与标定、校准曲线的绘制、分析测试记录及结果计算、质量控制等各个环节的原始记录。核查人员应对各类原始资料的合理性和完整性进行核查，如有可疑之处，应及时查明原因，由原记录人员予以纠正；原因不明时，应如实向项目负责人说明情况，但不得任意修改或舍弃可疑数据。

收集、核查、整理后的原始资料应及时提交监测报表（或报告）编制人，作为编制监测报告的唯一依据。整理好的原始资料应与相应的监测报告一起，须经技术负责人校核、审核后装订成册提交给项目负责人。

3.7.2.1 质量控制指标

数据质量控制包括布点、采集、处理、保存、实验室分析和数据分析等过程的质量控制。监测布点应考虑是否能代表所有要考察场地环境的质量，所设置的各监测点之间设置条件尽可能一致和标准化，使各监测点所得数据具有可比性。特殊点位应达到该点位的设置特殊性要求。最佳监测点数在优化布点时应经过严格的数字计算，考察点位可行性及均匀性，对监测点具体位置进行复查，及时纠错。样品采集过程取样设备应符合技术规范要求，取样频率应符合有关技术规定，取样量应足够，满足测试目的要求。样品处理与保存过程，应按照各样品中特征污染物，小心保存、固定或现场监测，并防止二次污染。

数据分析的质量措施包括数据的核实、有效数字记录运算、处理检验以及结果的综合整理。应谨慎对待离群数据，采用方差分析、回归分析等方法对实验数据进行统计检验和质量分析。

① 精确度：指测得值之间的一致程度以及其与真值的接近程度。从测量误差的角度来说，精确度是测得值的随机误差和系统误差的综合反映。

② 精密度：指在受控条件下重复分析均一样品所得测定值的一致程度。它反映分析方

法或测量系统所存在随机误差的大小。极差、平均偏差、相对平均偏差、标准偏差和相对标准偏差都可以用来表示精密度的大小，较常用的是标准偏差。通常实验室内的精密度在分析人员、分析设备和分析时间都相同时用平行性表示，三个因素中至少有一项不同时用重复性表示，实验室间的精密度用再现性表示。

③ 准确度：用一个特定的分析程序所得的分析结果与假定的或公认的真值之间符合程度的度量。准确度的评价方法有两种，第一种是分析标准物质；第二种是"加标回收"法，通常在样品中加入与待测物质浓度接近的标准物质，测定其回收率，以确定准确度，多次回收实验还可以发现方法系统误差。

④ 误差种类：误差是分析测量值与真值之间的差值，根据其性质和来源，可将误差分为系统误差、随机误差和过失误差。

系统误差指测量值的总体均值与真值之间的误差。随机误差又称偶然误差或不可测误差，是由测定过程中各种随机因素的共同作用所造成的。过失误差也称粗差，是由测量过程中犯了不应有的错误所造成的。

系统误差是由测量过程中某些恒定因素（如方法、仪器、试剂、恒定的操作人员和环境）造成的，在一定条件下具有重现性，它不因测量次数的增加而减小。随机误差由随机因素造成，虽然其符号和绝对值大小无规律且不可预料，但随着测量次数增加，一般认为随机误差呈正态分布。粗差通常属于测量错误，较易发现。在测量与数据处理中，应当剔除粗差，消除或削弱系统误差，使测量值中仅含随机误差。

误差按表示形式的不同又可以分为绝对误差和相对误差。绝对误差是测量值与真值之差。相对误差是绝对误差与真值的比值。

3.7.2.2　实验室分析质量控制

实验室分析质量控制是确保分析数据可靠性的一个重要环节，也是污染场地正确评估的基础。在这方面，国内外均非常重视，其内容基本一致。实验室检测结果和数据质量分析主要包括：①分析数据是否满足相应的实验室质量保证要求。②通过采样过程中了解的地下水埋深和流向、土壤特性和土壤厚度等情况，分析数据的代表性。③分析数据的有效性和充分性，确定是否需要进行补充采样。④根据场地内土壤和地下水样品检测结果，分析场地污染物种类、浓度水平和空间分布。

实验室分析质量控制内容主要包括以下几个方面：①实验室分析基础条件，包括分析人员、实验室环境条件、实验用水、实验器皿、化学试剂等方面的要求；②监测仪器，包括分析仪器的调校、准确度以及日常维护等方面的内容；③试剂配制和标准溶液标定，包括化学试剂的等级、配置和标定方法、标准溶液的使用和保存等方面；④原始记录要求，包括记录的内容、记录的过程、记录的方法以及异常值的判断和处理等方面；⑤有效数字及近似计算要求，主要包括有效数字的判别、换算及其表达形式等；⑥校准曲线的制作要求，包括校准曲线的绘制、使用范围等；⑦监测结果的表示方法，包括监测结果的单位、精密度表示方法、准确度表示方法等内容；⑧实验室内部质量控制，包括实验室内部的质量控制、实验室间的质量控制、实验室的质量认证、分析质量控制程序等方面的内容。

设置实验室质量控制样，主要包括空白样品加标样、样品加标样和平行重复样。要求每20个样品或者至少每一批样品作一个系列的实验室质量控制样，也可根据情况适当调整。质量控制样品，包括土壤和地下水，应不少于总检测样品的10%。

实验室质量控制包括空白实验、仪器设备的标定、平等样分析、加标样分析、密码样分析以及绘制和使用质量控制图等方法。

3.7.2.3 质量分析

在场地监测过程中，样品测量结果可用平均数表示，包括算数平均数、几何平均数、中位数和众数。对于监测结果，当我们不确定测定值的总体均值是否等于真值，或者一种新的监测方法或监测仪器与现行的方法或仪器在分析测量结果的精密度上有无差异时，都需要通过统计检验，包括对测量结果进行数据的质量分析。

3.7.3 不确定性分析

不确定性是指监测结果不能被准确确定的程度，是计算风险时很重要的一步。如果不确定度没有很好地传递给使用风险评估结果的决策者，那么很可能引导决策者作出错误的决策。一般在风险评估中，不确定性来源于各个阶段，野外取样、实验分析、模型参数获取、模型的适用性和假设毒理学数据等均存在客观和主观的不确定因素。不确定因素按产生的机理不同包括模糊性因素、随机性因素和未确定性因素。参数的不确定性、模型的不确定性和情况的不确定性是影响风险评估结果的重要因素。需要在评估过程中通过相应的不确定性分析方法，对不确定性进行定性和定量表达。

（1）场地调查不确定性来源

① 历史资料缺失，导致对潜在污染区域（生产车间、原废料存储场、污水处理和排放位置等）判断不准确，目标污染物判断不准确；

② 土壤异质性，采样点位置和采样深度设定不能较为真实地反映污染物的空间分布；

③ 样品分析测试的不确定性，分析方法和测试机构选择导致数据准确性问题；

④ 数值模拟导致的不确定性，数值模拟与污染场地实际情景存在一定的差异，并且不同模拟方法导致的差异性更大。

调查报告应列出调查过程中遇到的限制条件和欠缺的信息，及对调查工作和结果的影响。

⑤ 场地概念模型构建导致的不确定性：场地概念模型构建若缺失某一环节，将导致调查的重大失误。

（2）不确定性表达方式与控制措施　对风险评估全过程的不确定性因素应进行综合分析，并作为评价报告书的正式内容记录在案，称为不确定性分析，它有助于提高风险评估的科学性、客观性和可行性。通常运用（但不局限于）蒙特卡罗方法传递参数差异，用以提出与风险评估相关的不确定性。

受采样数据的特征以及每种插值模型适用范围的影响，在土壤污染插值计算中并没有某种特定适用的插值方法。为了提高插值精度，减少由空间插值模型计算带来的不确定性，在具体的计算中，要进行多种插值计算方法的比较，通过精度评价，选择精度最高的一种。

场地环境调查是场地风险评价和环境修复的重要基础，场地环境调查的不确定性直接关系到对场地环境状况的判断和风险决策。针对不确定性控制的系统方法，采用以下几点。

① 系统规划，确定不确定性的控制节点和方法；

② 建立"源-路径-受体"的概念模型，指导资料收集和采样布点；

③ 建立风险决策单元和采样单元；

④ 使用现场探测和筛选技术，及时收集场地信息和调整调查方案；

⑤ 严格的现场和实验室质量控制。

3.8　污染场地调查报告及其编制

　　场地监测工作完成以后，项目组应编写场地环境调查报告。该报告是污染场地环境调查的最后一项内容，也是一项非常重要的内容。污染场地调查报告内容应包括以下几个方面：①报告名称与编号；②项目简介，包括项目的来由、调查的目的、调查的范围等；③场地概况，即包括场地的地理位置、场地的环境概况和社会经济概况、场地污染源、场地的操作历史和污染历史等；④场地调查工作流程，即包括采样点的设置、采样方法、样品保存和运输的方法、调查项目和分析方法等，还有各种图表；⑤场地调查结果，即叙述场地各种途径（土壤、地下水、地表水、大气）以及场地污染源的调查结果，并对结果进行综合分析，说明场地污染的主要污染种类、程度、范围以及污染原因；⑥场地环境调查结论及建议；⑦各种附件，包括场地调查监测任务委托书、采样点分布图、实验原始记录、QA/QC 管理文件、污染场地调查监测报告验收意见等；⑧污染场地环境调查监测报告应单独成册，以便提交场地管理相关政府部门和场地所属单位。

4 污染场地健康风险评价

(1) 风险评价概况 风险表示在特定环境下一定时间内某种损失或破坏发生的可能性，由风险因素、风险受体、风险事故、风险损失组成。环境风险是指在自然环境中产生的或通过自然环境传递的，对人类健康和生态环境产生不利影响同时又具有某些不确定性的危害事件。环境风险评价是评估事件的发生概率以及在不同概率下事件后果的严重性，并确定采取适宜的对策。风险评价不是健康诊断工具，而是风险预测工具，一般以概率或可能性来表示，不针对特定的某个人的健康进行风险预测，预测和评估现状或未来假设情景下的风险，不能追溯以前的风险，关注有毒有害物质。

综合风险评价中，需要综合考虑人及生态受体在风险压力作用下所表现出的不良反应。评价中的剂量-效应分析包括：第一，判断风险的类型，即污染物质对人类和生态系统造成不利影响的类型；第二，确定剂量-效应关系，用定量的方式表达出污染物质暴露量（压力因子）及其给受体造成的危害度之间的关系，即压力引起的风险受体的变化。

人体健康风险评估主要是指通过对有害因子对人体不良影响发生概率的估算，评价暴露于该有害因子的个体健康受到影响的风险。它描述了人体接触有害物质时危害效应的特征，是一系列定性和定量评估方法的组合。人体健康风险评估以危害鉴定（hazard identification）、剂量反应评估（dose response assessment）、暴露评估（exposure assessment）与风险特征描述（risk characterization）为主要评价流程，其目的是分析和预测人类行为过程中可能发生的突发性事件或事故所造成的环境污染对健康的危害，并通过健康影响评估确定其可行性。

只有超过风险可接受水平的污染场地才需要进行修复整治。场地评估需要考虑的问题有污染物从何而来，以什么形式存在，以及如何对人和环境起作用。包含的内容有污染物的来源、污染物的迁移方式、人体及环境接触污染物的介质和接触方式等，概括起来即为污染源、污染受体和迁移途径。

(2) 风险评价发展历程 国际上对健康风险评价的研究始于 20 世纪 30 年代，此阶段采用毒物鉴定法进行急性毒性和风险性较大的健康影响定性分析。50 年代提出了安全系数法，用于估算人群的可接受摄入量。70~80 年代健康风险评价体系基本形成，美国国家科学院（NAS）在 1983 年出版的《联邦政府的风险评价：管理程序》中将评价步骤概述为：危害识别、剂量-反应评估、暴露评价和风险表征。1975—1976 年相关人员开始了风险评估的研究，但评价内涵不太明确。1983 年美国国家科学院建立了风险评估方法，提出风险评价由 4个部分构成，即风险评价的"四步法"：危害鉴别，剂量-效应关系评价，暴露评价和风险表征。1986 年美国环保署颁布了一系列有关健康风险评价的技术性文件、准则或指南。如《健康风险评价导则》，该导则包括致癌性、致突变性、化学混合物、可疑发育毒物以及估算接触量 5 个方面内容（51FR33992~34054）。美国环保署在 1989 年颁布了《超级基金场地健康风险评价手册》，评价步骤为数据收集与分析、毒性评估、暴露评估和风险表征。2005

年美国环保署编制了 *Human Health Risk Assessment Protocol for Hazardous Combustion Facilities*（*HHRAP*）。深入阐释了食物链途径暴露风险评估方法。英国环保局历经18 年的研究在 Part Ⅱ A 的基础上发布了 CLEA（Contaminated Land Environmental Assessment）技术导则及核心报告："土壤中污染物对人类健康毒性的评估报告（SC050021 / SR2）增加了人类摄入蔬菜、水果等非直接暴露途径的风险评估方法。"至此，风险评价科学体系已基本形成，并不断发展。

发达国家对污染场地管理始于 20 世纪 80 年代，形成各自的污染场地的管理模式，模式的共同之处是：疑似污染场地的发现，场地的初步调查、初步筛选、确定优先管理名单，场地详细调查和风险评估，确定管理措施——修复或其他措施。虽然各国支持这样一个管理流程的法律体系、技术文件体系等有所不同，但风险评估方面的技术文件是必不可少的。

我国的健康风险评价起步于 20 世纪 90 年代，开始进行介绍和应用国外研究成果的风险评价，但大多集中在单一水体、区域土壤和粉尘以及生态系统的健康风险评价；我国 2004 年开始场地环境风险评价，并陆续出现了一系列评价导则与方法。如 2004 年北京市环境保护科学研究院起草了《场地环境评价指南》和《场地环境评价导则》。上海结合世博会的举办初步探索了污染场地风险评估体系。2007 年 11 月原卫生部等 18 个部委联合发布《国家环境与健康行动计划（2007—2015 年）》，明确将"开展环境污染健康危害评价技术研究"作为行动策略之一。

4.1 风险评价程序和基本方法

4.1.1 风险评价程序

场地健康风险评价是在分析污染场地土壤和地下水中污染物通过不同暴露途径进入人体的基础上，定量估算致癌污染物对人体健康产生危害的概率，或非致癌污染物的危害水平与程度（危害熵）。主要内容为污染场地风险评估，包括危害识别、暴露评估、毒性评估、风险表征，以及土壤和地下水风险控制值的计算，工作程序见图 4.1。

4.1.2 危害识别

危害识别是进行人类健康风险评价的基础。化学物质的危害识别主要通过收集和评估该物质的毒理学和流行病学资料，确定其是否对人群健康造成损害。目前，国际上关于权重分类的方法有两种：国际癌症研究中心（IARC）化学物质致癌性分类和 USEPA 综合风险信息系统（IRIS）化学物质致癌分类。我国尚未建立较为完整的污染物毒性数据库。

场地危害识别的主要任务是根据初步调查与详细调查、采样和分析获取的资料，通过与企业技术人员交流、收集企业的环评资料、竣工验收资料，结合场地的规划用地性质，鉴定污染场地主要危害物质及潜在范围，确定场地用途，确定关注污染物及其空间分布，识别敏感受体类型，获得场地特征参数，并建立数据质量管理和质量控制目标体系，进一步完善场地概念模型，指导场地风险评价。场地危害识别的工作内容如下。

① 场地背景资料：主要包括场地物理特征，如气候、气象、土壤、地质与水文地质条件等；场地利用历史；场地布局等。它是暴露评估中暴露背景以及建立污染物迁移转化模型的资料来源。收集场地环境调查阶段获取的相关资料和数据，掌握场地土壤和地下水中关注

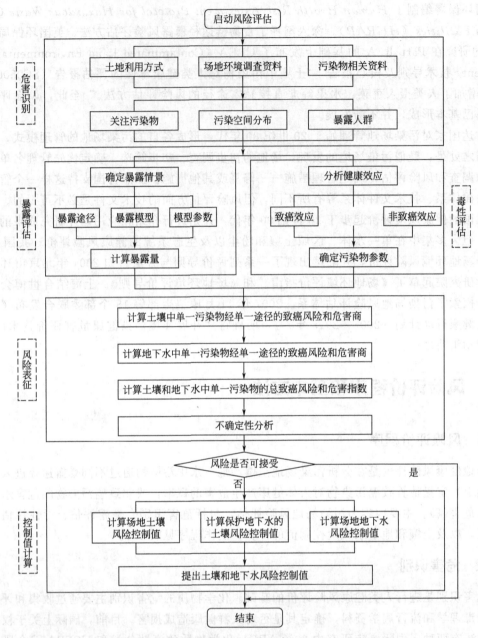

图 4.1　污染场地风险评价工作程序（HJ 25.3—2014）

污染物的浓度分布，确定场地主要污染源、污染物浓度及其向环境释放的方式。

② 与暴露人群有关的资料：人群分布、人群结构和人群生活方式等。根据污染场地未来用地规划，分析和确定未来受污染场地影响的人群，分析可能的敏感受体，如儿童、成人、地下水体等。

③ 与污染物有关的资料：污染类型、污染物种类、污染物物理化学性质和毒理学证据等。根据污染物及环境介质的特性，分析污染物在环境介质中的迁移和转化。

④ 根据未来人群的活动规律和污染物在环境介质中的迁移规律，分析和确定未来人群接触或摄入污染物的方式，确定暴露方式。

⑤ 场地污染状况：主要是指场地污染历史和现状，包括场地空气、地表水、地下水和土壤污染程度和污染分布。在污染源、污染物在环境中的迁移转化、暴露方式和受体分析的基础上，分析和建立暴露途径。

⑥ 场地概念模型假设了风险产生的路径，是污染源和评价终点之间的桥梁，其用文字和图形表示出了受体暴露于污染物质的路径和方式，建立概念模型是理顺各评价要素之间关系的重要步骤。在概念模式下可以通过食物链、物质流等方式进行风险与受体之间的关系分析。

在场地风险评估中，如果污染源和受体之间未形成完整的"源→迁移途径→受体"暴露风险链条，则认为不存在风险，风险评估将停止进行。

4.1.3 毒性评估

在危害识别的基础上，分析关注污染物对人体健康的危害效应，包括致癌效应和非致癌效应，确定与关注污染物相关的参数，包括参考剂量、参考浓度、致癌斜率因子和呼吸吸入单位致癌因子等。毒性评估是利用场地目标污染物产生负面效应的可能依据，估计人群对污染物的保留程度和产生负面效应的可能性之间的关系，即进行危害识别和剂量-效应评价。确定关注污染物对人体产生危害的性质（致癌和非致癌）和污染物的毒性参数。

剂量-效应评价方法是在流行病学调查与实验数据的基础上通过模型估算出来的。USEPA 的 IRIS 毒性数据库包含了 540 多种化学物质的致癌效应与非致癌效应毒理学数据。美国加州环保局环境健康危害评估办公室（OEHHA）构建了毒性标准数据库，包含了 400 余种化学物质的毒性资料。

暴露评价是确定或者估算暴露量的大小、暴露频率、暴露的持续时间和暴露途径。关于暴露情况的收集主要分为直接法和间接法。直接法包括个体监测和生物监测。个体监测是测量一定时间内个人身体接触污染物平均浓度的方法。监测法即生物标志物法，是一种直接监测生物介质中污染物内暴露的重要方法。通过皮肤、血液、唾液、头发、指甲、母乳等人体生物样本的取样监测，反映出多暴露途径进入人体的暴露剂量。对于急性毒性，目前国际上普遍认为生物标志物法暴露评价结果比较精准，可以反映暴露早期的生物学或生理学改变。间接法通过对污染物浓度的监测、对不同人口学特征人群在不同环境介质中的暴露时间和频率进行调查、统计，估算人群的实际暴露浓度，以评估健康风险。污染物生物有效性也被用于健康风险评价，如土壤中重金属的生物有效性。将地理信息系统（GIS）技术应用于暴露评价并发展了许多将暴露模型和 GIS 技术相结合的方法和手段。

评价终点可以理解为在风险源的作用下，风险受体可能受到的损伤。个体水平的死亡率、畸形率、繁殖力损伤、组织病理学异常、群体水平的物种数量以及人类和非人类生物的免疫系统毒性等均可作为评价终点。

污染物毒性常用污染物质对人体产生的不良效应以剂量-反应关系表示。对于非致癌物质如具有神经毒性、免疫毒性和发育毒性等物质，通常认为存在阈值现象，即低于该值就不会产生可观察到的不良效应。对于致癌和致突变物质，一般认为无阈值现象，即任意剂量的暴露均可能产生负面健康效应。

污染物毒性参数包括计算非致癌危害熵的慢性参考剂量（非挥发性有机物）和参考浓度（挥发性有机物）；计算致癌风险的致癌斜率（非挥发性有机物）和单位致癌系数（挥发性有机物）。常见的污染物毒性参数见《污染场地风险评估技术导则》（HJ 25.3）。污染物毒性参数也可根据国际上认可的毒性数据库适时进行更新。毒理数据来源以文献调研与毒理数据库为主，如美国 Ecotox 数据库，美国环保署 IRIS 数据库、英国毒理学/致癌物委员会、改进的荷兰 RIVM 毒理参数等数据库。

毒性评估需要确定污染物浓度水平与健康的反应之间的关系。主要包括危害识别和剂量-效应评估。危害识别是指去认定暴露于某种污染物是否会引起不良健康反应，这种不良反应是否会在人体中发生。剂量-效应评估指定量估计污染物毒性数据，建立污染物受试剂量和暴露人群不良反应发生率之间的关系。毒性数据（非致癌参考剂量 RfD、非致癌参考浓度 RfC 和致癌斜率因子 SF）可以通过查阅相关数据库或使用外推法获得。

目前相关数据库的数据来源分为三层：第一层为风险综合信息系统，即 IRIS (Integrated Risk Information System)；第二层如由美国研究和发展办公室、国家环境评估中心和超级基金健康风险技术支持中心发展的临时的同行审查数据库，即 PPRTV (Provisional Peer Reviewed Toxicity Values Database)；第三层为其他毒性数据，包括加利福尼亚环境保护局的毒性数据、有毒物质和疾病登记处 ATSDR 的最低风险水平和健康影响评估概要表，即 HEAST (Health Effect Assessment Summary Tables) 等。在进行健康风险评价时，首先选用第一层的毒性值，当 IRIS 系统中无所需数据时再使用第二层和第三层的毒性值。

当某一具体的暴露途径没有毒性数据时，通过外推法获得是常用的方法。通常对有机化合物而言，当呼吸暴露和经口暴露只存在其中一条途径的参考剂量和斜率因子时，此数据也适用于另外那条途径。此外，皮肤暴露途径的毒性数据可通过经口摄入途径的非致癌参考剂量和致癌斜率因子来推算。

（1）非致癌毒性评估　一般认为污染物的非致癌毒性存在阈值现象，即低于某一剂量，不会产生可观察到的不良反应。非致癌毒性评估即为如何估计化学物质的致毒阈值，并根据阈值确定计算非致癌风险的标准建议值即参考值 (Reference Value, RfV)。非致癌效应阈值的表征方法主要有 3 种：不可见有害作用水平 (No Observed Effect Level, NOEL)、最低可见有害作用水平 (Lowest Observed Adverse Effect Level, LOAEL) 和基准剂量 (Benchmark Dose, BMD)。NOEL 为不能观察到不良反应的受试物的最高剂量。LOAEL 是指可观察到不良反应的受试物的最低剂量。BMD 是指对应于所定义的效应水平（某一不良健康效应发生率，通常为 1%～10%）的有效剂量。

健康风险中非致癌风险多采用计算安全值 ADI（日允许摄入量，即安全值）基于动物实验数据计算得出。参考剂量也可以由 USEPA 综合风险咨询系统 (IRIS) 及国际癌症研究机构 (IARC) 查询。

健康风险评价中可耐日摄入量按下式计算：

$$TDI \text{ 或 } ADI = BMD \text{ 或 } NOAEL/UF$$

式中，TDI 为可耐日摄取量；ADI 为日允许摄入量；BMD 为无毒性剂量；NOAEL 为无影响浓度；UF 为不确定性系数。

非致癌风险及生态风险表征方法包括商值法和概率法 2 种。商值法：

$$HQ = \text{暴露量 或 } PEC/ADI \text{ 或 } PNEC$$

式中，PEC 为预测环境浓度；ADI 为日允许摄入量；PNEC 为预测无影响浓度；HQ 为风险商值。通过 HQ 与 1 的大小之比来判断风险的大小。该方法简单方便，考虑了一定的不确定性（ADI 及 PNEC 的计算过程），但未考虑暴露量分布和个体敏感性差异。概率法则是通过暴露浓度的分布和物种的剂量效应关系（NOAEL）或敏感性分布（SSD）的对比得出危害发生的概率。常用的方法包括暴露浓度和毒性效应概率密度函数的重叠面积法、联合概率曲线法以及直接计算风险系数的概率密度函数的方法。

商值法利用保守假定和最小数据证明足够安全，是最低层次的风险计算方法，而概率法则利用了特定的数据和复杂的分析工具对更加具体的和最关心的问题进行风险计算。

污染物非致癌毒性的剂量-效应关系可以用该物质的参考剂量（reference dose，RfD）表示，即当人群（包括敏感亚群）暴露于该水平时，预期发生有害效应的风险很低，或实际不可检出，一旦超出该水平时即对人体健康造成危害。参考剂量以 BMDL、NOAEL/LOAEL 为依据，经过安全系数和不确定性因子修正得出，计算公式为：

$$RfD = \frac{NOAEL}{UF_1 \times UF_2 \times UF_3 \times UF_4 \times MF}$$

式中，UF 为不确定因子，取值为 1～10；MF 为修正因子，取值为 1～10；NOAEL 为无影响浓度。

根据人体摄取化学物质的方式，参考剂量分为经口摄取参考剂量（oral RfD，RfD_o）、呼吸摄入参考浓度（RfC）和皮肤参考剂量（dermal RfD，RfD_d）。根据暴露时间分为急性、短期、长期、慢性参考值。急性暴露时间小于 24h。短期暴露时间为 24h～30d。长期暴露时间为 30d～人均寿命的 10%。慢性暴露时间为暴露时间大于人均寿命的 10%，如人均寿命为 70 年，则为大于 7 年。

（2）致癌风险 致癌风险基础数据来自于流行病调查数据和动物毒性实验数据，一般用发生概率表示致癌风险的大小，致癌强度（SF）是用于衡量致癌风险的重要参数。由于很多风险物质缺少流行病调查数据，实验动物的毒性数据就成为致癌风险评价中的重要数据来源。动物暴露试验往往浓度较高，而人类暴露于风险物质一般是低剂量、长时间的过程，因此，人类致癌强度（SF）一般是从动物实验数据外推计算而来。在致癌风险管理的实际操作过程中，往往计算可接受致癌风险所对应的暴露量，即致癌物质的实际安全值 VSD（Virtually Safe Dose），VSD 实际上就是忽视了 10^{-5} 或 10^{-6} 这样低的剩余致癌风险，而不是早先的癌物质零风险（无阈值）。人类健康的致癌风险一般用发生概率来描述致癌风险的大小，致癌风险的概率表示为致癌强度（SF）乘以暴露量。SF 可通过 IRIS 数据库查询，当某一具体的暴露途径没有 SF 时，致癌强度一般由动物实验数据外推而来。由于 SF 是一个常数，忽视了个体敏感性，一般通过考虑暴露量的个体差异来计算致癌概率。在致癌风险管理的实际操作过程中，有时也通过暴露量与致癌物质的实际安全值 VSD 的比值来计算致癌风险。

（3）生态风险 化学物质对生态系统的影响首先体现在分子、细胞和组织器官水平上，积累到一定程度后，逐步传播到生物个体、种群、群落及整个生态系统。从与生态系统的直接关联上看，层次越高关联性越强，但风险评价的可操作性越低。目前世界多国在法规制定过程中，多采用将单个生物的毒性数据（如 EC_{50}、LC_{50}、NOEC）除以 10～1000 的评价系数，外推到环境安全值（预测无影响浓度，PNEC）的方法。然而，基于单个生物种毒性数据的安全值，不一定能保护生态系统中其他生物的安全，为了充分考虑不同生物种对化学物质的敏感性不同的问题，从多物种长期毒性数据外推 PNEC（SSD）更有意义。目前美国、欧洲在制定标准时，多采用种群敏感性分析（SSD）方法代替上述的评价系数法。

风险评价应加强对具有明显慢性毒性的风险物质的种群及整个生态系统的风险评价以及更加重视种群的延续而不仅仅是个体的损伤及存亡。

4.1.4 暴露评估

暴露是指人体和化学物品或化学制剂的接触。对于暴露评估，需要确定人类暴露程度和频率、暴露案例是具有高端风险还是集中趋势，另外暴露人群是否具有不确定性。污染场地暴露评估是在污染场地初步识别的基础上，对人群暴露于环境介质中污染物的强度、频率、时间进行测量、估算或预测的过程，暴露评估是进行污染场地风险评价和风险管理的定量依据。

暴露评估是在危害识别的基础上，分析场地内关注污染物迁移和危害敏感受体的可能性，确定场地土壤和地下水污染物的主要暴露途径和暴露评估模型，确定评估模型参数取值，计算敏感人群对土壤和地下水中污染物的暴露量。确定污染物通过各种途径可能影响到的人群，确定这些人群受到危害的程度、过程和时间，可参考美国环保署公布的《暴露因子手册》(Exposure Factors Handbook)。

暴露评估基本内容为分析暴露情景、识别暴露途径、选择迁移模型和确定暴露参数，根据暴露浓度、潜在的暴露人群和暴露程度确定各暴露途径的污染物摄入量。在进行暴露评价时应对接触人群的数量、性别、年龄分布、居住地域分布、活动状况、人群的接触方式（一种或多种）、接触量、接触时间和接触频度等情况进行描述。暴露评价需要建立暴露概念模型、识别暴露源、释放机制、暴露途径与受体。污染场地的污染源主要为土壤与地下水；污染释放机制为挥发性和颗粒物散发进入空气，直接进入土壤或淋溶进入地下水、地下水传输与扩散。暴露途径为食入、呼吸吸入及皮肤接触。暴露受体为在场地活动的人群。通过评价污染物的暴露类型和暴露量，最终与污染物毒性评价结合来表征污染物对人体健康的风险水平。即通过实测或估算方法确定人群在一定的暴露频率和周期下暴露环境污染物的程度（暴露量或浓度），包括污染介质及污染物浓度计算（土壤、地下水、植物等），污染归趋及迁移，受体及暴露点，暴露方式（经口、皮肤、呼吸等），暴露频率、周期等暴露参数，暴露量计算。

4.1.4.1 暴露情景

暴露情景是在特定土地利用方式下，场地污染物经由不同方式迁移并到达受体的一种假设性场景描述，即关于场地污染暴露如何发生的一系列事实、推定和假设。根据场地用地规划，确定场地的未来用地情景。

(1) 敏感用地、非敏感用地的划分 根据受体特征，分析受体人群与场地污染物的接触方式，可将用地情景分为敏感用地（包括住宅、文化设施、教育用地等）和非敏感用地（包括工业用地、商业用地、物流仓储用地等）。由于用地情景的暴露途径和暴露参数较为特殊，因此也可将用地情景分为居住、工商业和公园三类用地进行计算和分析。暴露情景是指特定土地利用方式下，场地污染物经由不同暴露路径迁移和到达受体人群的情况。根据不同土地利用方式下人群的活动模式，两类典型用地方式即以住宅用地为代表的敏感用地（简称"敏感用地"）和以工业用地为代表的非敏感用地（简称"非敏感用地"）的暴露情景。

敏感用地包括城市建设用地中的居住用地、文化设施用地、中小学用地、社会福利设施用地中的孤儿院等。敏感用地方式下，儿童和成人均可能会长时间暴露于场地污染而产生健康危害。对于致癌效应，考虑人群的终生暴露危害，一般根据儿童期和成人期的暴露来评估污染物的终生致癌风险；对于非致癌效应，儿童体重较轻、暴露量较高，一般根据儿童期暴露来评估污染物的非致癌危害效应。

非敏感用地包括城市建设用地，应分析特定场地人群暴露的可能性、暴露频率和暴露周期等情况，参照敏感用地或非敏感用地情景进行评估或构建适合于特定场地的暴露情景进行风险评估。非敏感用地方式下，成人的暴露期长、暴露频率高，一般根据成人期的暴露来评估污染物的致癌风险和非致癌效应。

（2）农业用地、居住用地与工业用地的划分　污染物在不同环境介质中存在和迁移转化的方式不同，因而人群暴露的途径也不同。另外，在暴露假设时应考虑未来土地利用方向，土地利用类型不同则暴露人群和暴露方式不同。一般来说，土地利用类型可以有 3 个主要方向：①工业与商贸用地；②农业用地；③居住用地。在城市土地置换过程中大多数污染场地是原有工业企业关闭或搬迁所产生的，其土地利用类型转为农业用地的可能性较小。在不能确定土地未来利用方向时，城市地区建议将场地按照居住用地的要求进行场地健康风险评价，因为在城市地区按照居住用地评价未来土地利用方向是最为安全和保守的选择。因此，暴露人群可能是职业工人或居民。

4.1.4.2　暴露途径

对于敏感用地和非敏感用地，有 9 种主要暴露途径和暴露评估模型，包括经口摄入土壤、皮肤接触土壤、吸入土壤颗粒物、吸入室外空气中来自表层土壤的气态污染物、吸入室外空气中来自下层土壤的气态污染物、吸入室内空气中来自下层土壤的气态污染物共 6 种土壤污染物暴露途径，和吸入室外空气中来自地下水的气态污染物、吸入室内空气中来自地下水的气态污染物、饮用地下水共 3 种地下水污染物暴露途径。

场地污染土壤的暴露途径包括：经口摄入污染土壤、皮肤直接接触污染土壤、吸入土壤颗粒物、吸入室外土壤挥发气体、吸入室内土壤挥发气体。场地污染地下水的途径包括：吸入室外地下水挥发气体、吸入室内地下水挥发气体、饮用地下水。

（1）居住情景　普通住宅、公寓、别墅等用地方式，可作为居住情景进行暴露情景分析。受体分为儿童、青少年和成人，接触方式一般包括：①直接摄入污染土壤；②经皮肤接触污染土壤而吸收污染物；③通过呼吸系统吸入污染的土壤尘；④吸入土壤及地下水中的挥发性有机污染物；⑤饮用受污染的地下水和地表水。

对于污染物的致癌效应，应考虑人群的终身暴露危害；对于污染物的非致癌效应，应以儿童为敏感受体，一般以儿童期暴露来评估污染物的非致癌危害。

（2）工商业情景　办公楼、展览馆、交通设施等用地方式，可视为工商业情景进行暴露情景分析。受体为成人，接触方式包括：①直接摄入污染土壤；②经皮肤接触污染土壤而吸收污染物；③通过呼吸系统吸入污染的土壤尘；④吸入土壤及地下水中的挥发性有机污染物；⑤饮用受污染的地下水和地表水。

对于污染物的致癌效应和非致癌效应，一般以成人期的暴露来进行评估。

（3）公园情景　游乐场、公园、绿地等用地方式，可视为公园情景进行暴露情景分析。公园情景下的接触方式参照居住情景进行分析，但一般不考虑室内呼吸途径的风险。不能确定土地利用方式的场地，建议按照居住情景进行分析。另外，还需要考虑施工期建筑工人的风险影响，施工人员的接触方式包括：①直接摄入污染土壤；②经皮肤接触污染土壤而吸收污染物；③通过呼吸系统吸入污染的土壤尘；④吸入土壤及地下水中的挥发性有机污染物；⑤饮用受污染的地下水和地表水。

上面列出了不同用地情况下可能的暴露接触方式和途径，实际工作中，应根据具体情况来确定。

在分析污染物进入人体的暴露途径时，未考虑蔬菜摄入途径。因为本书中所指场地主要为工业污染场地，通常情况下在工业场地上不会种植食用植物。当确实存在这种情况时，建议采用国内外的相关标准进行判断，以确定是否存在健康危害。暴露情景分析时，可结合未来场地风险控制措施的应用（如暴露途径阻断措施等），分析不同风险控制情景下的风险水平。

4.1.5　暴露量计算

暴露量计算就是对污染物的变量和表征暴露人群的变量进行量化，包括暴露浓度、污染物接触率、暴露频率、暴露时间、人体体重以及平均作用时间，根据上述参数计算人体单位时间、单位体重的污染物摄取量［CDI，mg/(kg·d)］。即将食物链途径与手、口、呼吸的途径整合一体进行风险的分析、计算、评估。污染场地污染物浓度值(mg/kg)主要根据监测数据确定，当评价区域较大、环境条件较为复杂时也可采用污染物迁移转化模型进行预测；根据已经确定的暴露途径和暴露浓度，按照相应的计算公式，计算各种暴露途径下的暴露剂量。通常在计算污染物摄入量时，取算术平均值的95%UCL为暴露浓度。

当污染源与暴露点一致时，可根据源（土壤或地下水等）的污染物浓度计算暴露量。当污染源与暴露点不一致时，需通过各类污染物归宿和迁移模型（三项平衡模型、土壤淋溶及地下水污染物迁移模型），计算暴露点的污染浓度后计算暴露量。

$$EDI = \frac{C_s \times IR \times CF \times EF \times ED}{BW \times AT}$$

式中，EDI为污染物摄入量（吸收量），mg/(kg·d)；C_s为介质中污染物质的含量（大气，mg/m³；食物和土壤，mg/kg；水，mg/L）；IR为介质摄入（吸收）量（大气，m³/d；食物和土壤，mg/d；水，L/d）；CF为转换系数，kg/mg或无量纲；EF为暴露频率，d/a；ED为暴露年限，a；BW为体重，kg；AT为平均作用时间，d。

食物链暴露风险评估中对目标人群的特征分析主要包括体重、期望寿命、暴露期、暴露频率。体重、期望寿命是风险评估两个最基本的暴露参数。假设某一污染场地，未来可能规划为工业用地或居住用地，对应暴露人群可能是职业工人或居民。土壤中污染物暴露途径考虑直接摄入、呼吸摄入、皮肤接触和饮食摄入4条途径，各暴露途径下污染物的摄取量可参考如下公式进行计算（USEPA）。

（1）经口摄入量

$$CDI_{经口} = \frac{C_s \times IR \times CF \times EF \times ED}{BW \times AT}$$

式中，$CDI_{经口}$为经口摄入量，mg/(kg·d)；C_s为土壤中污染物含量，mg/kg；IR为每时摄入土壤量，mg/d；CF为转换系数，10^{-6} kg/mg；EF为暴露频率，d/a；ED为暴露期，a，一般根据场地人群实际暴露情况确定暴露期和暴露频率，居住区居民暴露期可根据实际情况确定，工业区作业人员的暴露时间则要根据工厂的作息制度进行估计，商业区和娱乐区人群流动性很大，应选择常住人口为重点评价对象，相对流动人口而言，常住人口为高暴露人群；BW为暴露期内人群平均体重，kg；AT为平均作用时间，d，评价非致癌效应时，暴露期即为平均作用时间，评价致癌效应时，其平均作用时间为整个生命周期，即人群平均寿命，这是基于短期暴露于高剂量致癌化学物质引起致癌效应和终生暴露于低剂量化学物质引起的致癌效应相同的假设。

（2）呼吸摄入量

$$CDI_{呼吸摄入} = \frac{C_s \times \left(\dfrac{1}{PEF}\right) \times IR \times EF \times ED}{BW \times AT}$$

式中，$CDI_{呼吸摄入}$ 为经呼吸摄入量，mg/(kg·d)；C_s 为土壤中污染物含量，mg/(kg·d)；PEF 为土壤尘扩散因子；IR 为呼吸速率，L/min。

（3）皮肤接触摄入量

$$CDI_{皮肤接触} = \frac{C \times CF \times SA \times AF \times ABS \times EF \times ED}{BW \times AT}$$

式中，$CDI_{皮肤接触}$ 为经皮肤接触摄入量，mg/(kg·d)；C 为土壤中污染物含量，mg/(kg·d)；CF 为转换系数，10^{-6} kg/mg；SA 为可能接触土壤的皮肤面积，cm^2；AF 为皮肤对土壤的吸附系数，mg/cm^2；ABS 为皮肤吸收系数，其值由化学物质的特性决定。

（4）饮食摄入量

$$CDI_{饮水} = \frac{C_w \times IR \times EF \times ED}{BW \times AT}$$

$$CDI_{食物} = \frac{C_F \times IR \times FI \times EF \times ED}{BW \times AT}$$

式中，$CDI_{饮水}$ 为经饮水接触摄入量，mg/(kg·d)；C_w 为水中污染物含量，mg/kg；C_F 为食物中污染物含量，mg/kg；FI 为污染食物占总食物的比例；IR 为摄取速率（水，L/d；食物，每顿饭摄入量，kg/顿）；EF 为暴露频率（水，d/a；食物，顿/a）。

暴露评估各参数必须结合场地的实际情况和未来的土地利用类型，选择能代表最大可能暴露情形的数值。假设工人工作时穿短袖衬衣、长裤和鞋子，则可能暴露的部位为头、部分手臂和手，其面积为 $3300cm^2$；儿童的暴露部位为头、部分手臂、手、小腿和脚，暴露的皮肤面积为 $2800cm^2$；成人居民的最大暴露情形为穿短袖、短裤、鞋子，因此暴露面积为 $5700cm^2$。工人非致癌效应的最大平均作用时间假定为 25 年，居民最大平均作用时间假定为 30 年，6 年为儿童期，24 年为成年期。致癌效应的最大平均作用时间假定为 70 年。

暴露评价模型以美国的 RBCA 模型、CLEA 模型和荷兰的 CSOIL 模型使用最为广泛。

4.1.6　风险表征

风险表征是健康风险评价中在总结前期结论的同时，综合进行风险的定量和定性表达，这也是风险评价和风险管理的桥梁，是最后决策中最关键的步骤。由于致癌物和非致癌物的化学毒性不同，在评价时应分别考虑致癌效应和非致癌效应。若表征潜在非致癌效应，应进行摄入量与毒性之间的比较；若表征潜在的致癌效应，应根据摄入量和特定化学剂量反应资料评估个体终身暴露产生癌症的概率。

风险表征是指在暴露评估和毒性评估的基础上估算可能产生的健康危害强度或某种健康效应的发生概率，并对其可信度或不确定性加以分析，为环境管理者提供风险管理的科学依据。对于多种污染物采用叠加风险计算。污染场地健康风险表征为污染物健康风险、暴露途径累积健康风险和综合健康风险。污染物健康风险为各暴露途径中单个污染物的健康风险。暴露途径累积健康风险是指某个暴露途径中各种污染物健康风险之和。综合健康风险为各暴露途径所有污染物对同一暴露人群的总健康风险。暴露途径累积健康风险和综合健康风险是以假设各污染物之间不存在拮抗作用和协同作用为前提，存在较大的不确定性。

风险计算方法：暴露剂量-外推法有 2 种表征和评价方法，即个人最大超额风险和人群超额病例数。个人最大超额风险评估法指在一定期间内以一定暴露水平连续暴露于某有害因子时，该有害因子对暴露个体造成的最大超额风险。

以实际监测资料评价现实的健康风险时，可直接用环境介质的监测浓度减去背景浓度后所得的浓度计算人体摄入量。空气介质可用污染场地的监测浓度减去其主导风向上风向的监测浓度；土壤介质采用污染土壤的浓度减去四周土壤监测浓度的平均值；地下水介质用场地地下水监测浓度减去其上游监测浓度。在采用模型预测健康风险时，用环境介质的初始浓度应用初始监测浓度减去背景或上游污染物浓度。经过以上数据处理后，计算所得风险为目标污染物场地实际风险，或叠加风险。

4.1.6.1　非致癌风险

污染物非致癌危害指数（hazard quotient，HQ）指由单个污染物单一暴露途径的非致癌风险通过平均到整个作用期的平均每日单位体重摄入量（CDI）除以慢性参考剂量（RfD）得出：

$$HQ = \frac{CDI}{RfD}$$

暴露途径累积非致癌危害指数指当多个污染物同时存在某一暴露途径时，该暴露途径的累积非致癌风险为所有涉及的化学物质风险值的总和。

$$HI_T = \sum HQ_i$$

暴露途径同种污染物累积非致癌危害指数指当某种污染物存在多种暴露途径时，该污染物各暴露途径的累积非致癌风险为所有暴露途径的风险值之和。

$$HI_T^A = \sum HQ_A$$

HQ_A 为暴露方式或途径下 A 污染物的非致癌危害系数。

综合非致癌危害指数指同一暴露人群各暴露途径累积非致癌危害指数之和。对于多个污染物多种途径的累积非致癌风险，以 HI（hazard index）表示：

$$HI = \sum \frac{CDI_{ij}}{RfD_{ij}}$$

式中，CDI_{ij} 为第 i 种污染物第 j 种暴露途径的平均每日单位体重摄入量；RfD_{ij} 为第 i 种污染物第 j 种暴露途径的慢性参考剂量。

理论上，当化学物质的非致癌风险值小于 1 时，不会对暴露人群造成明显的不利的非致癌健康影响。

4.1.6.2　非致癌物质的危害商（HQ）计算公式

$$HQ = \frac{IR_{oral} \times EF_{oral} \times SF_{oral}}{BW \times AT \times RfD_{oral}} + \frac{IR_{demal} \times EF_{demal} \times ED_{demal} \times SF_{demal}}{BW \times AT \times RfD_{demal}}$$
$$+ \frac{IR_{inh} \times EF_{inh} \times ED_{inh} \times SF_{inh}}{BW \times AT \times RfD_{inh}}$$

式中，RfD 为参考剂量；下标 oral、demal 和 inh 分别为经口、皮肤接触和吸入。其他过程在前文的健康风险评价方法中已有了详细的介绍。

4.1.6.3　致癌风险

污染物致癌毒性评估包括两个步骤，首先根据致癌性对化学物质分类，然后分析化学物质的剂量-效应关系，确定致癌风险估算标准。

化学物质的致癌性分类大多采用世界卫生组织和 USEPA 的方法。根据致癌的可能性，世界卫生组织将化学物的致癌性分为 4 类：第 1 类为确定的人类致癌物；第 2 类为可能的人类致癌物，根据可能性大小又分为 A2 和 B2 两个亚类；第 3 类为由于研究程度不够，目前还不能确定其人类致癌类别的化学物质；第 4 类为可能对人体不具有致癌性的物质。

污染物的致癌毒性不存在阀值现象，即任何剂量均可导致致癌效应。估算致癌风险标准主要有致癌斜率因子（slope factor，SF）、单位风险和 RfD/RfC 三种。对于基因致癌物，在低剂量下，其剂量-反应关系呈线性变化趋势，可采用斜率因子计算致癌风险，即人体终生暴露剂量为每日每千克体重 1mg 致癌物时的终生超额患癌风险度，单位为 mg/(kg·d)，此值越大则单位剂量的致癌物导致人体的超额患癌率越高。单位风险表示人体摄取单位浓度化学物质的风险，由呼吸途径产生的单位风险是：斜率因子×日呼吸量÷平均体重；由饮水途径产生的单位风险是：斜率因子×日饮水量÷平均体重。对于非基因致癌物，其剂量-反应关系常常表现为非线性，可采用 RfD/RCf 计算致癌风险。

① 污染物致癌风险：每个污染物单一暴露途径的致癌风险通过平均到整个生物期的平均每日单位体重摄入量（CDI）和致癌斜率因子（SF）计算得出，以风险值 R 表示。

当暴露人群处于低风险水平时（$R<0.01$），采用线性低剂量致癌风险模型，计算式如下：

$$R = CDI \times SF$$

式中，CDI 为平均到整个生命期的平均每天摄入量（大多寿命周期按 70 岁计）；SF 为各类途径（经口、经皮肤或尘土直接摄入）的致癌风险斜率系数。

每一种途径（经口、经皮肤或尘土直接摄入）的致癌风险将等于所有致癌污染物通过此途径产生的风险之和，对个体总风险则为上述风险之和。美国和我国在风险计划中建立的污染导致增加致癌风险为 10^{-6}（即污染导致百万人增加一个癌症患者）。化学物质致癌可能性及经口、皮肤和呼吸斜率可查 USEPA 的 Intrgrated Risk Information System（http://www.epa.gov/iris/index.html）或我国《污染场地风险评估技术导则》（HJ 25.3）。

当暴露人群处于高风险水平（$R>0.01$）时，采用一次性冲击模型，计算公式如下：

$$R = 1 - \exp(-CDI \times SF)$$

② 暴露途径累积致癌风险：当多个污染物同时存在某一暴露途径时，该暴露途径的累积致癌风险为所有涉及的化学物质风险值的总和。

$$R_T = \sum R_i$$

式中，R_i 为 i 物质的致癌风险。

暴露途径同种污染物累积致癌风险：当某种污染物存在多种暴露途径时，该污染各暴露途径的联合致癌风险为所有暴露途径的风险值之和。

$$R_T^A = \sum_{i=1}^{n} R_i^A$$

式中，R_i^A 为暴露途径 i 下 A 物质的致癌风险；n 为暴露途径的个数。

③ 综合致癌风险：多个污染物多种暴露途径的联合致癌风险，计算式如下。

低剂量线性模型：

$$R = \sum_{j=1}^{n_2} \sum_{i=1}^{n_1} \mathrm{CDI}_{ij} \times \mathrm{SF}_{ij}$$

高剂量一次冲击模型：

$$R = \sum_{j=1}^{n_2} \sum_{i=1}^{n_1} [1 - \exp(- \mathrm{CDI}_{ij} \times \mathrm{SF}_{ij})]$$

式中，CDI_{ij} 为第 i 种污染物第 j 种暴露途径的平均每日单位体重摄入量；n_1 为致癌影响的污染物个数；n_2 为暴露途径个数。可接受暴露限值是指可接受风险水平是综合考虑社会、经济、技术等诸多因素得到的评判环境污染所致人体健康风险是否可接受的标准。通常美国环保署的致癌风险低于或等于 10^{-6}，则认为风险是可忽略的；如果任何化学物质引起的致癌风险高于 10^{-4}，则风险是不可接受的，如果引起的致癌风险在 $10^{-6} \sim 10^{-4}$，则必须就其情况进行讨论。

4.1.6.4 致癌物质的致癌风险值（CR）计算公式

$$\mathrm{CR} = \frac{\mathrm{IR}_{\mathrm{oral}} \times \mathrm{EF}_{\mathrm{oral}} \times \mathrm{SF}_{\mathrm{oral}}}{\mathrm{BW} \times \mathrm{AT}} + \frac{\mathrm{IR}_{\mathrm{demal}} \times \mathrm{EF}_{\mathrm{demal}} \times \mathrm{ED}_{\mathrm{demal}} \times \mathrm{SF}_{\mathrm{demal}}}{\mathrm{BW} \times \mathrm{AT}} +$$
$$\frac{\mathrm{IR}_{\mathrm{inh}} \times \mathrm{EF}_{\mathrm{inh}} \times \mathrm{ED}_{\mathrm{demal}} \times \mathrm{SF}_{\mathrm{inh}}}{\mathrm{BW} \times \mathrm{AT}}$$

式中，SF 为致癌斜率因子；EF 为暴露频率；ED 为暴露持续时间；IR 为摄入比例；BW 为体重；AT 为平均时间。下标 oral、demal 和 inh 分别为经口、皮肤接触和吸入。

4.1.7 暴露风险贡献率分析

单一污染物经不同暴露途径致癌和非致癌风险贡献率，分别采用下式计算：

$$\mathrm{PCR}_i = \frac{\mathrm{CR}_i}{\mathrm{CR}_n} \times 100\%$$

$$\mathrm{PHQ}_i = \frac{\mathrm{HQ}_i}{\mathrm{HI}_n} \times 100\%$$

式中，CR_i 为单一污染物经第 i 种暴露途径的致癌风险，无量纲；PCR_i 为单一污染物经第 i 种暴露途径的致癌风险贡献率，无量纲；HQ_i 为单一污染物经第 i 种暴露途径的危害商，无量纲；PHQ_i 为单一污染物经第 i 种暴露途径非致癌风险贡献率，无量纲。

根据上述公式计算获得的百分比越大，表示特定暴露途径对于总风险的贡献率越高。

风险评估模型假定污染物在土壤气固液相平衡为线性动态可逆平衡，但污染物在水土中的吸附平衡实验研究结果表明污染物水固相之间的平衡并不符合线性关系。

现有模型未考虑污染物的老化锁定和生物降解，导致风险评估过于保守。直接测试土壤气中浓度，并以此计算分析，可克服土壤老化锁定对 VOC 风险预测的影响。

4.1.8 污染物修复目标的计算

关注污染物修复目标的计算，初步确定土壤修复目标。既有致癌风险和非致癌风险的污染物，应分别计算致癌风险和非致癌风险下的修复目标，此外，应同时计算基于保护地下水的土壤修复限值，取其最小值作为最终的修复目标。具体的计算方法如下。

4.1.8.1 计算污染物基于非致癌风险的土壤修复限值

① 基于经口摄入土壤途径非致癌风险的土壤修复限值计算：

$$HSRL_{OIS} = \frac{RfD_o \times AHQ}{OISER_{nc}}$$

式中，$HSRL_{OIS}$为基于经口摄入非致癌风险的土壤修复限值，mg/kg；AHQ 为可接受危害商，无量纲，取值为 1；$OISER_{nc}$为经口摄入土壤暴露量（非致癌效应，以单位体重计），kg/(kg·d)；RfD_o为经口摄入参考剂量（以单位体重污染物计），mg/(kg·d)。

② 基于皮肤接触土壤途径非致癌风险的土壤修复限值，采用下式计算：

$$HSRL_{DCS} = \frac{RfD_d \times AHQ}{DCSER_{nc}}$$

式中，$HSRL_{DCS}$为基于皮肤接触非致癌风险的土壤修复限值，mg/kg；$DCSER_{nc}$为皮肤接触的土壤暴露量（非致癌效应，以单位体重计），kg/(kg·d)；RfD_d为皮肤接触参考剂量（以单位体重计），mg/(kg·d)；AHQ 为可接受危害商，无量纲，取值为 1。

③ 基于吸入土壤颗粒物途径非致癌风险的土壤修复限值，采用下式计算：

$$HSRL_{PIS} = \frac{RfD_i \times AHQ}{PISER_{nc}}$$

式中，$HSRL_{PIS}$为基于吸入颗粒物非致癌风险的土壤修复限值，mg/kg；$PISER_{nc}$为吸入土壤颗粒物的土壤暴露量（非致癌效应，以单位体重计），kg/(kg·d)；RfD_i为呼吸吸入参考剂量（以单位体重计），mg/(kg·d)；AHQ 为可接受危害商，无量纲，取值为 1。

④ 基于吸入室外空气中污染物蒸气途径非致癌风险的土壤修复限值计算：

$$HSRL_{IoV} = \frac{RfD_i \times AHQ}{IoVER_{nc1} + IoVER_{nc2}}$$

式中，$HSRL_{IoV}$为基于吸入室外污染物蒸气非致癌风险的土壤修复限值，mg/kg；$IoVER_{nc1}$为吸入室外空气中来自表层土壤的污染物蒸气对应的土壤暴露量（非致癌效应），kg/(kg·d)；$IoVER_{nc2}$为吸入室外空气中来自下层土壤的污染物蒸气对应的土壤暴露量（非致癌效应），kg/(kg·d)；RfD_i为呼吸吸入参考剂量，mg/(kg·d)；AHQ 为可接受危害商，无量纲，取值为 1。

⑤ 基于吸入室内空气中污染物蒸气途径非致癌风险的土壤修复限值计算：

$$HSRL_{Iiv} = \frac{RfD_i \times AHQ}{IiVER_{nc1}}$$

式中，$HSRL_{Iiv}$为基于吸入室内污染物蒸气非致癌风险的土壤修复限值，mg/kg；$IiVER_{nc1}$为吸入室内空气中来自下层土壤的污染物蒸气对应的土壤暴露量（非致癌效应），kg/(kg·d)；RfD_i为呼吸吸入参考剂量，mg 污染物/(kg·d)；AHQ 为可接受危害商，无量纲，取值为 1。

⑥ 基于所有暴露途径综合非致癌风险的土壤修复限值计算：

$$HSRL_{total} = \frac{AHQ}{\dfrac{OISER_{nc}}{RfD_o} + \dfrac{DCSER_{nc}}{RfD_d} + \dfrac{PISER_{nc} + IoVER_{nc1} + IoVER_{nc2} + IiVER_{nc1}}{RfD_i}}$$

式中，$HSRL_{total}$为基于所有暴露途径综合非致癌风险的土壤修复限值，mg/kg；$OISER_{nc}$为经口摄入土壤暴露量（非致癌效应）；$DCSER_{nc}$为皮肤接触的土壤暴露量（非致癌效应）；$PISER_{nc}$ 为吸入土壤颗粒物的土壤暴露量（非致癌效应）；$IoVER_{nc1}$ 为吸入室外空气中来自表层土壤的污染物蒸气对应的土壤暴露量（非癌效应）；$IiVER_{nc1}$ 为吸入室内空气中来自下层土壤的污染物蒸气对应的土壤暴露量（非致癌效应），$kg/(kg \cdot d)$；RfD_o 为经口摄入参考剂量；RfD_d 为皮肤接触参考剂量；RfD_i 为呼吸吸入参考剂量，$mg/(kg \cdot d)$；AHQ 为可接受危害商，无量纲，取值为 1。

4.1.8.2 计算污染物基于致癌风险的土壤修复限值

① 基于经口摄入土壤途径致癌风险的土壤修复限值计算：

$$RSRL_{OIS} = \frac{ACR}{OISER_{ca} \times SF_o}$$

式中，$RSRL_{OIS}$ 为基于经口摄入致癌风险的土壤修复限值，mg/kg；ACR 为可接受致癌风险，无量纲，取值为 10^{-6}；$OISER_{ca}$ 为经口摄入土壤暴露量（致癌效应），$kg/(kg \cdot d)$；SF_o 为经口摄入致癌斜率因子，$[mg/(kg \cdot d)]^{-1}$。

② 基于皮肤接触土壤途径致癌风险的土壤修复限值计算：

$$RSRL_{DCS} = \frac{ACR}{DCSER_{ca} \times SF_d}$$

式中，$RSRL_{DCS}$ 为基于皮肤接触致癌风险的土壤修复限值，mg/kg；$DCSER_{ca}$ 为皮肤接触途径的土壤暴露量（致癌效应），$kg/(kg \cdot d)$；SF_d 为皮肤接触致癌斜率因子，$[mg/(kg \cdot d)]^{-1}$；ACR 为可接受致癌风险，无量纲，取值为 10^{-6}。

③ 基于吸入土壤颗粒物途径致癌风险的土壤修复限值计算：

$$RSRL_{PIS} = \frac{ACR}{PISER_{ca} \times SF_i}$$

式中，$RSRL_{PIS}$ 为基于吸入土壤颗粒物致癌风险的土壤修复限值，mg/kg；$PISER_{ca}$ 为吸入土壤颗粒物的土壤暴露量（致癌效应），$kg/(kg \cdot d)$；SF_i 为呼吸吸入致癌斜率因子，$[mg/(kg \cdot d)]^{-1}$；ACR 为可接受致癌风险，无量纲，取值为 10^{-6}。

④ 基于吸入室外空气中污染物蒸气途径致癌风险的土壤修复限值计算：

$$RSRL_{IOV} = \frac{ACR}{(IoVER_{ca1} + IoVER_{ca2}) \times SF_i}$$

式中，$RSRL_{IOV}$ 为基于吸入室外污染物蒸气致癌风险的土壤修复限值，mg/kg；$IoVER_{ca1}$ 为吸入室外空气中来自表层土壤的污染物蒸气对应的土壤暴露量（致癌效应），$kg/(kg \cdot d)$；$IoVER_{ca2}$ 为吸入室外空气中来自下层土壤的污染物蒸气对应的土壤暴露量（致癌效应），$kg/(kg \cdot d)$；SF_i 为呼吸吸入致癌斜率因子，$[mg/(kg \cdot d)]^{-1}$；ACR 为可接受致癌风险，无量纲，取值为 10^{-6}。

⑤ 基于吸入室内空气中污染物蒸气途径致癌风险的土壤修复限值计算：

$$RSRL_{IiV} = \frac{ACR}{IiVER_{ca1} \times SF_i}$$

式中，$RSRL_{IiV}$ 为基于吸入室内污染物蒸气致癌风险的土壤修复限值，mg/kg；$IiVER_{ca1}$ 为吸入室内空气中来自下层土壤的污染物蒸气对应的土壤暴露量（致癌效应），$kg/(kg \cdot d)$；SF_i 为呼吸吸入致癌斜率因子，$[mg/(kg \cdot d)]^{-1}$；ACR 为可接受致癌风险，无量纲，取值为 10^{-6}。

⑥ 基于所有暴露途径综合致癌风险的土壤修复限值计算：

$$RSRL_{total} = \frac{ACR}{OISER_{ca} \times SF_o + (PISER_{ca} + IoVER_{ca1} + IoVER_{ca2} + IiVER_{ca1}) \times SF_i + DCSER_{ca} \times SF_d}$$

式中，$RSRL_{total}$ 为基于所有暴露途径综合致癌风险的土壤修复限值，mg/kg；$IiVER_{ca1}$ 为吸入室内空气中来自下层土壤的污染物蒸气对应的土壤暴露量（致癌效应），kg/(kg·d)；SF_i 为呼吸吸入致癌斜率因子，$[mg/(kg \cdot d)]^{-1}$；ACR 为可接受致癌风险，无量纲，取值为 10^{-6}。

4.1.8.3 计算保护地下水的土壤修复限值

土壤中污染物可随淋溶水发生垂直迁移而进入地下水，影响地下水环境质量。污染场地所在地地下水作为饮用水源或农业灌溉水源时，应计算保护地下水的土壤修复限值。保护地下水的土壤修复限值以地下水中污染物的最大浓度限值为基准，采用以下公式计算：

$$SRL_{pgw} = \frac{MCL_{gw}}{LF_{gw}}$$

式中，SRL_{pgw} 为保护地下水的土壤修复限值，mg/kg；MCL_{gw} 为地下水中污染物的最大浓度限值，mg/L；LF_{gw} 为地下水中来自土壤的污染物对应的土壤含量，kg/L。

比较上述计算得到的各关注污染物经所有暴露途径致癌风险的土壤修复限值、所有暴露途径非致癌风险的土壤修复限值和保护地下水的土壤修复限值，选择最小值作为污染场地土壤的初步修复目标值。

4.1.8.4 初步修复目标的合理性判定和最终修复目标的确定

将初步确定的修复目标值与国外相关标准进行比较，最终确定的修复目标应与国外类似标准有一定的可比性，不应差距过大。此外，最终确定的修复目标应不低于物质本身的检出限或报告限；且应在目前修复技术可达到的水平范围之内。如果计算所得的初步修复目标值严重偏离以上几点中的任何一点，应在充分调研和广泛征求专家意见的基础上考虑进行适当调整。在以上计算和评估以及可能的调整的基础上，最终确定场地的修复目标。

4.2 污染场地风险评估技术导则(HJ 25.3—2014)简介

4.2.1 污染场地风险评估技术导则方法简介

中国环境保护部《污染场地风险评估技术导则》中采用 DRA (Deterministic Risk Assessment) 方法。图 4.2 列举了污染场地暴露途径。

下面以单一的表层土壤气态污染物和饮用地下水的致癌风险进行评估方法的探讨。

(1) 吸入室外空气中来自表层土壤的气态污染物途径 对于单一污染物的致癌效应，考虑人群在儿童期和成人期暴露的终生危害，吸入室外空气中来自表层土壤的气态污染物途径对应的土壤暴露量，采用公式：

$$IOVER_{ca1} = VF_{suroa} \times \left(\frac{DAIR_c \times EFO_c \times ED_c}{BW_c \times AT_{ca}} + \frac{DAIR_a \times EFO_a \times ED_a}{BW_a \times AT_{ca}} \right)$$

式中，$IOVER_{ca1}$ 为吸入室内空气中来自表层土壤的气态污染物对应的土壤暴露量（致癌效应），kg/(kg·d)；VF_{suroa} 为表层土壤中污染物扩散进入室外空气的挥发因子，kg/m³；ED_c 为儿童暴露期，a，推荐值；BW_c 为儿童体重，kg，推荐值；ED_a 为成人暴露期，a，推荐值；BW_a 为成人体重，kg，推荐值；AT_{ca} 为致癌效应平均时间，d，推荐值；$DAIR_a$ 为成

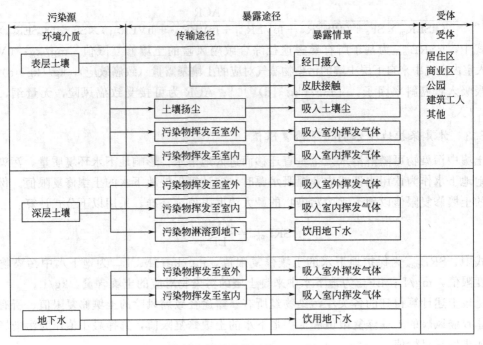

图 4.2 污染场地暴露途径汇总 (HJ 25.3—2014)

人每日空气呼吸量，mg/cm^3，推荐值；$DAIR_c$ 为儿童每日空气呼吸量，mg/cm^3，推荐值；EFO_c 为儿童的室外暴露频率，d/a，推荐值；EFO_a 为成人的室外暴露频率，d/a，推荐值。

(2) 污染物扩散进入室外空气的挥发因子计算模型

① 表层土壤中污染物扩散进入室外空气的挥发因子，采用下式计算确定：

$$VF_{suroa1} = \frac{\rho_b}{DF_{oa}} \sqrt{\frac{4 \times D_s^{eff} \times H'}{\pi \times \tau \times 31536000 \times K_{sw} \times \rho_b}} \times 10^3$$

$$VF_{suroa2} = \frac{d \times \rho_b}{DF_{oa} \times \tau \times 31536000} \times 10^3$$

$$VF_{suroa} = MIN(VF_{suroa1}, VF_{suroa2})$$

式中，VF_{suroa1} 为表层土壤总污染物扩散进入室外空气的挥发因子（算法一），kg/m^3；VF_{suroa2} 为表层土壤总污染物扩散进入室外空气的挥发因子（算法二），kg/m^3；VF_{suroa} 为表层土壤总污染物扩散进入室外空气的挥发因子（算法一和算法二中的较小值），kg/m^3；τ 为气态污染物入侵持续时间，a，推荐值可查阅相关资料；d 为表层污染土壤层厚度，cm，必须根据场地调查获得参数值；31536000 为时间单位转换系数，s/a。

② 土壤中气态污染物的有效扩散系数，采用下式计算：

$$D_s^{eff} = D_a \times \frac{\theta_{as}^{3.33}}{\theta^2} + D_w \times \frac{\theta_{ws}^{3.33}}{H' \times \theta^2}$$

式中，D_s^{eff} 为土壤中气态污染物的有效扩散系数，cm^2/s；D_a 为空气中扩散系数，cm^2/s，推荐值；D_w 为水中扩散系数，cm^2/s，推荐值；H' 为无量纲亨利常数，cm^3/cm^3，推荐值；θ 为非饱和土层土壤中总孔隙体积比，无量纲；θ_{ws} 为非饱和土层土壤中孔隙水体积比，无量纲；θ_{as} 为非饱和土层土壤中总孔隙空气体积比，无量纲。

$$\theta = 1 - \frac{\rho_b}{\rho_s}$$

$$\theta_{ws}=\frac{\rho_b \times P_{ws}}{\rho_w}$$

$$\theta_{as}=\theta-\theta_{ws}$$

式中，ρ_b 为土壤容重，kg/dm^3；ρ_s 为土壤颗粒密度，kg/dm^3；P_{ws} 为土壤含水率，kg/dm^3；ρ_w 为水的密度，kg/dm^3。

（3）吸入室外空气中来自表层土壤的气态污染物途径的致癌风险

$$CR_{iov1}=IOVER_{ca1} \times C_{sur} \times SF_i$$

式中，CR_{iov1} 为吸入室外空气中来自表层土壤的气态污染物途径的致癌风险，无量纲；SF_i 为呼吸吸入致癌斜率因子，$[mg/(kg \cdot d)]^{-1}$。

（4）基于吸入室外空气中来自表层土壤的气态污染物途径致癌效应的土壤风险控制值

$$RCVS_{iov1}=\frac{ACR}{IOVER_{ca1} \times SF_i}$$

式中，$RCVS_{iov1}$ 为基于吸入室外空气中来自表层土壤的气态污染物途径致癌效应的土壤风险控制值，mg/kg。

（5）饮用地下水途径

① 对于单一污染物的致癌效应，考虑人群在儿童期和成人期暴露的终生危害，饮用地下水途径对应的地下水暴露量，采用公式：

$$CGWER_{ca}=\frac{GWCR_c \times EF_c \times ED_c}{BW_c \times AT_{ca}}+\frac{GWCR_a \times EF_a \times ED_a}{BW_a \times AT_{ca}}$$

式中，$CGWER_{ca}$ 为饮用受影响地下水对应的地下水暴露量（致癌效应），$L/(kg \cdot d)$；$GWCR_c$ 为儿童每日饮水量，L/d，推荐值 $0.7L/d$；$GWCR_a$ 为成人每日饮水量，L/d，推荐值 $1L/d$。

② 饮用地下水途径的致癌风险采用公式：

$$CR_{cgw}=CGWER_{ca} \times C_{gw} \times SF_o$$

式中，CR_{cgw} 为饮用地下水途径的致癌风险，无量纲；C_{gw} 为地下水中污染物浓度，mg/L，必须根据场地调查获得参数值；SF_o 为经口摄入致癌斜率因子，$[mg/(kg \cdot d)]^{-1}$。

（6）饮用地下水途径致癌效应的地下水风险控制值

$$RCVG_{cgw}=\frac{ACR}{CGWER_{ca} \times SF_o}$$

式中，$RCVG_{cgw}$ 为基于饮用地下水途径致癌效应的地下水风险控制值，mg/kg；ACR 为可接受致癌风险，无量纲，取值为 10^{-6}。

（7）分别根据每个污染物单个暴露途径的致癌风险计算修复目标值

$$RCVG=(CS \times TR)/RCVG_{cgw}$$

式中，RCVG 为饮用地下水途径致癌风险的地下水污染物修复目标值，mg/kg；$RCVG_{cgw}$ 为饮用地下水途径污染物致癌风险；CS 为污染物浓度，mg/kg；TR 为致癌风险可接受水平。

4.2.2 污染场地风险评估技术导则存在的问题

为了能将有限的资源（人力、物力、财力）合理分配于数目众多的污染场地之间，各国纷纷由原来的应用通用的场地清洁标准（包括土壤标准、地下水标准等）进行污染场地评价与修复的做法转向基于风险的管理方法。因此，对污染场地进行健康风险评估，建立基于风险的修复目标值来指导场地的修复与管理，已逐渐成为未来发展的必然趋势。

基于风险的土壤与地下水环境质量标准是实现污染场地风险管理的重要手段。我国污染场地风险评价尚处于起步阶段，国内现有的污染场地风险评估技术导则在核心思想上依然沿用美国国家科学院 1972 年提出的风险评估思路，同时采用的风险评估模型和参数也多参照欧美等发达国家，但我国的《污染场地风险评估技术导则》评估参数缺乏完整性，如污染物的毒理学参数、污染物的理化性质参数、土壤污染物浓度水平、土壤介质的非均质性、人群的暴露周期频率、人的生活习惯及体重身高等，前两者对风险评估起着决定性的作用，即使通过暴露因子计算出各个污染物在各种暴露途径下的暴露量，但也会因污染物的毒理学和理化性质参数的缺乏而使风险评估无法继续开展。而且，由于我国已有的地方和国家技术导则存在一些缺陷，众多参数需借鉴国外并且在实践运用中简单地套用国外的模型，导致得出的评价结果并不能完全真实地反映出我国的真实实际情况。

在对污染场地进行健康风险评估时，仅仅考虑了场地工人的暴露风险，而没有考虑场地污染给附近居民带来的健康风险，这是由于我国还缺乏一些相关的暴露参数取值，从而不能全面地进行风险评估。

已颁布的国家标准和地方标准中，也存在不完善或难以操作的问题。如地方标准 DB11/T 811—2011 和 DB33/T 892—2013 均对总石油烃（$<C_{16}$ 脂肪族和 $>C_{16}$ 脂肪族）进行了污染场地土壤筛选值的规定，也就是说当超过这个限值时，要启动风险评估。但是，石油主要是由烃类化合物组成的一种复杂混合物，约几万种，主要包括饱和与不饱和烃、芳烃类化合物、沥青质、树脂类等，其主要元素是碳和氢，除此之外还含有少量的氧、氮、硫等元素，以及钒、镍等金属元素，依据碳链的长度及是否构成直链、支链、环链或芳香结构，石油烃类化合物可以分成链烷烃、环烷烃、芳香烃以及少量非烃类化合物。

对于这样一类混合物，如何开展风险评估，在上述导则中则没有相应方法，其可操作性受到影响。参考美国总石油烃标准工作组（TPHCWG）发布的方法对石油污染场地土壤进行风险评估，将石油烃分为脂肪族石油烃和芳香族石油烃，再分别对这两类按碳的数目进行细分。但上述石油烃成分均没有 SFO 参考值，也就是说它们的致癌风险不明，只能进行非致癌风险评估。因此，要对总石油烃污染场地进行风险评估，必须开展不同碳数的石油烃分析，否则也无法开展石油污染场地的风险评估。

我国相关的基础研究比较薄弱，参数与评估模型多借鉴国外的研究成果，也造成了我国风险评估的局限性。如我国环境保护部在 2014 年 7 月正式实施的《污染场地风险评估技术导则》（HJ 25.3—2014）中许多暴露参数的推荐值就是如此，如成人和儿童的每日摄入土壤量、皮肤表面土壤黏附系数参照美国环保署参数值确定，吸入土壤颗粒物在体内滞留比例、室内空气中来自土壤的颗粒物所占比例和室外空气中来自土壤的颗粒物所占比例参照荷兰参数值确定，室内空气交换速率在工业用地方式下的推荐值参照英国对应参数值确定等。我国许多研究者在环境风险评价过程中均采用国外人群的暴露参数，但我国是一个地域广阔、民族多元、人口众多的国家，人群暴露参数因地区和民族也会有较大的差异，现有的数据远不足以代表我国居民的暴露特征，有必要加强暴露参数的调查研究，建立适合中国人群的暴露参数资料库。目前我国的毒理学参数数据库尚未建立，基本上以美国的 IRIS 为依据，导则中其他参数多是借鉴于国外的研究数据，如果没有符合我国实际情况的参数的取值，风险评估很有可能流于形式，评价结果与实际污染情况偏差很大。

在进行场地风险评估时大多数评估机构往往缺乏与场地规划及建筑设计部门的详细沟通，导致其在进行风险评估时通常是机械地套用导则或指南中的评估模型，在模型参数选择时也往往是直接套用相关导则或指南中的推荐值，或只对部分参数进行本地化，并未结合场地的具体污染概念模型及未来建筑规划对相关模型和参数进行调整，使评估结果与客观情况往往存在一定的差异，难以为后续场地风险管理和控制方案的制定提供科学参考。

如采用 ASTM 模型与采用基于实测土壤气计算的污染区域室外 VOC 暴露途径下的风险水平，结果显示现场土壤气中 VOC 的实测浓度与 ASTM 模型推算的土壤气中浓度至少相差 1 个数量级，利用实测土壤气计算的风险水平是采用 ASTM 模型计算的风险水平的 0.03～0.51 倍，两者相差 1～2 个数量级。除此以外，我国还缺乏风险评估相关的配套软件，而风险评估软件是风险管理中的重要工具，目前美英编制的 RBCA 和 CLEA 软件已在国内使用，虽其系统性较为全面，但操作较为复杂，众多参数并非根据我国特定的环境与地质场景所设，因此还需要研究开发适合我国实际的风险评估软件。

欧美许多国家在制定污染场地风险评估技术导则时，均强调应用层次化风险评价思路，以避免在调查阶段投入过多不必要的资源。而我国在工业污染场地风险评价领域起步相对较晚，尽管相关技术导则中也已提及采用层次化思路开展污染场地风险评价，但当前已完成的评估项目大部分均只进行到第二层次，即利用拟评估场地部分实测参数对评估模型中的默认参数进行替代以进行风险评估。对于大型的污染场地，当风险评估仅进行到这一层次时，其结果可能仍过于保守，最终导致场地过度修复，而且层次越低，采用的参数和模型都为预设，评估保守且对人类和环境的保护程度越高，但不确定性因素也较多，环境标准相对较严，相应的修复成本较高。

现行的土壤环境质量标准存在某些缺陷，作为土壤修复效果评价标准时暴露出很多问题，不能适应污染土壤修复效果评判的需要；目前正在实施中的土壤质量评价标准也多是针对农业用地和展览会用地，还没有有关城市建设用地尤其是住宅用地的土壤环境质量标准，虽然 2014 年颁发并实施的 HJ 25.1—2014、HJ 25.2—2014、HJ 25.3—2014 和 HJ 25.4—2014 标准可以通过风险评估等手段来确定场地是否需要清理或需要清理的目标值，但因污染场地的污染物复杂多样，风险评估模型与参数又大多借鉴于国外的研究成果，评估参数尤其是污染物的毒理学参数的缺乏，导致风险评估无法进行的例子并不少见，我国至今也未建立符合我国实际污染场地状况的模型与数据库，这给使用评估模型带来了障碍。而且由于国内的场地特征与国外的不尽相似，即使在运用国外的模型与参数对某些污染场地进行风险评估后其评估结果仍然不能完全真实地反映污染物对人体健康的危害问题。因此，我国应在充分借鉴欧美相关领域的研究成果和经验的基础上，结合自身实际情况，在规范风险评价步骤和构建参数体系方面进行大量的研究工作，建立自己的健康风险评价体系，以有效避免污染场地土壤风险评估的局限性。

4.3 不确定性分析

不确定性一般可以理解为不肯定性、不确知性和可变性。不确定性贯穿于风险评价的整个流程，通过降低风险评价中的不确定性，可以使风险评价结果更加科学。在环境风险评价中，由于对所研究系统目前和将来的状态认识不完全，对危害的程度或表征方式认识不充分，评价结果往往存在较大的不确定性。不确定性包括参数的不确定性、情景的不确定性和评估模型的不确定性。如在暴露评估中，由于暴露参数的调查过程存在的测量误差、取样误差和系统误差，因此评价结果存在不确定性。

Hertwich 等将风险评价过程中的不确定性分成：①事件背景的不确定性。包括对事件描述、专业判断的失误以及信息丢失造成分析的不完整性。这种不确定性一般发生在风险评价的起始阶段，消除这种不确定性的方法一般采取专家法，利用专家丰富的背景知识，最大限度地将起始阶段问题的分析科学化。②发生在暴露评价过程的不确定性，即计算化学物质从排放到进入人体或生态受体目标器官的化学物质浓度或者量的过程中产生的不确定性。暴露评价过程的不确定性主要包括模型的不确定性和参数的不确定性。对为了最大限度地消除模型的不确定性，建模需要尽可能地接近真实世界，减少黑箱过程，利用多组数据对模型的有效性进行验证，优化模型结构。参数不确定性主要体现为"差异性"和"不确定性"。"差异性"主要是由于客观世界的差异而导致的个体之间的不同，例如人的身高体重不同，模型参数选择就应该不同。"不确定性"主要由于现有知识的局限，导致参量估计的不准确，例如重金属的土壤-作物富集系数往往受土壤性质和作物品种的影响，导致不同地区会有不同的富集系数。对于参数的不确定性分析，常用的方法有敏感性分析法、Bayesian 方法及蒙特卡罗 (Monte Carlo) 方法。③第三类不确定性主要体现在其他评价过程中，特别是对毒性数据的评价，例如从动物实验过程外推到人群的过程产生的不确定性，从高浓度暴露数据外推到低浓度数据过程产生的不确定性等。引入恰当的不确定参数 (UF) 可以减少这类不确定性，Renwick 列举了化学物质风险评价中动物数据外推到人类数据的不确定性参数的选择方法。

在降低风险评价过程的不确定性方面，包括更加准确地认识污染物在环境介质中的迁移、转化和归趋，选择的模式及模型更代表实际，参数更加趋于合理，更好地将数据分析工具应用到风险评价中等。

对风险评估过程的不确定性因素进行综合分析评价，称为不确定性分析。纵观污染场地健康风险评价的程序，其不确定性可能存在于评价的任何一个阶段，目标污染物的筛选、采样分析、模型的选择、模型参数的量化、评价者的知识水平等都可能对评价结果产生影响。不确定性的存在，使得对给定变量的大小和出现的概率不能作出最好的估算，或者说评估结果可信度不能保证，给管理者的决策造成一定的影响。根据不确定性的来源和种类，有的通过数学或试验的方法可以避免或降低，但有些不确定因素是不可避免的，需要决策者综合各种因素，采用一定的方法开展不确定性分析，以利于风险管理者正确地实施风险管理，减少人群暴露，降低场地污染物所带来的健康风险。场地风险评估结果的不确定性分析，主要是对场地风险评估过程中由输入参数误差和模型本身不确定性所引起的模型模拟结果的不确定性进行定性或定量分析，包括风险贡献率分析和参数敏感性分析等。即每一步的计算都有着不确定的可能。不确定性具体表现为决策规则不确定性 (Decision Rule Uncertainty)、决策模式不确定性 (Model Uncertainty)、决定参数不确定性 (Parameters Uncertainty) 以及决策数据的变异性 (Varia Mitv)。其中，决策规则不确定性可以看做是风险评估者在决策方面的主观因素造成的结果，是该类活动中存在不确定性的最为重要的来源之一，但这一类不确定性的量化分析最难以完成。如以人体毒性的潜在剂量作为主要对象开展相关分析时，评估者对不符合要求的结果的不同处理态度，选择将哪种参数带来的不确定结果作为决策依据，采取暴露点所对应的不同类型的暴露量中的哪一种等主观决定的不确定，都会带来该类处理中的决策规则不确定性的问题。

评估模式的不确定性可以理解为在对健康风险进行过程评估时，不得不选用大量模式来完成该项评估工作。而不同模式可能存在的结构性错误、简化处理造成的错误以及一些具体评估过程中存在的条件限制以及不同模式带来的差异性结果，都会导致评估中表现出模式的不确定性问题。

参数不确定性：一是由于人为操作不当，或是技术和硬件设施等方面存在的客观限制，不能够对评估过程中用到的各种参数都全部完成精确性的测量；二是在评估过程中因为复杂的时空差异这类客观存在，使得相对有限的资料信息不能够将这些差异性充分而准确地描述出来；三是一些在评估过程中需要的数据根本就不可能直接得到或不存在得到这些数据的基本条件，就一定要依据当前的科技报道或文献报告来推导。

评估变异性：可以主要理解为评估过程中，无论是空间和时间，还是在物理和个体上出现的各种变异，或是源自于人口与大族群等现实状况的各种变异等。对于前面所提到的不确定性能够通过收集更完整、更精确的相关资料数据以及采取更符合实际需要的评估模式等方式或措施来有效避免，或采取更加广泛的测量活动或选用更加真实反映客观现实的正确资料数据等方式来降低这一变异性。

健康风险评价模型的不确定性是指由于对真实过程的简化，使得错误说明模型结构、模型误用、使用不当的替代变量，即不合适的模型表达等。应将健康风险评价的范围扩大到生物层面，提出行为生态毒理学的概念，并对多种生物的不同条件（包括自然条件变化和人为影响等）下的生活习性及行为变化进行研究。

在当前开展的各类风险评价活动里，因为客观的评价过程一般都较为复杂，需要判定的各种模型参数以及要完成的专业判断都非常多，无法在实际处理过程中，对在该项活动中相关的每一个不确定因素都实施定量化的分析和判断。因此，应当将那些可能会对风险评价的最终结果有着明显影响作用的关键性因素给予定性或半定量形式的具体分析，为决策者提供尽可能多的有价值的评估决策信息。如应分析造成污染场地风险评估结果不确定性的主要来源，包括暴露情景假设、评估模型的适用性、模型参数取值等多个方面。

为了最大程度地减少上述不确定因素可能对评估结果造成的负面影响，风险评价过程中常采用一些分析不确定性的方法，如蒙特卡罗法（Monte Carlo Analysis，MCA）、泰勒简化方法（Taylor Method）、概率树方法（Probability Tree）、专家判断法（Expert Judgement Method）、灵敏度分析和置信区间法等。

4.3.1　不确定性分析模式

（1）蒙特卡罗方法（Monte Carlo Analysis，MCA）　蒙特卡罗方法是利用遵循某种分布形态的随机数模拟现实系统中可能出现的各种随机现象，具体是通过概率方法表述参数的不确定性使表征风险和暴露评价更客观。MCA方法提供运用概率方法传播参数的不确定性，更好地表征风险和暴露评价。其分析步骤包括：①定义输入参数的统计分布；②从这些分布中随机取样；③使用随机选取的参数系列重复模型模拟；④分析输出值，得到比较合理的结果。目前大多数风险评价是基于最大合理暴露量（Reasonable Maximum Exposure，RME）情况下的基线风险评价（Baseline Risk Assessment，BRA），该评价方法相对保守，存在很大的不确定性，保守的程度难以度量，提供给决策者的信息有限。在运用 BRA 方法得到风险值为 10^{-5} 的情况下，运用 MCA 方法可以得到合理的概率分布区间，提供给决策者更多的信息。但是，MCA 的不足之处是：①评价过程复杂需要进行大量的计算；②难以确定 MCA 本身的优劣程度。USEPA 趋向于应用 MCA 的概率技术，研究不同概率情况下的事故发生后果，给环境风险管理者提供更为广泛的参考。概率风险评价（Probabilistic Risk Assessment，PRA）中的参数采用概率分布的形式，并从已知分布特征中随机取值进行蒙特卡洛模拟，其输出结果也是概率分布形式。

（2）泰勒简化方法　由于风险模型中输入值和输出值之间的函数关系过于复杂，不能从输入值的概率分布得到输出值的概率分布。运用泰勒扩展序列对输入的风险模型进行简化、近似，以偏差的形式表达输入值和输出值之间的关系。利用这种简化能够表达评价模型的均值、偏差以及其他输入值表示输出值的关系。

（3）概率树方法　概率树方法来源于风险评价中的事故树分析。概率树可以表示 3 种或更多种不确定结果，其发生的概率可以用离散的概率分布定量表达。如果不确定性是连续的，在连续分布可以被离散的分布所近似的情况下，概率树方法仍然可以应用。

（4）专家判断法　专家判断法基于 Bayesian 理论，认为任何未知数据都可以看做一个随机变量，分析者可以把这个未知数据表达成概率分布的形式，把未知参数设定为特定的概率分布。从概率分布可以得到置信区间。依靠专家给出的概率进行主观的风险评估。Bayesian 理论认为个人具备丰富的专业知识，经过研究后熟悉情况，具备风险评价的信息。信息不仅来源于传统的统计模型，而且包括一些经验资料。因此，专家所提供的资料符合逻辑，主规判断具有科学性和技术性。应用该方法的第一步是组织专业领域的专家开展讨论会。

尽管健康风险评价中存在较大的不确定性，但是采用技术手段处理后能够尽量减少不确定性，给环境管理者提供有益的帮助。

4.3.2 模型参数敏感性分析

4.3.2.1 敏感参数确定原则

选定的需要进行敏感性分析的参数（P）应是对风险计算结果影响较大的参数，如人群相关参数（体重、暴露周期、暴露频率等）、与暴露途径相关的参数（每日摄入土壤量、皮肤表面土壤黏附系数、每日吸入空气体积、室内空间体积与蒸气入渗面积比等）。

单一暴露途径风险贡献率超过 20% 时，应进行人群相关参数和与该途径相关的参数的敏感性分析。

目前场地风险评估方法为点评估方法。模型参数的确定性或点评估方法简单，但存在：①参数选定 95% 分位数，解决最大值，实际上是在计算极少发生的情景，往往导致结果过于保守；②由于风险主要通过乘除加减等计算方法，最终计算所得风险并不一定为 95% 分位数的风险值；③在 95% 分位数（解决最大值）附近作敏感性分析的意义不大。概率风险评价（PRA）的引入为解决风险评价中参数的不确定性问题提供了有效方法。

层次化风险评估框架如图 4.3 所示。

4.3.2.2 敏感性分析方法

模型参数的敏感性可用敏感性比值来表示，即模型参数值的变化（从 P_1 变化到 P_2）

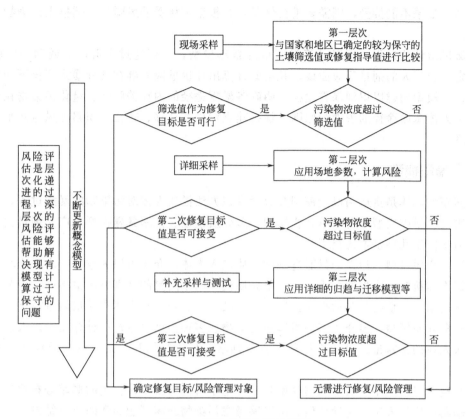

图 4.3　层次化风险评估框架

与致癌风险或危害商（从 X_1 变化到 X_2）发生变化的比值，计算敏感性比值的推荐模型见（HJ 25.3—2014）附录 D 公式（D.3）。

模型参数（P）的敏感性比例，可采用下式计算：

$$SR = \frac{\dfrac{X_2 - X_1}{X_1}}{\dfrac{P_2 - P_1}{P_1}} \times 100\%$$

式中，SR 为模型参数敏感性比例，无量纲；P_1 为模型参数 P 变化前的数值；P_2 为模型参数 P 变化后的数值；X_1 为按 P_1 计算的致癌风险或危害商，无量纲；X_2 为按 P_2 计算的致癌风险或危害商，无量纲。

敏感性比值越大，表示该参数对风险的影响也越大。进行模型参数敏感性分析，应综合考虑参数的实际取值范围确定参数值的变化范围。

随着越来越多的数据获取，1984—2004 年不确定因素在逐渐下降，2004 年不确定因素均低于 3000。

4.4　人体健康风险评估模型

人体健康风险评估是场地环境评价中的第三阶段综合评估中的一部分内容，是根据场地的关注污染物，使用模型来定量计算和评估风险是否可接受。如果可以接受，不需要对场地采取行动，如果不能接受，则需要进行修复，并根据可接受的风险值，倒推出污染物的修复目标值。

健康风险评估过程中用以计算暴露量的暴露模型，主要通过人群研究或动物实验的资料，确定适合于人的剂量反应曲线，并由此计算出评价危险人群在某种暴露剂量下的危险度的基准值。模型构建以识别暴露途径、明确各暴露途径的内在关联性、量化污染物在场地迁移转化和人体暴露途径的浓度为原则，最终建立污染物迁移、转化、积累与风险水平之间的量化关系。

4.4.1 暴露模型

暴露模型具体是指运用概念模型及数学模拟方法描述人体对污染物的暴露过程，预测和估算暴露量。暴露模型主要有单介质模型、多介质模型、概率暴露模型、广义剂量模型以及药物动力学模型几种基本的类型。

（1）单介质模型　污染物只通过一种介质进入人体，介质可以为空气、水、土壤、食物等，根据人体接触污染物的介质不同，单介质模型的暴露量的计算方法也不同，可分为空气吸入，通过水体、食物、药物摄入，通过化妆品、水、空气与人体皮肤接触进行计算。

（2）多介质模型　多介质模型指单一污染物或多种污染物通过多种介质进入人体。多种介质进入人体的暴露量通过计算每种介质分别暴露后进行加和，是在单介质模型基础上的累计。

（3）概率暴露模型　概率暴露模型是一种基于可能污染事件发生的概率分布评估特定区域人口暴露程度的方法。这种评估方法能够考虑污染物暴露可能导致的所有结果，以及每一种结果发生的可能性，评估结果一般表达为所有可能暴露水平的概率分布。与其他评估方法相比，概率暴露模型能够更准确、更详细地提供人口对特定污染事件的暴露情况。

（4）广义剂量模型　广义线性模型（Generalized Linear Model，GLM）和广义相加模型（Generalized Additive Model，GAM）的发展是过去30年中统计学领域的重要进步。目前两种模型已被广泛应用于各个领域。GAM是GLM的非参数扩展，适用范围更广，GAM可拟合非参数回归，适用于处理应变量和众多解释变量间过度复杂的非线性关系。GAM应用的潜在假设为函数是可加的。它允许每个协变量作为一个不加限制的平滑函数，而不是仅作为一种呆板的参数函数被拟合，通过对部分或全部的解释变量采用平滑函数的方法建立模型。

（5）药物动力学模型　药物动力学模型最初是为了定量研究药物体内过程的速度规律而建立的模拟数学模型，其内容包括药物在体内的吸收、分布、生物转化、排泄等动态变化过程，也可以应用在污染物上，为了定量地研究污染物通过上述过程的变化，用数学方法模拟污染物在体内代谢过程。经验公式模型（empirical formula model）较好地描述了一般的污染物浓度与时间关系，且可用于得出主要的污染物代谢动力学参数，如清除率和半衰期等。传统的药物动力学模型有房室药物动力学模型、生理药物动力学模型、循环药物动力学模型。

房室药物动力学模型是从实际数据中归纳出来的，代表着从动力学上将机体区分为几个药物的"储存库"，可进一步细分成为三室、四室等多室模型。生理药物动力学模型由一系列代表器官或组织的房室组成，且假定器官或组织内药物浓度均匀分布，并将房室按一定的顺序排列构成一种流程。它能真实反映出任一组织器官内药物浓度的时间过程，但需要较多的参数值才能建立。循环药物动力学模型是房室药物动力学模型和生理药物动力学模型两个学派的中间立场。

4.4.2 健康风险评价软件

健康风险评价是一项非常复杂的工作，其中涉及多介质、多种暴露途径，考虑污染物在环境介质中的分配、迁移转化等过程，要用到各种场地参数、暴露情景参数、生态毒理学参数等，需要十分复杂的数学计算过程，为简化风险评价的工作流程、提高工作效率，一些模型陆续被开发出来，并且得到广泛应用，如 CLEA、RISC、RBCA、ROME、RIS-Human 和 Sniffer 模型等。我国的风险评价刚刚起步，对于风险评价模型的研究甚少。在风险评价过程中，直接引进国外成熟的模型将不失为一种捷径。由于各种模型在基本原理、适用条件、算法、考虑的介质和过程等方面都可能有较大差异，因此，只有正确甄别模型间的异同和各自的优缺点，才能做到根据实际情况，选择合适的模型，达到研究目的。从污染源、暴露途径和污染物迁移转化模型比较来看，RBCA 模型对污染源的考虑更为全面，在暴露途径方面充分考虑了污染场地内的水、土、气的多介质环境，并在评价过程中分析了污染物本身由于挥发、稀释或渗漏、生物降解等作用而产生的衰减作用。我国污染场地大部分同时存在土壤和地下水的污染，因此 RBCA 模型更适合我国污染场地的健康风险评价。

RBCA 模型是由美国 GSI 公司根据美国试验与材料学会（ASTM）"基于风险的纠正行动"（Risk-Based Corrective Action，RBCA）标准开发，旨在完成 RBCA 计划流程中的第一与第二层次的环境风险分析，并可用来制定基于风险的土壤筛选水平（SSL）与初步修复目标（PRG），在美国各州以及世界上 30 多个国家和地区得到了广泛的应用，是目前国际上环境风险评价模型领域应用较为广泛的模型。

RBCA 模型融合了美国 ASTM "基于风险的纠正行动"的风险评价与管理理念，科学研究最新的场地污染物迁移转化理论模型，如 ASTM 模型、Johnson 和 Ettinger 模型以及土壤表层挥发模型（surface soil volatilization）等。RBCA 模型可进行"原位"（on-siie）和"异位"（off-site）的风险评价和土壤清洁标准的计算，受体包括地下水、地表水、成年居民、儿童居民、成年商业人员以及建筑工人。典型的场地利用类型分为住宅用地、商业用地以及建筑工地，暴露途径包括摄入地下水、吸入地下水蒸气、地下水迁移至地表水、游泳摄入及皮肤接触地表水、鱼类消费、保护水生生物等。RBCA 模型中除了原位的风险外还考虑了异位的风险，依据异位的距离和土地利用类型对风险进行估算。同时在空气暴露途径中区分了室内空气和室外空气暴露，考虑了受污染土壤通过淋溶迁移到地下水后挥发到空气中的迁移途径。对污染场地中建筑工人的暴露风险也可进行推算。模型计算的主要步骤包括：确定暴露途径→确定场地的污染物清单→迁移模型的选择→场地土壤、地下水和空气参数的确定→污染场地健康风险值的导出。

RBCA 需要输入的参数主要有 3 类：场地特征参数、污染物的毒理学参数、敏感受体及暴露参数。

① 场地特征参数：场地特征参数包括计算污染物在地下水、土壤和大气中迁移引发的健康风险时需要的土壤、地下水和大气等的物理参数，包括场地区域年均气温、年平均风速、降水量、地下水平均埋深、pH、含水量、土壤类型（砂土、砂壤土、粉壤土和壤土）等。这些参数一般通过第二阶段现场采样勘察获得。

② 污染物的毒理学参数。毒理学参数包括各种污染物经各种暴露途径（经口、皮肤、

呼吸和饮食等）暴露的参考剂量和斜率因子等。毒理学参数来源于美国 EPA 综合风险信息系统（IRIS）。

③ 敏感受体及暴露参数。暴露人群选择在该污染场地上生活的人群。住宅用地的敏感受体包含儿童和成人，商业或工业用地的敏感受体只考虑成人。暴露参数包括暴露频率、暴露期、土壤和地下水的摄入量以及人体的相关参数。人体相关参数如体重、寿命、空气呼吸量和日饮水量等主要依据国内的相关统计数据确定。土壤经口摄入量、暴露频率和暴露期等相关参数常在美国的 ASTM 推荐值的基础上结合国内实际修正得到。

RBCA 模型按照 USEPA 的化学物质分类，将化学物质分为致癌物质与非致癌物质两类。对于致癌物质，计算其风险值，并设定 10^{-6} 为可接受致癌风险水平下限，10^{-4} 为可接受致癌风险水平上限；对于非致癌物质，计算其危害商，判定标准设定为 1。

中国科学院南京土壤研究所污染场地修复中心开发的污染场地健康与环境风险评估软件 HERA Version 1.0（Health and Environmental Risk Assessment Software for Contaminated Sites）是国内较好的场地风险评估软件。

4.5 污染场地修复基准与修复标准

场地清理及修复是为了削减污染物或采用其他方式（如限制受体与污染物的接触）来减少风险，直至风险达到"可接受的程度"。建立在可接受程度上的风险最高值对应的污染物浓度值则是目标值或干涉值（修复标准）。低于可接受风险程度之下的污染物清理或修复是不必要的。

4.5.1 污染场地修复标准建立方法

污染土壤修复标准是基于污染土壤修复基准而制定的，其目的是在保证污染土地再利用的前提下，使受到较为严重污染土壤环境中的污染物降低或削减到不足以导致较大的或人们不可接受的生态损害和健康危害二方面的风险。污染土壤修复基准的赋值应该建立在系统的急性、亚急性毒性试验以及大量优势种群致毒浓度研究的基础上，并适当参照背景值水平。

基于保护人体最大允许浓度（Maximum Permissible Concentration，MPC）和保护生态系统的危害浓度（Hazardous Concentration for 50% of the Species，HC_{50}）的荷兰干涉值，考虑了土壤→人体、土壤→植物途径的德国行动值，虽然都是用来指导污染土壤修复行动，其浓度水平从功能上看都十分接近于污染土壤修复标准，也可以看做是修复标准的另一种形式。

不同的土地利用类型，选用的受体、指标、统计分析方法、模型及其参数（图 4.4）等需要区别对待，分别考虑。在美国，大部分州在推导基于人体健康的修复基准值时，主要参考美国试验材料学会发布的基于风险的校正行动的一些模型方法，然后针对本州的特点，进行模型和/或参数的修正。土地利用类型不同、其暴露情景则不一样，所涉及的暴露人群和暴露途径以及暴露频率等参数也有所不同（见图 4.5）。

美国华盛顿州在计算土壤直接接触途径的清洁水平时，要分别计算通过土壤摄入、危险系数为 1 时非致癌物的土壤清洁水平，额外癌症风险为 1×10^{-6}（对于非限制性用地）、1×10^{-5}（对于工业用地）时致癌物的土壤清洁水平，以及通过摄入和皮肤接触的致癌和非致癌石油混合物的土壤清洁水平，同时对特定化学物质和特定场地信息进行修正。内布拉斯

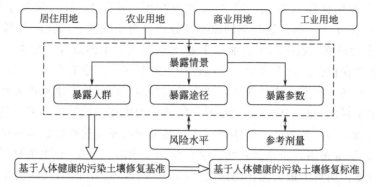

图 4.4 不同土地类型下基于人体健康的污染土壤修复基准/标准推导方法

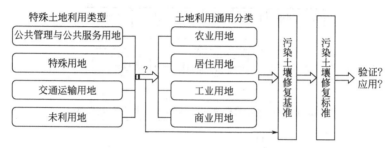

图 4.5 基于土地利用类型的污染土壤修复基准推导方法

加州的居住用地、商业/工业和娱乐用地，居民和工人是主要的暴露人群，其危害商（HQ）和危害指数（HI）要分别≤0.25 和 1，癌症风险和累积癌症风险（暴露于多种污染物）要分别低于或等于 1×10^{-6} 和 1×10^{-5}；而在工业用地下，HQ 和 HI 均不大于 1，癌症风险和累积癌症风险分别≤1×10^{-5} 和 1×10^{-4}。加拿大亚伯达省规定人体暴露水平不能超过容许的日摄入量，致癌物的额外癌症风险不能超过 1×10^{-5}。污染物质在进入土壤后会发生吸附/解吸（平衡和非平衡）、离子化、共溶剂化作用和化学形态（沉淀/溶解）等化学过程，有些反应可以通过降低生物可利用性而降低摄入和吸入的健康风险，因此，生物有效性在制定经济合理的修复标准时也是一个重要的考虑因素。

生态受体的修复基准值主要是基于毒理实验数据，主要以植物/作物、无脊椎动物（蚯蚓和跳虫最为常用）、鸟类、哺乳动物和微生物作为研究受体，将毒理指标进行统计分析推导得到（见图 4.6）。目前，各国的相关修复基准值在推导时采用最多的是物种敏感性分布法，但由于截取点的选择不同，因此各国的保护程度也有所差异。如加拿大土壤质量指导值为 50%～75%，美国为 80% 左右，荷兰为 50%，总体上，保护范围主要集中在 50%～80%。但由于土壤微生物和微生物过程没有蚯蚓和植物的毒性基准灵敏，因此可不考虑。20% 效应浓度（EC_{20}）、半数致死浓度（LC_{50}）、最小有作用浓度（LOEC）3 个指标，将 EC_{20} 作为 LOEC，把 $LC_{50}/5$ 作为基于 20% 效应浓度的 LOEC。以 LOEC 值进行排序，10% 作为截取点。加拿大环境部长理事会的基于生态系统的土壤质量指导值需要计算每种土地利用方式下各种暴露途径的土壤指导值，涉及的暴露途径包括植物和无脊椎动物与土壤的直接接触，野生动物对污染食物和土壤的摄入，还要考虑对营养和能量的循环过程的影响。在考虑摄入途径时，初级、次级和三级消费者要根据情况分别考虑，农业和居住/公园用地还要考虑污染物质的生物放大、溶解性等性质，而工业和商业用地主要考虑溶解性和挥发性。其推导方法主要是采用证据权重法，将 25% 效应浓度（EC₂₅）、25% 致死浓度（LC₂₅）和 25% 抑制浓度（IC₂₅）3 类指标进行物种敏感性分布，对于农业、居住或公园用地，取 25% 作为截取点，而 50% 截取点则用于商业或工业土地利用类型的推导。加拿大亚伯达省的修复指导值对生态的保护包括两个方面，一是保护土地利用下的生态受体，包括植物、土壤无脊椎动物、陆生和鸟类野生生物和牲畜，如果考虑场地下面的地下水对地表水的影响，还需要考虑鱼、水生无脊椎动物和植物；二是要保护场地的生态功能和生态系统组成，如营养循环和相关的微生物活动。基于以上受体和功能，其考虑的暴露途径包括直接接触、营养与能量循环、牲畜/野生生物摄入土壤和食物、水生生命、灌溉、牲畜/野生生物用水。荷兰优先选择陆生毒理数据，用到了最大无作用浓度（NOEC）、LC₅₀ 和 EC₅₀ 三种指标，并且 NOEC 的优先级要大于 EC₅₀，EC₅₀ 优先级则大于 LC₅₀。

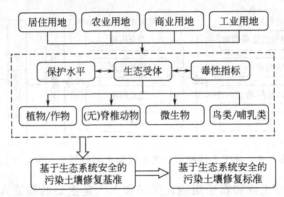

图 4.6　不同土地利用类型下基于生态系统安全的污染土壤修复标准推导方法

在推导污染土壤修复基准时，还应该考虑土壤淋溶对地下水的影响。主要是应用土壤-水分配方程和一些模型方法来推导基于地下水保护的污染土壤修复基准（见图 4.7）。模型方法包括用于模拟污染物从包气带向地下水位的归趋和迁移的季节性土壤分区模型（SESOIL）；用于模拟污染物在地下水中的混合以及在饱和区域内的迁移、含水层中废弃物 1→2→3 维瞬时迁移的分析模型（AT123D）；渗流层淋溶模型（VLEACH）等。通过土壤-水分配方程来计算可接受的土壤清洁水平。

美国华盛顿州还提出了 7 种推导地下水保护的土壤浓度的方法：①固定参数的三相分配模型；②可变参数的三相分配模型；③四相分配模型，适合于石油烃污染场地，但需要特定场地数据；④淋溶试验，主要用来确定某些金属的土壤浓度，也可以用于其他污染物，如石油烃等；⑤交替性归趋和迁移模型；⑥经验证明；⑦残留物饱和度。

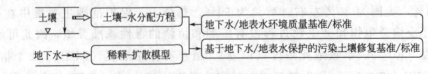

图 4.7　基于地下水保护的污染土壤修复基准/标准推导方法

建立在人体健康风险基础上的英国污染土壤修复标准，不考虑对土壤环境中其他受体的风险性，其制定的依据和过程如下。

（1）优先污染物的选择　依据为：①以前或现在的许多工业场地中可能存在，而且具有足够浓度的污染物；②对人体与生态环境中敏感受体具有潜在危害风险的污染物。主要包括金属、非金属、无机阴离子、有机污染物等。

（2）污染物毒理学及人体摄入量估算　系统分析污染物毒理学资料包括：污染物急性毒性（经口、经皮、吸入等）、在人体内的代谢（吸收、分布、排泄）、人体中毒事故情况、生殖与发育毒性、致癌性与基因毒性等。参考推荐的允许摄入量，根据不同的敏感人群，确定人体日允许摄入量。

（3）环境污染状况及其环境行为分析　分析环境中污染物来源与污染水平，污染物的降解、挥发、迁移转化、植物吸收状况及其在土壤中的存在形态等不同的环境行为特性，确定人体可能的暴露途径与暴露风险。

（4）土壤中污染物允许摄入量估算　根据不同的土地利用类型、不同的敏感人群通过不同途径的摄入量及相应的健康标准，利用下列参数推算确定土壤中污染物允许摄入量：污染物平均日摄入量（MDI）（不包括来自土壤）；日容许摄入量（TDI）；土壤中污染物日容许摄入量（TDSI）。其中，TDSI 定义为 TDI 与 MDI 的差值，即 TDSI＝TDI－MDI。根据 TDSI 可求得土壤污染物健康标准值（ID，最小风险剂量），用于污染物指导性标准值与污染场地的健康风险评价。

（5）土壤污染指导性标准（SGV）　土地利用类型包括居住用地（有/无植物摄取）、租赁农地、商业与工业用地。根据不同的土地使用类型、不同的敏感人群及相关的政策法规，应用污染场地暴露评价（CLEA）模型，求得 SGV 值。当土壤中污染物浓度超过 SGV，表明可能对土地使用者产生不可接受的风险，需要进一步调查或修复。

发达国家在土壤修复标准或土壤环境质量标准的制定原则方面存在以下一些共同之处：①标准的制定及标准值的提出是基于多种可能暴露途径的健康风险评价或生态风险评价提出的。风险评价通过污染场地暴露评估模型计算土壤指导值。②相关机构针对污染场地和污染土壤的不同利用功能和不同保护目标，确定了土壤污染修复的不同目标，进而制定一系列标准值。③土壤标准的制定还综合考虑污染物的背景水平、仪器检测极限、其他相关环境标准值等。

4.5.2　国外污染场地修复标准

各国在制定土壤质量指导值或标准值时命名各不相同，如美国的土壤筛选值、荷兰的土壤质量目标值和行动值、加拿大的土壤质量指导值等，基本上都是服务于对污染场地或土壤的风险识别、修复和管理。所以，它们的制定原则不外乎以下 3 个方面：①保护生态受体，如确保植物、土壤微生物、土壤动物和野生动物等，土壤污染物的直接或间接暴露不至于产生生态风险，如美国的生态筛选水平值等；②保护污染场地或土壤上人体的健康，土壤污染物的各种直接或间接暴露不至于产生人体健康风险，如德国的土壤质量标准值等；③同时保护生态环境和人体健康，限制土壤污染物对生态受体和人体健康产生不可接受的风险，如加拿大的土壤质量指导值等。

污染土壤修复标准主要可以归为 3 大类型：清洁目标、行动值和干涉值。筛选值主要用于确定是否为需要深入调查的污染场地和污染物质，一般划归为土壤质量标准。而修复标准才是污染场地修复的目标值。在污染土壤修复标准推导和制定过程中，主要以人体健康、生态系统和地下水为 3 大保护对象。在基于人体健康的修复基准推导时，不同的土地利用类型考虑的暴露情景是不同的，具体表现在暴露人群、暴露途径、暴露参数和毒性指标等的差异上；基于生态系统健康的修复基准，不同的土地利用类型所研究的生态受体、毒理指标的选择、使用的推导方法等也有一些不同；而基于地下水保护的土壤修复基准，受到的土地利用类型的影响相对于人体健康和生态系统较小，但对于不同的土地利用类型，其使用的基本推导方法是基本一致的，主要的区别在于反推时应用的标准类别的不同，如采用地下水Ⅰ级/Ⅱ级/Ⅲ级标准或者地表水标准或者饮用水标准等。但地下水标准最为严格，而商业/工业用地的标准值较居住用地的标准值高。

污染场地的修复目标或修复终点（remediation end points）较难确定。地下水污染物的清除标准是以地下饮用水中化学物质的最大污染水平以及非强制性的基于感观考虑的水质标准等现有标准为依据，在进行毒理分析、污染风险性评价等基础上确定的。美国马里兰州制定了《土壤和地下水污染清除指标》，用于指导修复，见表4.1。当治理工程达到"基于风险评价的浓度"（RBC）标准时，污染修复可以停止。

表 4.1 美国马里兰州部分污染物的土壤、地下水污染清除标准

污染物	地下水/(mg/L)	土壤/(mg/kg)		
		居住用地	非居住用地	防止地下水污染
苯	5.0×10^{-3}	12.0	1.0×10^2	5.0×10^{-3}
四氯化碳	5.0×10^{-3}	4.9	44.0	5.0×10^{-3}
氯苯	1.1×10^{-2}	1.6×10^2	4.1×10^3	0.08
乙苯	0.7	7.8×10^2	2.0×10^4	15.0
甲苯	1.0	1.6×10^3	4.1×10^4	15.0
二氯甲烷	5.0×10^3	85.0	7.6×10^2	1.9×10^{-2}
二甲苯	10.0	1.6×10^4	4.1×10^5	1.7×10^2
硝基苯	2.0×10^{-2}	3.9	1.0×10^2	0.67
砷	5.0×10^{-2}	2.0	3.8	—
镉	5.0×10^{-3}	3.9	1.0×10^2	—
铬（Ⅲ）	5.5×10^3	1.2×10^4	3.1×10^5	—
铬（Ⅵ）	0.1	2.3	61.0	—
铅	1.5×10^{-2}	4.0×10^2	4.0×10^2	—
镍	7.3×10^{-2}	1.6×10^2	4.1×10^3	—
汽油	4.7×10^{-2}	2.3×10^2	6.2×10^2	—
柴油	4.7×10^{-2}	2.3×10^2	6.2×10^2	—

2001年美国环保署发布了 *Risk Assessment Guidance for Superfund：Volume Ⅲ-Part A*，其中提出了将PRA应用于污染场地修复目标值制定的技术方法。污染土壤修复基准和标准主要有美国的阿拉斯加州的土壤清洁水平（Clean up level）、亚利桑那州的土壤修复标准（Soil Remediation Standard）、佛罗里达州的土壤清洁目标水平（Soil Clean up Target Level）、北卡罗来纳州的土壤修复目标（Soil Remediation Goal）等，加拿大的土壤质量指导值（Canada Soil Quality Guideline）、丹麦的削减标准（Cut-off Criteria）、德国的行动值（Action Value）、意大利的目标清洁水平（Target Cleanup Level）、荷兰的土壤修复干涉值（Soil Remediation Intervention Value）、瑞士的清洁值（Cleanup Value）。

1996年，美国环保署发布了土壤筛选导则（Soil Screening Guidance，SSG），作为协助

机构对国家优先清单（NPL）上的场地污染土壤进行标准化和加快对其评估与清洁的一项工具。SSG 为场地管理者提供了一个制定基于风险的特定场地的土壤筛选水平（Soil Screening Level，SSL）的分级框架。但是，SSL 不是国家清洁标准，而是用来鉴别 NPL 场地中需要进行深入调查以及 CERCLA 下是否需要进一步关注的区域。USEPA 已经制定了完整的环境影响评价的筛选程序，并推荐了基于风险的各类环境受体的污染物含量标准，这为环境风险评估提供了依据。如对于 DDT 的限制值为住宅用地小于 2.9mg/kg，商业用地小于 15mg/kg。

污染场地是否需要修复主要依据污染场地环境风险评价的结果来判定。荷兰环境质量标准分为目标值、干涉值和限制值。荷兰制定了土壤/沉积物和地下水中污染修复的干涉值，当污染物超过干涉值则需要修复，同时制定了修复的目标值（见表 4.2）。污染物含量超过干涉值表明土壤遭受严重污染，即人体毒理效应采用土壤中污染物浓度超过人体健康最大允许风险（MPR）含量；非致癌污染物是指超出可容忍日摄入量（TDI），致癌污染物是指万分之一机会导致肿瘤的一生中的暴露剂量。生态毒理效应采用土壤中污染物含量能够使 50% 可能的种属或过程产生负效应的含量水平。地下水修复干涉值来源于土壤/沉积物的干涉值，而不是根据单独的地下水存在的风险来确定。修复的总体目标是达到目标值。

表 4.2 荷兰污染场地污染物含量目标值与干涉值

污染物	土壤/沉积物(干物质)/(mg/kg)		地下水/(μg/L)	
	目标值	干涉值	目标值(浅层)	干涉值
苯	0.001	1	0.20	30
四氯化碳	0.4	1	0.01	10
氯苯	0.03	30	—	—
乙苯	0.03	50	4.00	150
甲苯	0.01	130	7.00	1000
二氯甲烷	0.4	10	0.01	1000
二甲苯	0.1	25	0.20	70
氯乙烯	0.01	0.1	0.01	5
砷	29	55	10	60
镉	0.8	12	0.4	6
铬	100	380	1	30
汞	0.3	10	0.05	0.3
铅	85	530	15	75
镍	35	210	15	75
多氯联苯(总)	0.02	1	0.01	0.01
矿物油	50	5000	5	600

1994 年 5 月 9 日，荷兰采用新的土壤标准——调解值，对土壤、污泥和地下水的"严重污染"进行识别，以表明什么时候、什么条件下必须对污染土壤进行修复。这些新的调解值是基于人体健康风险和生态毒理风险研究结果和有关数据而确立的，适用于典型花园区（面积 7m×7m，深 0.5m）或较小面积区化学污染物的平均浓度限值。当考虑土壤类型的变化，尤其是当土壤有机质和黏粒含量不同时，则需要采用"土壤校正因子"进行校正。但

是，荷兰土壤质量目标值和调节值中没有明确土地利用类型，对于毒理学特性变化极为明显的单一污染物如除草剂，该组污染物质也没有设立调解值。

日本环境省制定的土壤环境质量标准中规定了 PCB、氯丹、七氯、艾氏剂、狄氏剂和异狄氏剂 6 种 POP 物质的限制值。瑞典政府制定的污染土壤指导值（以干物质质量计）包括了 3 种 POP：六氯苯（0.05mg/kg）、PCB（0.02mg/kg）和二噁英（10ng/kg），瑞典污染土壤修复主要采用污染土壤指导值进行衡量、评价，或者采用其他国家的相应标准值。丹麦环境保护署制定的土壤质量标准涉及 1 种 POP 物质（DDT），标准值为 1.0mg/kg。

对比世界部分国家土壤环境质量标准可知，各国并没有在土壤环境质量标准中明确规定全部 12 种 POP 物质的含量标准，这与该国家或地区的污染状况和管理要求直接相关。一般在土壤环境质量标准中涉及部分 POP 项目，多至 11 种，少至 1 种。这些标准制定的方法与严格程度各不相同，从数值上来看，即使对于同种化合物、相同场地用途以及相同环境受体，不同国家或地区的数值各不相同，甚至存在数量级上的差别。

4.5.3 中国污染土壤修复标准

对于 POP 污染场地的修复，中国目前还没有相应的修复标准，而《土壤环境质量标准》（GB 15618—1995）中只对极少数 POP 物质（如 DDT，其三级标准为 1.0mg/kg）作了限制，《工业企业土壤环境质量风险评价基准》（HJ/T 25—1999）也在通用土壤基准值中涉及了 4,4-DDT 和 γ-HCH 的土壤基准值（直接接触）分别为 195mg/kg 和 51mg/kg。这两种标准体系制定的时间都较早、方法相对较简单，与中国目前的实际情况差距较大，难以在实践中得以很好的应用。因此我国在实际的污染场地风险评价过程中很多都是借鉴了国外的修复标准制定方法。

POP 包含两种负面健康效应：致癌效应和非致癌效应。定量致癌效应时，通常用一条斜率因子曲线来表示化合物浓度与致癌风险之间的关系；在定量非致癌效应时，通过危害系数（Hazard Quotient，HQ）来表示化合物的毒性。在制定场地修复标准的时候，将同时考虑致癌效应和非致癌效应，并考虑不同 POP 之间的叠加效应。根据美国环保署风险管理的阐述，对于非致癌风险而言，如果 HQ 小于 1 时，则认为影响是可接受的。对于致癌风险而言，可接受风险范围则为 $10^{-6} \sim 10^{-4}$。也就是说，10^{-6} 是风险管理的最严格要求，而 10^{-4} 是考虑一定社会、经济、技术、自然等多方面因素后，与较低费用相对等的可以接受的风险管理目标。对于绝大多数化合物而言，可接受致癌风险范围为 $10^{-6} \sim 10^{-4}$ 已经能够确保非致癌风险 HQ 在安全范围内，但是对某些化合物而言，这一范围并不能确保 HQ 的安全性。对于这种情况，场地清除标准必须根据非致癌风险确定的最高浓度进行调整。

4.5.4 污染场地污染物修复目标确定

污染场地修复的目的是要消除或最大限度地降低土壤和地下水中污染物的含量，使其达到不危害人类及生态系统健康和安全的水平。场地修复的目标就是将由污染物引起的场地环境风险控制在可接受范围之内。因此场地修复标准的制定或推荐是基于风险（risk-based）的，场地修复标准的推荐原则应该符合风险评估及风险管理的特点。

污染物的场地修复目标是以风险可接受水平作为风险评价基准，按照风险计算的暴露情景反推得到。对于多种污染物和多种暴露途径的场地，应按累计风险确定修复目标。在确定修复目标时，还应参考该污染物的检出限、评价地区的土壤和地下水的背景值、当地的法律法规和修复技术的可行性。模型计算的修复目标不应低于当地的背景值,否则应根据背景值,并参考国外相关的文献或法律法规进行调整。当模型计算的修复目标高于当地的法律法规的规定要求时,修复目标应满足当地的法律法规的要求,并考虑经济和技术可行性。

基于特定场地的修复目标的确定应遵循的原则:①修复目标应能充分保证场地及其周边的居民健康和环境安全;②修复目标应不低于物质本身的检出限或报告限;③修复目标应在目前修复技术可达到的水平范围之内。

修复目标确定的方法为以一定的可接受的风险水平为前提条件,反推环境介质中允许的污染物的最高限值。可接受的风险水平一般设为致癌风险为 10^{-6},非致癌风险(危害商)为 1。一般来说,场地污染物的致癌风险大于 10^{-6} 或危害商大于 1 时,应根据场地具体情况,计算其修复目标。

4.5.5 污染场地环境风险评价指导值

场地环境评价是识别和评估场地环境污染或潜在场地环境污染的过程,即对场地上过去和现在的各类活动,特别是可能造成污染的活动进行调查,分析和评价场地环境状况及环境风险,并提出相应的治理措施的方法和手段。污染场地土壤风险指导值是确定不对人体健康产生危害风险的土壤化学物含量的限定值。场地土壤中化学物的含量超过本指导值,须对场地进行环境风险评价。若评价结果显示对人体健康具有风险,须对场地进行修复;否则,需对场地进行控制。污染场地环境风险土壤质量指导值的作用在于确定是否开展环境风险评价和修复行动。

污染场地环境风险土壤质量指导值是在分析不同国家和地区污染场地土壤风险基准值的基础上,运用多介质评价模型 MMSOIL.S,对污染场地土壤中的不同含量引起的风险进行评价,从而得到不同污染物可能产生健康风险的限值。基于污染物在土壤中的浓度值与风险值之间的线性回归方程,建立土壤风险基准值与健康风险之间的量化关系,以美国环保署规定的目标风险值 10^{-6} 作为人类健康风险限值,从而确定基于人体健康的土壤质量指导值。该指导值的设定主要遵守以下原则。

① 考虑存在人类活动的各种不同场地类型,包括工业用地、农业用地、居民住宅地、建筑用地以及其他商业用地和娱乐场所等场地;

② 不同地区土壤背景值的差异性;

③ 不同类型污染物的物化特性和存在形式对人体可能造成的危害;

④ 参考国内外已有土壤风险基准,同时参照基于人体健康的土壤风险基准的模型计算值。

由于场地类型多样,土层结构、物化性质、土质特征十分复杂,必然对场地参数选择和环境风险水平产生影响,但并不改变评价方法与评价程序。

5 场地生态风险评价

风险 R 是事故发生概率 P 与事故造成的环境（或健康）后果 C 的乘积，即 $R=PC$。风险具有客观性、不确定性和发展性。风险评价的实质就是不确定性分析。

生态风险评价（Ecological Risk Assessment，ERA）是以化学、生态学、毒理学为理论基础，应用物理学、数学和计算机等科学技术，预测污染物对生态系统的有害影响，评价风险受体在一个或多个胁迫因素影响后，不利的生态后果出现的可能性。生态风险评价属于环境科学与数学风险论的交叉范畴，是评价生态系统或其组分在暴露于一种或多种与人类活动相关的压力下，形成或可能形成不利生态效应可能性的过程，其目的是为风险管理提供理论和技术支持。重点是评估人为活动造成生态环境的不利改变，最终为风险管理提供决策支持。

美国环保署（USEPA）定义的生态风险评价为：研究一种或多种胁迫因子形成或者可能形成不利生态效应的可能性的过程。生态风险评价能够明确可能改变生态系统结构或功能特征的非自然影响（或可能性破坏），不仅可以预测即将发生的危害，也可以对已经或正在发生的不利影响进行分析。同时对一个或者几个不同性质的危害因子进行评估。在进行生态风险评价时，要对其中的不确定性进行定量和定性分析，并在分析数据中表明风险级别。

生态风险评价的对象是一个复杂系统，需要综合物理、化学和生态过程以及它们之间的相互关系，不仅是单一物种所遭受的危害，还包括生命系统的各个部分，如种群、群落乃至生态系统，更多的关注于多个物种所遭受的风险，强调种群和生态系统的过程和功能。健康风险评价的对象主要是针对支配土地利用的人类，主要评价污染物对人体健康的危害，针对性更强。健康风险评价的范围可以是具有完整生态系统的片区，也可以是具有特定用途的地块，灵活性较强。而生态风险评价的范围则是物种、种群甚至生态系统所处的区域，对于有限边界的土地适用性不强。

5.1 生态风险评价的发展与基本流程

生态风险评价构成要素复杂，风险水平难以有效量化，直接或间接影响生态风险评价的开展与实施。污染场地所引起的环境介质污染而导致的人体健康风险成为关注的重点，环境风险水平的识别与量化方法和技术体系成为研究的重点。

生态风险评估的关键问题是确定要保护的对象，即评估的目标。维持土壤生命的包括细菌、真菌、线虫、螨虫、跳虫和蚯蚓等均值得保护。通过保护生态系统的结构，进而保护生态系统的服务功能。评估目标是广泛的管理目标和具体评估措施之间的连接点。清晰合理的评估目标可以帮助评估者确定量化的和可预测的变化对风险的贡献，以及管理目标是否已经或可能实现。合理的评估目标应包含两个方面：第一是有价值的生态要素，如物种、功能性群体、生态系统功能或特征、特殊生境或保留地；第二是要素的特征，即需要保护或可能面临风险的特征。选择评估目标时应该遵循以下标准进行筛选：社会意义、生物学意义、意义明确的可操作性定义、预测和度量的可评价性、危险的可疑性。

选择评估目标的三个具体准则：①目标的生态相关性，即目标反映系统的重要特征，以及与其他目标在功能上的关联，如维持自然系统的结构、功能、多样性。②目标对有关压力的敏感性。取决于个体生理和代谢的途径，也取决于群落的生活史特点，敏感的检测可以为行为异常、食源或巢穴的改变、捕食产物的损失等。③风险管理目标的表述。风险评估的价值取决于管理决策的支持程度，当风险评估基于一些生态价值和人民关心的生物体时，风险管理者相当愿意在决策中使用评估结果。

生态风险评价的两个主要方面为生物多样性和生态系统服务功能。

5.1.1 生态风险评价的发展简史

生态风险评价是 20 世纪 80 年代发展起来的一种新的环境风险评价方法，是应用定量的方法来评估各种环境污染物（包括物理、化学和生物污染物）对人类以外的生物系统可能产生的风险及评估该风险可接受程度的模式，主要包括问题的提出、暴露评价、生态效应评价和风险表征。发展至今主要经历了以环境风险为评价内容的萌芽阶段。该阶段的风险源以意外事件发生的可能性分析为主，并没有明确的风险受体，更没有明确的暴露评估和风险表征方法，整个评价过程通常以简单的定性分析为主。随后，生态风险评价发展为以毒理评价和健康评价为主要评价内容的发展阶段。该阶段的风险评价主要针对化学污染的环境风险评价，风险受体大多为人体健康，对人体健康的评价主要集中在致癌风险方面。第三阶段为以各国生态风险评价框架和指南建立为主的大发展阶段，该阶段从首次尝试将人体健康风险评价框架改编成生态风险评价框架发展到 USEPA 正式发布生态风险评价框架，提供了一个完整的进行生态风险评价的过程，比较完善的生态风险评价框架已经形成。20 世纪 90 年代末至今为生态风险评价的大发展阶段，主要进行大尺度的综合生态风险评价研究。

（1）USEPA 生态风险评价　1990 年，USEPA 首次提出生态风险评价的概念，即生态系统受到一个或多个胁迫因素影响后，对形成不利生态效应的可能性进行评估。美国的生态风险评价是在人体健康风险评价的基础上发展起来的。1990 年 USEPA 正式提出了生态风险评价的定义，经过 8 年的研讨、修订和完善，1998 年 USEPA 正式颁布了 *Guidelines for Ecological Risk Assessment*。

（2）其他国家生态风险评价　加拿大在 1996 年颁布了《生态风险评价框架》。欧盟 2003 年颁布了《风险评价技术指导文件》。荷兰房屋、自然规划和环境部（NMHPPE）也于 1989 年提出荷兰风险管理框架，此套框架的核心内容是应用阈值判断风险水平是否能够被接受。随即（1995 年），英国环境部也首次提出所有环境风险评价和风险管理行为必须遵守国家可持续发展战略，它意在强调如果存在严重的环境风险，即使目前的科学证据并不充分，也有必要采取预防措施以减缓潜在风险。1999 年，澳大利亚国家环境保护委员会也建立了一套相对完善的土壤生态风险评价指南，指南中的 B5 部分是生态风险评价专题。国外生态风险评价中常用的方法是概率风险分析法，风险评价采用概率风险评价方法中的暴露分布/效应分布比较对研究场地进行评价。暴露分布采用土壤中污染物的实测浓度（Measured Environmental Concentrations，MEC）分布，效应的点估计采用相应物质的修复指导值并以实测浓度分布超出修复指导值的概率对风险进行表征。

中国在 2011 年颁布了第一部生态风险评价的官方指导性文件《化学物质风险评估导则》

（征求意见稿）。污染场地风险评估的工作流程将其划分为 5 部分：危害识别、暴露评估、毒性评估、风险表征和控制值计算。

5.1.2 生态风险评价基本流程

1998 年 USEPA 颁布的《生态风险评估导则》（*Guidelines for Ecological Risk Assessment*）中明确提出了生态风险评价的"三步法"，即问题形成、问题分析和风险表征。后来修改为评估指南将风险评估分为三个阶段：①问题阐述，确定评价范围和制定计划；②问题分析，从暴露表征和生态效应表征两方面进行；③风险表征，对生态危害的可能性分析，不确定性分析。如图 5.1 所示。

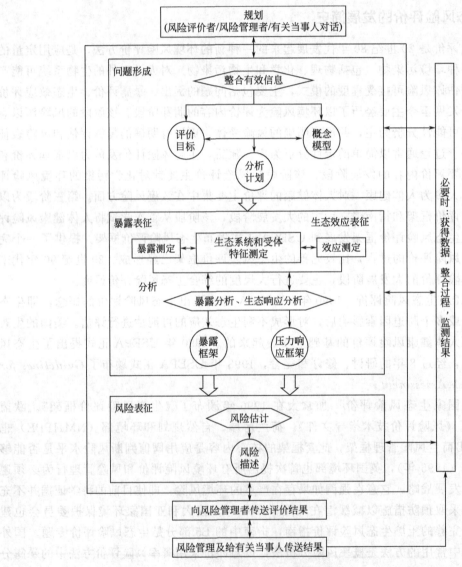

图 5.1 USEPA 生态风险评价流程

欧盟和加拿大则将 ERA 分为 4 个步骤：①危害识别；②剂量-反应评价；③暴露评价；④风险表征。中国评价程序为危害性鉴别、危害性表征、暴露评估以及风险表征 4 个步骤，主要步骤如下。

（1）危害识别　危害识别包括收集要评价的生态系统的有关资料，分析污染源，通过监测、现场调查等手段确定主要有害物质及可能的受体，最终确定反映受体遭受损害的指标体系，即评价终点。

（2）暴露-效应分析　暴露被定义为生物与某化学物质或物理因子的暴露，暴露评价研究各风险压力在区域中与风险受体之间的接触暴露关系，分析环境中压力的时-空分布和压力与受体之间的接触方式和范围。暴露-效应评估是通过实验或经验数据确定生物对不同剂量有毒物质的反应，从而来确定其安全浓度/剂量。所需信息与数据可通过监测或模型计算获得。早期的生态风险评价中主要利用实验室的单物种毒性测试数据，通过一定的外推方法，得到该化合物的预测无效应浓度（PNEC）。

（3）暴露评估　暴露评估一方面是分析污染物进入环境后迁移、转化等过程，分析其在不同环境介质中的分布和归趋，主要针对污染源、受体的暴露途径、暴露方式及暴露量的分析和计算，最终得到预测环境浓度（PEC）。暴露评估中所需数据可以通过监测或模型模拟计算得到，也可通过从相关文献及监测项目中获得。无论何种方法获得，都必须对数据进行验证并考虑过程的不确定性。通常通过实验测得数据对于小规模的风险评价是足够充分的，并可将评价结果外推到现场。而对于大规模的评价活动，则需要进行监测与模型模拟。在模型模拟获得数据过程中要根据实际情况，选择或建立模型，并验证其有效性。常用模型有质量平衡模型、扩散模型、USEPA 的水质分析模拟程序（WASP）模型及其他可以获得 PEC的评估模型。

（4）风险表征　风险表征是对暴露与各种应激下有害生态效应的综合判断和表达。其综合了暴露评估数据、效应数据及不确定性。风险表征主要有定性和定量表征两大类。定性表征相对简单，其判断过程一般不需要复杂的数学模型，结论也只是用"高"、"中"、"低"或"有无不可接受的风险"来定性地描述，风险危害程度通常需要进一步研究，主要方法有专家判断法、风险分级法、比较评价法等。

美国环保署建议 $10^{-4} a^{-1}$ 为风险表征标准值，国际辐射防护委员会（ICRP）建议风险表征值为 $5.0 \times 10^{-5} a^{-1}$，瑞典环保局、荷兰建设和环境部建议风险表征值为 $10^{-6} a^{-1}$。表5.1 列出了风险等级、风险值范围、风险程度、可接受程度。

表 5.1　风险等级、风险值范围、风险程度、可接受程度

风险等级	风险值范围/a^{-1}	风险程度	可接受程度
Ⅰ级	$1 \times 10^{-6} \sim 1 \times 10^{-5}$	低风险	不愿意关心这类风险
Ⅱ级	$1 \times 10^{-5} \sim 5 \times 10^{-5}$	低→中风险	不关心该类风险发生
Ⅲ级	$5 \times 10^{-5} \sim 1 \times 10^{-4}$	中风险	关心该类风险
Ⅳ级	$1 \times 10^{-4} \sim 5 \times 10^{-4}$	中→高风险	关心并愿意投资解决
Ⅴ级	$5 \times 10^{-4} \sim 1 \times 10^{-3}$	高风险	应该解决
Ⅵ级	$1 \times 10^{-3} \sim 5 \times 10^{-3}$	极高风险	不接受,必须解决

5.2　生态风险评估方法

风险分级法是由欧共体提出的有毒有害物质的生态风险评价定性表征方法。通过制定分

级标准对污染物存在的潜在生态风险进行比较直观的比较。比较评价法是由 USEPA 提出的，通过专家判断比较一系列环境问题的风险相对大小，并给出最终的排序结论。定量表征一般通过模型或其他方式计算出不利影响的程度或概率。主要方法有商值法和概率法。

概率法将每一个暴露浓度和毒理数据作为独立的观测量，在此基础上考虑其概率意义，暴露评价和效应评价是两个重要的评价内容。其表征结果不是一个具体数值，而是以风险出现概率的形式给出。

多层次风险评价法是一种定性与定量相结合的表征方法。其在风险表征的过程中，将商值法和概率风险法进行综合，充分利用各种方法和手段进行从简单到复杂的风险评价。多层次评价过程以一个保守的假设开始，逐步过渡到更接近现实的估计，一般包括初步筛选风险、进一步确认风险、精确估计风险、进而对风险进行有效性研究 4 个层次。基于此种理论，Weeks 提出有关土壤污染物的生态风险"层叠式"评价框架，Critto 等基于层叠式生态风险评价框架，发展了环境污染生态风险评价决策支持专家系统（DSS-ERAMNIA）。

5.2.1 污染区域生态风险评价方法

5.2.1.1 生态模拟

微宇宙（microcosm）和中宇宙（mesocosm）生态模拟是基于多物种测试的基础上，应用小型或中型生态系统或实验室模拟生态系统进行实验的技术。在该技术中，通过定义一个可接受的效应水平终点（HC_5 或 EC_{20}）来实现一个区域生态系统水平上的生态风险评价。这是对生态系统的生物多样性及代表物种的整个生命循环的一种理想状态的模拟，并能表征物种间通过生物链产生的间接效应，以及对化学污染物质的迁移、转化、归趋和对生态环境的整体影响进行预测。其缺点是运行费用昂贵、选择的测试物种不一定能代表整个生态环境，另外物种数量也有限，且种类一般是易于饲养的生物。

5.2.1.2 暴露评价

区域生态风险评价的暴露评价相对难以进行，因为风险源与受体都具有空间分异的特点，不同种类和级别的影响会复合叠加，从而使风险源与受体之间的关系更加复杂。

5.2.1.3 危害评价

危害评价是生态风险评价的核心，其目的是确定风险源对风险受体及区域生态系统的损害程度。对生物体来说，危害评价就是毒性评价，研究风险压力如有害物质浓度与受体响应之间的关系，多大浓度在多长时间下受体有多大危害程度。当受体扩展到高层次如群落、生态系统时，根据实际情况评价风险压力的影响。

5.2.1.4 风险表征

风险表征是生态风险评价的综合阶段，是指风险压力对生态系统或其中的生物个体、种群、群落等组成部分有无潜在的不利影响，或这种潜在的不利影响大小的判断和表达式。

生态风险值是区域生态风险损失的统计分析，风险值包含风险源的强度、频率，风险受体的特征、风险源对受体的危害等信息，风险值是这些信息指标的综合。采用风险值来度量风险源的危险强度和受体的损失程度，即

$$R = P \times YS + Q$$

式中，R 为受体的风险值；P 为物理压力的风险度；YS 是生境系统受体的潜在生态损失度指数；Q 是有害物质商值。区域生态风险评价研究中，每个斑块受到不同种类、不同

级别的风险源的叠加作用。

受体就是风险承受者，在生态风险评价中指生态系统中已受到或可能受到某种污染物或其他胁迫因子有害影响的组成部分。区域中物理压力主要是通过破坏、损毁目标生物的生境而造成生态损失，因此以生境生态系统为受体可对区域物理压力所形成的风险进行评价。风险表征指标可采用生态指数、生态脆弱度指数和潜在生态损失度指数来计算不同类型斑块生态风险值的大小。

① 潜在生态损失度指数（YS） 潜在生态损失度是指受体遭受风险压力发生损毁的难易程度以及可能的生态损失程度。潜在生态损失度指数是指各斑块内的生态指数和生态脆弱度指数的综合，潜在生态损失度指数计算公式：

$$YS_i = E_i \times CR_i$$

式中，YS_i 为 i 斑块潜在生态损失度指数；E_i 为 i 斑块生态指数；CR_i 为 i 斑块生态脆弱度指数。

② 生态指数（E） 生态指数反映各斑块的生态完整性、生态重要性及自然性的大小。区域生态风险评价中度量生态指数的指标有物种原生性指数、生物多样性指数、自然度三个指数。物种原生性指数用区域某斑块中本土物种数占斑块总物种数的百分比表示：

$$O_i = C_i / C$$

式中，O_i 为 i 斑块的物种原生性指数；C_i 为 i 斑块中本土物种数；C 为斑块中总物种数。生物多样性指数用某一斑块中物种数占整个区域中物种数的比例来表示：

$$V_i = N_i / N$$

式中，V_i 为 i 斑块的生物多样性指数；N_i 为 i 斑块中物种数；N 为整个区域物种数。

自然度与干扰强度呈负相关，干扰强度表示人类的干扰作用，可用单位面积斑块内的廊道（公路、沟渠等）长度来表示：

$$D_i = L_i / S_i$$

式中，D_i 为受干扰强度；L_i 为 i 斑块内廊道（公路、铁路、沟渠）的总长度；S_i 为 i 斑块总面积。则 $Z_i = 1/D_i$ 表示 i 斑块的自然度。根据以上公式计算出 O_i、V_i 和 Z_i 三个指数后，进行归一化处理，并加权合成各斑块的生态指数：

$$E_i = aO_i + bV_i + cZ_i$$

式中，E_i 是 i 斑块的生态指数；a、b、c 是各指标的权重，$a+b+c=1$。

③ 生态脆弱度指数（CR） 景观或生态系统的脆弱性是各种环境因子相互作用、相互影响的结果，一定的气候条件下，区域各斑块生态系统的脆弱性主要表现在地形地貌、植被退化、生物生产能力降低、水土流失、土壤质量降低等方面，一般通过调查植被状况和土壤性质可以反映出生态脆弱度。生态脆弱度计算公式：

$$1/CR_i = \frac{F(A)a_1 + F(B)a_2 + F(C)a_3 + F(D)a_4 + F(E)a_5}{\sum_{i=1}^{5} a_i}$$

式中，CR_i 为 i 斑块生态脆弱度，CR_i 值越大表明斑块的生态脆弱度越大；$F(A) \sim F(E)$ 为 A~E 项无量纲化后的数值，$F=1$ 为最大值；$a_1 \sim a_5$ 为 A~E 项的权重。由物理事件风险的发生概率/速率（滑坡、干旱、洪涝以及人类开发干扰等）和事件风险强度可以计算出风险度，风险度与潜在生态损失度相乘可以得到风险值。

5.2.1.5　评价终点

评价终点与生态风险评价的关联取决于它们对敏感的生态完整性反映的程度。它是环境胁迫因子对某一受体的特殊典型危害或潜在危害表现。根据评价环境的特征选择出适当的指标作为评价终点，要能够体现出要保护环境的价值，因此应该选择具有社会价值、生物学价值、对危险因子比较敏感、可操作性又易于预测和测量的指标作为评价终点。

区域生态风险评价中，受体受到多个风险压力的作用，可采用风险度指标来度量风险源的特征：

$$P = \sum \beta_j \times P_j + \sum \zeta_i \times P_i$$

式中，P 为风险度；P_j 为 j 类风险的发生概率/速率（比如滑坡、沉降、干旱、洪涝以及人类开发干扰等）；β_j 为 j 类风险的权重；P_i 为 i 类风险强度（比如农药、重金属等有毒有害物质），通过毒理试验确定有害物质的危险程度，为有害物质浓度与确定安全阀值的浓度之比；ζ_i 为 i 类风险的权重。

5.2.2　评估因子法

化学物质对生态系统的影响首先体现在分子、细胞和组织器官水平上，积累到一定程度后，逐步传播到生物个体、种群、群落及整个生态系统。生态风险包括导致水生（如蚤、鱼类、藻类等）及陆生生物（如蚯蚓、哺乳动物等）死亡、器官或组织损伤、数量减少等。生态风险评价基于美国环保署建立的生态风险评价框架，评价终点可以理解为在风险源的作用下，风险受体可能受到的损伤。典型的评价终点如个体水平的死亡率、畸形率、繁殖力损伤、组织病理学异常、群体水平的物种数量等。从与生态系统的直接关联上看，层次越高关联性越强，但风险评价的可操作性越低。

评估因子法是 USEPA 和经济合作与发展组织（OECD）推荐的一种方法，多采用将单个生物的毒性数据（如 EC_{50}、LC_{50}、NOEC）除以 10～1000 的评价系数，外推到环境安全值（预测无影响浓度，PNEC）的方法。即用某个物种的急性或慢性毒性数据（如 LC_{50}）除以某个评估因子（AF），从而得到此物种的 PNEC，AF 的取值一般是 10～1000。此法的优点是简单，操作性强；缺点是在评估过程中只考虑了最敏感物种，故会出现过度保护的情况，另外评价过程的不确定性同其他方法相比更高。但基于单个生物种毒性数据的安全值，不一定能保护生态系统中其他生物的安全，为了充分考虑不同生物种对化学物质的敏感性不同的问题，从多物种长期毒性数据外推预测无影响浓度 PNEC 和种群敏感性分析（Species Sensitive Distribution，SSD）更有意义，目前美国、欧洲在制定标准时，多采用种群敏感性分析（SSD）方法代替评估因子法。

5.2.3　商值法

商值法（quotient）是 USEPA 和欧盟推荐方法，也是应用最普遍与最广泛的一种方法。具体方法：通过预测环境浓度（PEC）与表征该物质危害程度的预测无效应浓度（PNEC）的商值（PEC/PNEC）来确定风险，比值大于 1 说明有风险，比值小于 1 则安全。

$$HQ = 暴露量或 PEC/ADI 或 PNEC$$

式中，PEC 为预测环境浓度；ADI 为日允许摄入量；PNEC 为预测无影响浓度；HQ 为风险商值。通过 HQ 与 1 的大小之比来判断风险的大小。

商值法应用较为简单，但因其计算存在很多不确定性，且计算结果是一个确定的值，不是一个概率的统计值，只能用于低水平的风险评价。

商值法利用保守假定和最小数据证明足够安全，是最低层次的风险计算方法，而概率法则利用了特定的数据和复杂的分析工具对更加具体的和最关心的问题进行风险计算。

5.2.4 物种敏感性分布法

概率法是通过暴露浓度的分布和物种的剂量效应关系（NOAEL）或敏感性分布（SSD）的对比得出危害发生的概率。常用的方法包括暴露浓度和毒性效应概率密度函数的重叠面积法、联合概率曲线法以及直接计算风险系数的概率密度函数的方法。如将化学物质敏感性的累积概率分布图和暴露浓度的累积概率图投射到一个坐标系中，计算获得特定暴露条件下任意百分数的物种受到影响的概率。

物种敏感性分布法（Species Sensitivity Distribution，SSD）是一种相对于传统评价因子法具有更高置信度的统计学外推方法。以多个物种的毒理数据、利用累积概率分布函数拟合污染物的毒理学数据建立其物种敏感性分布曲线，依据不同的保护程度（风险水平）获取曲线上不同百分点所对应的浓度值（hazardous concentration，HCq）作为基准值，其风险水平的选取依据土地利用类型而定，农业用地通常选取 5％ 处所对应的浓度 HC_5 值，即保护 95％生物物种的限量值。应用合适的模型进行拟合，从而获得在特定条件下物种受潜在影响的比例（Potentially Affected Fraction，PAF）和保护 95％的物种不受影响的情况下所允许的最大环境有害浓度（Hazardous Concentration for 5％ of species，HC_5），以此作为制定环境质量基准和开展生态风险评价的重要依据。SSD 法主要应用于水生和陆生动植物的毒性生态风险评价和阈值的制定。

SSD 假设某生物对某一化合物的敏感性可用毒性数据代表，该生物对该化合物的敏感性为随机数据，且符合某种分布，如正态分布。具体方法是对不同生物的毒理数据（无观测影响浓度 NOEC 或 LC_{50}）的浓度值按大小排列，并以其分位数作图，选用一个分布对这些点进行参数拟合。

SSD 有正向（forward use）和反向（inverse use）两种用法。正向用法一般用于风险评价，即由污染物环境浓度出发，通过 SSD 曲线得到可能受影响的物种的比例（PAF），用以表征生态系统或者不同类别生物的生态风险；反向用法一般用于环境质量标准的制定，即用来确定一个可以保护生态系统中大部分物种的污染物浓度，一般使用 HC_5（对研究物种的 5％产生危害的污染物浓度值）表示。

SSD 的基本假设是污染物的毒性数据可用一个数学分布描述；而可获得的毒理数据被认为是来自于这个分布的样本，被用来估算该分布的参数。使用急性毒性数据（如半致死浓度 LC_{50} 与半效应浓度 EC_{50}）或慢性毒性数据（如 NOEC）构建 SSD。美国 EPAECOTOX 数据库提供的数据筛选标准（化合物、物种类别、终点、暴露时间以及暴露方式等），利用 ECOTOX 数据库（http://www.epa.gov/ecotox/），首先按照浓度值大小对物种毒性数据（LC_{50} 或 NOEC 等）进行排序，按照下式计算每个物种的累积概率：

$$累积概率 = i/(n+1)$$

式中，i 是物种排序的秩；n 是样本数；然后，以浓度和累积概率分别为 X 轴和 Y 轴建立坐标系，根据不同生物的暴露浓度和累积概率标出这些毒性数据点，并选用一个分布对这些点进行拟合，就得到 SSD 曲线。拟合方法包括参数方法和非参数方法，有多种拟合模型；参数拟合方法的模式主要有 Log-normal、Log-logistic 和 Burr Ⅲ 等；非参数拟合方法的模式主要是 Boot Strapping。目前，还没有针对拟合 SSD 模型选择方法的原则，可能因为还没有研究证明 SSD 属于某一特定曲线形式，因此不同的研究者可能选择不同的拟合方法，如美国和欧洲推荐使用对数正态分布模式拟合 SSD 曲线，而澳大利亚和新西兰则推荐使用 Burr Ⅲ 型分布模型拟合 SSD 曲线。考虑到 Burr Ⅲ 型分布对数据量要求较少，并且是一种灵活的分布模式，可以根据参数值的大小灵活地转换成 ReWeibull 和 Burr Ⅲ 两种模式，对物种毒性数据拟合较好。

Burr Ⅲ 型函数的参数方程为：

$$F(x) = \frac{1}{[1+(b/x)^c]^k}$$

式中，x 为环境质量浓度，$\mu g/L$；b、c、k 为函数的 3 个参数。

当 k 趋于无穷大时，Burr Ⅲ 分布模型可转化为 ReWeibull 分布模型：

$$F(x) = \exp\left(\frac{-a}{x^b}\right)$$

利用急性或慢性毒理数据，构建 SSD 统计分布模型，计算单一污染物对生物的潜在影响比例 (Potentially Affected Fraction，PAF) 以及多种污染物对生物的累计潜在影响比例 (Multisubstance PAF，mSPAF)，定量评价单一污染物的生态风险以及多种污染物的联合生态风险。

利用 SSD 方法评价污染物的生态风险一般需要经过如下步骤：①毒理数据的获取与处理；②SSD 曲线拟合；③计算 PAF 与 5% 危害浓度 (Hazardous Concentration for 5% of species，HC_5)，评估单一污染物的生态风险；④计算多种污染物累计潜在影响比例 mSPAF，评估多种污染物的联合生态风险。

(1) HC_5 和 PAF 的计算　在 SSD 拟合曲线上对应 5% 累积概率的污染物质量浓度为 HC_5。应用 Burr Ⅲ 分布计算 HCq 的公式为：

$$HCq = \frac{b}{[(1/q)^{1/k}-1]^{1/c}}$$

PAF 表示环境浓度超过生物毒理终点值的物种比例，即给定的污染物浓度在 SSD 曲线上对应的累积概率。Burr Ⅲ 分布计算 PAF 的公式为：

$$PAF = \frac{1}{[1+(b/x)^c]^k}$$

上面两个公式中 x 为环境质量浓度，$\mu g/L$；b、c、k 为函数的三个参数。

(2) 多种污染物的联合生态风险　SSD 曲线用于生态风险评价的优势就是可以用来计算多种污染物的联合生态风险，用 mSPAF 复合潜在影响百分比表示。对于拥有相同毒理作用方式 (Toxic Mode of Action，TMoA) 的污染物，采用浓度加和 (Concentration Addition) 的方式计算 mSPAF；而对于不同毒理作用方式的污染物，则采用效应相加 (Response Addition) 的方式进行计算。

① 浓度加和方式计算 mSPAF　首先计算无量纲的 HU 值，HU 被定义为超过 50% 的物种毒理数据浓度的环境浓度值，等于毒理数据的几何均值，计算公式为：

$$HU = x/x'$$

HU 即毒理数据 x 对应的 HU 值。x' 为毒理数据的几何均值，或称为 HU 转换基数。即将不同污染物的浓度值转换为 HU 值，将 HU 值加和并取对数，代入联合风险正态分布中求 mSPAF 的值。联合风险正态分布的均值 $\mu=0$，方差等于各污染物毒理数据方差的均值。则 msPAF 在 Excel 中的计算公式为：

$$msPAF = Normdist[Log(\sum HU), 0, Average(\sigma), TRUE]$$

② 效应相加方式计算 msPAF　若 PAF_1、PAF_2、$\cdots$、PAF_n 为 n 种污染物各自产生的潜在影响比例，各污染物的毒理作用方式 TMoA 不同，则复合潜在影响比例 msPAF 计算公式为：

$$msPAF = 1 - (1 - PAF_1)(1 - PAF_2)\cdots(1 - PAF_n)$$

在 SSD 中，一般选取 HC_5 作为最大环境浓度阈值，即表示该物种受影响的个体不超过总数的 5%。SSD 法的优点是可对整个生态环境进行风险评估，其主要缺点是单物种在整个生态环境中的代表性问题，且未考虑单物种在整个食物链中位置的问题。

5.2.5　生物有效性评估

生物有效性的三个动态步骤：第一步，环境生物可得性或生物可给性，描述环境污染物的潜在可给性，指污染物的束缚态与自由态之间的相互交换行为。第二步，环境生物可利用性，指污染物穿过生物膜为生物体所吸收的过程。第三步，毒性生物可利用性，指污染物在生物体内的分配、代谢和排出等，也包括污染物在生物体内的目标作用点所产生的不良效应和在生物体内富集。可通过平衡分配（equilibrium parting）、毒性因子（Toxic Unit，TU）、生物测试（bioassay）、环境风险指数（Environmental Risk Index，ERI）、生物脆弱性指数（Biological Vulnerability Index，BVI）、基因毒性（Genotoxicity Index，GTI）等指标进行相应评估。

土壤中污染物生物有效性评价方法包括模型生物、化学提取法和被动采样法。模型生物主要通过测定生物体内污染物浓度，或生物暴露前后环境介质中的污染物浓度变化，模型生物包括土壤动物、土壤微生物与植物，如蚯蚓体内污染物浓度和土壤中浓度的比值即生物富集因子可表征土壤污染水平和预警污染的潜在风险。化学提取法包括剧烈化学提取法和温和化学提取法。温和化学提取剂有甲醇、乙腈、水、正丁醇、乙醇、正己烷、甲苯和二氯甲烷或它们的混合剂。加速溶剂提取（ASE）、超临界提取（SFE）和分级提取（sequential extraction）也常用于污染物提取。半透膜被动采样（Semi-Permeable Membrance Devices，SPMD）是常见的被动采样法。

5.2.6　土壤生态系统服务功能评估

土壤生态服务功能评价是生态风险评价的重要方面，一个生态系统生物多样性越丰富，则生态平衡越稳定。生态服务功能越强大则抗干扰能力越强。土壤生态系统的服务功能作为生态风险评价的部分主要参考表 5.2。

表 5.2　土壤生态服务功能需求下的生态功能调整与需求

生态需求	生态系统服务功能					
	土壤肥力	适应与弹性	缓冲与反应功能	生物多样性与本息地	疾病与有害昆虫的预防	物理结构
生物多样性功能	×	×	×	×	×	
结构多样性,物种丰富度	×	×	×	×	×	
生态系统生产力	×	×		×	×	
有机质含量、矿化度	×		×	×		×
土壤特性(pH,阳离子交换量,孔隙率,土壤持水量等)	×		×	×		

生态需求	生态系统服务功能					
	土壤肥力	适应与弹性	缓冲与反应功能	生物多样性与本息地	疾病与有害昆虫的预防	物理结构
营养循环(供给、可利用性、吸收、无法利用)	×		×	×		×
自动修复(自然)	×	×		×		
土壤有机质持有能力	×		×	×	×	
碳含量	×		×	×		
温室气体	×		×	×		
地下水供给与水质	×		×	×		×
遗传多样性与基因库		×	×	×		
自然衰减			×			
应用的适应与弹性		×				
空气质量改善			×			
水资源传输与储存			×	×		×
景观多样性			×	×		×
土壤档案(考古、地质)						×

土壤生态服务功能条件下的生态风险评价指标见表 5.3。

表 5.3　土壤生态服务功能条件下的生态风险评价指标

生态服务	生态需求	指标
土壤特性	营养循环 ●矿质营养 ●水土保持	垃圾流失 含氮率 可用磷 钾交换力 微生物生物量与活性 土壤呼吸率 氮流失与根吸收
	功能多样性 ●出现的主要种群 ●种群内多样化	固氮菌多样性与活度 碳源利用率 细菌污染 线虫组成 蚯蚓结构 关键种群
	土壤有机质形成与保持	化合物 SOM 部分 富里酸、腐殖酸、多酚类 土壤粒径分布
适应性与弹性 ●缓冲力与土地利用和管理的变化 ●抗压力	生物多样性功能	线虫群落结构 蚯蚓群落结构 真菌:细菌比例 固氮菌多样性
	基因变异	固氮菌 微生物种群核酸特征
	物种丰富度 ●关联性	多样性指数 关键物种

生态服务	生态需求	指标
功能缓冲 • 自然老化 • 老化能力	土壤有机质组成 • 土壤中的杂物	蚯蚓组成与多样性 根系生长率 SOM
	土壤理化特性	阳离子交换量 土壤颗粒稳定性
	土壤结构与生物干扰	蚯蚓密度
多样性与栖息地 • 地上多样性管理 • 腐殖质管理	功能多样性 • 营养流动 • 草食性	关键种 土壤食物网生物量分布 根、草食动物与线虫类
	生物多样性结构	多样性指数
	基因多样性	ISO 酶 遗传特征
疾病预防与害虫控制	生物多样性功能	土壤捕食害虫 特异性抑制
物理特征	土壤有机质组成	蚯蚓类型
	土壤结构 • 重量承载力	土壤综合稳定性 土壤板结度

不同土壤用途的生态服务功能需求及变化见表 5.4。

表 5.4　不同土地利用方式下生态系统服务功能的变化

生态系统服务功能	土地利用方式				
	自然	农业	公共开放空间	私家花园	公园
土壤特性	+	+	+/−	+	+/−
适应能力与抗性	+/−	+	+/−	−	−
反冲与反应能力	+	+	+	−	−
生物多样性与栖息地	+	+	−	−	+
疾病控制与害虫防治	−	+	+/−	+/−	−
物理结构	+	+	+	+/−	−

注：+为高度影响；−为没有影响；+/−为中度影响与变化。

　　土壤生态系统服务功能为主的生态风险评估程序如下：土地利用类型→必需的生态服务→生态需求→终点指标→目标土壤质量的数据输入与多参数生态风险管理参数。

5.2.7　专家判断法

　　专家判断法是常用的一种定性方法，具体做法是邀请相关行业、不同层次的专家对所讨论的问题从不同角度分析，判断不可接受风险是否存在，以及风险水平属于高、中还是低。然后综合所有专家的意见，给出最终结论。

5.3　场地生态风险评估模型与软件

　　生态风险评价模型的出现使生态风险评价由单纯依靠生态毒理学实验工具向毒理学和模型模拟相转化、相结合发展。不同的评价方法之间的主要区别在于毒性评估与风险表征过程中所采用的模型不一样，如评估因子法或商值法（Hazard Quotient，HQ）、物种敏感分布法（Species Sensitive Distributions，SSD）和概率生态风险评估模型（Probabilities Ecological Risk Assessment，PERA）。不同生态风险模型的比较如表 5.5 所示。

表 5.5　不同生态风险模型的比较

模型	评价要求	要数据求与处理	风险表征方式	应用软件	难易程度	不确定性
HQ	低	多以获得的环境浓度数据的平均值为 PEC；毒理数据要求较少，采用评估系数法推算 PNEC	评估因子法或商值法	无需特殊统计软件	简单	高
SSD	相对高	环境浓度数据要求同上，要求较多的毒理数据，进行 SSD 拟合	商值法	Origin/SPSS/BurrlizO	相对难	相对高
PERA	高	环境浓度数据与毒理数据均要求较多，并均进行分布模拟	概率法	Origin/SPSS/BurrlizO/Matlab	难	低

　　评估因子法对数据及专业技术要求最低，评价结果不确定性也最高，一般用于评价要求较低的情况，或用于层次评价法中的低层次评价。SSD 法采用概率分布的方式进行剂量-效应评价，同 HQ 法相比，评价结果更为精确，但风险表征仍采用商值法，因此 HQ 法的缺点并没有完全更正。PERA 法避免了以上两种方法的缺点，评价结果以概率的形式给出，评价结果更客观，但对数据及专业技术要求也越高。

　　目前比较成功的模型有 AQUATOX 和综合水生态系统模型（CASM）等。

5.4　不确定性分析

　　"不确定性"一般可以理解为不肯定性、不确知性和可变性。不确定性贯穿于风险评价的整个流程，通过降低风险评价中的不确定性，可以使风险评价结果更加科学。风险评价过程中的不确定性分成几种类型：第一，事件背景的不确定性。包括对事件描述、专业判断的失误以及信息丢失造成分析的不完整性。这种不确定性一般发生在整风险评价的起始阶段，消除这种不确定性的方法一般采取专家法，利用专家丰富的背景知识，最大限度地将起始阶段问题的分析科学化。第二，发生在暴露评价过程的不确定性，即计算化学物质从排放到进入人体或生态受体目标器官的化学物质浓度或者量的过程中产生的不确定性。暴露评价过程的不确定性主要包括模型的不确定性和参数的不确定性。为了最大限度地消除模型的不确定性，建模需要尽可能地接近真实世界，减少黑箱过程，利用多组数据对模型的有效性进行验证，优化模型结构。参数不确定性主要体现为"差异性"和"不确定性"。"差异性"主要是由于客观世界的差异而导致的个体之间的不同，例如人的身高体重不同，模型参数选择就应该不同。"不确定性"主要由于现有知识的局限，导致参量估计的不准确，例如重金属的土壤-作物富集系数往往受土壤性质和作物品种的影响，导致不同地区会有不同的富集系数。对于参数的不确定性分析，常用的方法有敏感性分析法、Bayesian 方法及蒙特卡罗（Monte Carlo）方法。第三类不确定性主要体现在其他评价过程中，特别是对毒性数据的评价，例如从动物实验过程外推到人群的过程产生的不确定性，从高浓度暴露数据外推到低浓度数据过程产生的不确定性等。引入恰当的不确定参数（UF）可以减少这类不确定性，Renwick

列举了化学物质风险评价中动物数据外推到人类数据的不确定性参数的选择方法。

　　不确定性又可分为客观不确定性与主观不确定性 2 类。客观不确定性包括参数不确定性、模型不确定性和资料不确定性 3 类。生态风险评价过程中存在很大不确定性并存在于各个阶段。包括风险源的筛选、分析方法、评价模型的选择都带来评价结果的不确定性。如评价终点的外推模型，从一种生物的毒性反应外推到另一种生物的毒性效应或由一种有害化合物毒性外推到另一种化合物毒性，其中就存在不确定性，这是因为评价过程中研究者对危害程度或所考虑系统的知识不完全而产生风险组成部分。不确定性存在并不是说会使得风险评价无效或者不能进行风险决策，只有承认不确定性的存在，才可以使评价结果更可信。

　　生态风险评价的各个阶段都存在着诸多的不确定性。如风险源的筛选、分析方法和评价模型的选择都带来评价结果的不确定性。因此在评价过程中一定要充分考虑不确定性，并尽量采取措施降低不确定性带来的影响。

　　目前，生态风险评价朝着大区域、多层次与计算机辅助分析的方向发展，特别是多层次模型与统计学工具的应用将会起到更大的作用。

5.5　地下水风险评价方法

　　地下水污染风险定义是指由于自然或人类干扰导致地下水环境恶化等污染的概率与污染后果的乘积。20 世纪 60 年代法国学者 Margat 提出地下水脆弱性。地下水污染风险评价应考虑含水层脆弱性，地表潜在污染物的类型、分布和毒理性以及可能造成的环境受体的损失。地下水污染风险评价方法主要包括：地下水本质脆弱性评价、特殊脆弱性评价、外界污染物种类与危险度识别、地下水价值功能评价 4 个方面。表 5.6 列举了地下水污染风险评价方法比较。

表 5.6　地下水污染风险评价方法比较

评价类型	评价方法	方法简介	优缺点
定性评价	经验法	根据经验和直观判断得出结果	应用简单，但具有一定的局限性，缺乏可比性
定量评价	迭置指数法	将风险用逐级深入的几类指标来表征，形成风险指数表征体系，按照特定的评分原则获得风险指数，对风险指数进行分级	方法简单、操作性强，在评价指标的取值范围和权重的确定方法受人为主观性的影响
	过程模拟法	在区域基本水文地质条件和污染现状的基础上，利用成熟的污染物迁移转化模型对污染物运移规律进行模拟，然后根据一定的准则划分风险的相对大小	描述影响地下水污染的物理、化学和生物等过程，但该方法需要大量的监测数据及资料
	统计方法	利用研究区已有的地下水污染监测资料和发生地下水污染的各种相关信息进行统计分析，主要包括污染物空间分布、时空变化和风险分析	可客观筛选出影响地下水污染的主要因素，避免主观性，但未涉及发生污染的基本过程且统计显著相关的并不一定存在必然的因果关系

5.5.1　地下水脆弱性评价

5.5.1.1　本质脆弱性评价

　　本质脆弱性又称固有脆弱性，是地下水系统自身对外界环境变化适应能力的表现，强调区域含水层的自然属性，具有较高的稳定性特征。本质脆弱性的大小是由地下水位埋深、渗流区介质、含水层水力传导系数等多因素决定的（见表5.7）。它反映了外界污染物抵达含水层的速度以及地下水环境消纳污染物的能力。

表 5.7 地下水固有脆弱性的各种评价模型

名称	评价因子	方法描述	应用范围
GOD	地下水类型(G)、覆盖层岩层(O)、地下水位埋深(D)	防污性指数 $D_i=G×O×D$，评价承压水时忽略 O 因子，即 $D_i=G×D$，因子取值范围为 $0\sim1$	多孔介质潜水、承压水(经验方法)
Legrand	水位埋深(D)、包气带介质(S)、渗透系数(C)、水力坡度(G)、固体废物排放场地的水平距离(H)	防污性指数 $D_i=D+S+C+G+H$，D_i 值越高地下水防污性能越好，反之越差	可能受固体废物排放场地影响的地段
EPIK	岩溶发育情况(E)、含水层上覆岩层的岩性(P)、入渗条件(I)、岩溶网络发育情况(K)	$D_i=\alpha E+\beta P+\gamma I+\delta K$，式中，$\alpha$、$\beta$、$\gamma$、$\delta$ 为因子权重，D_i 值越高，防污性能越好，含水层越不容易遭到污染	岩溶水
欧洲法(OCP)	含水层上覆岩层(O)、径流(C)、大气降水(P)、岩溶水网络的开发(K)	评价结果通过各评价因子的耦合得出，耦合方法根据评价目标区的水文地质特征确定，可以是求和，也可乘积，资源防污性能评价时选择 O、C、P 因子，水源防污性能评价时选择 O、C、P、K 因子	岩溶水
局部欧洲法(LEA)	覆盖层因子(O)，径流因子(C)	沿袭了 PI 法的诸多概念，但较之更简单，不用数字指标，最后的脆弱性结果是定性的、相对的分级，该方法偏向于应用于资源的脆弱性评价	适用于数据量少的地区
DRASTIC 法	地下水埋深(D)、含水层净补给量(R)、含水层岩性(A)、土壤类型(S)、地形坡度(T)、包气带岩性(I)、含水层水力传导系数(C)	$V_i=D_wD_r+R_wR_r+A_wA_r+S_wS_r+T_wT_r+I_wI_r+C_wC_r$，脆弱性指数 V_i 越大，越容易遭受污染	多孔介质潜水、承压水
PI 法	保护层(P)、渗透条件(I)	$D_i=PTS×I$，防污性能指数 D_i 越低，防污性能越差，含水层越容易遭到污染。偏向于资源保护的脆弱性评价	岩溶水
AVI 法	垂向水力传导系数、水面以上地层厚度	通过垂直水流方向每一层的水力阻力来量化含水层的敏感性，指出了污染物从地表到地下水面的平均流动时间的量值	简单快捷
SIGA 法	土壤介质(S)、包气带介质(I)、地面坡度(G)、含水层介质(A)	评分越高防污性能越差，反之越好	较麻烦，但评分较准确，参数很难获得
SINTACS	地下水水位埋深(S)、地下水净补给量(I)、包气带稀释能力(N)、土壤介质类型(T)、含水层特征(A)、水力传导系数(C)和地形坡度(S)	与 DRASTIC 模型方法相同	适用于中等和大尺度比例尺

目前国内外评价固有脆弱性广泛采用 1985 年 USEPA 建立的 DRASTIC 模型。DRASTIC 模型包含 7 个指标，计算公式为：

$$V_i=D_wD_r+R_wR_r+A_wA_r+S_wS_r+T_wT_r+I_wI_r+C_wC_r$$

式中，V_i 为固有脆弱性指数；D 为地下水埋深；R 为含水层净补给量；A 为含水层介质类型；S 为土壤介质；T 为地形坡度；I 为包气带影响；C 为水力传导系数；下标 r 和 w

分别表示各个指标的评级和权重。通过模型加权得到本质脆弱性指数，进一步进行脆弱性指数的大小分级。

5.5.1.2 特殊脆弱性评价

以土地利用类型和人类活动为切入点的地下水特殊脆弱性表征了人类活动产生的污染源以及土地资源开发过程中对地下水天然流场的影响，具有动态性与可控性，是地下水受到外界干扰时敏感性的体现，它的大小由污染源类型、规模以及污染物在地下水环境中的迁移转化规律共同决定。特殊脆弱性评价的过程大多将外界污染源以及土地利用类型作为评价指数进行量化评分，并赋予权重，然后与本质脆弱性的最终结果进行叠加。几种污染源负荷风险评价方法见表5.8。

表5.8 几种污染源负荷风险评价方法

评价方法	方法简介	结果	优点	缺点
简单评判	污染物分自然、农林、生活、固体废物、污水处理、工矿、水管理失误7类，并根据经验划分为高、中、低3个等级	定性	应用简单快捷，而且对数据的要求较少	指标的评分受人为因素影响，缺乏区域对比性
DCI方法	将污染源类型分为工业、农业、畜牧业和其他类型，根据行业类型、规模等将4类污染源划分为9个级别，级别越高，危险越大	定性	应用便捷，较之简单评判法分级更细化	缺乏区域对比性
详细分级法	通过构建污染物迁移矩阵和污染源强度矩阵将污染源风险划分为高、中、低3个等级	定量	避免人为主观性，有助于进行污染源的治理和地下水的保护	需要进行深入的野外调查，以获得大量污染源的详细信息
POSH方法	利用污染源及其所产生的污染负荷划分等级	定性定量结合	需数据较少，可操作性较强	不同类型污染源之间缺少对比性
优先设置法	考虑污染的可能性和严重性两方面	定量	划分体系清晰明了，便于比较	不能涵盖所有污染源类型，需较详细的污染源调查

5.5.2 外界污染源种类与危险度识别

在污染源类型、分布、负荷与迁移的基础上建立外界污染物种类与危险度识别，包括定性与定量识别。可通过建立特征污染物及其排放量的量化体系，多因素耦合的风险源识别模型等对风险源进行评价与分级。

5.5.3 地下水价值功能评价

通过地下水价值功能的变化来表征地下水系统发生污染风险的损害。对地下水的价值或功能进行量化，是一种基于地下水水质状况与地下水存储量的地下水价值评价方法。地下水价值量计算公式为：

$$V = G_Q \times G_S$$

式中，V为地下水价值量；G_Q为地下水水质状况；G_S为地下水存储量。

另一种是基于开采价值与原位价值的评价。开采价值突出地下水的使用性与经济意义，包括各种人类活动所需要的地下水；原位价值包括地下水的生态与调节价值，以及维持地下水系统稳定与抗干扰的价值。

地下水污染风险的评价方法包括指数叠加法，污染物复杂物理、化学和生物过程模拟法，不确定性分析法以及数学统计方法等。几种地下水价值评价方法见表 5.9。

表 5.9　几种地下水价值评价方法

提出者	方法简介	指标选取
US. NRC	基于水的使用标准而非质量标准而开发的分级系统	地下水使用类型、废水排放类型
Parsons	利用含水层分类和用户定义的变量形成矩阵来进行分级的	含水层分类
Civit 等	建议与供水区规模相联系	供给人口数量
江剑	从地下水水量、水质和供水意义 3 个方面来评价地下水价值	单井出水量、水质状况、水源保护区
张丽君	考虑地下水的生态/健康服务功能及其社会经济服务功能,包括水质和水量两个方面	地下水水质综合指数、地下水可采量、人均地下水占有量、企业生产地下水供应满足率

5.5.4　污染物复杂物理、化学和生物过程模拟法

过程模拟法事先假定风险表征，然后以反演的方式反推风险的等级。将地下水流动状况与污染物进入含水层的整个运移衰减过程进行模拟，可以预测随时间与外界条件变化下，外界潜在污染物对地下水的可能影响，最后依据污染物的浓度分布和影响范围来确定风险等级。可定量描述地下水的污染水平，可用于污染场地的风险评价、新建场地的优化选址和设计参数的确定。

过程模拟法的实质是地下水数值模拟的一部分，Modflow 是美国地质调查局（USGS）开发的较早的地下水模拟软件，主要应用于孔隙介质中三维有限差分地下水流数值模拟。之后出现了 FEFLOW、HYDRUS、GMS、Groundwater Vistas、Visual Modflow、Geostudio 等众多地下水数值模拟软件与模型，其中三维有限差分地下水流模型 Modflow 及相关溶质迁移模型 MT3DMS，已成为公认的标准地下水流动与污染物迁移模型。

数学模型与仿真模型的应用使得地下水污染风险评价得以定量化与系统化，评价结果也更加贴近实际，但地下水系统是一个复杂的动态开放系统，系统的内外部特征与形成机制仍具有很强的不确定性，建立模拟模型所依赖的水文地质数据与物理参数的可获取性较差。另外，受人类认知范围的限制以及监测活动时空条件的约束，模拟过程仍具有很强的模糊性，很多情况下仍然不能反映出真实的风险水平。此外过程模拟法没有与灾害理论结合起来，多是研究污染物的时空分布特征，不能体现真正的风险内涵。

5.5.5　地下水污染风险计算

在获取了地下水固有脆弱性、污染源负荷和地下水价值的空间分布后，再利用迭置指数法计算地下水污染风险。

（1）Overlay 叠加法　利用 GIS 技术中的 Overlay 工具将地下水脆弱性等图层叠加，并根据其重要性逐一赋予权重，最终得到地下水污染风险评价分区图。如用 DRASTIC 模型进行地下水固有脆弱性评价得到易污性分布图，之后叠加土地利用类型分区图、地下水开采井影响范围图、特征污染物空间分布图，最终得到该地区的地下水污染风险分布图。

（2）Cross-tables 叠加法　同样也是利用 GIS 技术对图层叠加，Cross-table 可以将不同

类型转入转出的值在表中直观地表现出来。将其用于地下水污染风险评价，得到的污染风险分区图与用 overlay 方法得到的结果相似。如利用 Ilwis GIS 中的 Cross-table 工具将地下水脆弱性等级、地下水价值等级和污染指数叠加评价一个地区的地下水污染风险，同时用主成分分析法也作了相同的评价，2 种方法得到的结果相似性很高，表明叠加技术不同对地下水污染风险结果没有本质的影响。

（3）矩阵法　用地下水固有脆弱性图和地下水价值图生成地下水保护紧迫性图，代替地下水污染后果，用污染源灾害分级代替地下水污染概率，再将两者合并生成地下水污染风险图。如应用 DRASTIC 模型评价地下水固有脆弱性，通过将地下水固有脆弱性分区图、地下水价值分区图和地下水资源保护区图叠加生成地下水保护紧迫性分区图代表地下水污染后果，将其进一步与代表地下水污染概率的污染源分布图合并，最终得到地下水污染风险分区图。迭置指数法的评价矩阵见图 5.2。

地下水保护紧迫性	地下水脆弱性				地下水污染风险	地下水保护紧迫性		
	低	中	高			低	中	高
地下水价值 高	中	高	高		污染源分级 高	中	高	高
中	低	中	高		中	低	中	高
低	低	低	中		低	低	低	中

图 5.2　迭置指数法的评价矩阵

（4）风险分级体系（hazard ranking system）法　该方法基于源→路径→受体的思路，主要考虑 3 方面的内容，一是场地或潜在污染物质向环境释放的可能性；二是污染物的性质，如毒性及数量等；三是受体，即被污染物影响的人群或敏感环境目标。分别计算以下 4 个指标的得分：地下水迁移（饮用水），地表水迁移（饮用水、人类食物链、环境敏感性），土壤暴露（常住人口、附近居民、环境敏感性），空气迁移（人口、环境敏感性），之后利用均方根方程求取整体风险分值。

$$S = \sqrt{\frac{S_{gw}^2 + S_{sw}^2 + S_s^2 + S_a^2}{4}}$$

式中，S 为场地分值；S_{gw} 为地下水迁移途径得分；S_{sw} 为地表水迁移途径得分；S_s 为土壤暴露途径得分；S_a 为空气迁移途径得分。

随着计算机技术的发展，利用 GIS 技术进行图层叠加的方法得到了广泛的应用，该方法的优点在于能够对大量数据进行存储和管理，但缺少各部分间的相互关联，与之相比，矩阵法的优势是方法简单明了，各部分间的含义明确，但这 2 种方法都存在着如何分配各部分之间权重的问题。HRS 法没有考虑到不同地域间气象、水文、环境条件的差异，且该方法需要大量场地设施、周围环境、废弃物性质以及该地区地质条件的资料信息，在应用上具有一定的局限性。

（5）指数叠加法　指数叠加法通过建立指标体系，按照划分的指标分级系统来计算风险指数的大小，然后再对风险指数进行分级，常应用于大区域范围的地下水污染风险评价。指数叠加法通过将表征地下水自身防污性能的本质脆弱性指数、表征外界污染源对地下水施加压力的外界胁迫性指数进行加权叠加，以此来获取地下水污染的可能性；然后再与表征地下水重要性的地下水价值功能指数进行叠加来获取研究区的地下水污染风险指数，并利用 ArcGIS 等软件的空间分析功能与可视化技术进行计算与制图表达。而建立在水文地质条件基础上的 GALDIT 模型对受海水入侵威胁的沿海地区地下水脆弱性评价的本质仍然是指数叠加法的应用。

指数叠加法多以线性模型为主，无论是在评价指标选取、等级划分还是最后污染风险大小的确定上均有较强的主观性。指数叠加法的评价结果概括性较强，忽略了外界污染物的具体迁移与衰减过程，不适合对单个点源污染的风险评价，并容易导致指标选取重复。

5.5.6　生态风险管理

生态风险评价的最终目的在于生态风险管理，生态风险管理（ERM）是整个生态风险评价的最后一个环节，是指根据生态风险评价的结果，确定可接受风险度和可接受损害水平，综合社会效益、经济效益、效益分析选用适当的技术，将生态风险减少到目前公认的可接受水平。生态风险管理的具体目标是作出相应的管理决策，对于生态风险管理的结果可返回进入下一轮的风险评价以不断改进管理政策。

6 污染土壤修复技术

土壤污染是指人为因素有意或无意地将对人类或其他生命体有害的物质施加到土壤中，使其某种成分的含量明显高于背景值含量，并引起土壤环境质量恶化的现象。土壤污染修复主要以受人类活动直接影响的区域、与人类接触最为密切的非饱和区为主。非饱和区是指地面以下、潜水面以上的液相饱和度小于1的区域。非饱和区土壤一般包含固态、液态、气态三相系统，但与地下水修复又相区别。污染场地修复技术按照处置场所、原理、修复方式、污染物存在介质等方面的不同，可以有多种的分类方法。按照处置场所，可分为原位修复（in-situ）技术和异位修复（ex-situ）技术。按照修复技术原理，可分为生物、物理、化学和物理化学修复技术等。按照污染物存在介质，可分为土壤修复技术和地下水修复技术。如表6.1所示。

表 6.1　污染土壤修复技术分类

分类		技 术 方 法
按污染场地分类	原位修复	蒸汽浸提、生物通风、原位化学淋洗、热力学修复、化学氧化还原处理墙、固化/稳定化、电动力学修复、原位生物修复等
	异位修复	蒸汽浸提、泥浆反应器、土壤耕作法、土壤堆肥、焚烧法、预制床、化学淋洗等
按技术类别分类	物理修复	物理分离、蒸汽浸提、玻璃化、热解吸、固化/稳定化、冰冻、电动力学等技术
	化学修复	化学淋洗、溶剂浸提、化学氧化、化学还原、土壤性能改良等技术
	生物修复	微生物降解、生物通风、生物堆、泥浆相生物处理、植物修复、空气注入、监控式自然衰减、预制床等
	生态工程修复	植物修复：植物提取、植物挥发、植物固化等技术
	联合修复	生态覆盖系统、垂直控制系统和水平控制系统等技术
		物理化学-生物：淋洗-生物反应器联合修复等，固化稳定化，抽出处理，渗透性反应墙
		植物-微生物联合修复：菌根菌剂联合修复等

各种土壤修复技术在作用原理、适用性、局限性和经济性方面均存在各自的特点，一般而言，特定场合的污染土壤进行工程修复时，需根据当地的经济实力、土壤性质、污染物性质等因素，进行修复技术的合理选择和组合工艺的优化设计。

《污染场地土壤修复技术导则》（HJ 25.4—2014）初步规定了化学性污染场地土壤修复可行性研究的原则、内容、程序和技术要求。该修复标准的可行性研究报告主要内容包括确定预修复目标、技术预评估、筛选评价修复技术、集成修复技术、确定修复技术的工艺参数、制订修复监测计划、估算修复的污染土壤体积，分析经济效益、评价修复工程的环境影响、制订安全防护计划、安排修复进度和编制可行性研究报告。其中筛选评价修复技术和确定修复技术的工艺参数与美国《CERCLA 修复调查和可行性研究导则》内容一致，而制订修复监测计划、估算修复的污染土壤体积、分析经济效益、评价修复工程的环境影响、制订安全防护计划、安排修复进度是为了适应我国需要而增加的内容。

污染土壤修复总的技术路线是：调理（调节土壤介质环境）、削减（降低总量或有效态）、恢复（逐次恢复生态功能）、增效（增加生态效益、经济效益和社会效益）。完全恢复土壤原有的生态功能和状态，是一个长期复杂的系统生态工程。

6.1 污染土壤原位修复技术

6.1.1 土壤混合/稀释技术

土壤混合/稀释技术（soil blending，mixing or dilution）是指用清洁土壤取代或者部分取代污染土壤，覆盖在土壤表层或者混匀，使污染物浓度降低到临界危害浓度以下的一种修复技术。通过混合和稀释，减少污染物与植物根系的接触，并减少污染物进入食物链。土壤混合/稀释修复技术可以是单一的修复技术，也可以作为其他修复技术的一部分，如固定稳定化、氧化还原等。使用此技术时需根据土壤污染物浓度、范围和土壤修复目标值，计算需要混合的干净土壤的量。混合时尽量垂直方向混合，少水平方向混合，以免扩大污染面积。混合/稀释可以是原位混合，也可以是异位混合。

土壤混合/稀释技术适用于土壤中的污染物不具危险特性，且含量不高（一般不超过修复目标值的2倍）的情况。该技术适合于土壤渗流区，即土壤含水量较低的土壤，当土壤含水量较高时，混合不均匀会影响混合效果。

6.1.2 填埋法

填埋法（landfill cap）是将污染土壤进行掩埋覆盖，采用防渗、封顶等配套设施防止污染物扩散的处理方法。填埋法不能降低土壤中污染物本身的毒性和体积，但可以降低污染物在地表的暴露及其迁移性。填埋法是修复技术中最常用的技术之一。在填埋的污染土壤的上方需布设阻隔层和排水层。阻隔层应是低渗透性的黏土层或者土工合成黏土层，排水层的设置可以避免地表降水入渗造成污染物的进一步扩散。通常干旱气候条件要求填埋系统简单一些，湿润气候条件可以设计比较复杂的填埋系统。填埋法的费用通常小于其他技术。

在填埋场合适的情况下，填埋法可以用来临时存放或者最终处置各类污染土壤。该技术通常适用于地下水位之上的污染土壤。由于填埋的顶盖只能阻挡垂向水流入渗，因此需要建设垂向阻隔墙以避免水平流动导致的污染扩散。填埋场需要定期进行检查和维护，确保顶盖不被破坏。

土壤阻隔填埋是将污染土壤或经过治理后的土壤置于防渗阻隔填埋场内，或通过敷设阻隔层阻断土壤中污染物迁移扩散的途径，使污染土壤与四周环境隔离，避免污染物与人体接触和随降水或地下水迁移进而对人体和周围环境造成危害。但未对污染物进行降解和去除，是以风险控制为目标的修复技术。按其实施方式，可以分为原位阻隔覆盖和异位阻隔填埋。适用于重金属、有机物及重金属有机物复合污染土壤。不宜用于污染物水溶性强或渗透率高的污染土壤，不适用于地质活动频繁和地下水水位较高的地区。

系统构成和主要设备：原位土壤阻隔覆盖系统主要由土壤阻隔系统、土壤覆盖系统、监测系统组成。土壤阻隔系统主要由 HDPE 膜、泥浆墙等防渗阻隔材料组成，通过在污染区域四周建设阻隔层,将污染区域限制在某一特定区域;土壤覆盖系统通常由黏土层、人工合成材料衬层、砂层、覆盖层等一层或多层组合而成;监测系统主要是由阻隔区域上下游的监测井构成。异位土壤阻隔填埋系统主要由土壤预处理系统、填埋场防渗阻隔系统、渗滤液收集系统、封场系统、排水系统、监测系统组成。其中,填埋场防渗系统通常由 HDPE 膜、土工布、钠基膨润土、土工排水网、天然黏土等防渗阻隔材料构筑而成。根据项目所在地地质及污染土壤情况需要,通常还可以设置地下水导排系统与气体抽排系统或者地面生态覆盖系统。阻隔填埋技术施工阶段涉及大量的施工工程设备,土壤阻隔系统施工需冲击钻、液压式抓斗、液压双轮铣槽机等设备,土壤覆盖系统施工需要挖掘机、推土机等设备,填埋场防渗阻隔系统施工需要吊装设备、挖掘机、焊膜机等设备,异位土壤填埋施工需要装载机、压实机、推土机等设备,填埋封场系统施工需要吊装设备、焊膜机、挖掘机等设备。阻隔填埋技术在运行维护阶段需要的设备相对较少,仅异位阻隔填埋土壤预处理系统需要破碎、筛分设备,土壤改良机等设备。

影响原位土壤阻隔覆盖技术修复效果的关键技术参数包括:阻隔材料的性能、阻隔系统深度、土壤覆盖层厚度等。①阻隔材料。阻隔材料渗透系数要小于 10^{-7} cm/s,要具有极高的抗腐蚀性、抗老化性,具有强抵抗紫外线能力,使用寿命 100 年以上,无毒无害。阻隔材料应确保阻隔系统连续、均匀、无渗漏。②阻隔系统深度。通常阻隔系统要阻隔到不透水层或弱透水层,否则会削弱阻隔效果。③土壤覆盖厚度。对于黏土层通常要求厚度大于300mm,且经机械压实后的饱和渗透系数小于 10^{-7} cm/s;对于人工合成材料衬层,满足《垃圾填埋场用高密度聚乙烯土工膜》(CJ/T 234)相关要求。

影响异位土壤阻隔填埋技术修复效果的关键技术参数包括:防渗阻隔填埋场的防渗阻隔效果及填埋的抗压强度、污染土壤的浸出浓度、土壤含水率等。①阻隔防渗效果。该阻隔防渗填埋场通常是由压实黏土层、钠基膨润土垫层(GCL)和 HDPE 膜组成,该阻隔防渗填埋场的防渗阻隔系数要小于 10^{-7} cm/s。②抗压强度。对于高风险污染土壤,需经固化稳定化后处置。为了能安全贮存,固化体必须达到一定的抗压强度,否则会出现破碎,增加暴露表面积和污染性,一般在 0.1~0.5MPa 即可。③浸出浓度。高风险污染土壤经固化稳定化处置后浸出浓度要小于相应《危险废物鉴别标准浸出毒性鉴别》(GB 5085.3)中浓度规定限制。④土壤含水率。土壤含水率要低于 20%。

原位土壤阻隔覆盖技术测试参数包括:土壤污染类型及程度、场地水文地质、土壤污染深度、土壤渗透系数等,可根据需要在现场进行工程中试。异位土壤阻隔填埋技术测试参数包括:土壤含水率、土壤重金属含量、土壤有机物含量、土壤重金属浸出浓度、土壤渗透系数、场地水文地质等,可以在实验室开展相应的小试或中试实验。对于高风险污染土壤可以联合固化/稳定化技术使用后,对污染土壤进行填埋;对于低风险污染土壤可直接填埋在阻隔防渗的填埋场内或原位阻隔覆盖。通常原位土壤阻隔覆盖技术应用成本为 500~800 元/m²;异位土壤阻隔填埋技术应用成本为 300~800 元/m³。

6.1.3 固化/稳定化技术

6.1.3.1 固化/稳定化概况

固化/稳定化(solidification/stabilization,S/S)工程技术是指将污染土壤(重金属、放射性、毒性或强反应性土壤)与黏结剂或固化剂混合、经稳定化形成渗透性低的固体混合物,改变污染物在土壤中的存在状态。或者将污染土壤与黏结剂或固化剂混合、经熟化形成渗透性低的固体混合物，而达到物理封锁（如降低孔隙率等）或发生化学反应形成固体沉淀物（如形成氢氧化物或硫化物沉淀等），降低污染物迁移可能性，通过固态形式在物理上隔离污染物；或者将污染物转化成化学性质不活泼的形态，降低污染物的危害，从而达到降低污染物迁移性和活性的目的。废物和固化稳定剂（土壤聚合物）间通过化学键合力（分子键合技术）、固化剂对废物的物理包容及固化剂水合产物对废物的吸附作用，从而降低其生物有效性和迁移性。

固化/稳定化修复技术实际上分为固定化和稳定化两种技术。其中，固定化技术是将污染物封入特定的晶格材料中，或在其表面覆盖渗透性低的惰性材料，以达到限制其迁移活动的目的；稳定化技术是从改变污染物的有效性出发，将污染物转化为不易溶解、迁移能力或毒性更小的形式，以降低其环境风险和健康风险。但当包容体破裂后，危险成分重新进入环境可能造成不可预见的影响：不能彻底根除污染，容易导致土壤和地下水的进一步污染。固化/稳定化技术包括水泥固化、石灰固化、药剂稳定化等，如硅酸盐水泥（portland cement）、火山灰（pozzolana）、硅酸酯（silicate）和沥青（btumen）以及各种多聚物（polymer）等。硅酸盐水泥以及相关的铝硅酸盐（如高炉熔渣、飞灰和火山灰等）是最常用的黏结剂。

固化稳定化技术对重金属污染土壤、具有毒性或强反应性半挥发性污染物适用，美国超级基金场地中超过78%的重金属污染场地采用此技术。可分为原位和异位稳定/固化修复技术。原位稳定/固化技术适用于重金属污染土壤的修复，一般不适用于有机污染物污染土壤的修复；异位稳定/固化技术通常适用于处理无机污染物质，不适用于挥发/半挥发性有机物和农药杀虫剂污染土壤的修复。

水泥窑协同处置技术是我国常用的固化稳定化技术，水泥窑协同处置技术是在水泥的生产过程中，将污染土壤作为替代燃料或原料，通过高温焚烧及烧结，在水泥熟料矿物化过程中，实现重金属的物理包容、化学吸附、晶格固化等目的的废物处置手段。水泥窑协同处置技术在我国的实际工程应用中较多，如北京、重庆等地都有水泥窑协同处置重金属污染土壤的案例，其中重金属在水泥窑内协同处置的转化机制已较为清楚。

各种固定剂抑制玉米吸收镉的效果由大到小排序为：骨炭粉≈石灰＞硅肥≈钙镁磷肥＞高炉渣≈钢渣。抑制芦蒿吸收镉的效果从大到小的排序为：硅肥≈钙镁磷肥＞石灰≈骨炭粉＞高炉渣≈钢渣。为达到农产品的安全，骨炭粉和石灰在玉米种植时的施用量须大于0.5%，而硅肥和钙镁磷肥在芦蒿种植时的施用量须大于1%，其他固定剂须施用更高量。施用几种固定剂后土壤中水溶态、交换态、碳酸盐结合态及铁锰氧化物结合态镉的含量均有所降低，其余各种形态镉的比例增加。即土壤中有效态镉的含量降低，促进土壤从生物可利用性高的形态向迟效态转化。

6.1.3.2 固化稳定化技术检测指标

固化稳定化检测技术有水泥固化、石灰火山灰固化、塑性材料包容固化、玻璃化技术、药剂稳定化等。在稳定化技术中，加入药剂的目的是改变土壤的物理、化学性质，通过pH控制技术、氧化还原电势技术、沉淀技术、吸附技术、离子交换技术等改变重金属在土壤中的存在状态，从而降低其生物有效性和迁移性。有害废物经过固化处理后所形成的固化体应具有良好的抗渗透性、抗浸出性、抗干湿性、抗冻融性及足够的机械强度等。固化过程中材料和能量消耗要低，增容比也要低。固化稳定化的技术指标有浸出率、增容比、批处理和柱试验规范。

目前我国主要根据以下几个方法进行操作：《固体废物浸出毒性浸出方法——水平振荡

法》（HJ 557—2009）、《固体废物浸出毒性浸出方法——硫酸硝酸法》（HJ/T 299—2007）、《固体废物浸出毒性浸出方法——醋酸缓冲溶液法》（HJ/T 300—2007）。

浸出率指固化体浸于水中或其他溶液中时，其中有毒（害）物质的浸出速度。

增容比指所形成的固化体体积与被固化有害废物体积的比值。

批处理和柱试验是评估金属元素在土壤中可提取性和淋溶性的通用方法。

TCLP 方法是 USEPA 指定的重金属释放效应评价方法，用来检测在批处理试验中固体、水体和不同废弃物中重金属元素的迁移性和溶出性，采用乙酸作为浸提剂，土水比 1 : 20，浸提时间 18h 来检测重金属的浸出率。

柱试验模拟污染物从表层土壤到底层土壤淋溶迁移的过程，从另一侧面描述了土壤重金属的环境行为和对地下水的危害。

原欧共体标准局（European Community Bureau of Reference，BCR）在 Tessier 方法的基础上提出了 BCR 三步提取法。

黑麦幼苗法、盆钵试验、田间试验是评估原位修复效果的最有效方法，它们通过了解植物组织中重金属浓度的变化，以及植物生物数量和质量状况，确定经过固定修复后土壤中重金属毒性的变化，经口生物有效性（Oral Bioavailability）是基于生理过程的提取测试（Physiologically Based Extraction Test，PBET），它模拟了人的胃肠生理环境，也能表达生物有效性。

形态分析是表征重金属生物有效性的一种间接方法，利用萃取剂提取有效态重金属可以评估土壤中重金属的有效性。化学浸提法可以分为一次浸提法和连续浸提法。X 射线衍射（XRD）和扫描电子显微镜/能量分散 X 射线光谱（SEM/EDX）已被众多研究者用于测定新物质的形态，以阐述不同固定物质对重金属离子的吸附机制，结合连续提取的结果，还可以发现固定后各种形态分布比例的变化。

6.1.3.3 固化稳定化技术方法

分子键合技术（molecular bonding system）是将分子键合剂与重金属污染土壤（或污泥）混合，通过化学反应，把重金属转化为自然界中稳定存在的化合物，实现无害化，有原位修复、异位修复和在线修复 3 种模式。

土壤聚合物（geopolymer）是一种新型的无机聚合物，其分子链由 Si、O、Al 等以共价键连接而成，是具有网络结构的类沸石，对重金属有较强的固定作用。土壤聚合物有望成为新的处置含重金属离子废弃物的（固化/稳定化）（S/S）体系。

稳定化技术稳定废物成分的主要机理是废物和凝结剂间的化学键合力、凝结剂对废物的物理包容及凝结剂水合产物对废物的吸附作用。但对确切的包容机理和固化体在不同化学环境中的长期行为的认识还很不够，特别是包容机理，当包容体破裂后，危险成分重新进入环境可能造成不可预见的影响。

熔融固化也称玻璃固化（vitrification）技术，也是固化稳定化技术的一种：处理时电流通过垂直插入土壤中的一系列电极由土壤表面传导到目标区域，初始阶段在电极之间加入可导电的石墨和玻璃体，当监控土壤熔融则土壤变成导电，于是熔融向外扩展。当停止加热，冷却后，介质冷却玻璃化，把没有挥发和没有被破坏的污染物固定。玻璃化是指利用等离子体、电流或其他热源在 1600～2000℃ 的高温下熔化土壤及其污染物，使污染物（可加入玻璃屑和玻璃粉混合）在此高温下被热解或蒸发而去除，产生的水汽和热解产物收集后由尾气处理系统进一步处理后排放。熔化的污染土壤冷却后形成化学惰性的、非扩散的整块坚硬玻璃体，有害无机离子得到固定化。如等离子弧离心处理（Plasma Arc Centrifugal Treatment，PACT）

的离子体焰炬在 1100℃ 下进行土壤玻璃化。通过用作离子气体的空气将有机物蒸发和电离分解，并对气体污染物进行处理。

玻璃化是一种较为实用的短期技术，加热过程土壤和淤泥中的有机物含量要超过 5%～10%（质量比）。该技术可用于破坏、去除受污染土壤、污泥、其他土质物质、废物和残骸，以实现永久破坏、去除和固定化有害和放射性污染的目的。但实施时，需要控制尾气中的有机污染物以及一些挥发性的气态污染物，且需进一步处理玻璃化后的残渣，湿度太高会影响成本。固化的物质可能会妨碍到未来土地的使用。玻璃化技术能有效修复高浓度的重金属污染土壤，但能耗大、成本高，不宜修复大面积高浓度的重金属污染土壤。

固化稳定化技术可处理大部分 VOC、SVOC、PCB、二噁英等，以及大部分重金属和放射性元素。砾石含量大于 20% 会对处理效率产生影响。低于地下水位的污染修复需要采取措施防止地下水反灌。成本和运行费用 500～8000 美元/m³ 都相当高，并可能产生二噁英，需要处理尾气。有机固定剂的种类及其来源见表 6.2。

表 6.2　有机固定剂的种类及其来源

材料	重金属	来源	固定效果
树皮 锯末	Cd,Pb,Hg,Cu	木材加工厂的副产品	黏合重金属离子
木质素	Zn,Pb,Hg	纸厂废水	络合后降低离子迁移性
壳聚糖	Cd,Cr,Hg	蟹肉罐头厂废弃产品	对金属离子产生吸附作用
甘蔗渣	Pb	甘蔗	提高对金属离子的固定效率
家禽有机肥	Cu,Zn,Pb,Cd	家禽	固定离子限制其活动性
牛粪有机肥	Cd	牧场和养殖场	提高有机结合态含量
谷壳	Cd,Cr,Pb	谷物种植	增加对金属离子的吸附容量
活性污泥	Cd	人工驯化合成	降低被植物所吸收镉的含量
树叶	Cr,Cd	番泻树、红木树和松树	有效结合游离态金属离子
秸秆	Cd,Cr,Pb	棉花、小麦、玉米和水稻	降低金属离子的迁移性

稳定化技术处理常见的有 pH 控制、氧化还原电位控制、沉淀与共沉淀控制、吸附、离子交换吸附、超临界技术等。吸附技术常用活性炭、黏土、金属氧化物、锯末、沙、泥炭、硅藻土等将有机污染物、重金属吸附固定在特定的吸附剂上，使其稳定并固化稳定化处理。无机固定剂的种类及其来源见表 6.3。

表 6.3　无机固定剂的种类及其来源

固化稳定化材料	固化重金属种类	材料来源	固定效果
石灰或生石灰	Cd,Cu,Ni,Pb,Zn,Cr,Hg	石灰厂或碎石场	降低离子淋溶迁移性，减少生物毒物
磷酸盐	Pb,Zn,Cd,Cu	磷肥和磷矿	增加离子吸附和沉降，减少水溶态含量及生物毒物
羟磷石灰	Zn,Pb,Cu,Cd	磷矿加工	降低金属离子在植物中含量
磷矿石	Pb,Zn,Cd	磷矿	把水溶态离子转化为残渣态
粉煤灰	Cd,Pb,Cu,Zn,Cr	热电厂	降低可提取离子的浓度
炉渣	Cd,Pb,Zn,Cr	热电厂	减少离子淋溶
蒙脱石	Zn,Pb	矿场	提高固定效果

6.1.3.4　固化稳定化优缺点

固化稳定化是污染土壤治理过程中一种非常有效的方法，尤其是对于由农业活动引起的程度较轻的面源污染具有明显的优势。但污染物在环境条件发生改变时仍可以释放变成生物有效形态，另外化学试剂或材料的使用将在一定程度上改变环境条件，对环境系统产生一定的影响。在一些土壤中，Ca^{2+} 能置换出土壤固体表面的金属离子使其在土壤溶液中的浓度上升。因此，加入含钙化合物（如石灰和石膏等）能提高金属离子的生物有效性，在修复过程中土壤过度石灰化，会使土壤中重金属离子浓度长期升高并导致农作物减产。由于固定物质的加入，土壤 pH 值容易升高，这可能会给植物、土壤动物和土壤本身带来负面影响。各种固化稳定化技术的优缺点见表 6.4。

表 6.4　各种固化稳定化技术的优缺点

技术名称	固化稳定剂	适用对象	优点	缺点
水泥固化	硅酸三钙、硅酸二钙、添加剂、水：水泥＝2：5	重金属、废酸、氧化物	可处理多种污染物，紧实耐压	特殊盐类造成固化体破裂，体积膨胀效应明显
石灰固化	石灰、焚烧灰分、粉煤灰、炉渣	重金属、废酸、氧化物	原料便宜，操作简单	固化强度低，养护时间长，体积膨胀
塑性材料	脲甲醛、聚酯、聚丁二烯、酚醛树脂、环氧树脂、沥青、聚乙烯	部分非极性有机物、重金属、废酸	固化体的渗透性低，疏水性强	需前处理，有氧化剂或挥发性物质有潜在危险，专业要求强
熔融固化	玻璃屑与粉、石墨粉	不挥发的高危害性废物、核废料	玻璃体稳定，保存时间长，可对特殊污染物进行处理	污染物限制，弱挥发，耗能，特殊设备与专业人员
自胶结	$CaSO_4 \cdot 2H_2O$ 和 $CaSO_3 \cdot 2H_2O$ 失水后加水	含有大量硫酸钙和亚硫酸钙的废物	稳定、强度高；烧结体具有抗生物性，不易着火	处理限定的污染物，专业要求高

6.1.4　土壤气相抽提技术

土壤气相抽提技术（soil vapor extraction，SVE）是通过在不饱和土壤层中布置提取井，利用真空泵产生负压驱使空气流通过污染土壤的孔隙，解吸并夹带有机污染物流向抽取井，由气流将其带走，经抽提井收集后最终处理，从而使包气带污染土壤得到净化的方法。抽出的气体通过热脱吸附、活性炭吸附以及生物气体处理法等处理。土壤气相抽提又称土壤通风、原位真空抽提、原位挥发或土壤气相分离，广泛应用于挥发性有机物污染土壤的修复。

6.1.4.1　技术组成与设计参数

典型 SVE 系统包括抽真空系统、抽提井、管路系统、除湿设备、尾气处理系统以及控制系统等，或在地面增加塑料布或柏油路面的防渗层防止抽气时空气从邻近地表进入而形成短路，并防止水分渗入地下。多数情况下，污染土壤中需要安装若干空气注射井，通过真空泵引入可调节气流。此技术可操作性强，处理污染物范围宽，可由标准设备操作，不破坏土壤结构，对回收利用废物有潜在价值。SVE 技术在美国超级基金项目中占 25%（USEPA，2004）。土壤理化特性（有机质、湿度和土壤空气渗透性等）对土壤气体抽提修复技术的处理效果有较大影响（见表 6.5）。地下水位太高（地下 1～2m）会降低土壤气体抽提的效果。土壤的含水率在 15%～20% 较适宜。黏土、腐殖质含量较高或本身极其干燥的土壤，由于其本身对挥发性有机物的吸附性很强，采用原位土壤气体抽提技术时，污染物的去除效率很低。

表 6.5　渗透率与 SVE 修复效果的关系

土壤类型	黏土	冰河积层		粉土	粉砂	净砂	砾石	
渗透率 k/cm^2	10^{-16}	10^{-14}	10^{-12}	10^{-10}	10^{-8}	10^{-6}	10^{-4}	10^{-2}
修复效果	无效		部分有效			有效		

土壤气相抽提技术可用来处理挥发性有机污染物和某些燃料。可处理的污染土壤应具有质地均一、渗透能力强、孔隙度大、湿度小和地下水位较深的特点。低渗透性的土壤难以采用该技术进行修复处理。SVE 适用土壤深度为 1.5～90m，主要处理 VOC、燃油（汽油）污染土壤，对柴油效果不理想，不适应润滑油、燃料油等重油。一般要求污染物亨利常数大于 0.01（100atm，10^7Pa）或蒸气压大于 0.5mmHg（67Pa），或沸点低于 300℃。土壤的含水量越高，越不利于 VOC 挥发，但当土壤含水率小于一定值时，由于土壤表面的吸附作用导致污染物不易解吸，从而降低污染物向气相传递。实际应用中可通过地表铺设土工膜，避免短路，增加抽提井的影响半径。也可抽取地下水，降低水位，增大包气带的厚度，提高 SVE 效率。SVE 难以单独将污染物降低到很低水平，大多需要与其他技术联合，如微生物修复等。

SVE 系统初步设计的重要参数是抽出的 VOC 浓度、空气流率、通风井的影响半径、所需井的数量和真空鼓风机的大小等。而土壤空气渗透率可根据土壤的物理性质相关分析、实验室检测、现场测试等获得。相关性估算为：

$$K_a = K_w \left(\frac{\rho_a \mu_w}{\rho_w \mu_a} \right)$$

式中，K_a 为土壤空气渗透系数，量纲为 L/T；K_w 为水力传导系数，量纲为 L/T；ρ_a 为空气密度，量纲为 M/L^3；ρ_w 为水密度，量纲为 M/L^3；μ_a 为气体黏度，量纲为 M/LT；μ_w 为水的气体黏度，量纲为 M/LT。

实验室测定为在土样一端通入一定气压，然后测定通过土体的空气流量，依据土壤空气对流方程获得土壤渗透率，但难以评估场地土壤的实际情况和反映其实质。而现场测试是最为有效的方法。现场 SVE 场地空气渗透率的测试主要通过透气性测试实验、空气渗透率解析、测量探头的设置、透气性场址的处理与关键变量，然后逐步测试，经过中试实验最后确定。

（1）自由相与气相间的平衡　NAPL 进入包气带土壤后以自由相、土壤孔隙中的气相、土壤水中的液相和吸附于土壤颗粒上的固相存在。

当液体与空气接触时，液体中的分子趋向于以蒸气形式通过挥发或蒸发进入气相，液体的蒸气压由与其平衡时的气相压力获得，通常用毫米汞柱（760mm Hg＝1atm＝1.013×10^{5}Pa＝14.696psi）表示。常用克劳修斯-克拉贝龙方程（Clausius-Clapeyron 方程）来描述蒸气压与温度的关系。

$$\ln\frac{P_1^{\text{sat}}}{P_2^{\text{sat}}}=-\frac{\Delta H^{\text{vap}}}{R}\left(\frac{1}{T_1}-\frac{1}{T_2}\right)$$

式中，P^{sat} 为纯液相组分的蒸气压；T_1、T_2 分别为温度；R 为理想气体常数；ΔH^{vap} 为蒸发焓（化学手册中可查）。

安托因（Antoine）方程是广泛使用的经验方程，方程如下：

$$\ln P^{\text{sat}}=A-\frac{B}{T+C}$$

式中，A、B、C 为安托因常数（化学手册中可查）；T 为温度。

对于理想液态混合物，其气-液平衡符合拉乌尔（Raoult）定律：

$$P_A=P^{\text{vap}}x_A$$

式中，P_A 为组分 A 在气相中的分压；P^{vap} 为组分 A 作为纯液相的蒸气压；x_A 为组分在纯液相中的摩尔分数。

气相浓度随与自由相的距离增加而降低，形成一个浓度梯度；在自由相附近的气相浓度会等于或接近平衡值。

（2）液相与气相间的平衡　包气带土壤孔隙中的污染物趋向于通过溶解或吸收作用进入液相。当污染物溶解到水中的速率等于污染物从液相中的挥发速率时，处于平衡状态。用于描述液相与气相浓度之间平衡的亨利定律：

$$P_A=H_A C_A$$

式中，P_A 为组分 A 在气相中的蒸气分压；H_A 为组分中 A 的常数；C_A 为组分 A 在液相中的浓度。

亨利常数（H）为污染物在气相（C_a）与水相（C_w）中的浓度（质量/体积）比，H 越大，越容易进入空气中。

$$H=C_a/C_w$$

污染物在固相与液相中的含量比 K_d 值越大，则越容易被介质所吸附。

$$K_d=K_{\text{OC}}f_{\text{OC}}$$

式中，K_d 是有机物的分配系数；K_{OC} 是有机物在水与纯有机碳间的分配系数；f_{OC} 是单位质量多孔介质中有机碳含量。

$$f_{\text{OC}}=f_{\text{OM}}/1.724=11f_N$$

式中，f_{OM} 为介质中有机质含量；f_N 为土壤中含氮量。

$$K_{\text{OC}}=aK_{\text{OW}}^b=\alpha S_w^{\beta}$$

式中，K_{OW} 为有机物在辛醇和水之间的分配系数，为有机物在辛醇中的浓度与在水中的浓度比；ab，$\alpha\beta$ 为实验常数；S_w 为溶解度，溶解度越大，越容易进入水中。

当土壤中存在 NAPL 时，可将饱和蒸气压（P_v）转换为气体的浓度（C_v）：

$$C_v=\frac{MP_v}{RT}$$

式中，M 为气体的摩尔质量；R 为摩尔气体常数；T 为绝对温度。

当 NAPL（非水相液体）为混合气体时，使用拉乌尔定律估算气相中的浓度：

$$P_{vi}=P_i^0\chi_i$$

式中，P_{vi} 为 NAPL 中 i 组分在摩尔分数为 χ_i 时气相分压；P_i^0 是纯组分 i 的饱和蒸气压。

当 NAPL 进入地下环境后，接触包气带介质，受到自身重力和介质对 NAPL 的毛细压力以及黏滞阻力的影响，当其重力大于阻力时，NAPL 将沿着垂直方向向下迁移，在此过程中，会有部分 NAPL 挥发到包气带气体中，在理想和平衡条件下，挥发过程由污染物的饱和蒸气压所控制。同时会有部分 NAPL 相溶解于土壤水中，溶解过程由其饱和水溶解度所控制。若 NAPL 为多组分体系，则蒸气压和溶解度可由拉乌尔定律和亨利定律确定。当 NAPL 相全部消失，则挥发过程仅由亨利定律描述。水相的污染物可与土壤固相发生吸附/解吸关系，这个过程可采用一般的吸附等温常数 K_d 的关系描述。对于气-固吸附，通常情况下，由于土壤固相表面均有水膜覆盖，气、固相几乎没有相界面存在，因而通过该过程吸附/解吸的污染物相对较少。

（3）固相与液相间的平衡　在固相与液相共存体系中，利用吸附等温线描述固-液相间的平衡关系。最常见的吸附等温线是朗格缪尔（Langmuir）等温线和弗伦德利希（Freundlich）等温线，其关系是分配系数，对于有机污染物的分配系数与介质中天然有机质含量相关。土壤固-水分配系数：

$$K_d = K_{OC} f_{OC}$$

式中，f_{OC} 为土壤中有机碳的含量；K_{OC} 为吸附常数，利用辛醇-水分配系数 K_{OW} 的关联求出。

（4）污染物在不同相间的平衡　包气带中污染物总量为 4 个相中污染物质量总和。以包气带内体积为 V 的污染羽为例：

$$Q_1 = V_1 C = V\theta_w C$$
$$Q_s = M_s X = V(\rho_b) X$$
$$Q_a = V_a G = V\theta_a G$$

式中，Q_1、Q_s、Q_a 分别为水中、土壤颗粒吸附和土壤孔隙中的污染物质量；V_1 为水的体积；M_s 为土壤质量；V_a 为气相体积；C 为水中污染物的浓度，mg/L；X 为土壤中污染物的含量，mg/kg；G 为气相中污染物的浓度，%或 mg/m³；θ_w 为体积含水量；θ_a 为空气孔隙度（总孔隙度 $n = \theta_w + \theta_a$）。

污染物的总质量 Q_t 为上述三相再加上自由相。若体系处于平衡状态，且亨利定律和线性吸附适用，由其中的浓度可用相的浓度乘以一个因子来表示：

$$\frac{Q_t}{V} = (\theta_w + \rho_b K_d + \theta_a H)C$$

$$= \left(\frac{\theta_w}{H} + \frac{\rho_b K_d}{H} + \theta_a\right)G$$

$$= \left(\frac{\theta_w}{K_d} + \rho_b + \theta_a \frac{H}{K_d}\right)X$$

式中，ρ_b 为土壤密度；K_d 为分配系数；H 为亨利常数。

Q_t/V 为污染羽的平均质量浓度，若已知污染羽的体积 V，则可计算出污染物的总质量。而地下水中的污染物浓度计算公式为：

$$\frac{Q_t}{V} = (n + \rho_b K_d)C = \left(\frac{n}{K_d} + \rho_b\right)X$$

污染物蒸气的迁移运输机制主要有气相中压力诱导的对流，即在压力梯度下的对流，可由 SVE 的真空系统诱导产生；气相中密度诱导的对流，由蒸气的密度差异及梯度造成；气相、水相中的扩散；通常污染物在气相中的扩散系数高出水相中扩散系数 4 个数量级左右。

当土壤孔隙气相浓度以自由态出现时可根据拉乌尔定律求出：

$$P_A = (P^{vap})(\chi_i)$$

式中，P_A 为 A 组分在气相里的分压；P^{vap} 为 A 组分在纯液体中的分压；χ_i 为 A 组分在液相里的摩尔分数。

(5) 抽提井影响半径与距离　SVE 设计的影响半径可定义为压力降非常小（$P_{R_1} \leqslant$ 1atm）的位置距抽提井的距离。影响半径是指单井系统运行后由于抽气负压所影响的最大径向距离，一般是以抽提井为圆心，至负压 25Pa 的最大距离。通过绘制抽提及监测井的压力随径向距离的对数变化曲线或用下式确定影响半径：

$$P_r^2 - P_w^2 = (P_{R_1}^2 - P_w^2)\frac{\ln(r/R_w)}{\ln(R_1/R_w)}$$

式中，P_r 为距抽提井 r 处的监测井压力，量纲为 $M/(LT^2)$；P_w 为抽提井的压力，量纲为 $M/(LT^2)$；P_{R_1} 为最佳影响半径处的压力，量纲为 $M/(LT^2)$；r 为监测井与抽提井的距离，量纲为 L；R_1 为最佳影响半径，量纲为 L；R_w 为抽提井的半径，量纲为 L。

抽提位置根据分析不同地层污染物的去除程度来确定，汽提过程分析垂直方向的污染物浓度和气体流速可以帮助理解扩散限制的质量传输程度。多数污染物是从地面以下 5.5～6.1m 抽提，但粉土层的空气流动速率比其他地方少 1 个数量级，气体抽提井首先提取受污染区域上方或下方更具渗透性层面的污染气体。低渗性土壤的去除主要依靠从低渗透区到相邻高渗透区土壤的扩散来实现。

(6) 抽提井与监测井的结构设计　竖直抽提井结构与地下监测井结构类似。大多为 PVC 管抽提井，直径为 5～30cm，常用直径 10cm。抽提井井屏用纱网缠绕，防止固体颗粒进入管路，然后井屏与井壁安装在钻孔中心。在钻孔与抽提井之间安装过滤物（砾砂），过滤物一般安装至高于井屏上部 0.3～0.6m，再装填 0.3～0.6m 的斑脱土密封，之后使用水泥浆填满周围孔隙，过滤物以及井屏缝隙必须考虑周围土壤颗粒的粒径。SVE 抽提井的有效半径为 6～45m，深度可达 7m。

6.1.4.2　技术应用范围

欧美等国家和地区已有许多实践经验，在场地修复应用中，SVE 系统涉及的污染土壤深度范围为 1.5～90m，主要应用于处理 VOC 或 SVOC、燃料油的土壤污染。一般要求有机污染物的亨利常数大于 0.01，或蒸气压大于 0.0665kPa。由于 SVE 效果的影响因素，如土壤含水量、有机质含量、渗透性等，所以不同的场地会有不同的修复效果。在实际应用中，可以通过地表铺设土工膜，避免短路，增加抽提井的影响半径。也可以抽取地下水，降低水位，增大包气带的厚度，提高 SVE 的效率。SVE 技术不能单独使污染物降低到很低的标准，有时需要有后续的其他修复技术，如微生物降解修复等。

SVE 方法不能去除重油、PCB 或二噁英，但对于低挥发性的有机污染物可以通过气体的流动改善其微生物原位修复的条件，因而，SVE 技术也有一定的作用。SVE 的主要优缺点见表 6.6。

缺点：当土壤细粒物质含量大，含水率高时，需要增大抽真空的能力，使修复费用增加；当土壤有机质含量高或极度干燥时，其对有机物的吸附容量大，SVE 去除效率降低。

表 6.6　SVE 修复的优缺点

优点	缺点
设备简单,易于安装操作,对场地破坏小	将污染物降至 90% 以上难度很大
修复时间短,适宜条件下少于 0.5～2a	对低渗透性土壤和非均匀介质的效果不确定
修复费用低,20～50 美元/t 土壤	对抽出气体需要后续处理
易于与其他 AS、BS 等技术联合,可在建筑物下面操作,且不破坏建筑物	只能对非饱和区域土壤进行处理

适用范围：可用来处理挥发性有机污染物和某些燃料。可处理的污染土壤应具有质地均一、渗透能力强、孔隙度大、湿度小和地下水位较深的特点。低渗透性的土壤难以采用该技术进行修复处理。

6.1.4.3　技术发展

在土壤气相抽提的基础上发展起来的多相浸提/解吸技术指利用物理方法通过降低土壤孔隙的蒸气压,把土壤中的污染物转化为蒸气形式而加以去除的技术。可分为原位土壤汽提技术、异位土壤汽提技术和多相浸提技术。汽提技术适用于地下含水层以上的包气带。多相浸提技术适用于包气带和地下含水层。原位土壤汽提技术适用于处理亨利系数大于 0.01 或者蒸气压大于 66.66Pa 的挥发性有机化合物,如挥发性有机卤代物或非卤代物、丙酮、甲苯、正己烷、三氯乙烯,也可用于去除土壤中的油类、重金属、多环芳烃或二噁英等污染物;异位土壤汽提技术适用于修复含有挥发性有机卤代物和非卤代物的污染土壤;多相浸提技术适用于处理中、低渗透性地层中的挥发性有机物。SVE 运行初期,挥发作用为主导,当污染物浓度降低到一定程度后则好氧生物降解成为污染物去除的主要过程。

微生物排气法（bioventing）也属于 SVE 的一种方法,是在包气带中注入和抽取空气以增加地下氧气浓度,加速非饱和带微生物的降解,常用于石油污染治理。

蒸汽/热空气注射＋SVE 修复技术：将热蒸汽注入污染区域,加快有机污染物的蒸发,提高液体流速与修复效率。

气力和水力分裂＋SVE 修复技术：强化系统缝隙或填沙裂缝,增加 SVE 在低渗土壤的修复效果。

电磁波加热＋SVE 修复技术：利用高频电压产生的电磁波对污染场地中的土壤进行加热,加速土壤有机物的挥发与解吸,提高液体的流速以增强修复效率与速度。

生物强化＋SVE 修复技术：通过向不饱和区注入空气（氧气）、添加营养物（氮、磷、钾等）和接种功能工程菌等措施强化和提高 SVE 修复过程中的去除效率。

6.1.5　热解吸修复技术

热解吸修复技术（thermal desorption）是指通过直接或间接热交换,将受污染的土壤加热（常用的加热方法有蒸汽注入、红外辐射、高频电流、过热空气、燃烧气、热导、电阻加热、微波和射频加热）,使土壤中的挥发性污染物（或 Hg）从污染介质挥发或分离,在挥发时能被收集起来进行回收或处理的一种方法。加热温度控制在 200～800℃,按温度可分成低温热处理技术（土壤温度为 150～315℃）和高温热处理技术（土壤温度为 315～540℃或更高）。热解吸过程中发生蒸发、蒸馏、沸腾、氧化和热解等作用,通过调节温度可以选择性地移除不同的污染物。土壤中的部分有机物在高温下分解,其余未能分解的污染物在负压条件下从土壤中分离出来,最终在地面处理设施(后燃烧器、浓缩器或活性炭吸附装置等)中彻底消除。热解吸修复技术具有工艺简单、技术成熟等优点,但该方法能耗大、操作费用高。该技术对处理土壤的粒径和含水量有一定要求,一般需要对土壤进行预处理,有产生二噁英风险。热解吸修复过程通常在现场由移动单元完成,由于有解吸过程并对污染物破坏小,所以随后要对解吸出的产物进行处理。

土壤热解吸技术包括土壤加热系统、气体收集系统、尾气处理系统、控制系统等。

蒸汽浸提法是在污染介质中引入清洁蒸汽产生驱动力,利用土壤固相、液相和气相之间的浓度梯度,降低土壤孔隙的蒸气压,将污染物转化为气态形式排出土壤外的过程。适用于高挥发性化学污染介质的修复,如受汽油、苯和四氯乙烯等污染的土壤。

热解吸修复技术能高效地去除污染场地内的各种挥发或半挥发性有机污染物,污染物去除率可达99.98%以上。透气性差或黏性土壤由于会在处理过程中结块而影响处理效果。该技术应用时,高黏土含量或湿度会增加处理费用,且高腐蚀性的进料会损坏处理单元。

热处理修复技术适用于处理土壤中挥发性有机物、半挥发性有机物、农药、高沸点氯代化合物,不适用于处理土壤中重金属(Hg除外)、腐蚀性有机物、活性氧化剂和还原剂。加热会导致局部压力大,可能会造成蒸汽向低温带的迁移,并可能污染地下水,并应注意地下潜在的易燃易爆物质的危险。

6.1.6　土壤微生物修复技术

土壤微生物修复技术是指利用微生物(土著菌、外来菌和基因工程菌)对污染物的代谢作用而转化、降解污染物,将土壤、地下水中的危险污染物降解、吸收或富集的生物工程技术系统。通过强化营造出适宜微生物生长的环境,如营养源、氧化还原电位、共代谢基质、强化微生物降解作用,利用污染物特别是有机污染物为营养源,通过吸收、代谢等将污染物转化为稳定无害的物质。作用的原理是通过土著微生物或外源微生物提供最佳的营养条件及必需的化学物质,保持其代谢活动的良好状态。

能降解污染物的微生物种类很多,据报道有200多种,细菌有假单胞菌、棒杆菌、微球菌、产碱杆菌属等,放线菌主要有诺卡菌属,酵母菌主要是解脂假丝酵母菌和热带假丝酵母菌,霉菌有青霉属和曲霉属。此外,蓝细菌和绿藻也能降解多种芳烃。

6.1.6.1　土壤微生物修复技术种类

按处置地点分为异位生物修复(生物堆肥等)和原位生物修复(如原位深耕、原位生物降解、生物反应墙等)。生物通风是一种强迫氧化生物降解的方法,即在受污染土壤中强制通入空气,将易挥发的有机物一起抽出,然后用排入气体处理装置进行后续处理或直接排入大气中。地耕处理是通过在受污染土壤上进行耕耙、施肥、灌溉等耕作活动,为微生物代谢提供一个良好环境,保证生物降解发生,从而使受污染土壤得到修复的一种方法。堆肥法(composting)分为:风道式堆肥处理(air duct composting),堆肥料置于称为风道的平行排列的长通道上,靠机械翻动来控制温度;好气静态堆肥处理(aerated static piles composting),堆肥料被置于有鼓风机和管道的好气系统上,通过管道供氧和控制湿度;机械堆肥处理(mechanical composting),堆肥在密封的容器中进行,过程易于得到控制,间歇或连续运行。将污染土壤与水(达到至少35%含水量)、营养物、泥炭、稻草和动物粪便混合后,使用机械或压气系统充氧,同时加石灰以调节pH。经过一段时间的发酵处理,大部分污染物被降解,标志着堆肥完成。经处理消除污染的土壤可返回原地或用于农业生产。

① 生物堆（biopile）技术是指将污染土壤挖掘后，在具有防渗层的处置区域堆积，经过曝气，利用微生物对污染物的降解作用处理污染土壤的技术。对污染土壤堆体采取人工强化措施，促进土壤中具备污染物降解能力的土著微生物或外源微生物的生长，降解土壤中的污染物。该技术的特点是在堆起的土层中铺有管道，提供降解用水或营养液，并在污染土层以下设有多孔集水管，收集渗滤液。生物堆底部设有进气系统，利用真空或正压进行空气的补给。系统可以是完全封闭的，内部的气体、渗滤液和降解产物，都经过诸如活性炭吸附、特定酶的氧化或加热氧化等措施处理后才向大气排放，而且封闭系统的温度、湿度、营养物、氧气和 pH 均可调节用以增强生物的降解作用。在生物堆的顶部需覆盖薄膜，控制气体和挥发性污染物的挥发和溢出，并能加强太阳能热力作用，从而提高处理效率。生物堆是一项短期技术，一般持续几周到几个月。该技术适用于非卤化挥发性有机物和石油烃类污染物，也可用来处理卤化挥发和半挥发性有机物、农药等，但处理效果不一，可能对其中特定污染物更有效。

PAH 水溶性差，辛醇-水分配系数高，易于分配到生物体内和沉积层土壤中，土壤是 PAH 的主要载体。生物堆中投加绿肥或秸秆可明显促进苯并 [a] 芘（BaP）和二苯并 [a,h] 蒽（DBA）的降解。生物堆不适合于污染物浓度太高的情况。当土壤中重金属含量大于 2500×10^{-6} 时，会影响微生物的生长，不利于修复，与土地耕作处理相同。

生物堆系统构成：生物堆主要由土壤堆体、抽气系统、营养水分调配系统、渗滤液收集处理系统以及在线监测系统组成。其中，土壤堆体系统具体包括污染土壤堆、堆体基础防渗系统、渗滤液收集系统、堆体底部抽气管网系统、堆内土壤气监测系统、营养水分添加管网、顶部进气系统、防雨覆盖系统。抽气系统包括抽气风机及其进气口管路上游的气水分离和过滤系统、风机变频调节系统、尾气处理系统、电控系统、故障报警系统。营养水分调配系统主要包括固体营养盐溶解搅拌系统、流量控制系统、营养水分投加泵及设置在堆体顶部的营养水分添加管网。渗滤液收集系统包括收集管网及处理装置。在线监测系统主要包括土壤含水率、温度、二氧化碳和氧气在线监测系统。

② 生物堆肥（composting）是借助微生物的作用，有机物被不断分解转化的过程。好氧堆肥一般分为三个阶段：升温阶段、高温阶段、降温阶段。堆肥对 PAH 降解性较好，堆肥的内部温度必须在 5~7d 内保持 50~55℃或更高的温度（GB 7959—87，原中国卫生部），USEPA 规定密封式堆肥和通风静态堆肥温度必须使内部温度保持 55℃或更高达 3d，野外堆肥必须保持堆肥温度为 55℃或更高达 15d，并且在此期间具有至少 5 次翻耕。控制目标是蛔虫卵死亡率达 100%。60%~80%的水分含量是生物堆肥的最佳限制，可采用通风增强废气的去除与微生物的需氧，当耗氧率为（0.02%~0.1%）/min 时堆肥成熟。

6.1.6.2 土壤微生物修复原理

构建的微生物不仅能够分解靶标污染物，而且可以抗污染点的抑制剂。许多工业污染点不仅含高浓度合成污染物，而且含有重金属或其他抑制微生物生长发育的物质。我们可以构建能降解多种污染物的菌株，开发低吸着的菌株，使菌株可以迁移较远的距离。土壤微生物主要以附着态存在。附着在含水层固体上的微生物比自由态微生物多 10~1000 倍。土壤微生物主要分布在 $0.8~3\mu m$ 的孔隙中，而污染物的吸附大多发生在小于 $1\mu m$ 的微孔内，所以微生物无法直接利用大多数被吸附的污染物。土壤微生物也可能无法直接利用 SOM 内的污染物以及 NAP 物质。尽管有些微生物（尤其是真菌）可以通过分泌胞外酶降解污染物，但是酶分子比污染物分子大许多倍，在土壤中扩散得相当慢或者根本不扩散。因此，一般认为土壤微生物主要利用水相污染物，而不是吸附态和 NAP 物质。相分配作用也会降低有机物的可利用性。土壤中非水相液体（NAPL）和颗粒态残留有机碳物质的存在增强了污染物的多相分配程度。疏水性有机物分配进入 NAPL 后，生物降解速率降低，其原因可能在于：污染物的水相浓度进一步降低，污染物从 NAPL 分配到水相的速率慢，微生物优先利用 NAPL 物质，NAPL 物质有毒性作用等。有机物可利用性低的另一种途径是形成 NAPL 基质，NAPL 物质与水基本上不能混溶，在地下环境中以分离态物质存在。如果 NAPL 物质密度比水小（如汽油和石油类污染物），则会分离进入土壤和地下水的漂浮相中；被截留的 NAPL 物质会逐渐溶解，相当于地下环境的长期污染源。如果密度比水大（如氯代脂肪烃），则会向土壤底层迁移。隔离是指污染物与其他物质结合或者不可逆地转化为其他相（或状态）而使其环境活性降低的过程。隔离对污染物的归宿、迁移和生物可利用性有重要影响。疏水性有机物的隔离程度随着污染物与土壤接触时间增加而明显增加，这个过程称为污染物老化或风化。污染物老化过程包括化学氧化将污染物结合到 SOM 中，污染物在土壤微孔内和 SOM 内扩散，或者隔离在 NAPL 物质内等。微生物移动性大，或者具有降解能力的细菌主动或被动地向吸附态污染物运移，则可提高污染物的可利用性和生物降解速率。微生物在土壤中的吸附/解吸、过滤和沉降等过程会显著地阻止或延迟微生物的运移。吸附过程涉及各种复杂的生物、物理和化学现象，其中包括静电吸附、憎水反应及微生物排泄物的吸附作用。

微生物降解是利用原有或接种微生物（即真菌、细菌其他微生物）降解（代谢）土壤中污染物，并将污染物质转化为无害的末端产品的过程。可通过添加营养物、氧气和其他添加物增强生物降解的效果。微生物金属修复的机理包括胞外络合、沉淀、氧化还原反应和胞内积累等。典型有机污染物的微生物转化与降解机理如下。

① 氯代芳香族污染物的微生物转化及降解机理。土壤中存在大量能降解氯代芳香族污染物的微生物，它们对氯代芳香族污染物的降解途径主要有两种：好氧降解和厌氧降解。其中脱氯作用是氯代芳香族有机污染物生物降解的关键过程，好氧微生物可通过双加氧酶或单加氧酶作用使苯环羟基化，形成氯代儿茶酚，然后进行邻位、间位开环，脱氯；也可先在水解酶作用下脱氯后开环，最终矿化。氯代芳香族污染物的厌氧生物降解主要是依靠微生物的还原脱氯作用，逐步形成低氯代中间产物或被矿化生成 CO_2+CH_4 的过程。一般情况下，高氯代芳香族有机物还原脱氯较容易，而低氯代芳香族有机物厌氧降解较难。研究表明，氯代芳香族污染物的厌氧微生物降解具有很大的应用潜力，已成为有机污染土壤环境修复的研究热点，美国 EPA 也已提出将有机污染物厌氧生物降解作为生物修复行动计划的优先领域。

② 多环芳烃（PAHs）的微生物转化与降解机理。微生物对 PAHs 的降解有两种方式：一种是微生物在生长过程中以 PAHs 为唯一的碳源和能源生长而将 PAHs 降解。一般情况下，微生物对 PAHs 的降解都需要 O_2 的参与，在加氧酶的作用下使苯环裂解。其中，真菌主要利用单加氧酶，先进行 PAHs 的羟基化，把一个氧原子加到 PAHs 上，形成环氧化合物，接着水解生成反式二醇和酚类；而细菌则一般通过双加氧酶，把两个氧原子加到苯环上形成双氧乙烷，再形成双氧乙醇，接着脱氢产生酚类。不同的途径产生不同的中间产物，其中邻苯二酚是最普遍的，这些中间代谢产物可经过相似的途径进行降解：苯环断裂→丁二酸→反丁烯二酸→丙酮酸→乙酸或乙醛，且都能被微生物吸收利用，最终产生 CO_2 和 H_2O。另外一种是微生物通过共代谢作用降解 PAHs（即 PAHs 与其他有机物共氧化），在共代谢过程中，微生物分泌胞外酶降解共代谢底物维持自身生长，同时也降解一些非微生物生长必

需的物质（如 PAHs）。琥珀酸钠可加强 BaP 的共代谢作用，促进了 BaP 的降解，该途径在 PAHs 污染土壤修复中具有很大的应用价值。

③ 矿化作用（mineralization）。指有机物在微生物的作用下彻底分解为 H_2O、CO_2 和简单的无机化合物的过程，是彻底的生物降解（终极降解），可从根本上清除有毒物质的环境污染。实质都是酶促反应。

④ 共代谢作用（Co-metabolism）。当环境中存在其他可利用的碳源和能源时，难降解的化合物才能被利用（被修饰或转化但非彻底降解）。

⑤ 原位生物修复的基本条件：碳源及能源、能高效降解污染物的微生物种群、提供微生物代谢所需的无机营养物、环境介质中合适可利用的水量、适宜的温度、适宜的 pH 值。微生物修复可能利用到的微生物细菌（真细菌、蓝细菌、古细菌）、真菌（酵母、霉菌、白腐真菌、大型真菌、菌根）、藻类。原位微生物修复过程包括：污染物接近微生物细胞→吸附污染物→分泌胞外酶→吸收污染物质→胞内代谢降解或转化。

6.1.6.3 微生物降解土壤有机污染物的主要反应类型

土壤有机污染物可在微生物的直接作用下或在共代谢作用下分解为低毒或无毒产物，也可利用微生物分泌的酶（胞内酶和胞外酶）的作用对有机污染物进行分解等。大部分有机污染物可被土壤微生物降解、转化，降低其毒性或完全无害化。有机污染物被微生物降解主要依靠两种方式：一是利用微生物分泌的胞外酶降解；二是污染物被微生物吸收到细胞内，由胞内酶降解。吸收污染物的方式主要有被动扩散、促进扩散、主动运输、基团转移及胞饮作用等。污染物的微生物降解可以归结为如下主要反应类型。

(1) 氧化作用 ①醇氧化，如醋化醋杆菌（*Acetobacter aceti*）将乙醇氧化为乙酸，氧化节杆菌（*Arthrobacter oxydans*）可将丙二醇氧化为乳酸；②醛氧化，如铜绿假单胞菌（*Pseudomonas aeruginosa*）将乙醛氧化为乙酸；③甲基氧化，如铜绿假单胞菌将甲苯氧化为安息香酸；④氧化去烷基化，如微生物对有机磷杀虫剂的氧化；⑤硫醚氧化，如微生物对三硫磷、扑草净等的氧化；⑥过氧化，如艾氏剂和七氯可通过过氧化被微生物降解；⑦苯环羟基化，2,4-D 和苯甲酸等化合物可通过苯环羟基化被微生物分解；⑧芳环裂解，在微生物作用下将苯酚系列化合物进行环裂解；⑨杂环裂解，五元环（杂环农药）和六元环（吡啶类）化合物可在微生物作用下裂解；⑩环氧化，如环戊二烯类杀虫剂的脱卤、水解、还原及羟基化作用，是微生物降解的主要机制等。

(2) 还原作用 ①乙烯基还原，如大肠杆菌（*Escherichia coliform*）将延胡索酸还原为琥珀酸；②醇还原，如丙酸梭菌（*Clostridium propionicum*）将乳酸还原为丙酸；③芳环羟基化，在厌氧条件下微生物可将甲苯酸盐羟基化；④还有醌类还原，双键、三键还原作用等。

(3) 基团转移作用 ①脱羧作用，如戊糖丙酸杆菌（*Propionibacterium pentosaceum*）可使琥珀酸等羧酸脱羧为丙酸；②脱卤作用，如氯代芳烃、农药、五氯酚等有机污染物可通过该途径被微生物降解；③脱烃作用，某些有烃基连接在氮、氧或硫原子上的农药通过该反应被微生物降解；④还有脱氢卤及脱水反应等。

(4) 水解作用 主要是酯类、胺类、磷酸酯以及卤代烃等通过微生物作用的水解类型。

(5) 其他反应类型 如氨化、乙酰化、酯化、缩合、双键断裂及卤原子移动等。

(6) 污染物透过细胞膜的方式 污染物从土壤溶液进入细胞内的方式主要有以下几种。

① 被动转运 主要包括简单扩散和滤过两种方式。

简单扩散：任何溶解的化学物质若浓集于溶液的某一部分，它必将逐渐扩散，直到其分子均匀分布在整个溶液中，此过程称为扩散。简单扩散中化学物不与生物膜起反应，也不需要细胞提供能量。扩散的速度与生物膜的厚度、扩散的范围、生物膜两侧该物质分子的浓度差别、扩散常数以及该物质在脂质中的溶解度等有关。

滤过：是化学物质通过生物膜上的亲水性孔道的转运过程。

② 特殊转运　特殊运转的特点是被运转的污染物必须与生物膜组成成分发生可逆性结合，并形成复合物。参加形成复合物的生物膜组成成分可认为是一种载体，载体将被运转的化合物从膜一侧移向另一侧，然后将被运转的化合物释放，完成化合物透过生物膜的过程。载体本身又将回到膜的另一侧，继续其载体作用。

③ 主动运转　是指化合物透过生物膜由低浓度处向高浓度处移动并消耗能量的过程。其最主要特点是逆浓度梯度进行，并消耗一定的代谢能量。另外还有以下几点：需要有载体参加。载体既然是生物膜组成成分，所以有一定的容量，当化合物浓度达到一定程度时，载体可以饱和，转运即达到极限。主动转运系统有一定的选择性，两种基本相似的化合物在生物转运过程中需要同一转运系统，可出现竞争，并可出现竞争性抑制。主动转运的最主要特点是在转运过程中化合物可逆浓度梯度而转运，即可由浓度低的部位向浓度高的部位转运，并因此需要消耗一定的能量。

④ 胞饮作用　由于生物膜具有可塑性和流动性，因此，对颗粒状物质和液粒，细胞可通过细胞膜的变形移动和收缩，把它们包围起来最后摄入细胞内。这就是胞饮作用和吞噬作用。

污染物以何种方式通过细胞膜，主要取决于污染物本身的化学结构、理化性质及各种组织细胞膜的结构特征。

（7）微生物的生物化学转化作用　微生物的生物化学转化作用为有毒物质通过微生物的代谢作用转化为 CO_2 和水，或者将有毒物质通过结构变化激活为毒性增加、毒性不变、毒性降低三种方式。

下面介绍去毒作用。

去毒作用是微生物使污染物的分子结构发生变化，从而降低或去除其对敏感物种的有害性。

有机毒物在微生物的作用下，酯键和酰胺键水解，使有机物的毒性减小，如酰胺类除草剂。苯环或脂肪链上发生羟基化，使 OH 取代 H 而使毒物失去毒性，RH 转化为 ROH。通过脱卤素酶的作用，卤原子被其他的元素或基团取代，降低污染物的毒性，如氢代还原脱卤、羟代氧化脱卤、同时脱氢脱卤。有的农药含有和 S、N、O 等原子相连的烃基，微生物能脱去这些烃基，使其毒性下降。许多杀虫剂含有甲基或烷基，这些烷基与 N、O、S 相连，在微生物的作用下，会脱去这些基团，变为无毒。对一些酚类加入甲基，可以使其钝化、ROH 转化为 $ROCH_3$，如五氯酚的甲基化。

一些硝基化合物都具有生物毒性，将硝基还原为氨基能降低其生物毒性，RNO_2 转化为 RNH_2。某些有机化合物的生物活性位点是氨基，去氨基作用则能使其失去生物活性。苯氧羧酸类除草剂含有醚键，醚键断裂能消除其植物毒性。有毒物质和生物体内的一些代谢产物和小分子物质发生合成反应，使有毒物质毒性降低的现象为轭合作用。如动物产生金属硫蛋白与重金属结合、植物产生植物络合素与重金属结合、一些微生物体内葡萄糖和苝结合。

生物体内有毒物质的解毒和排泄的过程是一个非常复杂的过程，是多种酶和多种反应机制共同作用的结果，往往是在不同的酶和不同的反应过程共同作用下，生物体将有毒物质排泄到体外或使其变为无毒的形式在体内进一步利用。

（8）激活反应　无毒化合物通过微生物的活化可转化为致癌物、致畸物、致突变物、急性毒物、植物毒素、抗菌素等，然后矿化或保持持久的毒性。激活作用可以发生在微生物活跃的土壤、水和其他任何环境。产生的产物可能是短暂的，是矿化过程的中间产物，也可能持续时间很长，甚至引起环境问题。激活反应的类型如下。

① 典型激活　主要是前面提到的一些激活反应，也是严格意义上的激活，其产物往往毒性更强，而且持久性和迁移性也往往会加强，引起的环境毒性更大。

激活作用的结果是生物合成致癌物、致畸物、致突变物、神经毒物、植物毒素、抗菌素等。

激活反应——脱卤作用：三氯乙烯（TCE）在微生物的作用下能脱卤生成氯乙烯，氯乙烯是强致癌物质；TCE 在甲烷营养的培养物中不进行脱卤反应，不形成氯乙烯，而是形成氯乙醛，氯乙醛既是强致癌物质，又有急性毒性，如果和乙醇等饮料一起摄入会立即失去知觉：$Cl_3CCHO \leftarrow Cl_2C = CHCl \rightarrow ClHC = CH_2$。

激活反应——形成亚硝胺：亚硝胺是很强的致癌、致畸和致突变物，亚硝胺的形成是仲胺的 N-亚硝化作用，形成高毒性的 N-亚硝基化合物。

激活反应——环氧化作用：微生物能使一些带双键的化合物形成环氧化物，使其毒性增加，如一些农药的产物比母体的动物毒性更大。

激活反应——硫代磷酸酯转化为磷酸酯。

激活反应——硫醚的氧化。

激活反应——酯的水解：一些除草剂被植物吸收后进入植物体内，在水解酶的作用下，生成游离酸，才能发挥作用，如禾草灵和新燕灵等。

激活反应——甲基化：一些无机物能在微生物的作用下发生甲基化，其脂溶性增加，引起毒性增加，而且更易于在生物体内积累，如 Hg、As、Sn 等。

激活反应——去甲基化：一些真菌能使双苯酰草胺（N,N-二甲基-2,2-二苯基乙酰胺）脱去甲基生成无甲基的二苯基乙酰胺，是一种植物毒素。

② 缓解　有时一种化合物 A 会有两种前途，它可以转化为更有毒的化合物 B，即激活；也可以转化为无毒化合物 C，由于 A 向 C 转化，避免了 A 向 B 的激活，因此称为缓解。

（9）氧化作用

① 醇：如乙醇生成乙酸，可由醋化醋杆菌（*Acetobacter aceti*）进行此反应；丙二醇转化为乳酸可由氧化节杆菌（*Arthrobacter oxydans*）进行。

② 醛：乙醛生成乙酸，可由铜绿假单胞菌（*Pseudomonas aeruginoas*）进行。

③ 甲基化：甲苯生成安息香酸，由 *Pseudomonas aeruginoas* 进行氧化。

④ 亚硝化细菌将氨氧化为亚硝酸：$NH_3 \longrightarrow NO_2^-$。

⑤ 硝化细菌将亚硝酸氧化为硝酸：$NO_2^- \longrightarrow NO_3^-$。

⑥ 硫：硫的氧化在有氧化硫硫杆菌（*Thiobacillus thiooxidans*）时进行。

⑦ 铁：铁的氧化在有氧化亚铁硫杆菌（*Thiobacillus ferrooxidans*）时进行。

（10）还原作用

① 乙烯基：延胡索酸转化为琥珀酸，在大肠杆菌（*Escherichia coli*）存在时进行。

② 醇：乳酸转化为丙酸，在丙酸梭菌（*Clostridium propionicum*）存在时进行。

③ 硝酸根：NO_3^- 转化为 NH_3，可在许多土壤微生物存在时进行。

④ 硫酸：H_2SO_4 转化为 H_2S，在脱硫弧菌（*Desulfovibrio desulfuricans*）存在时进行。

（11）脱羧作用　$—CH_2—COOH$ 转化为$—CH_3$，琥珀酸转化为丙酸，在戊糖丙酸杆菌（*Propionibacterium pentosaceum*）存在时进行。

（12）脱氨基作用　$—CH—NH_2$转化为$—CH_2+NH_3$，丙氨酸生成丙酸，在腐败芽孢杆菌（*Bacillus putrificus*）作用下进行。

（13）水解作用　如酯类的水解。

（14）酯化作用　$R—COOH+R'—COOH \longrightarrow R—COOR'+H_2O$，乳酸生成乳酸酯，在异常汉逊酵母（*Hansenula anomola*）作用下进行。

（15）脱水作用　$—CH_2—CHOH \longrightarrow —CH\!=\!CH—+H_2O$，甘油生成丙烯醛，在芽孢杆菌（*Bacillus*）作用下进行。

（16）缩合作用　$CHO+CH_3CHO \longrightarrow CHOH—CO—CH_3$，乙醛可在某些微生物作用下缩合成 3-羟基丙酮。

（17）氨化反应　CO 生成 $CH—NH_2$，丙酮酸在一些酵母菌作用下发生氨化反应，生成丙氨酸。

（18）共代谢途径　一般是指原本不能被代谢的物质在外界提供碳源和能源的情况下被代谢的现象。其中外界提供的碳源称为一级基质，用于微生物细胞增长并为微生物细胞活动提供能量。被共代谢的物质称为二级基质，不用于微生物细胞增长，也不能为微生物细胞活动提供能量。也就是说，有不能作为唯一碳源与能源被微生物降解的有机物。当提供给其他有机物作为碳源或能源时，这一有机物就有可能因共代谢而被降解。微生物的共代谢作用可能存在以下几种情况：靠降解其他有机物提供能源或碳源；通过与其他微生物的协同作用，发生共代谢，降解污染物；由其他物质的诱导产生相应的酶系，发生共代谢作用。如环己烷的共代谢分解，牝牛分枝杆菌（*Mycobacterium vaccea*）在丙烷上生长的同时，有能力共代谢环己烷，将环己烷氧化成能被假单胞菌种群利用的环己酮，而这些假单胞菌没有能力直接利用环己烷。

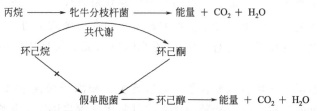

当微生物缺少进一步降解的酶系，而中间产物的抑制作用需要另外的基质，或必须和其他微生物联合作用；共代谢微生物生长缓慢，物质转化效率低，容易引起一些有毒物质的积累；共代谢机制的存在，大大拓展了微生物对难降解有机污染物的作用范围。环境修复或筛选高效微生物过程中要考虑共代谢的影响：有些不易降解的农药，它们并不能支持微生物的生长，但它们有可能通过几种微生物的共代谢作用而得到部分的或全部的降解。例如，通过产气气杆菌（*Aerobacter aerogenes*）和氢单胞菌（*Hydrogenomonas* sp.）的共代谢作用，可将 DDT 转变成对氯苯乙酸，后者可由其他微生物进一步分解。

6.1.6.4　微生物修复的影响因素

影响生物修复成功的因素有许多：如物理形态、数目、位置和污染物分配、颗粒大小分布、含水量以及渗透性土壤特性等会影响修复是否成功。土壤和污染物特性会影响微生物的可利用性（污染物被微生物降解的程度）；如污染物的老化，使其更容易被土壤颗粒吸附；生物修复技术比其他技术缓慢，污染土壤的量不得超过处理土壤总量的 10%。在开始需要频繁监控微生物的温度、含水量、pH 等，高于或低于最佳范围微生物修复均会减速或停止。过量生物质也会阻碍修复。异位生物修复需要大面积的地表区域用于处理大量的污染土壤。需氧修复不适用于易发生汇集的场地，因为积水会导致厌氧条件的形成。

微生物接种失败的可能原因：营养限制、捕食动物和其他微生物的抑制、细菌在土壤中的迁移能力、其他原因，如有机质的浓度、盐分、pH 高低以及有毒物质的影响等。

（1）微生物　必须筛选获得具有活性的专性微生物。这些微生物必须有能力在合理的速率下将污染物从起始的高浓度降解达到规定的标准浓度以下，并且在分解污染物的过程中不应产生毒性代谢。可以用来作为生物修复菌种的微生物分为三大类型：土著微生物、外来微生物和基因工程菌（GBM）。

（2）微生物营养　土壤和地下水中，尤其是地下水中，氮、磷都是限制微生物活性的重要因素，为了使污染物达到完全的降解，适当添加营养物比接种特殊的微生物更为重要。

（3）水分　水分是调控微生物、植物和细胞游离酶活性的重要因子之一。因为它是营养物质和有机组分扩散进入生物活细胞的介质，也是代谢废物排出生物机体的介质。特别的，水分通过对土壤通透性能、可溶性物质的特性和数量、渗透压、土壤溶液 pH 和土壤不饱和水力学传导率发生作用而对污染土壤及地下水的生物修复产生重要影响。

（4）处理场地　处理场地中存在的化学污染物及其浓度不应显著抑制微生物或酶的降解活性和高积累植物的吸收作用；处理的化学污染物必须是生物可利用的；在处理点或反应器中的条件必须适合生物生长，为此首先有必要对处理场地本身及处理过程所需达到的生态条件进行了解和设置。

（5）根圈作用　根圈微生物活性的大小、总生物量的大小、植物根系的发育状况及其物理尺度（例如植物根/茎比、根表面积/根体积比）都直接与污染物的降解或积累速率有关。植物种类不同，根圈的功能不同，其降解功能也不同。

（6）氧气与电子受体　充分的氧气供给是生物修复重要的一环。在微生物修复中，微生物降解的速率常常取决于终端电子受体供给的速率，而在土壤微生物种群中，很大一部分是把氧气作为其终端电子受体的，而且，氧化-还原电位对亚表层环境中微生物种群的代谢过程也发生影响。

（7）土壤物化因素　土壤有机质含量、黏粒含量、阳离子交换量（CEC）和 pH，土壤温度及影响土壤温度的气候变化，磷肥和钙肥的可利用性等也影响生物修复过程。土壤对有机污染物的吸附作用比较复杂，有机物的结构对该过程有着重要的影响，其一般规律是：有机物分子量越大，吸附越显著；污染物的疏水性越大，越容易吸附在有机固体表面。含碳、氢、溴、氯、碘的基团多是疏水的，含氮、硫、氧和磷的基团多为亲水性的化合物，化合物的亲水性与疏水性取决于两种基团的净和。土壤中常是负电荷多于正电荷，因此带负电的污染物不易吸附在土壤固体表面。污染物的带电状态受 pH 的影响。而生石灰调理土壤、海泡石吸附等办法，虽有一定效果、成本低，但不能常年使用，关键是不能从根本上解决土壤污染。而相对有效的办法是化学修复和生物修复相结合。

（8）共代谢　微生物的共代谢对一些顽固污染物的降解起着重要作用，因此，共代谢基质对生物修复有重要影响。

（9）有毒有害有机污染物的物理化学性质　主要是指淋失与吸附、挥发、生物降解和化学反应这四个方面的性质：①污染物的类型（即属于酸性、碱性、极性中性、非极性中性的有机物、无机物）；②污染物的性质，如分子量、熔点、结构和水溶性等；③化学反应性，如氧化、还原、水解、沉淀和聚合等；④土壤吸附参数，如 Freudlich 吸附常数、辛醇-水分配系数（K_{ow}）等；⑤降解性，包括半衰期、一级速度常数和相对可生物降解性等；⑥土壤挥发参数，如蒸气压、亨利（Henry）定律常数和水溶性等；⑦土壤污染数据，包括土壤中污染物的浓度、污染的深度和污染的日期以及污染物的分布等。

6.1.6.5 基因工程菌

从自然界筛选驯化获得的土著菌有时不能满足治理工程的需要。土著菌细胞内可能含有降解特定污染物的生物酶基因编码，但是它的繁殖速度和处理污染物的效率及适应能力可能达不到人类的要求。如果将其有关的基因转入繁殖速度快、适应能力强的受体菌细胞内，则可能构建出兼具多种优势的新型工程菌。基因工程菌用于环境微生物工程的成功事例有清除石油污染的基因工程菌、降解化学农药的基因工程菌、降解塑料的基因工程菌和降解木质素的基因工程菌等。

基因工程菌的构建常用代谢途径工程和蛋白质工程。代谢途径工程是将不同降解功能的质粒转入同一细菌内或进行 DNA 重组，扩大细菌的降解谱。蛋白质工程是通过 X 射线晶体衍射测定降解酶的三级结构，对活性位点的一个或若干个氨基酸的编码碱基进行定点突变或对未知三级结构降解酶的编码基因进行随机诱变、DNA 重排及其他技术改变某些碱基，表达出所需的降解酶，有效地降解目标化合物。

质粒根据功能可以分为抗性质粒和载体质粒，其中抗性质粒与微生物对环境污染物的抗性关系密切。根据抗性质粒抗性功能不同可以将其分为：抗药质粒和降解性质粒。自从1972 年美国学者 Chakrabarty 首先发现降解水杨酸的质粒以来，现在发现的天然降解质粒有几十种（见表 6.7）。根据降解对象的不同可以将降解质粒分为以下 4 类。

表 6.7 天然降解性质粒

质粒	降解底物	寄主	质粒大小	传播方式	寄主范围
NAH	萘	恶臭假单胞菌(Ps. *putida*)	70kb	接合	广
SAL	水杨酸盐	恶臭假单胞菌(Ps. *putida*)	63kb、72kb、82kb	接合	广
CAM	樟脑	恶臭假单胞菌(Ps. *putida*)	>200kb	接合	广
OCT	正辛烷、乙烷、癸烷、辛烷	嗜油假单胞菌(Ps. *oleovorans* PpG6)	>200kb	非接合	未知
XYL	甲苯、对或间二甲苯	小田假单胞菌(Ps. *avilla*)	117kb	接合	广
TOL	甲苯、对或间二甲苯、1,2,4-三甲基苯	恶臭假单胞菌(Ps. *putida*)	117kb	接合	广
FP	对位、间位或原位甲酚	铜绿假单胞菌(Ps. *aerubinosa*)	未知	接合	未知
ETB	甲苯、乙苯、苯甲酸	荧光假单胞菌(Ps. *fluorescend*)	未知	接合	未知
pAC21	二联苯、对氯联苯	克氏杆菌(*Klebsiella pneumoniae* AC 901)	65kb	接合	未知
PKF1	二联苯、对氯联苯	不动杆菌属(*Acinetobater* sp.)、节杆菌属(*Arthrobater* sp.)	53.7kb	接合	未知

续表

质粒	降解底物	寄主	质粒大小	传播方式	寄主范围
pAC25	3-CBA	恶臭假单胞菌属	117kb	接合	未知
pB13	3-CBA	恶臭假单胞菌属	117kb	接合	未知
pAC27	4-CBA	恶臭假单胞菌属	110kb	接合	未知
未命名质粒	3,5-二甲基酚	恶臭假单胞菌属	＞78kb	接合	未知
pAC31	3,5-二氯苯甲酸	恶臭假单胞菌属	72kb	接合	未知
pJP1	2,4-D、3-CBA、MCPA	争论产碱菌（*Alcaligeres paradoxus*）	88kb	接合	广
pJP3、4、5、7	2,4-D、3-CBA、MCPA	真氧产碱菌（Al. *eutrophus* B13）	80kb	接合	广
pJP2、9	2,4-D、MCPA	争论产碱菌	52kb	接合	广
pUO1	氟代乙酸盐	莫拉菌属（*Mraxella* sp.）	43.7kb	接合	未知
未命名质粒	2,6-二氯甲苯	洋葱假单胞菌（Ps. *cepacia*）	63kb	接合	未知
pWR1	3-CBA	假单胞菌	72kb/40kb	接合	未知
pDG3、4	2,4,5-T	洋葱假单胞菌（Ps. *cepacia*）	170kb	接合	未知
NIC	菸碱/菸碱盐	凸形假单胞菌（Ps. *convexa*）	未知	接合	未知
pKG2	菲、联苯	*Beijerinckia* sp.	20.8kb	未知	未知
ASL	芳基苯磺酸	P. *testo. steroni*	61kb	未知	未知
DBL	硫芴	假单胞菌	55kb	未知	未知
pCIT1	苯胺	假单胞菌	100kb	未知	未知
PEG	苯乙烯	P. *fluorescena* ST	37kb	未知	未知
pCS1	对硫磷	P. *diminuta*	60kb	未知	未知
pOAD2	尼龙寡聚体	黄杆菌（F. sp. k172）	60kb	未知	未知
pWE1(BHC)	六六六	气单胞菌（*Aeromonas* sp. Ⅱ s-A）	未知	未知	未知
RAF	棉子糖	大肠杆菌（E. *coli*）	未知	接合	未知
SCR	蔗糖	大肠杆菌（E. *coli*）	未知	接合	未知
LAC	乳糖	小肠结肠炎耶而森菌（*Yer-si-niaenter ocolitica*）	50kb	接合	未知
PKJ	甲苯	假单胞菌	未知	未知	未知
pOAP2	6-氨基乙酸	黄杆菌（*Flavobacterium brevi*）	未知	未知	未知

① 假单胞菌属中的石油降解质粒，该质粒可以编码降解石油以及其衍生物如樟脑、辛烷、萘、甲苯等的酶类。

② 农药降解质粒，如可以降解 2,4-D 和六六六的质粒。

③ 化工污染物降解质粒，如降解对氯联苯等的质粒。

④ 抗重金属离子质粒，目前研究较多的是抗汞质粒。

为了获得抗逆境的高效降解菌株供生物修复时接种用，就需要富集（enrichment）和筛选（selection）高效降解菌，包括纯培养菌株、共代谢菌株或同生菌株分离。环境中的微生物多种多样，要从众多的微生物中分离出特定物质的降解菌是很困难的，因此需要在分离以前对目标微生物扩增，这个扩增的过程就是富集。选择某些因子（如碳源、氮源、通气条件、温度、pH 或光照等）造成特殊的环境条件，并用含有各种微生物的样品（如土壤或污泥），使最能适应该生长条件的微生物生长速率超过其他微生物，并占优势。在同样条件下反复培养，最后再在含有同样成分的固体平板上进行培养，就很容易地将富集的株系分离出来。以降解能力作为唯一标准筛选得到的一些菌株，有可能是致病菌，应用于环境工程会造成负面社会影响。例如，假单胞 P. aeruginosa 菌株是多功能革兰阴性细菌，但可能会引起肺炎和严重的呼吸道疾病，不宜用于工程实践。

微生物修复对能量的消耗较低，可以修复面积较大的污染场地。高浓度重金属、高氯化有机物、长链碳氢化合物，可能对微生物有毒。微生物也不能降解所有进入环境的污染物，特定微生物只降解特定污染物，降解效率受各种环境因素的影响较大，污染物浓度太低不适用微生物降解。低渗透土壤也可能不适用微生物降解。

微生物修复不破坏植物生长所需的土壤环境；不会形成二次污染或导致污染物的转移，遗留问题少；可最大限度地降低污染物浓度，并且污染物可在原地被降解清除；处理费用低，是现有环境工程技术，如传统的化学、物理修复经费的 30%～50%；操作简便，操作人员可以避免受污染物直接影响；修复时间短，对周围环境干扰少。

微生物降解技术一般不破坏植物生长所需要的土壤环境，污染物的降解较为完全，具有操作简便、费用低、效果好、易于就地处理等优点。但生物修复的修复效率受污染物性质、土壤微生物生态结构、土壤性质等多种因素的影响，且对土壤中的营养等条件要求较高。如果土壤介质抑制降解污染物的微生物，则可能无法清除目标。需要控制场地的温度、pH 值、营养元素量等使之符合微生物的生存环境条件。生物降解在低温下进程缓慢，修复时间长，通常需要几年。

6.1.6.6 微生物修复技术参数

主要设备包括抽气风机，控制系统，活性炭吸附罐，营养水分添加泵，土壤气监测探头，氧气、二氧化碳、水分、温度在线监测仪器等。

影响生物堆技术修复效果的关键技术参数包括：污染物的生物可降解性、污染物的初始浓度、土壤通气性、土壤营养物质比例、微生物含量、土壤含水率、土壤温度和 pH、运行过程中堆体内氧气含量以及土壤中重金属含量。

① 污染物的生物可降解性：对于易于生物降解的有机物（如石油烃、低分子烷烃等），生物堆技术的降解效果较好；对于 POP（持久性有机污染物）、高环的 PAH（多环芳烃）等难以生物降解的有机污染物污染，土壤的处理效果有限。

② 污染物的初始浓度：土壤中污染物的初始浓度过高时影响微生物生长和处理效果，需要采用清洁土或低浓度污染土对其进行稀释。如土壤中石油烃浓度高于 50000mg/kg 时，应对其进行稀释。

③ 土壤通气性：污染土壤本征渗透系数应不低于 $10^{-8}cm^2/s$，否则应采用添加木屑、树叶等膨松剂增大土壤的渗透系数。

④ 土壤营养物质比例：土壤中碳：氮：磷的比例宜维持在 100：10：1，以满足好氧微生物的生长繁殖以及污染物的降解。

⑤ 微生物含量：一般认为土壤微生物的数量应不低于 10^5 数量级。

⑥ 土壤含水率：宜控制在 90% 的土壤田间持水量。

⑦ 土壤温度和 pH：温度宜控制在 30～40℃，pH 宜控制在 6.0～7.8。

微生物修复主要体现在筛选和驯化特异性高效降解微生物生物菌株，提高功能性微生物在土壤中的活性、寿命和安全性，修复过程参数的优化和养分、温度、湿度等关键因子的调控方面。正在发展微生物修复与其他现场修复工程嫁接和移植技术，以及针对性强、高效快捷、成本低廉的微生物修复设备，以实现微生物修复技术的工程化应用。

6.1.7 植物修复技术

植物修复是以植物忍耐和超量积累某种或某些化学元素的理论为基础，利用植物及其根际圈微生物体系的吸收、挥发、降解、萃取、刺激、钝化和转化作用来清除环境中污染物质的一项新兴的污染治理技术。具体地说植物修复就是利用植物本身特有的利用、分解和转化污染物的作用，利用植物根系特殊的生态条件加速根际圈的微生态环境中的微生物生长繁殖，以及利用某些植物特殊的积累与固定能力，提高对环境中某些无机和有机污染物的脱毒和分解能力。

广义的植物修复包括利用植物修复重金属污染的土壤、利用植物净化空气和水体、利用植物清除放射性核素和利用植物及其根际微生物共存体系净化土壤中的有机污染物。目前植物修复主要指利用植物及其根际圈微生物体系清洁污染土壤，其中利用重金属超积累植物的提取作用去除污染土壤中的重金属又是植物修复的核心技术。因此狭义的植物修复技术主要指利用植物清除污染土壤中的重金属。

植物修复作用原理主要是通过植物自身的光合、呼吸、蒸腾和分泌等代谢活动与环境中的污染物质和微生态环境发生交互反应，从而通过吸收、分解、挥发、固定等过程使污染物达到净化和脱毒的修复效果。植物吸收修复技术在国内外都得到了广泛研究，已经应用于砷、镉、铜、锌、镍、铅等重金属以及与多环芳烃、多氯联苯和石油烃复合污染土壤的修复，并发展出包括络合诱导强化修复、不同植物套作联合修复、修复后植物处理处置的成套集成技术。

6.1.7.1 根的生理作用与根际生物圈

首先，植物根具有深纤维根效应，是土壤的心脏。根的形态可以影响土壤的物化性质以及污染物的生物可利用性和降解程度。

其次，根可以通过吸收和吸附作用在根部积累大量的污染物质，加强了对污染物质的固定，其中根系对污染物质的吸收在污染土壤修复中起重要作用。

再次，根还有生物合成的作用，可以合成多种氨基酸、植物碱、有机氮和有机磷等有机物，同时还能向周围土壤中分泌有机酸、糖类物质、氨基酸和维生素等有机物，降低根际周围污染物质的可移动性和生物有效性，减少污染物对植物的毒害。

植物根际圈指由植物根系和土壤微生物之间相互作用而形成的独特圈带，包括根系、与之发生相互作用的生物，及受这些生物活动影响的土壤，是一个良好的适应微生物群落生长的生态环境，是以土壤为基质，以植物的根系为中心，聚集了大量的细菌、真菌等微生物和蚯蚓、线虫等一些土壤动物的独特的"生态修复单元"。

植物的根系从土壤中吸收水分、矿质营养的同时，向根系周围土壤分泌大量的有机物质，而且其本身也产生一些脱落物，这些物质促使某些土壤微生物和土壤动物在根系周围大量地繁殖和生长，使得根际圈内微生物和土壤动物数量远远大于根际圈外的数量，而微生物的生命活动如氮代谢、发酵和呼吸作用及土壤动物的活动等对植物根也产生重要影响，它们之间形成了互生、共生、协同及寄生的关系。

6.1.7.2 植物修复有机污染机制

① 有机污染物的直接吸收和降解：植物根对中度憎水有机污染物有很高的去除效率，包括 BTEX、氯代溶剂和短链脂肪族化合物等（$0.5 \leqslant \lg K_{ow} \leqslant 3.0$）。根系对有机污染物的吸收程度还取决于有机污染物在土壤水溶液中的浓度、植物的吸收率和蒸腾速率。

② 酶的作用：一般来说，植物根系对有机污染物吸收的强度不如对无机污染物如重金属的吸收强度大，植物根系对有机污染物的修复主要是依靠根系分泌物对有机污染物产生的配合和降解等作用，以及根系释放到土壤中酶的直接降解作用得以实现。例如从沉积物中鉴定出的脱卤酶、硝酸还原酶、过氧化物酶、漆酶和脂肪水解酶均来自植物的分泌作用。

③ 根际的微生物降解：植物以多种方式帮助微生物转化，根际圈在生物降解中起着重要作用。

6.1.7.3 植物修复重金属机制

① 植物对重金属的移运：通过蒸腾拉力和扩散途径使重金属到达根表面；重金属的跨膜运输；重金属穿过根的中柱，进入导管，并向植株上部传输。利用陆生或水生植物超量吸收一种或几种重金属，并富集到可收割部分再进行集中处理。

② 植物积累：将重金属富集和固定于植株上部的组织中，有的可实现超积累，该类植物往往被选为修复植物。

③ 植物挥发：将挥发性污染物吸收到植株体内，再转化为气态物质释放到大气中，主要集中在挥发性重金属修复方面，如汞、硒、砷。

④ 植物稳定：利用植物吸收和沉淀固定土壤中的大量有毒金属，以降低其生物有效性并防止其进入地下水和食物链，从而减少其对环境和人类健康的污染风险。

⑤ 植物降解修复：一是将污染物吸收到植株体内储存于组织中或矿化，二是分泌物质直接降解根际圈内有机污染物。

⑥ 根际圈生物降解修复：利用植物根际圈菌根真菌、专性或非专性细菌等微生物的降解作用来转化有机污染物，降低或彻底消除其生物毒性。其中植物对根际圈降解微生物起到活化的作用，此外根分泌的一些有机物质也是细菌通过共代谢降解有机污染物质的原料。这种修复方式实际上是微生物与植物的联合作用过程，其中微生物在降解过程中起主导作用。

⑦ 植物固定/稳定化修复：一是通过耐性植物根系分泌物质来积累和沉淀根际圈附近的污染物质，二是利用耐性植物在污染土壤上的生长来减少污染土壤的风蚀和水蚀，防止污染物质迁移和扩散。

⑧ 根际过滤：指利用植物庞大的根系和巨大的表面积过滤吸收、富集水体中重金属元素。应用范围广泛，可处理杀虫剂、除草剂、多环芳烃、多氯联苯、矿物油等有机污染物。

植物修复优点包括：①资源丰富，开发和应用潜力巨大，在实践应用中有了良好的技术保障；②能耗较低，可防止水土流失，创造生态效益和经济效益，符合可持续发展战略的理念；③修复工艺操作简单，成本低，可以在大面积污染范围内实施。

植物修复缺点包括：①具有不确定性和多学科交叉性，受环境条件和病虫害影响较大；②受植物栽培和生长的限制，周期较长。

植物修复技术的中间代谢产物复杂，代谢产物的转化难以观测，有些污染物在降解的过程中会转化成有毒的代谢产物。修复植物对环境的选择性强，很难在特定的环境中利用特定的植物种；气候或是季节条件会影响植物生长，减缓修复效果，延长修复期；修复技术的应用需要大的表面区域；一些有毒物质对植物生长有抑制作用，因此植物修复多只用于低污染水平的区域。有毒或有害化合物可能会通过植物进入食物链，所以要控制修复后植物的利用。污染深度不能超过植物根之所及。但较之其他修复技术，植物修复具有良好的美学效果和较低的操作成本，比较适合与其他技术结合使用。

植物修复是治理土壤重金属污染的最有效的途径，它是一种绿色环保技术。在植物修复上，植物吸收技术表现最佳，治理效果是永久性的。

植物修复对于特定重金属具有较好的效果和应用，对于 PAH、DDT 和 POP 等污染物也有过先例，但尚不能达到完全修复有机污染土壤的目的。如铅和镉，尚未发现自然中的超累积植物。本技术一般仅适用于浅层污染的土壤。

6.1.7.4 常见修复植物

植物修复治理成本低，表现出环境与美学的兼容性。植物固化作用对土壤环境扰动小，治理过程表现为原位性。植物修复治理后期处理简单，某些金属元素还可回收利用，几乎没有二次污染。常见修复植物见图 6.1。

遏蓝菜   东南景天

蜈蚣草   海州香薷

图 6.1 常见修复植物

金丝垂柳对镉耐受浓度可高达 25mg/L，镉主要富集于金丝垂柳的根部。但地上部组织对镉的富集能力比较稳定。当金丝垂柳种植密度为 4 株/m² 时，其地上部对镉去除量达到 0.04kg/hm²，对土壤中镉的总去除率为 0.23%。EDTA 和乳酸乙酯的联合加入能显著增加金丝垂柳对土壤中镉的去除率。EDTA 的使用能有效促进溶液和土壤中镉浓度的降低，并增加金丝垂柳根、茎和叶对镉的富集量。乳酸乙酯可用来减少强化植物修复中使用的生物难降解螯合剂 EDTA 等的用量。

选择合适的环境友好的螯合萃取剂对于诱导植物修复具有很大影响。常见的螯合剂有乙二胺四乙酸（EDTA）、二乙烯三胺五乙酸（DTPA）、柠檬酸、苹果酸、乙酸等。但使用这些合成螯合剂过程中也存在着一定的潜在风险，如将土壤中重金属解离后，在未被植物充分吸收的条件下，容易产生淋失和引起地下水的二次污染。

6.1.7.5　影响植物修复的环境因子

土壤酸碱度：土壤中绝大多数重金属是以难溶态存在的，其可溶性受 pH 值限制，进而影响到植物的吸收与利用；根际圈微生物对有机污染物的降解活性同时也受到土壤 pH 的影响。

氧化还原电位：重金属多为过渡元素，在不同的氧化还原状态下，有不同的价态、溶解性和毒性。

共存物质：例如配合-螯合剂和表面活性剂就有对重金属的增溶和增加吸收作用。

另外还有污染物间的复合效应、营养元素、植物激素以及生物因子等影响因素。

与换土和翻耕等工程量大、耗资多的物理方法相比，在受到污染的耕地中添加化学药剂，有效稳定重金属，并通过化学反应使其转变为不易被植物吸收的形态，可减少重金属积累。如通过种植水稻、蓖麻、玉米等一般植物，以及种植东南景天、麻疯树、籽粒苋等超富集植物来修复重金属污染；将细菌体内的汞还原酶基因转入拟南芥属植物后植物的耐汞能力提高了 10 倍，并且可将汞还原为无机汞挥发到大气中；利用种子的包衣技术可促进超富集植物种子早生快发，可在包衣剂中加入种子萌发所需的微肥。

6.1.7.6　生物修复技术的优点与局限性

生物修复技术具有广阔的应用前景，有明显的优点，但也有其局限性，只有与物理和化学处理方法结合起来形成综合处理技术，才能更好、更有效地修复土壤污染。

（1）生物修复的优点　生物修复是目前国际上公认的最安全的方法，具有如下优点：①高效性。有机污染物在自然界各种因素（如光解、水解等）作用下会降解，但速度相对缓慢，而生物修复的作用就是可以加速其降解，因而具有高效性的特点。②安全性。多数情况下，生物修复是自然作用过程的强化，生成的最终产物是 CO_2、水和脂肪酸等，不会导致二次污染或污染物的转移，能将污染物彻底去除，使土壤的破坏和污染物的暴露降低到最小程度。③成本低。生物修复是所有修复技术中费用最低的，其成本为焚烧处理的 1/4～1/3。④应用范围广。生物修复能同时修复土壤和地下水的污染，特别是在其他技术难以应用的场地，如建筑物或公路下，利用生物修复技术也能顺利进行。

（2）生物修复的局限　有机污染物的生物修复起步较晚，目前还存在如下不足：①受污染物种类和浓度的限制。某些生物只能降解特定的污染物，也就是说，一种生物不能降解所有种类的污染物，一旦污染物的种类、存在状态或浓度等发生变化，生物修复能力便不能正常发挥，有机污染物浓度过高会抑制生物的活性，使生物降解无法正常进行。②受环境条件制约。温度、湿度、pH 及营养状况也影响生物的生存，从而影响生物降解。环境因子对生物降解的影响很大，这也正是当前生物修复在实验室研究较多，而实际应用较少的原因之一。③副作用。生物修复过程中使用的微生物可能会使地下水污染，也可能会引起植物病害，繁殖过量时会堵塞土壤的毛细孔，影响植物对土壤水分的吸收等；被降解的污染物生成的代谢产物的可能毒性、迁移性及生物可利用性等可能会加强，从而造成新的污染。

6.1.8　氧化还原技术

化学氧化修复（chemical oxidation remediation）主要是向污染环境中加入化学氧化剂，依靠化学氧化剂的氧化能力，分解破坏污染环境中污染物的结构，使污染物降解或转化为低毒、低移动性物质的一种修复技术。一般来说，化学氧化技术中的氧化剂应遵循以下原则进行选择：反应必须足够强烈，使污染物通过降解、蒸发及沉淀等方式去除，并能消除或降低污染物毒性；氧化剂及反应产物应对人体无害；修复过程应是实用和经济的。现有化学氧化技术所用的氧化剂主要有二氧化氯、高锰酸钾、臭氧、双氧水及芬顿（Fenton）试剂等高级氧化技术、光催化氧化等，其中双氧水及 Fenton 试剂高级氧化技术目前得到了越来越多的应用。

化学还原修复技术主要是利用化学还原剂将污染环境中的污染物质还原从而去除的方法，多用于地下水的污染治理，是目前在欧美等发达国家新兴起来的用于原位去除污染水中有害组分的方法。化学还原法主要修复地下水中对还原作用敏感的污染物，如铬酸盐、硝酸盐和一些氯代试剂，通常反应区设在污染土壤的下方或污染源附近的含水土层中。

化学氧化修复技术是降解水中污染物的有效方法。水中呈溶解状态的无机物和有机物，通过化学反应被氧化为微毒或无毒的物质，或者转化为容易与水分离的形态，从而达到处理的目的。对于污染土壤来说，化学氧化技术不需要将污染土壤全部挖掘出来，而只是在污染区的不同深度钻井，将氧化剂注入土壤中，通过氧化剂与污染物的混合、反应使污染物降解或导致形态的变化，达到修复污染环境的目的。化学氧化可以处理石油烃、BTEX（苯、甲苯、乙苯、二甲苯）、酚类、MTBE（甲基叔丁基醚）、含氯有机溶剂、多环芳烃、农药等大部分有机物；化学还原可以处理重金属类（如六价铬）和氯代有机物等。化学氧化修复技术能够有效地处理土壤及水环境中的铁、锰和硫化氢、三氯乙烯（TCE）、四氯乙烯（PCE）等含氯溶剂，以及苯、甲苯、乙苯和二甲苯等生物修复法难以处理的污染物。除了单独使用外，化学氧化修复技术还可与其他修复技术（如生物修复）联合使用，作为生物修复或自然生物降解之前的一个经济而有效的预处理方法。

根据采用的不同还原剂化学还原修复法可以分为活泼金属还原法和催化还原法。前者以铁、铝、锌等金属单质为还原剂，后者以氢气以及甲酸、甲醇等为还原剂，一般都必须有催化剂存在才能使反应进行。常用的还原剂有 SO_2、H_2S 气体和零价 Fe 等。其中零价 Fe 是很强的还原剂，能够还原硝酸盐为亚硝酸盐，继而将其还原为氮气或氨氮。零价 Fe 能够脱掉很多氯代试剂中的氯离子，并将可迁移的含氧阴离子如 CrO_4^{2-} 以及 UO_2^{2+} 等含氧阳离子转化成难迁移态。零价 Fe 既可以通过井注射，也可以放置在污染物流经的路线上，或者直接向天然含水土层中注射微米甚至纳米零价 Fe。注射微米、纳米零价 Fe 后，由于反应的活性表面积增大，因此用少剂量的还原剂就可达到设计的处理效率。

（1）技术原理　氧化还原技术是通过氧化/还原反应将有害污染物转化为更稳定、活性较低和/或惰性的无害或毒性较低的化合物。氧化还原包括将电子从一种化合物转移到另一种化合物。原位化学氧化（in-situ chemical oxidation，ISCO）是常用技术之一。该技术一般包括氧化还原剂加入井、监测井、控制系统、管路等部分。氧化剂的种类主要有如表 6.8 所示的几种。

在较低 pH（2.5～4.5）条件下，会发生以下反应：

$$H_2O_2 + Fe^{2+} \longrightarrow Fe^{3+} + OH \cdot + OH^-$$

当 pH 低于 5 时，Fe^{3+} 会还原成 Fe^{2+}，因此需要在较低 pH 下进行。早期的 Fenton 反应过氧化氢浓度约为 0.03%，现在改进后无需加入 Fe^{2+} 的 Fenton 反应中 H_2O_2 的浓度达到 20%～40%，并且反应条件为中性。Fenton 反应的放热会导致土壤和地下水中气体蒸发与迁移，并可能产生易燃易爆气体。

表 6.8 氧化剂选用性

氧化剂	氧化势/V	适用范围	不适用	有效时间	有利因素	不利因素	备注
Fenton 试剂	2.800	(氯)乙烯(烷)、BTEX、轻馏分矿物油、PAH、自由氰化物、酚、MTBE、邻苯二甲酸盐	重馏分矿物油、醇、重PAH、重PCB,络合氰化物	少于1d	高渗透性土壤 $K>3\times10^{-7}$ m/s,pH 2~6	渗透性不好,改性Fenton试剂 pH 可达 10	安全性、有重金属活动风险
臭氧/过氧化物	2.800	(氯)乙烯(烷)、BTEX、轻馏分矿物油、PAH、自由氰化物、酚、MTBE、邻苯二甲酸盐	重馏分矿物油、重PAH、重PCB,络合氰化物	1~2d	高渗透性土壤 $K>3\times10^{-7}$ m/s,本征渗透率 $K>3\times10^{-12}$ m/s	渗透性不好,$K<3\times10^{-8}$ ft/s,pH >8	安全性,场地臭氧发生器
过硫酸盐	2.600	(氯)乙烯(烷)、BTEX、轻馏分矿物油、PAH、自由氰化物、酚、MTBE、邻苯二甲酸盐	重PAH、重PCB	几周~几个月		渗透性不好,需要大量氧化剂	过硫酸盐必须是活性的,安全性
臭氧	2.600	(氯)乙烯、BTEX、矿物油、轻PAH、自由氰化物、MTBE、邻苯二甲酸盐	(氯)烷醇、重馏分矿物油、重PAH、重PCB	1~2d	未饱和的高渗透性土壤,土壤含水率低,酸性	渗透性不好,需要大量氧化剂。地下水 pH >7.5	地下水呈紫色,氧化剂中有重金属
高锰酸盐	1.700	(氯)乙烯、BTEX	苯、(氯)烷醇、矿物油、重PAH、重PCB、氰化物	几周	高渗透性土壤	渗透性不好,天然土需氧量高	

(2) 技术特点　该技术所需的工程周期一般在几天至几个月不等,具体因待处理污染区域的面积、氧化还原剂的输送速率、修复目标值及地下含水层的特性等因素而定。可能限制本方法适用性和有效性的因素包括:可能出现不完全氧化,或中间体形式的污染物,取决于污染物和所使用的氧化剂。处理时,应减少介质中的油和油脂,以优化处理效率。注入点的氧化剂的有效半径大多在 4.6m,但臭氧/过氧化物有效半径可达 10~20m。

(3) 适用范围　对 PCB、农药类、多环芳烃(PAH)等有较好的处理效果。对于高浓度的污染物,本处理方法不够经济有效,因为需要大量氧化剂。本技术也可用于非卤代挥发性有机物、半挥发性有机物及燃油类碳氢化合物的处理,但其处理效率相对较低。在黏性土壤或较低渗透性地层中,氧化剂不易与污染物接触。地下水水位低于 1.5m,反压不足并易增加事故风险,不适用此方法。土壤中的天然有机质、二价铁、二价锰、二价硫均可消耗氧化剂。化学氧化剂均具有杀菌或抑制微生物活性的作用。

常用的土壤修复剂在土壤中的渗透速度和分散速度比较缓慢。如果采用微爆炸法土壤修复,就可大大提高化学品在土壤中分散的充分性和分散速度,使化学品能够快速充分分散到污染土壤中。这种修复方法尤其适用于有条件的原位土壤修复工程。

监测包括修复过程监测和效果监测。修复过程监测通常在药剂注射前、注射中和注射后很短时间内进行,监测参数包括药剂浓度、温度和压力等。若修复过程中产生大量气体或场地正在使用,则可能还需要对挥发性有机污染物、爆炸下限(LEL)等参数进行监控。效果监测的主要目的是依据修复前的背景条件,确认污染物的去除、释放和迁移情况,监测参数为污染物浓度、副产物浓度、金属浓度、pH、氧化还原电位和溶解氧。若监测结果显示污染物浓度上升，则说明场地中存在未处理的污染物，需要进行补充注入。本技术清理污染源区的速度相对较快，通常需要 3~24 月的时间。修复地下水污染羽流区域通常需要更长的时间。美国使用该技术修复地下水处理成本约为 123 美元/m³。

案例 6.1 荷兰某金属处理公司产生的三氯乙烯、二氯乙烯污染土壤通过 Fenton 试剂和臭氧/过氧化物处理。美国丹佛市某制造厂的苯系物污染地下水通过加入双氧水处理达到修复效果。加拿大某军事基地的三氯乙烯和四氯乙烯污染地下水采用高锰酸钾处理后达到修复目标。

案例 6.2

① 工程背景：某原农药生产场地，场地调查与风险评估发现场地中部分区域存在土壤或地下水污染，主要污染物为邻甲苯胺、对氯甲苯、1,2-二氯乙烷，需要进行修复。

② 工程规模：土壤污染量约 25000m³，地下水污染面积约 6000m²，深度 18m。

③ 主要污染物及污染程度：根据场地调查数据，土壤中的主要污染物为邻甲苯胺、对氯甲苯、1,2-二氯乙烷，最大污染浓度分别为 10.6mg/kg、36mg/kg、8.9mg/kg。地下水中的主要污染物为邻甲苯胺、1,2-二氯乙烷，最大污染浓度分别为 1.27mg/kg、2mg/kg。土壤的修复目标值为对氯甲苯 6.5mg/kg，邻甲苯胺 0.7mg/kg，1,2-二氯乙烷 1.7mg/kg。

④ 技术选择：综合场地污染物特性、污染物浓度及土壤特征以及项目开发需求，选定原位化学氧化技术进行非挖掘区地下水污染治理。

⑤ 工艺流程和关键设备：地下水原位化学氧化现场处置工艺流程如图 6.2 所示。

具体步骤如下。

① 测定地下水污染物浓度、pH 值等参数，作为污染本底值。

② 进行系统设计，建设注射井、降水井及监测井。

③ 配置适当浓度的药剂溶液，向污染区域进行注射。

④ 药剂注射完成一段时间后，采样观察地下水气味、颜色变化情况，并对地下水污染物浓度进行过程监测。

⑤ 连续监测达标区域停止药剂注射，污染浓度检出较高，或颜色明显异常、异味较重的区域，则增加药剂注射量或加布注射井，直至达到修复标准。

⑥ 主要工艺及设备参数，详见后面叙述。

⑦ 成本分析：该地下水原位化学氧化处置项目的投资、运行和管理费用 2000~2500 元/m²（深度约 18m），合 110~150 元/m³，其运行过程中的主要能耗为离心泵的电耗，约为 1.5kW·h/m³。

⑧ 修复效果：修复后地下水中邻甲苯胺和 1,2-二氯乙烷浓度分别低于修复目标值，满足修复要求并通过环保局的修复验收。

6.1.9 电动修复技术

电动修复技术指通过电迁移、电渗析、电泳和酸性迁移带的作用将污染物带到电极两端，并通过进一步处理，从而实现污染土壤的减污或清洁。电极需要采用惰性物质，如碳、石墨、铂等，避免金属电极电解过程中溶解和腐蚀作用。土壤含水量、污染物的溶解性和脱附能力对处理效果有较大影响，因此使用过程中需要电导性的孔隙流体来活化污染物。

放射性核素、阴离子（NO_3^-、SO_4^{2-}、CN^-）、石油烃、卤代烃、多环芳烃、多氯联

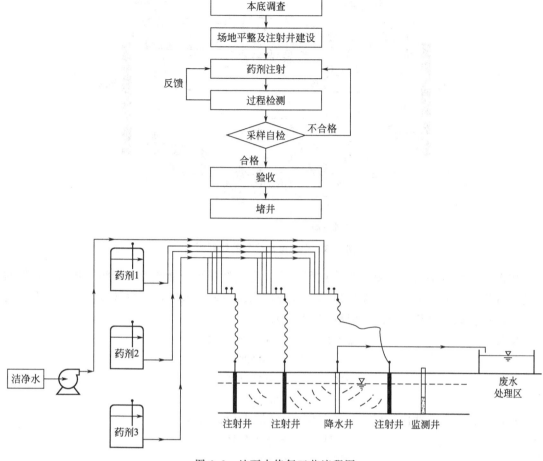

图 6.2 地下水修复工艺流程图

苯、有机-离子混合污染物、爆炸残留物等都有用电动修复技术成功去除的报道。

本法可高效处理重金属污染（包括铬、汞、镉、铅、锌、锰、铜、镍等）及有机物污染（苯酚、六氯苯、三氯乙烯以及一些石油类污染物），去除率可达 90%。目标污染物与背景值相差较大时处理效率较高。可用于水力传导性较低或黏土含量较高的土壤。土壤中含水量<10% 时，处理效果大大降低。埋藏的金属或绝缘物质、地质的均一性、地下水位均会影响土壤中电流的变化，从而影响处理效率。电动修复过程中土壤水分含量必须高于某一最小值。最小值低于土壤水分饱和值，可能在 10%～20%。如果土壤含水率低于 10%，其处理效果会大大降低。

土壤电动修复的基本原理是将电极插入受污染的土壤溶液中，在电极上施加直流电后，两电极之间形成直流电场，由于土壤颗粒表面具有双电层，并且孔隙溶液中离子或颗粒物带有电荷，电场条件下土壤孔隙中的水溶液产生电渗流同时带电离子电迁移，多种迁移运动的叠加载着污染物离开处理区，到达电极区的污染物一般通过电沉积或者离子交换萃取被去除，从而达到修复的目的，如图 6.3 所示。土壤电动修复方法主要包括以下降解机理和运动机制：电解、电迁移、电渗、电泳和自由扩散。

土壤 pH、有机质、渗透性、成本比较高等都影响修复效果。土壤电动修复缺点：①阴阳两极附近土壤 pH 变化过大；②两极产生水位差；③重金属离子下渗至深层土壤。

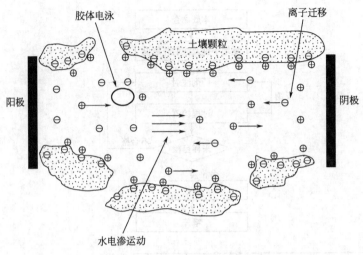

图 6.3 土壤电动修复的原理图

电解是土壤电动修复重要的处理过程，可以直接降解污染物或者改变污染物的物化性质以达到处理的目的。电极反应是电解水，即在阳极发生氧化反应，产生酸面，在阴极发生还原反应，产生碱面（$E^\ominus$ 为标准还原电极电势）。

阳极：
$$2H_2O - 4e^- \longrightarrow O_2 \uparrow + 4H^+$$
$$E^\ominus = -1.229V$$

阴极：
$$2H_2O + 2e^- \longrightarrow H_2 \uparrow + 2OH^-$$
$$E^\ominus = 0.828V$$

电极上还发生某些次要反应，例如阴极（Me 表示金属）：
$$H^+ + e^- \longrightarrow (1/2)H_2 \uparrow$$
$$Me^{n+} + ne^- \longrightarrow Me$$
$$Me(OH)_n(S) + ne^- \longrightarrow Me + nOH^-$$

可以发现在次要反应过程中，某些污染物质可以发生电化学反应而从土壤环境中去除。

电迁移是指带电离子在土壤溶液中朝带相反电荷电极方向的运动，它和带电离子的强度、离子浓度、电场强度、离子电荷、温度、土壤孔隙率和土壤孔隙扭曲系数等因素有关。

电渗是指土壤孔隙中的液体在电场作用下由于其带双电层与电场的作用而做相对于带电土壤表面的运动。

电泳是指带电粒子或胶体在外加电场作用下的迁移。土壤中的胶体粒子吸附的污染物质随胶体粒子一同迁移，从而从土壤中去除污染物。

自由扩散是指物质从高浓度的一边通过有孔介质到达低浓度的一边。

当对土壤中的电极施加较高的直流电场＞5V 时会导致水的电解，在阳极产生氢离子（H^+），在阴极产生氢氧根离子（OH^-），使得阳极区 pH 值降低至 2，阴极区 pH 值升高到12。由于溶液中 H^+ 的浓度远远超过了 OH^- 的浓度，并且电渗流的方向是向阴极的，所以酸面向阴极推进的速度要远远快于碱面。一段时间以后，整个土壤体系中除了阴极以外其余都显酸性。土壤溶液 pH 值的变化将会影响污染物的溶解度、形态以及在土壤表面的吸附特性。

Zeta 电位是指从胶体与介质相对运动的界面（滑动界面）到溶液内部之间的电位差。土壤电渗速率直接影响电动修复过程的速率，而土壤颗粒表面的 Zeta 电位是决定土壤电渗速率的内因。显然 Zeta 电位决定着胶体在电场中的运动。在电场强度和介质条件固定的情况下，Zeta 电位绝对值的大小决定着胶粒的电泳速度，Zeta 电位值越大，则胶粒的电泳速度越大。

活化极化、电阻极化和浓差极化现象能导致电流降低。电流降低将直接影响到电动修复的效果、延长修复时间、浪费能源。消除浓差极化的影响方法：当电渗析流很慢时用冲洗液冲刷电极、在电极上外包离子交换膜来俘获污染物质、弄清楚受污染土壤的缓冲能力，并通过改换冲洗液以控制土壤的 pH 值在一定的范围内。

土壤的特征影响污染物的去除效率，包括吸附、离子交换、缓冲能力等。在细颗粒的土壤表面，土壤与污染物之间的相互作用非常剧烈。离子型的污染物首先要解析或者离子交换，才能被去除。

控制电压法的特点是负载电阻的波动不影响电极间的电压。控制电压法取得了稳定的平均电场梯度。通过使用控制电压法可以计算出电渗流量和电迁移量。有效控制电场分布可以提高污染物修复的效率。

控制电流法的特点是，土壤体系的电阻波动不影响土壤溶液中的电流。电流在控制溶液中各离子的分配直接影响到迁移效率。但是成倍增加电流不会造成污染物的迁移数相应的成倍增加。

6.1.10 土地处理技术

土地耕作法（land farming；land application；land treatment）：该方法是指在被污染的土壤范围内，在地面通过生物降解作用降低土壤中污染物（石油烃）浓度，或通过有规律地把污染土壤和肥料、木屑、锯末、牛粪、剁碎的稻草或向日葵壳等进行机械混合，从而使土壤中的污染物有效降解。由于该方法是在被污染地进行的就地处理，而无需将污染土壤挖出，这样大大降低了处理费用，即使在城区人口、建筑密集区也可使用该方法，并且可同时处理包气带和地下水的污染。所以土地耕作法是处理污染物的应用较广的一种生物恢复技术，但较难达到 95% 以上的去除率，当污染物浓度太高时，如总石油烃浓度高于 5000×10^{-6} 时，此方法不适用。当土壤中重金属含量大于 2500×10^{-6} 时，会影响微生物的生长，不利于修复。由于对环保要求的提高，该技术将逐渐很少被采用。

换土法是用新鲜未受污染的土壤替换或部分替换污染的土壤，以稀释原污染物浓度，增加土壤环境容量，从而达到修复土壤污染的一种方法。换土法又分为换土、翻土、去表土和客土 4 种方法。换土就是把污染土壤取走，换入干净的土壤，该方法对小面积严重污染且具有放射性或易扩散难分解污染物的土壤较为适宜，但对换出的土壤应妥善处理，以防二次污染。翻土是将污染的表土翻至下层，使聚积在表层的污染物分散到更深的层次，以达到稀释的目的，该法适用于土层较厚的土壤。去表土是直接将污染的表土移出原地。客土是将未受污染的新土覆盖在污染的土壤上，使污染物浓度降低到临界危害浓度以下或减少污染物与植物根系的直接接触，从而达到减轻危害的目的。对于浅根系植物（如水稻等）和移动性较差的污染物（如 Pb），一般采用覆盖方法较妥。日本学者研究表明，将受 Cd 污染的 15cm 表土去除并压实，种植水稻，连续淹水灌溉，稻米 Cd 含量＜0.4mg/kg，或去表土后再覆盖客土 20cm，采用间歇灌溉，稻米 Cd 含量达到了食用标准。换土法虽能够有效地将污染土壤与生态系统隔离，从而减少其对环境的影响，但这类方法工程量大，费用高，只适用于小面积的、土壤污染严重的情况。同时，不能将污染物质取出也会对环境产生一定风险。

6.1.11 机械力化学修复

机械力化学法是指利用研磨、压缩、冲击、摩擦等物理作用方式，联合基本金属和供氢体来诱发化学反应的过程。20 世纪 90 年代中期，澳大利亚学者通过高能球磨成功降解了 DDT，从而开创了机械力学化学处理。基本金属主要是铝、锌和铁等碱土金属，氢供体包括醇类、醚类、氢氧化物以及氢化物，球磨的介质（土壤、沉积物、液体废物）提供反应的机械能和混合作用。机械力学化学过程为将土壤干燥后水分含量要求低于 2%，2mm 筛分后送入旋风分离器和袋式除尘器里，再送入机械化学降解的反应器中与金属和氢供体混合，反应器与两个水平安装的包含研磨的圆柱体振动研磨。研磨介质的机械碰撞提供了反应需要的能量，土壤经过传送带进入带搅拌器的拌浆混合器中，在反应器中将原料润湿，以降低处理工程粉尘的产生。待处理土壤在反应器中停留 15min 左右，最后对土壤分析检测符合标准后进行回填处理。

机械力化学修复适用于土壤、沉积物和混合的固液相体系。采用机械力化学对 PVC 脱氯、PCB、POP 处理效果较好。采用 CaH_2 为脱氯剂，使液体和固体的六氯苯 100% 脱氯，比传统的 CaO 和 MgO 脱氯效果更好。机械力学化学脱卤是非燃烧处理并且不会产生二噁英等。

6.1.12 生物通风技术

生物通风技术是通过向土壤中供给空气或氧气，依靠微生物的好氧活动，促进污染物降解；同时利用土壤中的压力梯度促使挥发性有机物及降解产物流向抽气井，气体被抽出后进行后续处理或直接排入大气中。可通过注入热空气、营养液、外源高效降解菌剂的方法对污染物去除效果进行强化。一般在用通气法处理土壤前，首先应在受污染的土壤上打两口以上的井，当通入空气时先加入一定量的氮气作为降解细菌生长的氮源，以提高处理效果。与土壤气相抽提相反，生物通风使用较低的气流速度，只提供足够的氧气维持微生物的活动。氧气通过直接空气注入供给土壤中的残留污染物。除了降解土壤中吸附的污染物以外，在气流缓慢地通过生物活动土壤时，挥发性化合物也得到了降解。

(1) 系统构成和主要设备　由抽气系统、抽提井、输气系统、营养水分调配系统、注射井、尾气处理系统、在线监测系统及配套控制系统等组成。主要设备包括输气系统（鼓风机、输气管网等）、抽气系统（真空泵、抽气管网、气水分离罐、压力表、流量计、抽气风机）、营养水分调配系统（包括营养水分添加管网、添加泵、营养水分存储罐等）、在线监测系统及配套控制系统、尾气处理系统（除尘器、活性炭吸附塔）等。

(2) 关键技术参数或指标　包括土壤理化性质、污染物特性和土壤微生物三大类。理化性质包括土壤的气体渗透率、土壤含水率、土壤温度、土壤的 pH、营养物的含量、土壤氧气/电子受体；污染物特性包括污染物的可生物降解性、污染物的浓度、污染物的挥发性；土壤中土著微生物的数量应不低于 10^5 数量级。

(3) 技术应用基础和前期准备　在利用生物通风技术进行修复前，应进行相应的可行性测试，目的在于评估生物通风技术是否适合于场地修复并为修复工程设计提供基础参数，测试参数包括土壤温度、土壤湿度、土壤 pH 值、营养物质含量、土壤氧含量、渗透系数、污染物浓度、污染物理化性质、污染物生物降解系数（或呼吸速率）、土著微生物数量等，可在实验室开展相应的小试或中试实验。

（4）主要实施过程　在需要修复的污染土壤中设置注射井及抽提井，安装鼓风机/真空泵，将空气从注射井注入土壤中，从抽提井抽出。大部分低沸点、易挥发的有机物直接随空气一起抽出，而高沸点、不易挥发的有机物在微生物的作用下，可以被分解为 CO_2 和 H_2O。在抽提过程中注入的空气及营养物质有助于提高微生物活性，降解不易挥发的有机污染物（如原油中沸点高、分子量大的组分）。定期采集土壤样品对目标污染物的浓度进行分析，掌握污染物的去除速率。

（5）运行维护和监测　运行过程中需对鼓风机、真空泵、管道阀门进行相应的运行维护。同时，为了解土壤中污染物的去除速率及微生物的生长环境，运行过程中需定期对土壤氧气含量、含水率、营养物质含量、土壤中污染物浓度、土壤中微生物数量等指标进行监测。同时，为避免二次污染，应对尾气处理设施的效果进行定期监测，以便及时采取相应的应对措施。

（6）修复周期　生物通风技术的处理周期与污染物的生物可降解性相关，一般处理周期为 6～24 月。

（7）参考成本　处理成本（包括通风系统、营养水分调配系统、在线监测系统）与工程规模等因素相关，根据国外相关场地的处理经验，处理成本为 13～27 美元/m^3。

（8）应用情况　国外，生物通风技术可以修复的污染物范围广泛，修复成本相对低廉，尤其对修复成品油污染土壤非常有效，包括汽油、喷气式燃料油、煤油和柴油等的修复。国内，该技术在国内实际修复或工程示范极少，尚处于中试阶段，缺乏工程应用经验和范例。

6.1.13　农业土壤修复

农田修复应该是一个综合生态系统工程，不是简单的土壤修复。农田修复应该是多种土壤修复技术和农艺的有机结合。物种选择，种植模式改变，土壤改良和重金属修复要同时整体考量。相关标准制定必须同时满足土壤环境质量标准和食品安全标准，修复后农民愿意接手是农田重金属修复的第一目标。耕地农田修复是我国的一大国情。耕地污染修复保护的是农作物，而污染场地针对的是人体健康和生态环境。

日本曾因矿山未处理，废水流入导致耕地镉污染，受污染耕地约 $7000hm^2$（合 105000亩）。日本解决耕地污染问题主要使用了客土法，即首先将 30cm 厚的表层污染土用推土机剥离，用挖掘机在田内挖出梯形沟，再将地边的污染土填埋进来。然后将挖出来的非污染土填埋在上部 20cm，作为耕盘土压实。最后从别处运来净土覆盖在表面，层高 20.5cm，配合土壤改良剂有机肥等后就可以耕种了。日本正在研究的方法还有三种：一是植物修复，即种植吸收镉能力强的植物（如"长香谷"），收获的作物焚烧处理。尽管这种方法还存在抗倒伏性差、施肥多、修复周期长等问题，但它的成本仅为客土法的 1/15。二是洗净法，即将修复目标地块用防水板围住，向内部注水，搅拌后抽取上清液进行废水处理，污泥则焚烧处理，可作为没有客土来源地区的选择。三是改进田间管理，即在水稻出穗期内，将稻田水位维持在 2～3cm，不让土壤暴露，以此调节水中微生物，降低镉溶出量，减少作物对镉的吸收。日本规定，糙米镉含量高于 1.0mg/kg 时稻田土壤必须进行客土修复，在 0.4～1.0mg/kg 时则主要通过水分管理控制。

针对农地重金属污染，我国台湾省过去多采用翻耕稀释法，即将干净的里土或深层土壤与表层污染充分混合，以达到稀释目的，但某些区域在修复完成后可能因新的污染源（工业废水持续排放）或污染物自土壤重新释出，再度成为污染土壤，因此管理单位建议农民改种园艺观赏植物。台湾也实行过小规模的植物修复，不过由于该方法见效较慢，目前主要适用于偏远且没有立即危害地下水的地方。国际上应对耕地污染的措施均以保障粮食安全为最终目标，实际措施以"换新"（客土法和翻耕法）为主，以"调控"（水分调节和调整种植结构）为辅，"修复"（植物修复和洗净法）则尚处于研究、试验或小规模应用中。但客土法非常昂贵，粗略估算每亩花费折合人民币达数万元，洗净法与之基本相当。此外，我国陈同斌发表过砷污染土壤蜈蚣草修复技术，周静建立的重金属污染土壤调理改良-植物修复-农艺生态调控技术模式，吴龙华采用的锌镉超积累植物景天科新物种伴矿景天技术，都对特定污染土壤净化有一定作用。

化学改良技术是在土壤中加入改良剂（石灰、磷酸盐、堆肥、硫黄、高炉渣、铁盐、硅酸盐、沸石等），改良土壤的理化性质，通过吸附、沉淀等作用降低土壤中污染物迁移与生物有效性。如钙可取代土壤固相中的阳离子重金属、增加土壤的凝聚性、增强植物对重金属离子的拮抗作用；沸石能降低土壤重金属的毒性、减少植物对重金属的吸收；碱基磷酸钙能有效降低土壤中 Pb 的生物有效性；大多磷化物对重金属有固定作用。化学改良技术可当年见效，改良修复土壤迅速。

6.1.14　其他修复技术

其他修复技术有超临界提取土壤中有机污染物、光催化修复技术、冰冻修复技术、阻隔技术、电化学修复技术、微波分解及放射性辐射分解修复技术以及有机污染土壤的动物修复技术等。

6.1.14.1　冰冻修复技术

通过温度降低到 0℃ 以下冻结土壤，形成地下冻土层以容纳土壤或者地下水中的有害和辐射性污染物，使土壤介质或地下水中的有害和辐射性污染物失去活性或得以固定的过程。污染土壤的冰冻修复，需要通过适当的管道布置，在地下以等间距的形式围绕已知的污染源垂直安放，然后将对环境无害的冷冻剂溶液送入管道从而冻结土壤中的水分，形成地下冻土屏障，从而防止土壤和地下水中污染物的扩散，是一门新兴的污染土壤修复技术。冰冻修复技术可以用在隔离和控制饱和土层中的辐射性物质、金属和有机污染物的迁移。

6.1.14.2　阻隔技术

利用水平阻隔系统、垂直阻隔系统、地面覆盖系统等控制措施以防止污染物迁移。一般情况下，为防止污染物向下迁移采取水平阻隔系统进行控制，为防止污染物向四周迁移采用垂直阻隔系统进行控制，为防止土壤中挥发性污染物向大气中挥发或蒸发扩散采取地面覆盖系统进行控制。

6.1.14.3　有机污染土壤的动物修复技术

动物修复是指利用土壤动物的直接作用（如吸收、转化和分解）或间接作用（如改善土壤理化性质、提高土壤肥力、促进植物和微生物的生长）而修复土壤污染的过程。土壤中的一些大型土壤动物，如蚯蚓和某些鼠类，能吸收或富集土壤中的残留有机污染物，并通过其自身的代谢作用，把部分有机污染物分解为低毒或无毒产物。动物对某种污染物的积累及代谢符合一级动力学，某种有机污染物经动物体内的代谢，有一定的半衰期，一般经过 5～6 个半衰期后，动物积累有机污染物达到极限值，意味着动物对土壤中有机污染物的去除作用已完成。此外，土壤中还存在着大量的小型动物群，如线虫纲、弹尾类、蜱螨属、蜈蚣目、蜘蛛目、土蜂科等，均对土壤中的有机污染物存在一定的吸收和富集作用，能促进土壤中有机污染物的去除。

6.1.15 土壤原位修复技术汇总

土壤原位修复技术汇总如表6.9所示。

表 6.9　土壤原位修复技术汇总

技术方法	污染场地	优点	限制	费用	商业性	辅助技术
气相抽提 SVE	VOC	成功技术	混合污染、低 K 值土壤	<100 美元/t	常用	压碎、加热、水平井
土壤冲洗	柴油、原油、重金属	降低残留污染物	冲洗液、低 K 值土壤	105~216 美元/m³	很少	压碎、水平井
电动力学	重金属、有机物、放射性	混合污染、低 K 值土壤	金属物体	90~130 美元/t	很少	压碎、加热、水平井
生物修复	有机物	转化为非危害物，低成本	长期、低 K 值土壤	27~310 美元/t	常用	压碎、水平井
土壤加热	汽油和柴油	增加碳氢化合物回收	金属物体、低 K 值垂直土壤	50~100 美元/t	很少	压碎、SVE、水平井
玻璃化	重金属、有机物、放射性	混合污染	转化为玻璃结构，金属物体	350~900 美元/t	很少	压碎、水平井
固化稳定化	重金属、有机物	成功技术	低 K 值土壤，长期保持	131~196 美元/m³	常用	压碎、水平井
植物修复	重金属、有机物、放射性	少二次污染，可用于大多污染物	浅层低浓度土壤，时间长，可能存在食物链污染	<100 美元/t	很少	生物修复

注：K 为渗透系数。

6.2　污染土壤异位修复技术

6.2.1　土壤淋洗技术

土壤淋洗是使某种对污染物具有溶解能力的液体与土壤混合、摩擦，从而将污染物转移到液相和小部分土壤中的异位修复方法。此技术分原位和异位土壤淋洗。原位土壤淋洗一般是指将冲洗液由注射井注入或渗透至土壤污染区域，携带污染物质到达地下水后用泵抽取污染的地下水，并于地面上去除污染物的过程。异位化学淋洗技术需要将污染土壤挖掘出来，用水或淋洗剂溶液清洗土壤、去除污染物，再对含有污染物的清洗废水或废液进行处理，洁净土可以回填或运到其他地点回用。

淋洗剂主要有无机冲洗剂、人工螯合剂、阳离子表面活性剂、天然有机酸、生物表面活性剂、氧化剂和超临界 CO_2 液体清洗等。化学淋洗可去除土壤中的重金属、芳烃和石油类等烃类化合物以及 TCE、多氯联苯、氯代苯酚等卤化物。主要的淋洗液包括：①清水，可避免二次污染问题，但去除效率有限，主要用于溶于水的重金属离子的去除。②无机溶剂，如酸、碱、盐。通过酸解、络合或离子交换作用来破坏土壤表面官能团与污染物的结合。有成本低、效果好、作用快的优点，但破坏土壤结构，产生大量废液，后处理成本高等。③螯合剂，包括 EDTA 类人工螯合剂和柠檬酸、苹果酸等天然螯合剂，主要用于重金属的去除。人工螯合剂有二次污染问题，天然螯合剂应用前景广阔。④表面活性剂，用于重金属和疏水性有机污染物的去除。表面活性剂可黏附于土壤中降低土壤孔隙度，冲洗液与土壤的反应可降低污染物的移动性。化学表面活性剂有二次污染问题，生物表面活性剂应用前景广阔。低渗透性的土壤（黏土、粉土）处理困难。

化学淋洗是将污染土壤挖掘出来，用水或淋洗剂溶液清洗土壤，去除污染物，再对含有污染物的清洗废水或废液进行处理。洁净土可以回填或运到其他地点回用。一般可用于放射性物质、重金属或其他无机物污染土壤的处理或前处理。化学淋洗法可以去除土壤中大量的污染物，有着广泛的应用前景，并能限制有害废弃物的扩散范围。和其他处理方法相比，化学淋洗法投资及消耗相对较少，操作人员可不直接接触污染物。化学淋洗法的局限性主要表现在：①对质地比较黏重，渗透性较差的土壤修复效果比较差，一般来说，当土壤中黏土含量达到 25％～30％时，不考虑采用该技术；②目前使用效果较好的淋洗剂价格比较昂贵，无法用于大面积实际修复中；③淋洗出的含重金属废液的回收处理问题，及由于淋洗剂残留而可能造成的土壤和地下水二次污染问题。EDTA 能与大部分金属离子结合成稳定的化合物，对于几乎任何类型非岩屑组成的土壤和重金属离子，当 EDTA 过量加入时，都有较高的洗脱效率，所以可广泛用于重金属污染土壤的清洗中。但是，用 EDTA 处理存在着非选择性，在去除重金属元素的同时会吸附一些有用的碱性阳离子（如 Ca 或 Mg）以及不易生物降解易造成二次污染的问题。近来一种配合能力强、易生物降解的配体乙二胺二琥珀酸（EDDS）逐渐引起人们的关注，可有效避免造成二次污染的问题。但 EDDS 目前还比较昂贵，因而其大面积使用还不现实。

原位化学淋洗技术适用于水力传导系数大于 10^{-3} cm/s 的多孔隙、易渗透的土壤，如砂土、砂砾土壤、冲积土和滨海土，不适用于红壤、黄壤等质地较细的土壤；异位化学淋洗技术适用于土壤黏粒含量低于 25％，被重金属、放射性核素、石油烃类、挥发性有机物、多氯联苯和多环芳烃等污染的土壤。使用表面活性剂或加热时，对残余金属和烃类的去除率可达 90％～98％。对于 VOC 等具有较高蒸气压或溶解度的污染物，单纯使用水洗去除率能达 90％～99％，对于 SVOC 也可达 40％～90％。加入表面活性剂可提高处理效率，对于金属和杀虫剂等溶解性较差的污染物一般需要加入酸或螯合剂。

（1）使用要求　进行清洗之前需将土壤中的大块岩石以及动植物残枝去除，然后再进行清洗。清洗包括混合、洗涤、漂洗、粒径分级等步骤，有些装置混合和洗涤同时进行。通过土壤和清洗液混合，并通过高压水流或者振动等方法，使污染物溶解或者使含有污染物较多的细颗粒与粗颗粒分离。在经过适宜的接触时间之后，进行土-水分离。较粗的颗粒通过筛网或振动筛等设备移除，较细的颗粒则进入沉淀罐，有时为使细颗粒沉降，需要使用絮凝剂。然后较粗的颗粒进行浮选或者用清水漂洗除去其中夹杂的细颗粒，处理后的粗颗粒可进行回填。最后使用其他的方法处理细颗粒以及污水。

（2）淋洗方式　按照运行方式有单级和多级清洗；按照淋洗液的不同可分为清水清洗、无机酸清洗、有机酸和螯合剂清洗、表面活性剂清洗、氧化剂清洗和超临界 CO_2 流体清洗等。

（3）淋洗要求　土壤原位淋洗修复技术对土壤的现场条件要求比较高，要求土壤为砂质或者具有高导水率，并且污染带的下层土壤是非渗透性的，这样才能实现将淋洗液注入已污染的土壤，用泵将含有污染物的淋洗液抽吸到地面，除去污染物，再将淋洗液回收使用的修复过程。该方法较异位修复方法的缺点在于难以控制污染液流的流动路径，这样有可能会扩大土壤被污染的范围和程度，影响土壤清洗的效率。

（4）适用范围 土壤淋洗技术可用来处理重金属和有机污染物，对于大粒径级别污染土壤的修复更为有效，砂砾、砂、细砂以及类似土壤中的污染物更容易被清洗出来，而黏土中的污染物则较难清洗。适用于轻度污染土壤的修复，尤其对烃、硝酸盐及重金属的重度污染具有较好的效果。淋洗法成功的关键是淋洗液的选择，酸甲基-R-环状糊糖（CMCD）分子中的酸甲基可以螯合重金属离子，它可以用于污染土壤中重金属离子的洗脱，而且 CMCD 对土壤盐分和 pH 不敏感、无毒、可被生物降解且不易被土壤吸附。

（5）技术组合 通常经过清洗的土壤还需要进一步修复，因此这种方法常与其他方式结合共同完成修复过程。通常在某类土壤对污染物的吸附能力大于其他类土壤，如黏土或者粉砂的吸附能力大于颗粒大一些的土壤（如粗砂和砾砂）。反过来黏土和粉砂易于黏附在粗砂和砾砂之上。土壤清洗帮助黏土、粉砂与颗粒较大的、干净的土壤分离，从而减小了污染物的体积。颗粒较大的部分毒性较低，可以回填；颗粒较小的可以结合其他的修复方式处理。

操作系统主要由 3 部分组成：向土壤施加淋洗液的设备、淋出液的收集系统和淋出液处理系统。在土壤淋洗操作中，通常采用物理屏障或分割技术对淋洗操作区进行封闭处理。

6.2.2 泥浆相生物处理

泥浆相生物处理（slurry phase biological treatment）也可称为生物反应器技术。对于严重污染土壤，生物反应器修复技术已成为最佳选择之一。泥浆相生物处理是在生物反应器中处理挖掘的土壤，通过污染土壤和水的混合，利用微生物在合适条件下对混合泥浆进行清洁的技术。挖掘的土壤先进行物理分离石头和碎石。然后将土壤与水在反应器中混合，混合比例根据污染物的浓度、生物降解的速度以及土壤的物理特性而确定。有些处理方法需对土壤进行预冲洗，以浓缩污染物，将其中的清洁砂子排出，剩余的受污染颗粒和洗涤水进行生物处理。泥浆中的固体含量在 $10\%\sim30\%$。土壤颗粒在生物反应容器中处于悬浮状态，并与营养物和氧气混合。反应器的大小可根据试验的规模来确定。处理过程中通过加入酸或碱来控制 pH，必要时需要添加适当的微生物。生物降解完成后，将土壤泥浆脱水。土壤的筛分和处理后的脱水价格较为昂贵。泥浆相生物处理可为微生物提供较好的环境条件，从而可以大大提高降解反应速率。

泥浆相生物处理法可用来处理石油烃、石化产品、溶剂类和农药类的污染物，对于均质土壤、低渗透土壤的处理效果较好。连续厌氧反应器可也用来处理 PCB、卤代挥发性有机物、农药等。

6.2.3 化学萃取技术

化学萃取技术（chemical extraction）是一种利用溶剂将污染物从被污染的土壤中萃取后去除的技术，也称为溶剂萃取技术（solvent extraction technology）。一般由预处理系统、萃取系统和溶剂循环系统等组成。该溶剂需要进行再生处理后回用。该技术采用"相似相溶"原理，常用三乙醇胺（TEA）、液化气和超临界流体作萃取剂。在洗涤/干燥设备中三乙醇胺在低于 18℃下能与水混溶，脱除水分，然后加热至 55～80℃移除污染物，此温度范围 TEA 不溶于水，液体分为两层。该技术可处理 PCB、除草剂、PAH、焦油、石油等多种污染物。

在采用溶剂萃取之前，先将污染土壤挖掘出来，并将大块杂质如石块和垃圾等分离，然后将土壤放入一个具有良好密封性的萃取容器内，土壤中的污染物与化学溶剂充分接触，从而将有机污染物从土壤中萃取出来，浓缩后进行最终处置（焚烧或填埋）。该技术能取得成功的关键之一是要求浸提溶剂能够很好地溶解污染物，但其本身在土壤环境中的溶解较少。常用的化学溶剂有各种醇类或液态烷烃，以及超临界状态下的水体。化学溶剂易造成二次污染。如果土壤中黏粒的含量较高，循环提取次数要相应增加，同时也要采用合理的物理手段降低黏粒聚集度。

化学萃取技术能从土壤、沉积物、污泥中有效地去除有机污染物，萃取过程也易操作，溶剂可根据目标污染物选择。土壤湿度及黏土含量高会影响处理效率，因此一般来说该技术要求土壤的黏土含量低于15％、湿度低于20％。

表面活性剂对微生物的影响：对于不能被生物利用的表面活性剂，其毒性可抑制微生物的生长，但对于可生物利用的表面活性剂，微生物可将其作为辅助碳源促进其生长；非离子表面活性剂（Tween-80）修复NAPL污染含水层的冲洗浓度应大于2.0g/L。十二烷基苯磺酸钠（SDBS），最佳表面活性剂冲洗浓度10.0g/L和最佳冲洗流速3.0mL/min。

科研人员在利用表面活性剂冲洗前，首先向地下水中注入一定体积质量分数为6％的正丁醇溶液，然后再注入1.2％的表面活性剂溶液，结果发现流出液中氯苯和三氯乙烯的密度均小于1，超过90％的氯苯和85％的三氯乙烯被去除，实验过程中没有发现有机物明显的垂向迁移行为。

表面活性剂对有机物在介质上的解吸行为影响因素主要为：表面活性剂种类，浓度，土壤类型，有机物性质，温度和pH等。

表面活性剂可以促进传质作用，在疏水性有机物污染土壤的生物修复中，表面活性剂的最重要作用是促进疏水性有机污染物从土壤到水相的传质过程，对处于不同物理状态下的疏水性有机污染物，表面活性剂对改善其生物可利用性起重要的作用。表面活性剂的活性分子一般由非极性亲油基团和极性亲水基团组成，两部分的位置分别位于分子的两端，形成不对称结构，属于双亲媒性物质。表面活性剂的亲油基团主要是碳氢键，各种形式的碳氢键性能差别不大，但亲水基团部分的差别较大，因而，表面活性剂的类别一般以亲水基团的结构为依据分为4类：阳离子表面活性剂、阴离子表面活性剂、两性表面活性剂和非离子表面活性剂。浓度低时活性剂分子在水溶液中以单体存在，浓度超过一定值（称为临界胶束浓度，CMC）时就聚集形成胶束。

在选择表面活性剂时，必须首先考虑表面活性剂的生物毒性和可生物降解性。表面活性剂的生物毒性表现在以下两方面：表面活性剂与细菌细胞膜中脂类成分的相互作用可能破坏细胞膜的结构；表面活性剂分子与细胞必不可少的功能蛋白有可能发生反应。这2个因素都有可能降低微生物的活性甚至导致其死亡。不同种类的表面活性剂所表现出的毒性有很大差别。在pH值为7或稍高时，阳离子表面活性剂毒性较大，阴离子表面活性剂则在较低的pH值时呈现较强毒性，非离子表面活性剂总体上比离子型表面活性剂的生物毒性要小得多。

目前在土壤生物修复中使用的表面活性剂大多为非离子表面活性剂，如Tween-80、Triton X-100等，而部分研究者在生物修复中更倾向于采用生物表面活性剂，如糖脂、磷脂、脂肪酸、脂蛋白等，但其来源与价格限制了其大规模使用。

　　表面活性剂的可生物降解性对其在生物修复中的使用有着 2 方面影响。正面作用主要是表面活性剂被从污染点去除，消除了二次污染；微生物对表面活性剂的利用也可能同时增强微生物对胶束核内污染物的摄取速率，从而增强生物修复效率。负面影响包括：①增加了土壤中矿物质和氧气的消耗；②表面活性剂中间代谢物的毒性可能会比其本体更大；③表面活性剂的优先降解，使其在水相中的浓度降低，进而降低了污染物的脱附速率和降解速率。

　　表面活性剂会影响细菌和土壤间的相互作用。引起这种现象的原因可能有以下几点：表面活性剂能够引起土壤和细菌表面电荷密度的改变，进而降低细菌的可逆吸附；表面活性剂会阻碍絮凝，促进菌体的迁移；细胞壁表面分泌物和土壤表面有机质的溶解将改变土壤与细菌的天然相互作用，进而改变微生物所处的环境和活性，这对污染土壤的修复特别是原位修复有很大影响。这 3 种机制都可以起到强化传质的作用，每种机制所起作用的大小在很大程度上取决于污染物的物理状态，由于传递作用的增强可以导致污染物向非污染区扩散，也会带来一些负面作用。研究表明，表面活性剂对污染物生物降解的影响与以下因素有关：①表面活性剂的浓度；②表面活性剂的可生物利用性。

　　使用表面活性剂修复土壤的缺点：可能会产生三大副产物；萃取物中含有浓缩的污染物需要进一步处理；处理后的土壤需要进行脱水后才能送回场地；处理过程涉及的水的数量取决于液体-固体分离的脱水能力，还取决于泥浆给料需要的水量以及土壤的初始含水量。含水量高的土壤和降水量大的地方不可行。

6.2.4　焚烧

　　焚烧（incineration）技术是使用 870～1200℃ 的高温，挥发和燃烧（有氧条件下）污染土壤中的卤代和其他难降解的有机成分。高温焚烧技术是一个热氧化过程，在这个过程中，有机污染物分子被裂解成气体（CO_2、H_2O）或不可燃的固体物质。焚烧方式主要是采用多室空气控制型焚烧炉和回转窑焚烧炉，与水泥窑联合进行污染土壤的修复是目前国内应用较为广泛的方式。焚烧过程的评分阶段包括废弃物预处理、废弃物给料、燃烧、废气处理以及残渣和灰分处理。需要对废物焚烧后的飞灰和烟道气进行检测，防止二噁英等毒性更大的物质产生，并需满足相关标准。焚烧技术通常需要辅助燃料来引发和维持燃烧，并需对尾气和燃烧后的残余物进行处理。在焚烧实践中应把握好"三 T"，在焚烧区的时间（time）、焚烧温度和燃烧气体温度（temperature），以及确保更好更充分地与氧气混合接触的强大湍流（turbulence）。在焚烧处理 PCB 和其他 POP 时应充分鉴定土壤中金属元素，如 Pb 是 PCBs 污染物中常见的金属，会在大多数焚烧炉中挥发，必须在处理废气排入大气前将 Pb 去除。一般在 850℃ 以及 2s 停留时间可以破坏所有含氯有机物，包括 PCB 和 PCDD/Fs，要求所有废弃物都要通过过热区，但这一般难以实现。为获得充分的安全限度，焚烧温度必须超过1100℃ 以及 2s 停留时间。而水泥窑可达 1400℃ 以及数秒停留时间。在冷却过程中将面临PCDD/Fs 形成或全过程合成的难题，为此必须确保废气在 250～500℃ 进行快速冷却或用水骤冷。灰分需进行脱水或固化稳定化处理。焚烧的烟气应先通过静电除尘、洗涤器或过滤器等处理后排放。

　　焚烧炉主要有流化床、旋转窑和炉排炉。旋转炉是常用的焚烧炉，反应器温度可达1200℃ 左右。美国超级基金修复场地中 1982—2004 年焚烧技术占 11%，2005—2008 年比例降为 3%。

　　焚烧技术可用来处理大量高浓度的 POP 污染物以及半挥发性有机污染物等。对污染物处理彻底,清除率可达 99.99%。常用的焚烧技术与水泥回转窑协同处置效果较好,需要对污染土壤进行分选,并对其中的重金属等成分进行检测,以保证出产的水泥的质量符合相关标准。

本技术缺点:有害废弃物的有机成分可能留在底灰中,需要实施进一步的处理或处置。不稳定运行条件较多,如电源、过大颗粒物(石块)、传感器的疲劳、操作失误、技术缺陷等。含水量较高加大了给料处理要求与能源需求,增加 PCDD/Fs 排放,需设置二燃室,成本较高。

6.2.5 水泥窑共处置技术

水泥窑共处置技术指在传统的水泥生产过程中加入一定比例的污染土壤,在超过 1400℃以上的水泥窑内煅烧到部分熔融,生成具有水硬特性的硅酸盐水泥熟料。污染土壤除含有少量污染物外,其主要成分与水泥原料(石灰石与黏土:碳酸钙、二氧化硅及铁铝氧化物)相似,可替代水泥生产的部分原料。土壤中有机污染物的去除率可达 99.99% 以上。水泥窑内的石灰石碱性成分可将污染土壤焚烧分解产生的酸性物质(HCl、SO_2)中和为稳定的盐类。共处置后的成品水泥在使用过程中的水硬特性可将残存的有害元素固化在混凝土中。

水泥回转窑可在物料粉磨、上升烟道、分解炉、窑门罩或窑尾室设置物料投放点。

本技术适合处置重金属、持久性有机污染物。水泥生产要求 CaO、SiO_2、Al_2O_3、Fe_2O_3 含量大于 40% 的土壤才能在水泥窑内进行共处置。焚烧过程中释放的碱金属盐($NaCl$、KCl)的凝结点分别为 809℃ 和 773℃,易在预热装置下部结晶,导致成层及堵塞。污染土壤的粒径大于水泥原料粒径常导致水泥熟料降低,产量下降。

土壤异位修复技术汇总于表 6.10。

表 6.10 土壤异位修复技术汇总

技术方法	污染场地	优点	限制	费用	商业性
土壤冲洗	重金属、有机物、放射性	体积减少	细颗粒大于 20%	100~300 美元/t	常用
溶剂提取	有机物	大多污染物	黏土	100~500 美元/t	少
化学脱氯	氯代污染物	降低毒性、与其他技术联合	无机污染物	300~500 美元/t	少
电动力学	重金属、有机物、放射性	混合污染、低 K 值土壤	金属物体	90~130 美元/t	很少
生物修复	有机物	转化为非危害物,低成本	环境条件要求严	27~310 美元/t	常用
热解吸	VOCs	比焚烧成本低	黏土,聚块土壤	74~184 美元/t	常用
玻璃化	重金属、有机物、放射性	混合污染	高成本、终产品有用	90~700 美元/t	很少
固化稳定化	重金属、有机物	成功技术、大多污染物	有机土壤、体积增加、长期保持	50~250 美元/t	常用
焚烧	有机物	多种混合污染	成本高	50~1500 美元/t	常用

6.3 污染土壤联合修复技术

联合修复法是将物理-化学修复法、生物修复法联合在一起的修复方法，可以实现单一技术难以达到的目标，降低修复成本。美国超级基金（superfund）修复行动报道，在1982—2002年土壤气相抽提技术（soil vapor extraction，SVE）占总修复技术的42%，生物修复技术占20%，其余的固化稳定化、中和法、原位热处理分别占14%、6%、14%。在已有应用的修复技术组合中，本节选取其中具有代表性的组合技术，分别介绍如下。

（1）电动力学修复＋植物修复　可用来处理无机物污染的土壤，先采用电动力学修复技术对土壤中的污染物进行富集和提取，对富集的部分单独进行回收或者处理。然后利用植物对土壤中残留的无机物进行处理，可将高毒的无机污染物变为低毒的无机污染物，或者利用超累积植物对土壤中污染物进行累积后集中处置。

（2）气相抽提＋氧化还原　可用来处理挥发性卤代和非卤代化合物污染的土壤，先采用气相抽提的方法将土壤中易挥发的组分抽取至地面，对富集的污染物可利用氧化还原的方法进行处理，或采用活性炭或液相炭进行吸附，对于吸收过污染物的活性炭和液相炭采用催化氧化等方法进行回收利用。

（3）气相抽提＋生物降解　适用于半挥发卤代化合物的处理，可采用气相抽提的方法将污染物进行富集，富集后的污染物可集中处理。由于半挥发卤代化合物的特性，使其可能在土壤中残留，从而影响气相抽提的处理效率。因此，在剩余的污染土壤中通入空气和营养物质，利用微生物对污染物的降解作用处理其中残留的污染物，从而达到修复的目的。

（4）土壤淋洗＋生物降解　适用于燃料类污染土壤的处理，一般先采用原位土壤淋洗技术进行处理，待污染物降解到一定程度后，将淋洗液抽出处理后排放。由于燃料类污染物遇水易形成NAPL，易在土壤孔隙中残留，无法通过抽取的方法从土壤中去除。因此在形成NAPL的位置通入空气和营养物，采用生物降解的方法对其中残留的污染物进行处理，进而达到清除的目的。

（5）氧化还原＋固化稳定化　适用于无机物污染土壤的处理。无机污染物，特别是重金属类污染物的毒性与价态相关，在自然界的各种作用下其价态可发生变化。此联合方式是先采用氧化还原的方法将高毒的无机物氧化还原成低毒或者无毒的无机物，为避免逆反应的发生，需在处理后加入固化剂等物质降低污染物的迁移性，从而保证污染土壤的处理效果。

（6）空气注入＋土壤气相抽提　适用于土壤和地下水中挥发性有机物的处理。在土壤和地下水污染处设置曝气装置，一方面通过增加氧气含量促进微生物降解，另一方面利用空气将其中的挥发性污染物汽化进入包气带。利用土壤气相抽提系统将汽化的污染物抽出到地面集中处理。这是一种较好的修复技术组合方法。

（7）有机污染土壤的生物联合修复技术——微生物/动物-植物联合修复技术　结合使用两种或两种以上修复方法，形成联合修复技术，不仅能提高单一土壤污染的修复速度和效果，还能克服单项技术的不足，实现对多种污染物形成的土壤复合/混合污染的修复，已成为研究土壤污染修复技术的重要内容。微生物（如细菌、真菌）-植物、动物（如蚯蚓）-植物、动物（如线虫）-微生物联合修复是土壤生物修复技术研究的新内容。种植紫花苜蓿可以大幅度降低土壤中多氯联苯浓度；根瘤菌和菌根真菌双接种能强化紫花苜蓿对多氯联苯的修复作用；接种食细菌线虫可以促进污染土壤扑草净的生物降解。利用能促进植物生长的根际细菌或真菌，发展植物-降解菌群协同修复、动物-微生物协同修复及其根际强化技术，促进有机污染物的吸收、代谢及降解是生物修复技术新的研究方向。

6.4 土壤污染修复案例

针对重金属污染场地可按污染源-暴露途径-受体将污染源处理技术分为生物修复、植物修复、化学修复、土壤淋洗、电动力学修复、挖掘等。对暴露途径进行阻断的方法有固化稳定化、帽封、垂直/水平阻控系统等。降低受体风险的措施有增加室内通风强度、引入清洁空气、减少室内扬尘、减少人体与粉尘接触、对裸土进行覆盖、减少人体与土壤的接触、改变土地或建筑物的使用类型、设立物障、减少污染食品的摄入、工作人员与其他受体的转移等。

案例 6.3 某地因砷污染导致 600 多亩稻田弃耕，在田间种植蜈蚣草，蜈蚣草叶片砷含量高达 0.8%。

案例 6.4 某河污染底泥重金属污染，对含水率在 80% 以上的河底底泥与城市生活垃圾、工业污泥等混合固化，采用重金属晶化封包剂等将底泥制作为高强度的路基、墙体材料。某地污染土壤经异位药剂处理后，用于筑路材料，具有长期的安全性与稳定性。

表 6.11 列举了各类重金属污染场地修复技术的评估情况。

表 6.11 各类重金属污染场地修复技术的评估

技术方法	成熟度	适合土壤类型	成本	去除率/%	修复时间	修复效果	局限与风险
植物修复	应用	无关	低	<75	≥2a	筛选培育品种是关键。无二次污染，环境友好	费用低、耗时长，不适合低渗透性土壤。植物活性受环境影响，可用于其他方法难以应用的场地
化学修复	应用	不详	中	>50	1~12月	改变重金属存在形态，降低生物有效性，但金属仍在土壤中	环境改变可能再次释放，容易再度活化产生危害
土壤淋洗	应用	F~I	中	50~90	1~12月	污染物彻底移除，最为快捷有效	难以大规模处理，导致土壤结构破坏，生物活性下降，肥力降低，不适合黏性土。淋洗废液需处理
电动修复	中试	不详	高	>50	—	土壤组分、pH、缓冲性能、金属种类均影响效果	适合低渗透性土壤，可以控制污染物的流向，也可修复地下水
固化稳定化	应用	A~I	中	>90	6~12月		需要较大场地，药剂配方属于专利，具有稳定期限
垂直水平阻隔	应用	A~I	中		≥2a	区域控制、治理修复，常用于填埋场渗滤液阻控	
改变利用方式	应用	A~I	低				可能降低土壤的使用价值
移走受体	应用	A~I	低				损失土地的使用价值

注：A—细黏土；B—中粒黏土；C—淤质黏土；D—黏质肥土；E—淤质肥土；F—淤泥；G—砂质黏土；H—砂质肥土；I—砂土。

　　在环境突发事件中，同大气和水污染一样，土壤污染对人体健康和生态环境有严重危害。由于土壤的自净能力较弱，其危害期更长。与常规污染场地修复相比，重大事故污染场地应急治理缺乏必要的参考标准和储备技术，但其必须在短期内完成实施，而且社会关注度极高，具有紧迫性、敏感性和复杂性的特点，并应保证治理工程的安全高要求和环保高标准。2014年的《国家突发环境事件应急预案》明确了需要对土壤污染采取紧急措施予以应对。事故后应立即成立应急治理技术支撑队伍，制定应急治理工作方案；开展场地污染类型、范围和程度调查，对污染物进行全扫描，且一定要高效完成调查，尽快确定污染类型和深度。在此基础上编制应急治理技术方案，明确治理目标、优先次序和技术可靠性、先进性，并由环境保护部组织专家论证；在论证通过的技术方案基础上制订应急治理工程方案、环境监测方案和工程验收方案，尽快启动修复工作，确保治理工程不产生次生安全事故和二次污染。

　　案例6.5　位于美国新泽西州伊丽莎白市的Chemical Control Corporation（CCC）超级基金场地，占地约8100m²，位于靠近伊丽莎白河附近的工业区。历史上曾经是一片沼泽地，从1970—1978年CCC公司将场地作为危险废物储存、处理和处置设施，接受过不同类型的化学品，比如废酸、含砷废物、废碱、氰化物、易燃溶剂、多氯联苯、压缩空气、生物制剂、杀虫剂等。在其运行期间，CCC经常因不当排放和固体废物储存被新泽西州警告。1979年，新泽西环保厅启动了对场地的清理工作，包括去除现场剩余的化学品存储桶、压缩空气瓶、具传染性的固体废物、放射性废料、易爆液体、建筑垃圾、罐体，以及0.91m厚的污染土壤。然而，1980年发生的一起火灾及爆炸打断了新泽西环保厅主导的清理工作。场地被完全摧毁，甚至导致一些燃烧着并装有固体废物的存储桶被射向空中，救火时产生的消防废水流入了伊丽莎白河。场地的初步清理由于此起火灾及爆炸事件的严重后果大大加快，并于1981年结束。

　　处理分为两步：①明确最终修复方案。调查结果显示，现场表层土壤及附近伊丽莎白河中的底泥受到了挥发性有机物（VOCs）、半挥发性有机物（SVOCs）、农药、重金属的污染；现场的深层土壤则受到了VOCs的污染。而且，场地靠近河口以及河口动物区系关键栖息地，受污染的地表水以及底泥将对这些关键栖息地构成非常大的威胁。②现场治理。分为三个步骤，应急处置以及两个长期的修复阶段。从20世纪80年代早期开始，美国环保署采取了一些应急处置措施以保护人体健康和环境安全。包括移除以及清理现场11个集装箱和1辆真空槽车，清理堵塞了的所有雨水管、187个现场气瓶以及从伊丽莎白河打捞上来的1个气瓶的采样以及移除工作，完成有针对性的场地调查工作，以及移除所有场地周边与场地相关的容器。完成应急处置措施之后，美国环保署修建了雨水截流井和围堰以防止现场受污染土壤随雨水流入伊丽莎白河，并且清除了5个箱式货车。除此之外，气瓶中无害的气体被直接排放，易处理的气体在现场被处理后排放，而有毒有害气体则外运加以合理后续处置。所有这些现场治理过程中产生的危险废物均在及时收集后由美国环保署送往一个联邦许可的处置场地。

　　1987年，美国环保署制订了本场地污染土壤的最终修复方案，包括：①对现场污染土壤进行固化稳定化处理，以大幅降低污染土壤中污染物的迁移性；②移除早期现场应急措施中产生并留下的各种固体废物；③封掉场地内污水管线与外界的接口；④修缮将场地与伊丽莎白河分隔开的围堰；⑤采集并分析环境样品以确认选用修复方案的实施效果。每5年一次评估，3次验证是否达到决策目标。最终，场地修复在1993年12月完成。按照美国环保署的规定，如果超级基金场地在修复完成后，污染物浓度仍然高于允许无限制使用的限值的话，这一场地每5年应完成一次评估。其主要目的是调查在完成污染治理修复以后，遗留在现场的超过非限制使用土壤标准的污染物是否会对人体健康和环境还造成足够的危害，以及污染治理修复是否达到了决策记录（Record of Decision，ROD）的既定目标。美国环保署在1998年完成了第一次5年评估，其结果显示固化稳定化处理后的污染土壤没有产生任何渗滤液，且现场3号监测井中特征污染物氯乙烯与2-丁酮的浓度均大幅下降，但其中1号监测井中污染物的浓度降低不如2号显著。进一步的调查结果显示，修复过程中由于重型设备不便施工，位于现场泥浆墙与伊丽莎白河之间尚存在一小部分污染土壤没有得到修复。有鉴于此，美国环保署和污染责任方达成共识，之后对这一区域中的污染土壤及地下水施用了修复药剂，修复效果较为显著。2009年，美国环保署完成了针对本场地的第三次5年评估，其结果显示所完成的场地修复仍然能够满足对人体健康和环境的保护。目前，美国环保署正在考虑将本项目场地从国家优先名录（NPL）中删除掉，即不再作为超级基金场地对待。

6.5　土壤修复技术的发展趋势

目前我国土壤修复主要借鉴或引进国际上已成熟的修复技术，通过引进-吸收-消化-再创新来发展土壤修复技术，但国内土壤类型、条件和场地污染的特殊性决定了需要发展具有自主知识产权并适合我国国情的实用修复技术与设备，以促进我国土壤修复市场化与产业化的发展。目前单一的修复方法很难完全去除污染物，有的修复时间很长，有的对土壤的扰动很大，成本太高。土壤修复朝着寻求有效的强化手段提高污染物移除效率、开发新的联合修复技术、构建土壤修复生态工程方向发展。土壤修复技术应该从生态学角度出发，在修复污染的同时，维持正常的生态系统结构和功能，实现绿色意义的污染土壤修复，实现人和环境的和谐统一。修复土壤污染的同时，必须尽量考虑工程实施给环境带来的负面影响，阻止次生污染的发生，防止次生有害效应的产生。

土壤修复需求巨大，然而市场尚需更加规范、资金缺乏、技术不成熟却制约着它的发展。国家应该在开展典型地区、典型修复的土壤污染治理试点基础上，通过探索各类型的土壤修复经验，制定较为完善的土壤修复技术体系，并参照发达国家经验，有计划、分步骤、科学地推进土壤污染治理修复。对于不同区域以及不同污染，应因地制宜采取不同的修复方法。

土壤修复技术已经历四个阶段的发展：20世纪70年代，化学控制、客土改良；20世纪80年代，稳定与固定、微生物修复；20世纪90年代，植物修复；21世纪初，生物/物化联合修复，并逐渐将污染治理的重点集中到污染场地修复。目前土壤修复技术正朝着6大方向发展，即向绿色可持续与环境友好的生物修复、联合杂交的综合修复、原位修复、基于环境功能材料的修复、基于设备化的快速场地修复以及土壤修复决策支持系统及修复后评估等技术方向发展。绿色可持续修复是一种考虑到修复行为造成的所有环境影响而能够使环境效益最大化的修复行为。对环境的影响可以降低到最小程度，将节能减碳及扩大回收植入修复技术的设计及执行，如植物修复技术、生物修复技术、修复土壤的再回收使用或者物化生物联合修复技术等，都可以称为绿色可持续修复技术。

7 污染地下水修复技术

地下水治理是一个复杂系统工程，首先要进行水文地质调查和监测，掌握污染场地地下水的赋存规律、地下水的水化学特征、地下水的补给-排泄-径流、地下水动态、地下水污染源与途径、地下水污染现状及污染物迁移-转化规律。地下水赋存环境表现出的隐蔽性、延迟性和系统复杂性，致使地下水的污染修复极其困难和昂贵。

地下水污染方式可分为直接污染和间接污染两种。直接污染的特点是污染物直接进入含水层，在污染过程中，污染物的性质不变，是地下水污染的主要方式。间接污染的特点是，地下水污染并非由于污染物直接进入含水层引起的，而是由于污染物作用于其他物质，使这些物质中的某些成分进入地下水造成的。间接污染过程复杂，污染原因易被掩盖，要查清污染来源和途径较为困难。地下水污染的结果是使地下水中的有害成分如酚、Cr、Hg、As、放射性物质、细菌、有机物等的含量增高。污染的地下水对人体健康和工农业生产都有危害。

造成地下水污染主要有四个类型：一是海水倒灌造成的地下水污染；二是地表水造成的污染；三是工业污水的污染；四是垃圾填埋造成的污染。地下水污染影响因素主要有人类生活对地下水造成的污染，农药、化肥的施用不尽合理，农村畜禽养殖业的污染，固体废物处置不当，污水灌溉及某些小企业污废水的渗坑排放对地下水的污染。对地下水的污染途径可以分为间歇入渗型、连续入渗型、越流型、径流型。连续入渗和间歇入渗污染地下水的主要是污染潜水。对含水层污染的主要是越流型污染，它对地下水的影响很大。在地下水中最难治理和对人类危害最大的是有机污染。USEPA 水质调查发现供水系统中有机污染物 2110种，饮用水中含 765 种。

有机物进入地下环境后，主要有 4 种赋存形态，即自由态、残留态、挥发态和溶解态。残留态是指由于毛细作用或吸附作用残留在介质孔隙中的有机物，该形态有机物以液态形式存在，但不能在重力作用下迁移，是最难去除的部分。有机污染物中影响较大的主要是氯代有机物，如 C_2Cl_2（PCE）、三氯乙烯 C_2HCl_3（TCE）、$C_2H_2Cl_2$（DCE）、C_2H_3Cl（VC）。

地下水风险评估、迁移途径与修复研究主要集中在非水相液体（Non-aqueous Phase Liquids，NAPL）。根据密度大小，将 NAPLs 分为轻质非水相液体（Light Non-Aqueous Phase Liquids，LNAPLs）和重质非水相液体（Dense Non-Aqueous Phase Liquids，DNAPLs）。重质非水相液体一般是指密度大于 $1.01g/cm^3$，并且在水中的溶解度小于 20000mg/L 的液体。由于 DNAPLs 的低水溶性、弱迁移性、难降解性并能穿透含水层而滞留在含水层底部，DNAPLs 是与水、气互不相容的流体，在含水层中的运动表现为 DNAPL-水-气三相共有的状态，属多孔介质中的多相流问题。

重质非水相液体（DNAPLs）、轻质非水相液体（LNAPLs）和重金属类污染物已经成为目前地下水污染控制的重中之重。地下水污染脆弱性是指污染物自顶部含水层以上某一位置到达地下水系统中某一特定位置的趋势和可能性，进一步分为固有脆弱性和特殊脆弱性。

地下水污染脆弱性受地下水流系统和地球化学系统的影响和控制，其主要评价方法有主观分级评价法、统计或基于过程的评价法和综合评价法三大类。

缺少了地下水修复，不仅会失去"最后的水资源"，就连花费重金修复了的土壤污染都可能"死灰复燃"。

7.1 地下水污染原位修复技术

地下水修复技术主要包括原位修复技术、异位修复技术与监测自然衰减技术（monitored natural attenuation，MNA）。原位修复技术主要有原位空气扰动技术（air sparging，AS）、生物曝气技术（biosparging，BS）、可渗透反应屏障技术（permeable reaction barrier，PRB）、地下水循环井技术（groundwater circulation well，GCW）、原位化学氧化技术（in situ chemical oxidation，ISCO）、原位反应带技术（in situ reaction zone，IRZ）、表面活性剂强化含水层修复技术（surfactant-enhanced aquifer remediation，SEAR）等；异位修复技术主要有抽出处理技术（pump&treat，P&T）。地下水修复技术类型见表 7.1。

表 7.1 地下水修复技术类型

	原位生物修复技术	强化生物降解；植物修复；生物空气扰动、生物通风；生物可渗透反应墙
原位修复技术	原位物理/化学修复技术	空气扰动；化学氧化；化学还原；热处理；土壤气相抽提；电化学分离；循环井；可渗透反应墙；原位冲洗；原位固化/稳定化；定向井；水力压裂
异位修复技术	异位生物修复技术	生物反应器/生物堆；人工湿地；土地处理
	异位物理/化学修复技术	地下水抽取；两相抽提；吸附/吸收；化学萃取；氧化还原、高级氧化；汽提；离子交换；混凝/沉淀；脱卤；分离
自然衰减		监测自然衰减

地下水污染修复技术简介见表 7.2。

表 7.2 地下水污染控制修复领域主要技术简介

英文技术名称	中文名称	简介
air sparging	曝气/空气扰动	向受污染含水层注入空气或氧气，使挥发性污染物进入非饱和带。常与土壤汽提技术联合使用
bioremediation	生物修复	使用微生物降解地下水中的污染物
in situ chemical reduction	原位化学修复	使用还原剂（如零价铁）降解地下水中的有毒有机污染物、无机污染物，或者通过吸附及沉淀反应去除地下水中的重金属污染物
in situ oxidation	原位氧化	使用氧化剂对挥发性及半挥发性污染物进行降解
multi-phase extraction	多相提取	使用真空系统去除受污染地下水、分离态的石油污染物及挥发性污染物
nanotechnology	纳米技术	使用纳米材料（如零价铁、二氧化钛等）降解污染物
natural attenuation	自然衰减	由自然环境中发生的物理化学生物反应降解或使污染物浓度降低
permeable reactive barriers	渗透反应墙	由反应填料构建地下反应墙使流经的受污染地下水得以净化
soil vapor extraction	土壤汽提	常与空气扰动法联用，使用真空装置清除土壤（非饱和带）中的挥发性/半挥发性污染物

英文技术名称	中文名称	简介
in situ thermal treatment	原位热处理	使用电阻加热、高频加热等使污染物(如 NAPLs)气化进入土壤(非饱和带),进而由收集井等提取污染物
groundwater circulation well	地下水循环井修复技术	由内井管和外井管组合嵌套、气水分离形成三维循环,曝气吹脱去除。内井管中可设置生物反应器、活性炭吸附罐等
pump & treat	抽出-处理	布设抽水井将受污染地下水(污染物)抽出后进行处理

7.1.1 空气注入修复技术

7.1.1.1 技术概况

地下水曝气法(air sparging,AS)是将空气注进污染区域以下,将挥发性有机污染物从饱和土壤和地下水中解吸至空气流并引至地面上处理的原位修复技术。地下水曝气法是20 世纪 80 年代末发展起来的一种处理地下水饱和带挥发性有机污染物的原位修复技术,将压缩空气注入地下水饱和带,提高污染场地内氧气浓度,挥发及半挥发性有机污染物通过挥发、好氧降解等过程被去除。由于具有成本低、效率高且可原位施工等优点,挥发性有机污染物地下水曝气修复技术近年来在国际上得到了快速发展。由于其成本低、效率高、可原位施工的优势使其得到广泛应用,多应用于分子量较小、易从液相变为气相的污染物。

AS 技术将压缩空气注入地下水饱和带,气体向上运动过程中引起挥发性污染物自土体和地下水进入气相,当含有污染物的空气升至非饱和带,再通过气相抽提系统处理从而达到去除污染物的目的,如图 7.1 所示。由于受到空气扰动水相与非水相流体(NAPLs)接触面积增大,污染物溶解速率将有所加快。此外,土体中有机质对污染物有较强的吸附作用,并且土体水相饱和度也会影响 NAPLs 的吸附量。AS 过程向饱和土层提供氧气,挥发只是使污染物移出处理区,生物降解作用则可将有毒污染物转化为无害物质。在 AS 修复后期,残余污染物的挥发和溶解性均较差,此时生物降解对污染物去除贡献增大。

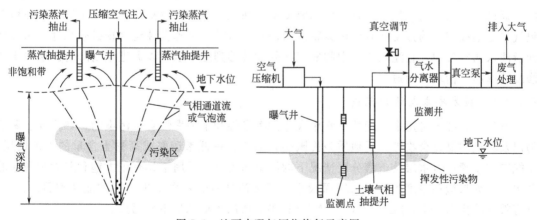

图 7.1 地下水曝气原位修复示意图

对于有机烃类污染,可用空气冲洗,即将空气注入到受污染区域底部,空气在上升过程中,污染物中的挥发性组分会随空气一起溢出,再用集气系统将气体进行收集处理;也可采用蒸汽冲洗,蒸汽不仅可以使挥发性组分溢出,还可以使有机物热解;另外,用酒精冲洗亦可。理论上,只要整个受污染区域都被冲洗,则所有的烃类污染物都会被去除。

溶气水供氧技术是弗吉尼亚多种工艺研究所的研究人员开发的技术。它能制成一种由 2/3 气和 1/3 水组成的溶气水，气泡直径可小到 55μm 或形成纳米气泡。把这种气水混合物注入受污染区域，可大大提高氧的传递效率。

污染含水层有较强的水力传导性是一个有利于去污方案的实施并有效的重要因素。空气注入技术是在气相抽提（SVE）的基础上发展而来的，通过在含水层注入空气使地下水中的污染物汽化，同时增加地下氧气浓度，加速饱和带、非饱和带中的微生物降解作用。汽化后的污染物进入包气带，可利用抽气装置抽取后处理，因此也称生物曝气技术（bio sparging）。AS（air sparging）和 BS（bio sparging）是两种去除饱和区有机污染物的土壤原位修复方法。空气喷射（air sparging）将压缩空气注入水平面以下的非承压含水层中。通过挥发作用去除 VOC 的同时，可以刺激好氧生物降解过程。该方法适用于渗透性好和均质的土壤。AS 是将空气注进污染区域以下，将挥发性有机污染物从饱和土壤和地下水中解吸至空气流并引至地面上处理的原位修复技术，该技术被认为是去除饱和区土壤和地下水中挥发性有机化合物的最有效方法。BS 是在 AS 基础上发展起来的，实际上是一种生物增强式 AS 技术，将空气（或氧气）和营养物注射进饱和区，利用本土微生物降解饱和区中的可生物降解的有机成分。其首要目标是增强氧气的传送和使用效率来促进生物降解。抽出处理技术是去除和抑制地下水有机污染采用最为广泛的一种方法，但是由于 DNAPLs 的低水溶性和弱迁移性，因此要达到处理目标耗时较长，耗资也较大，特别是治理裂隙基岩含水层有机污染时，很少或几乎没有水能冲洗到死端裂隙及其间的孔隙。应用一些化学试剂如表面活性剂、酒精或环糊精来减弱水相和 DNAPLs 间的表面张力可以增加 DNAPLs 的溶解度或增强 DNAPLs 的迁移性来提高抽出治理技术的修复效果。目前研究较多的是表面活性剂（SEAR）和酒精。

空气注入技术中的物质转移机制依靠复杂的物理、化学和微生物之间的相互作用，由此派生出原位空气清洗、直接挥发和生物降解等不同的具体技术与修复方式，常与真空抽出系统结合使用，成本较低。通过向地下注入空气，在污染羽下方形成气流屏障，防止污染羽进一步向下扩散和迁移，在气压梯度作用下，收集地下可挥发性污染物，并以供氧作为主要手段，促进地下污染物的生物降解。可以修复溶解在地下水中、吸附在饱和区土壤上和停留在包气带土壤孔隙中的挥发性有机污染物。为使其更有效，可挥发性化合物必须从地下水转移到所注入的空气中，且注入空气中的氧气必须能转移到地下水中以促进生物降解。该技术的修复效率高，治理时间短。

7.1.1.2　技术要求与适用范围

空气注入技术可用来处理地下水中大量的挥发性和半挥发性有机污染物，如汽油、苯系物以及其他碳氢化合物等。受地质条件限制，不适合在低渗透率或高黏土含量的地区使用，不能应用于承压含水层及土壤分层情况下的污染物治理，适用于具有较大饱和厚度和埋深的含水层。如果饱和厚度和地下水埋深较小，那么治理时需要很多扰动井才能达到目的。AS 可有效去除由 BTEX、PCE、TCE、MTBE 等造成的土壤和地下水污染。

AS 影响区大小的参数包括影响半径（radius of influence，ROI）和渗气夹角。单井影响区形状是圆锥面或抛物面。当土体粒径较小（<0.75mm）时，气体以微通道方式运动。当粒径较大（>4mm）时，气体以独立气泡方式运动。有效粒径越小，气体在土体中的水平运移能力越强，对于粒径特别细小的砂土（<0.21mm），曝气过程中空气运动甚至表现为槽室流，此时气流覆盖区边界为明显不规则形状。

AS 过程中首先被去除的是具有高挥发性和高溶解性的 NAPLs 化合物，低挥发性和低溶解性的化合物较难去除，会出现修复"拖尾"现象。NAPLs 饱和蒸气压高于 0.5mm Hg 时可以初步判定其具有一定挥发性，适合于地下水曝气修复处理。污染物的亨利常数越高，污染物越容易通过挥发作用去除；亨利常数越低，所需曝气流量越大，修复时间也越长。

最小曝气压力取决于曝气点附近的静水压力和毛细管力，粒径越大毛细管阻力越小，最小曝气压力也越小。土体的气相饱和度以及微通道密度会随着曝气压力的增大而增大，AS 的影响半径也随之增大。为避免对曝气点附近造成不必要的土体扰动破坏和产生永久性气体通道，曝气压力不宜超过有效上覆应力。

$$P_{max} = 9.8H_1G_s(1-e) + 9.8H_2G_se$$

式中，P_{max} 为最大曝气压力，kPa；H_1 为曝气深度，m；G_s 为土的密度，kg/m³；e 为土的孔隙比；H_2 为含水层厚度，m。

曝气井口安装位置应略低于污染物分布区，使曝入的空气既可到达整个污染区又不致操作成本过高，AS 过程中位于曝气点下方含水层中的溶解态污染物较难挥发去除。曝气井越深，空气向上运动时水平迁移范围越大，有利于污染物的去除。但随着曝气井深度的增加，饱和土体中气体的相对渗透率不断下降，对污染物的去除不利。曝气方式主要分为连续和脉冲曝气 2 种类型，连续曝气过程地下水中气流分布相对稳定，脉冲曝气方式包含相态重分配过程，在一定程度上有利于污染物的去除。间歇曝气脉冲频率为运行 4h、关闭 4h。曝气系统渐进启动方式要比突然启动更优越，因为土层对于不同脉冲中的空气通道结构似乎具有"记忆性"，因此初始空气通道结构的形成对于以后系统的运行非常重要。

7.1.2 地下水循环井技术

地下水循环井技术（Groundwater Circulation Well，GCW）早期称为"井中曝气、井中处理技术"，最早出现于 1974 年 Raymond 的原位微生物修复实验中。德国的 IEG Technologies Cooporation 大量研发与应用，增加了井中处理单元，研发特殊的过滤器或减缓堵塞等。1980 年首次在欧洲商业应用，20 世纪 90 年代斯坦福大学的 Gorelick 研发了简化的气流提升井中处理系统（密度驱动对流系统），90 年代后期，GCW 技术相对成熟。地下水循环井技术是在 AS 修复技术上的改进，结合了原位汽提、吹脱、抽提，增强地下水的生物效应及氧化效果等技术，通过井管的特殊设计，分上、下两个过滤器，通过气体提升或机械抽水使地下水在上、下两个过滤器形成循环，通过在内井曝气，形成的气水混合物不断上升，至循环井内井顶端后自由跌落，由外井上部穿孔花管反渗回含水层，气体则经气水分离器排出；在循环井的下部，由于曝气瞬间形成的井内外流体密度差异，井周围的地下水不断流入循环井；通过持续曝气，最终在循环井周围形成地下水的三维循环。通过气、水两相间传质，地下水中的挥发和半挥发性有机物由水相挥发进入气相，通过曝气吹脱作用去除；同时空气中携带的氧气溶解进入水相，并在浓度梯度作用下不断扩散，在循环井周围形成一个强化原位好氧生物降解区域。GCW 运行稳定后，地下水在循环井的周围形成一个三维椭圆形流场，其中垂直水力冲刷作用可以使吸附或残留在介质孔隙中的有机物逐渐解吸或溶解进入水相，最终通过物理化学方法或生物降解去除。

地下水循环井的鼓气装置用于降低水的密度，并提升井周围的水面高度，依次在井内产生负压，导致水流回井内。鼓气装置产生向上的动力，导致气压和浓度梯度由低到高的区间差异，以驱动地下水的循环运动。井顶部安装真空密封装置用以从地下抽取蒸汽。蒸汽抽提装置产生的负压会引起井内水位抬升，增加梯度差异。该装置还可以去除井周围非饱和带中的气体。土壤抽提装置和鼓气装置能进一步扩大水流的影响半径。井的底部安装潜水泵，将水提升至井顶部后通过喷头向下喷洒。水流在井及管道系统中如瀑布般落下，增加了物质的转移的接触面积，类似于气体吹脱塔。同时，通过井底部的鼓气装置可以增强吹脱效果。实质上，地下水循环井扮演着地下吹脱塔的角色，经过抽提、吹脱后富含溶解氧的水流在井系统中下落，水位抬升后溢流回地下含水层渗流区域。水头压力可以扩大该区域内水力影响半径并增强对污染物的冲洗效果。紫外线处理装置或添加臭氧到鼓气装置产生的气流中可与该工艺结合使用，且费用不高，容易实现。该组合技术在井周围创造一个循环区域可进一步增强清除效果。

　　空气提升泵方法，即将洁净的空气注入到内井底端，与地下水混合形成气水混合物，密度减小向上迁移，井内外形成的密度差异促使循环井下部花管处的地下水不断流向井内；同时内井管上升的气水混合物，到达气水分离器后发生分离，携带有机物的气体由尾气口排出，地下水则由上部花管反渗回含水层，如图 7.2 所示。通过持续曝气，在循环井周围形成地下水三维循环。过地下水在井内与井外的循环，形成了 2 个主要有机物去除单元：井中汽提和强化原位生物降解。循环井内井曝气过程中，发生相间传质作用，地下水中的挥发性和半挥发性有机物由水相进入气相，通过吹脱去除，空气中的氧气则由气相进入水相，提高地下水中的溶解氧含量，并随着地下水的流动，在浓度梯度作用下，扩散到循环井的影响区域内，进而强化原位好氧生物降解作用，主要依靠井中曝气吹脱和强化原位生物降解。水力传导系数、孔隙度是影响地下水流动的重要参数。直接将尾气引入包气带，利用微生物作用进行降解，省去了地表附属设施，但该技术对污染场地中包气带的要求较高，不具有普遍适用性。

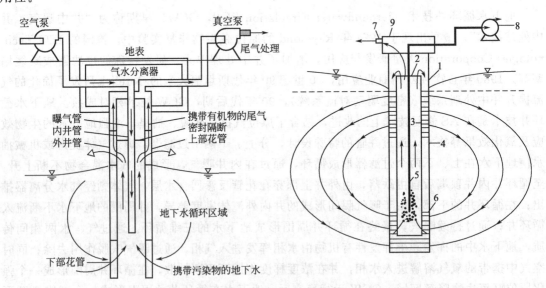

图 7.2　空气提升泵法循环井示意图

1—循环井内井管；2—循环井外井管；3—上部穿孔花管；4—密封隔断；5—曝气管；
6—下部穿孔花管；7—尾气出口；8—曝气泵；9—气水分离室

　　在应用该技术时需要清楚地层地球化学条件、微生物环境条件变化带来的系统变化，如金属氧化物的沉淀、地层的生物堵塞。含水层厚度小需要更多的循环井，每个井的影响范围是井花管长度与两个花管间距离的函数。一般污染含水层的厚度不应小于1.5m，但厚度超过35m又难以形成水的循环。循环井可能会导致自由相的NAPLs发生迁移扩散，应先对自由相的污染物进行抽提去除。当含水层的水平渗透系数大于10^{-5}cm/s时效果较好，如存在低渗透性的DNAPLs透镜体，修复效果会变差。地下水流速太大时，将会导致地下水的绕流，效果变差，当地下水流速大于0.3m/d时，则应注意绕流。GCW的优缺点见表7.3。

表7.3 GCW的优缺点

优点	缺点
1. 费用小、技术简单、只需一口井就可以进行修复，运行与维护费用低，效果好	1. 化学沉淀易导致堵塞
2. 周围三维水流的形成有利于低渗透层中污染物的挥发与微生物降解	2. 含水层太浅效果不佳。当井内设计不合理则会导致污染扩散
3. 容易与其他技术(SVE)联合使用	3. 需要对场地条件与污染物特性进行详细分析
4. 对亨利常数大或污染物浓度高的有机物去除效果好	4. 在亨利常数小或污染物浓度低时去除效果好。对大分子量有机化合物或疏水性有机污染物的效果相对较差

7.1.3 可渗透反应墙技术

原位可渗透反应墙技术（Permeable Reactive Barrier，PRB）是一种实用的现场修复技术。可渗透反应墙是一种被动原位处理技术，按照USEPA的定义，可渗透反应墙是一个被动的反应材料的原位处理区，这些反应材料能够降解和滞留流经该墙体地下水的污染组分，从而达到治理污染组分的目的。在地下水走向下游区域内的土壤具有一定的可渗透能力，使处于地下水走向上游的"污染斑块"中的污染物能够顺着地下水流以自身水力梯度进入"处理装置"，而处理装置通常通过挖一人工沟渠建成，沟渠中则装填着渗透性较差的化学活性物质。污染物通过天然或者人工的水力梯度被运送到经过精心放置的处理介质中，形成一个清除地下水斑块。这种污染地下水斑块流经反应墙，经过介质的吸附、淋滤以及化学和生物降解，去除溶解的有机质、金属、放射性物质以及其他的污染物质。与传统的地下水处理技术相比较，可渗透反应墙技术是一个无需外加动力的被动系统，特别是该处理系统的运转在地下进行，不占地面空间，比原来的泵取地下水的地面处理技术要经济、便捷。可渗透反应墙一旦安装完毕，除某些情况下需要更换墙体反应材料外，几乎不需要其他运行维护费用。实践表明，与传统的地下水抽出再处理方式相比，该技术操作费用至少能够节约30%以上。

可渗透性反应墙借助充填于墙内的、针对不同污染物质的不同反应材料与污染物质进行化学反应与生物降解，达到去除溶解相污染物的目的。不同填料去除污染物情况见表7.4。其主要由可渗透反应单元组成，通常置于地下水污染羽状体的下游，与地下水流相垂直。PRB的填充介质比含水层的渗透性更大一些，以利于污染地下水的流入，并不会明显改变地下水的流场。污染物去除机理包括生物和非生物两种，污染地下水在水力梯度作用下通过反应单元时，产生沉淀、吸附、氧化还原和生物降解反应，使水中污染物得到去除。可渗透性反应墙一般设置在含水层中，垂直于地下水流方向，当地下水流在自身水力梯度作用下通过反应墙时，污染物与墙体材料发生反应而被去除，从而达到修复环境的目的。其修复效果受到污染物类型、地下水流速、其他水文地质条件等因素的影响。相对于抽出处理等传统方法，

表 7.4　不同填料去除污染物情况

目标污染物	反　应　填　料
PCE，TCE，DCE，TCA，VC	零价铁，活性炭，改性沸石，零价锌等
BTEX	活性炭，释氧材料，堆肥，零价铁，改性沸石，泥炭，锯屑
苯酚	活性炭，改性沸石
硝基苯	零价铁
PCB，PAHs，DDE，DDT，DDD	活性炭，零价铁
Ni，Cu，Zn，Pb，Cd，Fe，As，Cr，Hg 等	石灰岩，沸石，零价铁，磷灰石，活性氧化铝，氢氧化亚铁，壳聚糖，矾土等
U，Tc，Mo，Se，Cs，Sr，Pu，Am	零价铁，羟磷灰石，石灰石，核桃壳，煤块，氧化钛，氯化亚铁，硝酸亚铁
NO_3^-，NH_4^+	零价铁，锯屑，核桃壳，木屑，堆肥，聚苯乙烯，小麦秸秆，软木，砂，玉米穗，沸石
PO_4^{3-}	零价铁，氧化铁，泥炭，砂，石灰石
SO_4^{2-}	石灰石，改性沸石，零价铁
Cl^-	零价铁，沸石，活性炭

渗透性反应墙具有能持续原位处理污染物（5~10 年）、同时处理多种污染物、性价比相对较高等优点。纳米技术的发展给氯代烃类污染地下水环境的可渗透性反应墙修复带来了一种新的颇具潜力的方法。但渗透性反应墙具有易被堵塞、地下水的氧化还原电位等天然环境条件遭破坏、工程措施及运行维护相对复杂等特点，加上双金属系统、纳米技术成本较高，这些因素阻碍了渗透性反应墙的进一步发展及大力推广。

从污染源释放出来的污染物质在向下游渗流过程中，溶解于水中形成一个污染地下水羽流，经反应墙，通过物理、化学及生物过程得到处理与净化。在原位反应墙修复技术中，最重要的功能单元为原位反应器。根据特定地质和水文条件、污染物的空间分布来选择反应墙（PRB）的类型。PRB 按照结构，分为漏斗-门式 PRB 和连续透水的 PRB。漏斗-门式 PRB 由不透水的隔墙、导水门和 PRB 组成，适用于埋深浅、污染面积大的潜水含水层；连续透水的 PRB 适用于埋深浅、污染羽流规模较小的潜水含水层。其特点表现为 PRB 垂直于污染羽流运移途径，在横向和垂向上，横切整个污染羽流。PRB 按照反应性质，可分为化学沉淀反应墙、吸附反应墙、氧化-还原反应墙、生物降解反应墙等。PRB 中填充的介质包括零价铁、螯合剂、吸附剂和微生物等，可用来处理多种多样的地下水污染物，如含氯溶剂、有机物、重金属、无机物等。污染物通常会在反应墙材料中发生浓缩、降解或残留等反应，所以墙体中的材料需要定期更换，更换可能产生二次污染。该技术较成熟，成本较低，已有较多应用。可渗透反应墙克服了抽出处理系统因许多化合物溶解度和溶解速率低而带来的限制。在过去的 10 年中，应用粒状零价铁已被证明能有效地原位修复氯代有机溶剂污染羽。零价铁降解氯代有机物反应是非生物的，并受制于零价铁的表面积、环境的 pH 值和污染物相对应的半反应的还原电位。双金属系统是指 Fe^0 颗粒上镀上第二种金属，如镍和钯，成为 Ni/Fe 和 Pd/Fe 双金属系统。零价铁表面的钯加速了靶污染物的脱氯，反应速率比零价铁系统最大可快 10 倍，可是随着反应进行，由于铁氧化膜的阻碍，使得作为催化剂的钯催化速率降低。在双金属系统中，因为含有镍或钯这样的氢化催化剂和能产生氢气的金属铁，从而提供了第二种还原途径，通过还原途径使氯代烃脱氯，这种系统称为催化脱卤加氢系统（catalytic dehydrogenation system），其反应机理是催化脱卤化氢/氢化机理。

活性渗滤墙技术的活性材料要求具有以下特性：①对污染物吸附降解能力强，活性保持时间长；②在水力和矿化作用下保持稳定；③变形较小；④抗腐蚀性较好；⑤粒度均匀，易于施工安装。反应填充介质有零价铁、磷灰石、沸石、熔渣、铁碳混合物、有机黏土、微生物载体与营养物等。

该技术可通过填充零价铁等去除地下水中的氯代烃等；可采用活性炭作为填充介质处理六价铬等重金属；厌氧反应墙可去除地下水中的硝酸盐等。此外还可有效去除砷、氟化物、垃圾渗滤液等。

PRB处理污染地下水使用的反应材料，最常见的是零价铁，其他还有活性炭、沸石、石灰石、离子交换树脂、铁的氧化物和氢氧化物、磷酸盐以及有机材料（城市堆肥、木屑）等。

活性渗透格栅主要适用于较薄、较浅含水层，一般用于填埋渗滤液的无害化处理。具体做法是在污染羽流的下游挖一条沟，沟挖至含水层底部基岩层或不透水黏土层，然后在沟内填充能与污染物反应的透水性介质，受污染地下水流入沟内后与该介质发生反应，生成无害化产物或沉淀物而被去除。常用的填充介质有：灰岩，用以中和酸性地下水或去除重金属；活性炭，用以去除非极性污染物和 CCl_4、苯等；沸石和合成离子交换树脂，用以去除溶解态重金属等。

在 PRB 区域内填充释氧物质（如 CaO_2、MgO_2）可以增加地下水中溶解氧的含量。氢释放组分（Hydrogen Release Compound，HRC）技术就是通过提供还原剂加速六价铬向三价铬的转化，最终刺激其生成络合化合物而快速沉淀下来。二价铁离子的加入可以加速六价铬从地下水中快速地去除。

铁是天然水体中的微量元素之一。铁对人体健康无毒理影响，只是影响水的使用，能明显地影响饮水的味道，而且能够沾污洗涤衣物。工业的或普通的铁必含有少量碳、磷等杂质，在潮湿空气中易生锈。铁是活泼金属，电极电位为 $E^{\ominus}(Fe^{2+}/Fe)=-0.440V$，它具有还原能力，可将在金属活动顺序表中排于其后的金属置换出来而沉积在铁的表面，还可将氧化性较强的离子或化合物及某些有机物还原。Fe^{2+} 具有还原性，$E^{\ominus}(Fe^{3+}/Fe^{2+})=0.771V$，因而当水中有氧化剂存在时，$Fe^{2+}$ 可进一步氧化成 Fe^{3+}。零价铁（ZVI）属于中等还原剂，可对许多卤代有机污染物进行脱卤反应，可以去除六价铬、Al、Mn、Pb、As和铀等。在地下水中的铁有两种价态存在，即 Fe^{2+} 和 Fe^{3+}。在还原条件下，铁以 Fe^{2+} 的形式存在，在较还原的条件下，水中的 Fe^{2+} 是稳定的，所以一般高铁地下水都是含 Fe^{2+} 高的地下水，且多以 $Fe(HCO_3)_2$ 形式存在；在氧化条件下，Fe^{2+} 氧化为 Fe^{3+}，并形成 $Fe(OH)_3$ 胶体，很少有游离的 Fe^{3+}，只有在很酸性的强氧化条件（$Eh>0.7V$）下，地下水中存在 Fe^{3+}。南方多出现 Fe^{2+} 高的地下水是因为地层富含有机质消耗了氧。虽然曝气并用石英砂过滤适用于处理含铁量小于 4mg/L 的地下水；曝气天然锰砂接触过滤适用于处理含铁量较高的地下水（$>10mg/L$）。次氯酸钠氧化、锰砂接触催化、活性炭脱氯、纤维球、活化沸石滤料均能除铁，具有反冲洗强度小、反冲洗耗水量小等优点。但如何利用铁细菌的还原作用将 Fe^{3+}、Fe^{2+} 还原为 $Fe^{\ominus}$ 并进一步完成 Feton 或类 Feton 氧化达到对污染物的治理目标有待于进一步研究。

当把含有杂质的铸铁或纯铁和炭的混合颗粒浸没在水溶液中时，铁与碳或其他元素之间形成无数个微小的原电池。电极反应如下。

阳极反应：$\qquad Fe-2e^- \longrightarrow Fe^{2+} \quad E^{\ominus}(Fe^{2+}/Fe)=-0.440V$

阴极反应：$\qquad 2H^+ + 2e^- \longrightarrow 2[H] \longrightarrow H_2 \uparrow \quad E^{\ominus}(H^+/H_2)=0.00V$

当水中溶解氧时：$\qquad O_2 + 4H^+ + 4e^- \longrightarrow 2H_2O$

$$E^{\ominus}(O_2)=1.23V$$
$$O_2+2H_2O+4e^- \longrightarrow 4OH^-$$
$$E^{\ominus}(O_2/OH^-)=0.40V$$

铁具有电化学性质。其电极反应的产物中新生态的 [H] 和 Fe^{2+} 能与废水中许多组分发生氧化还原作用，可破坏染料的发色或助色基，使之断链，失去发色能力；可使大分子物质分解为小分子的中间体；使某些难生化降解的化学物质变成易生化处理的物质，提高水的可生化性。

铁在偏酸性水溶液中能够直接将染料还原成胺基有机物。因胺基有机物色淡，且易被氧化分解，故废水中的色度得以降低。废水中的某些重金属离子也可以被铁还原出来，其他氧化性较强的离子或化合物可被铁还原成毒性较小的还原态。在偏酸性条件下处理废水时产生大量的 Fe^{2+} 和 Fe^{3+}，当 pH 调至碱性并有氧存在时，会形成 $Fe(OH)_2$ 和 $Fe(OH)_3$ 絮状沉淀，$Fe(OH)_3$ 还可能水解生成 $Fe(OH)^{2+}$ 等络离子，它们都有很强的絮凝性能。这样废水中原有悬浮物，以及通过微电解产生的不溶性物质和构成色度的不溶性物质均可被吸附凝聚，从而使污水得以净化。由此可见，零价铁处理废水是还原作用、微电解作用、混凝吸附作用等综合效应的结果。

零价铁作为活泼金属其电极电位为 $E^{\ominus}(Fe^{2+}/Fe)=-0.440V$，具有较强还原能力，Fe 还原脱氯的反应结果使地下水 pH 升高，在厌氧环境中引起 $Fe(OH)_2$ 和 $FeCO_3$ 沉淀，在富氧环境中，会形成 $Fe(OH)_3$ 和 $Fe_2(CO_3)_3$ 沉淀，沉淀对于降低 Fe 的次生污染十分有益，但 pH 升高会导致 TCE 降解速率的降低，因为生成的沉淀会在金属表面形成氧化膜，阻碍反应的进行。

双金属系统，指在 Fe 颗粒上镀上第二种金属，称为双金属体系，目前主要停留在实验室研究阶段，存在一些需要解决的问题，如第二种金属确切催化作用以及催化剂失活问题、第二种金属的最佳用量问题等。

高活性的纳米铁暴露在空气中会发生自燃，当缓慢接触空气时会被氧化，在其表面生成氧化铁膜而损失其表面活性。在液相中处理疏水性有机物时，由于纳米铁极性与其不同，两者难以接触而使反应速率低。

研究人员用乳液聚合法制备了聚甲基丙烯酸甲酯（PMMA）包覆型纳米铁材料，发现经过包覆的纳米铁表面亲油性和抗氧化性均有所提高，接触空气未发生自燃，但于空气中放置一周后仍发生了明显氧化。

Fe^0 可以还原的有机氯化物（chorinated organic compounds，COCs）包括五氯苯酚（PCP）、六氯苯（HCB）、四氯化碳（CT）、三氯乙烯（TCE）等。向零价铁体系中添加第二种金属（如钯、镍、铜等）等构成双金属体系能够有效避免零价铁表面易形成氢氧化物等惰性层并进一步提高纳米 Fe^0 的作用。

PRB 可用于多种目的，如在处理污染源时可减少污染物迁移的通量，用于污染源的控制与修复。在污染羽下游使用，可保护下游地下水受体，用于污染物的去除。

PRB 技术优、缺点见表 7.5。

可渗透反应墙技术存在的弊病包括：首先，不可能保证把"污染斑块"中扩散出来的污染物完全按处理的需要予以拦截和捕捉；其次，随着有毒金属、盐和生物活性物质在可渗透反应墙中的不断沉积和积累，该被动处理系统会逐渐失去其活性，所以需要定期地更换填充的化学活性物质；最后，环境条件发生改变时，这些被固定的有毒金属可能重新活化。

7 污染地下水修复技术 | 215

表 7.5　PRB 技术优、缺点

内容	优点	缺点
处理范围	由于可以设置多个墙体，因此可以处理多种不同的污染羽	只能处理通过墙体的污染物，同时对于场地的性质、含水层以及水文地质条件有较高要求
工程施工	治理工程中，场地区域的表面土地可以正常使用，同时避免因抽出大量地下水而引起的地下水损失	安装前需要对污染羽的范围进行确定，对于地下 20m 以下的 PRB 安装需要进行大量施工
运行监测	①由于污染物不会被带到土壤表面，因此没有交叉污染的情况。②只需要偶尔进行检测就可以保证正常运行	①地下部分的性能以及结构可能会产生问题且不易调整，反应填料可能需要移除或替换。②缺乏关于墙体寿命的场地数据，可能需要长期进行检测，尤其是污染物比较持久或者地下水流速较慢的情况

7.1.4　化学氧化还原技术

化学氧化还原技术（chemical oxidation/reduction）通过采用渗透格栅控制氧化剂或还原剂的释放形式，可以使这些地球化学变化或其他感观指标的变化对直接处理区以外的地方的影响减至最小。由于注入井数量有限和水力传导系数分布的问题，通过水相注入系统控制氧化剂或还原剂的用量非常困难。无论是采用渗透格栅还是水相注入，都要对含水层的性质、地球化学变化的可逆性（如溶解作用、解吸作用、pH 值变化）、污染物的分布和通量进行详细的评价，以设计出有效的原位处理系统。常用的氧化药剂包括二氧化氯、次氯酸钠或次氯酸钙、过氧化氢、过硫酸盐、高锰酸钾和臭氧等。常用的还原药剂包括零价铁、双金属还原、连二亚硫酸钠、多硫化钙等。

污染物不同可采用不同的氧化还原剂。二氧化氯可以气体形式注入污染区氧化其中的有机污染物，在反应过程中几乎不生成致癌的三氯甲烷和挥发性有机氯。可以水溶液的形式在地下水中添加高锰酸钾，可去除三氯乙烯、四氯乙烯等含氯溶剂，对烯烃、酚类、硫化物和MTBE 等污染物也较为有效。臭氧以气体形式通过注射井进入污染区，可氧化大分子及多环类有机污染物，也可氧化分解柴油、汽油、含氯溶剂等。

原位化学氧化是采用不同的氧化剂（如臭氧、过氧化氢、高锰酸盐、二氧化氯、过硫酸盐、Fenton 试剂等）并用不同的方法传输（如用竖直喷枪使过氧化氢渗入、用竖直或水平的地下井使高锰酸盐注入、用水力压裂在反应区放置高锰酸盐固体等）。目前研究比较多的是原位高锰酸盐化学氧化修复和原位过氧化氢化学氧化修复。高锰酸盐可以用于氯代溶剂（如 TCE、PCE）和石油化学品的就地处理。但原位高锰酸盐化学氧化法修复 DNAPLs 污染时会产生锰氧化物沉淀，降低了多孔介质的渗透率从而降低了 DNAPLs的修复效率。过氧化氢在一定的催化剂如 Fe^{2+} 以及其他氧化剂作用下产生稳定的氧化能力更强的·OH 氧化剂。由铁矿物催化的 Fenton-like 反应能有效修复土壤和地下水的DNAPLs 污染。铁催化氧化过氧化氢有两种类型：Fenton 氧化，利用溶解铁为催化剂，如 Fe^{2+}；Fenton-like 氧化，以铁氢氧化物为催化剂。能否将 H_2O_2 输送到污染区域是Fenton 和 Fenton-like 氧化技术现场应用的关键问题之一。Kalarla 等采用磷酸盐稳定剂来减缓·OH 的释放速度。

原位化学氧化修复（in situ chemical oxidation，ISCO）中的 Fenton 高级氧化技术、臭氧处理技术、高锰酸钾氧化技术、过硫酸盐高级氧化技术能有效去除 DCE、TCE、PCE 等氯化溶剂以及苯、甲苯、二甲苯、乙苯等苯系物，对半挥发性有机物如农药、PAHs、PCBs 等也有一定效果，对于非饱和碳键的化合物如石蜡、氯代芳香族十分有效并有助于生物修复作用。

常用化学氧化还原技术如下所述。

(1) Fenton 试剂与类 Fenton 试剂 Fenton 试剂是通过 Fe^{2+} 与 H_2O_2 之间的链式反应，催化生成羟基自由基（·OH）的试剂。其氧化还原电位为 2.8V，由法国科学家 Fenton 在 1894 年发现。反应控制在 pH=3 的条件下，使得 Fe^{2+} 不易控制，极易被氧化为 Fe^{3+}，传统的 Fenton 试剂反应条件为酸性，易破坏生态系统，不能应用于工程实验。因此，科研人员在传统的 Fenton 试剂（Fe^{2+}/H_2O_2）的基础上，通过改变和耦合反应条件，改善反应机制，制备机理相似的类 Fenton 试剂。如利用铁（Ⅲ）盐溶液、可溶性铁以及铁的氧化矿物（赤铁矿、针铁矿）同样可以使 H_2O_2 催化产生 ·OH，达到降解有机物的目标。大多污染场地中含有铁，可将场地土壤中的铁析出，再注入定量的 H_2O_2 与析出的铁形成 Fenton 试剂或类 Fenton 试剂进行场地的修复。在中性条件下以铁螯合剂作催化剂，H_2O_2 为氧化剂构成 Fenton 试剂，氧化有机物。如 Fe^{3+} 的络合物代替 Fe^{2+} 的 Fenton 反应在接近中性条件下与 H_2O_2 发生反应产生 ·OH，氧化土壤中的农药和多环芳烃。

(2) 臭氧 臭氧略溶于水，标准还原电位为 2.07V。可处理柴油、汽油、含氯溶剂、PAHs。

(3) 高锰酸盐 高锰酸钾还原电位为 1.491V，可将三氯乙烯、四氯乙烯氧化为 CO_2。高锰酸钾对微生物无毒，可与生物修复联合使用。超声波与高锰酸钾联合修复硝基苯具有较好的效果。

(4) 过硫酸盐 过硫酸盐本身氧化性稍弱于 O_3，强于 H_2O_2 和 $KMnO_4$，却很容易被过渡性金属、热、UV（254nm）等条件激活产生强氧化剂过硫酸根自由基（SO_4^-，$E^\ominus = 2.6V$），且地下水和土壤本身就含有大量的过渡性金属离子（Fe^{2+} 等）。当 pH>8.5 时，过硫酸盐（$M_2S_2O_8$，M=Na、K、NH_4^+）对有机物的氧化在热、紫外线、过渡金属（Fe^{2+}、Ag^+、Ce^{2+}、Co^{2+}）等条件的激发下产生硫酸根自由基（·SO_4^-）。如将 Fe-C 加入地下水污染中，8 小时后加入过硫酸盐，利用 Fe 氧化为 Fe^{2+}，激发硫酸盐产生硫酸根自由基（·SO_4^-）对污染物进行降解。如果有锰催化效果会更佳。在基于 ·SO_4^- 的高级氧化体系中，酸性条件下，硫酸根自由基·SO_4^- 是主要自由基；中碱性条件下，·OH 是主要自由基。理论上完全有能力降解大多数的有机污染物，并将其矿化为 CO_2 和无机酸。

$$· SO_4^- + H_2O \longrightarrow · OH + SO_4^{2-} + H^+$$
$$· SO_4^- + OH^- \longrightarrow · OH + SO_4^{2-}$$
$$M^{n+} + S_2O_8^{2-} \longrightarrow M^{(n+1)+} + · SO_4^- + SO_4^{2-}$$
$$S_2O_8^{2-} + 热 \longrightarrow 2 · SO_4^-$$
$$S_2O_8^{2-} + UV \longrightarrow 2 · SO_4^-$$

根据目标污染物对 ·SO_4^- 和 ·OH 敏感度的不同调节 pH，从而控制体系中的主要自由基，以期达到最大去除率。如含氮杂环化合物可能对 ·OH 更敏感，pH=9.0 更有利于过硫酸盐对它们的降解。

通过加热混合质量比为 2.5:1 的过硫酸盐和石蜡，缓慢释放的过硫酸盐在质量比为 4.7:1 的零价铁和石蜡作用下，可以完全去除地下水中的 BTEX。过硫酸盐与 Ca_2O_2 氧化剂在 1.8~4.3m 深的饱和区直接注入土壤，在小于 1.8m 深的渗透层中，用挖土机将其与土壤物理混合，有效地去除了 BTEX、萘等污染物，总碳氢化合物的去除率为 90%~99%。过硫酸盐应用于地下水和土壤修复，可能引起地下水和土壤物化特性的改变，并在地下水和

土壤中残留大量的 H^+ 和 SO_4^{2-}。一般而言，经过高级氧化处理后的地下水和土壤生物可降解性会增加，但总的微生物量会有所减少，过硫酸盐质量浓度在 10g/L 之内对土著微生物的影响不大，但却不利于 $Pseudomonas\ putida$ KT2440 微生物的生存。金属离子（如 Fe^{2+}）活化过硫酸盐修复地下水和土壤，还可能产生大量的铁污泥，降低土壤的渗透性。尽管铁螯合剂 EDTA 有利于污染物的氧化，但残留 EDTA 不被生物降解，会随生态循环而流动，对生态系统和人类健康具有潜在的威胁。土壤在过硫酸氧化处理之后 pH 会有明显的下降趋势，强酸条件会增加重金属的水溶性，导致土壤中的重金属向地下水析出，过硫酸盐终产物 SO_4^{2-} 会导致地下水和土壤盐含量增加，呈腐蚀性，影响酸碱度。居民长期饮用高浓度 SO_4^{2-}（500～1000mg/L）的地下水会引发临时性疾病如痢疾等。反渗透、纳滤等膜技术与过硫酸盐活化技术相结合处理地下水，能有效防止 SO_4^{2-} 等溶解性离子超标。天然地下水和土壤中存在大量 Cl^-、HCO_3^-、CO_3^{2-} 等无机酸根离子，一般认为它们是·SO_4^- 的淬灭剂，可加速终止自由基链式反应，同时降低污染物处理效率。过硫酸盐与 Fenton、H_2O_2 相比，对土壤微生物的影响更小，使其在环境领域的应用愈来愈广泛。

常用氧化剂在地下水和土壤修复中的优缺点比较见表 7.6。

表 7.6　常用氧化剂在地下水和土壤修复中的优缺点比较

氧化剂	优点	缺点
H_2O_2	$E^\ominus = 1.70V$，易产生·$OH(E_0 = 2.8V)$、O^- 等强氧化剂；氧化产物 H_2O 无毒无害	仅在酸性条件下才具有较强的氧化能力，在中碱性条件下，由于铁聚集和沉淀会形成含铁污泥，不利于碱性地下水和土壤的修复；市场价格昂贵，不宜大规模使用
O_3	$E^\ominus = 2.07V$；无二次污染问题	长期储备不便，经注射井以气体的形式注入到污染区，存在气相传质的问题
$KMnO_4$	$E^\ominus = 1.68V$；固体强氧化剂，便于运输，水溶性好，存在时间长，pH 适应范围广	强氧化性溶解地下水和土壤中的重金属，加剧污染，改变土壤结构，使其渗透性下降；固态还原产物 MnO_2 容易堵塞含水层
过硫酸盐	$E^\ominus = 2.01V$，易产生·SO_4^-（$E^\ominus = 2.6V$），良性的终产物·SO_4^{2-}；比 Fenton 试剂的分解速率慢，且·SO_4^- 表现出比·OH 更高的选择性	过硫酸盐氧化之后会引起地下水和土壤 pH 下降、硫酸根超标等问题

7.1.5 电动修复技术

电动修复的基本原理是将电极插入受污染的土壤溶液中，在电极上施加直流电后，两电极之间形成直流电场，由于土壤颗粒表面具有双电层，并且孔隙溶液中离子或颗粒物带有电荷，在电场条件下土壤孔隙中的水溶液产生电渗流同时带电离子电迁移，多种迁移运动的叠加载着污染物离开处理区，到达电极区的污染物一般通过电沉积或者离子交换萃取被去除，从而达到修复的目的。电动修复方法主要包括以下降解机理和运动机制：电解、电迁移、电渗、电泳和自由扩散。

电解是土壤电动修复重要的处理过程，可以直接降解污染物或者改变污染物的物化性质以达到处理的目的。主要的电极反应是电解水，即在阳极发生氧化反应，产生酸面，在阴极发生还原反应，产生碱面（$E^\ominus$ 为标准还原电极电势）。

阳极：
$$2H_2O - 4e^- \longrightarrow O_2 \uparrow + 4H^+$$
$$E^\ominus = -1.229V$$

阴极：
$$2H_2O + 2e^- \longrightarrow H_2\uparrow + 2OH^-$$
$$E^\ominus = 0.828V$$

电极上还发生某些次要反应，例如阴极（Me 表示金属）：

$$H^+ + e^- \longrightarrow (1/2)H_2\uparrow$$
$$Me^{n+} + ne^- \longrightarrow Me$$
$$Me(OH)_n(S) + ne^- \longrightarrow Me + nOH^-$$

在次要反应过程中，某些污染物可以发生电化学反应而从土壤环境中去除。电迁移是指带电离子在土壤溶液中朝向带相反电荷电极方向的运动，它和带电离子浓度、电场强度、离子电荷、温度、土壤孔隙率和土壤孔隙扭曲系数等因素有关。电渗析是在外加电场作用下土壤孔隙水的运动，主要去除非离子态污染物；电泳是带电粒子或胶体在直流电场作用下的迁移，主要去除吸附在可移动颗粒上的污染物。

本技术供能方式主要有控制电压法和控制电流法两种。控制电压法的特点是负载电阻的波动不影响电极间的电压。控制电压法可得到稳定的平均电场梯度。通过使用控制电压法可以计算出电渗流量和电迁移量。有效控制电场分布可以提高污染物修复的效率。控制电流法的特点是，土壤体系的电阻波动不影响土壤溶液中的电流。电流在控制溶液中的各离子的分配直接影响到迁移效率。但是成倍增加电流不会造成污染物的迁移数相应成倍增加。

(1) 重金属的去除　在电场作用下，OH^- 将沿着土柱向阳极移动，重金属离子则向着阴极方向移动，重金属离子与 OH^- 在土柱中相遇，生成沉淀，从而去除重金属离子。但这会导致土壤微孔的堵塞，修复效率下降，所以制止 OH^- 向土柱内移动非常必要。不同形态的重金属去除率不同，去除效果最好的是酸溶态重金属。

(2) 其他污染物的去除　土壤电动修复技术可应用于土壤中有机污染物的去除，或者用清洁的液体置换受有机污染的土壤。它们适用于去除吸附性较强的有机物。土壤和地下水中的石油类和氯代烃的电动修复去除率可达 $60\% \sim 70\%$。高岭土中酚和乙酸的电动修复去除率大于 94%。电动修复 $1m^3$ 污染土壤约需 $40kW \cdot h$ 的电力，相当于花费 2 美元，而整个处理费用约相当于 10 倍电力的花费，即处理 1t 污染土壤约需花费 $20 \sim 30$ 美元。与一般处理需 150 美元/t 相比，该技术具有很好的竞争力。

电动修复技术在应用过程中常出现活化极化、电阻极化和浓差极化等现象，使处理效率降低，因此可通过化学增强剂提高修复体的导电性。此种技术不对当地土壤结构和地下生态环境产生影响，投资少，效率高，操作容易，不受水文地质条件的限制。

目前电动力修复技术存在的"偏激效应"会造成重金属的过早沉淀及 zeta 电位的改变。因此强化电动修复、联用电动修复技术应运而生。

7.1.6　生物修复技术

生物修复必须遵循的四项原则是使用适合的生物，在适合的场所、适合的环境条件和适合的技术费用下进行。①适合的生物是生物修复的先决条件，它是指具有正常生理和代谢能力，并能以较大的速率降解或转化污染物，并在修复过程中不产生毒性产物的生物体系。②适合的场所是指要有污染物和合适的生物相接触的地点，污染场地不含对降解菌种有抑制作用的物质且目标化合物能够被降解。③适合的环境条件是指要控制或改变环境条件，使生物的代谢与生长活动处于最佳状态。环境因子包括温度、湿度、O_2、pH 值、无机养分、电子受体等，如表 7.7 所示。④适合的技术费用是指生物修复技术费用必须尽可能低，至少低于同样可以消除该污染物的其他技术。

表 7.7　微生物修复的环境条件

环境因子	最　佳　条　件
可利用的土壤水分	25%～85%的含水率
氧	好氧代谢：DO>0.2mg/L，空气饱和度>10%。加入 H_2O_2 可提高地下水中氧浓度。厌氧代谢：氧的体积分数<1%
氧化还原电位	好氧和兼性厌氧>50mV；厌氧<50mV
营养物	足够 N、P 及其他营养，C：N：P＝120：10：1 较佳
pH	大多数细菌为 5.5～8.5
温度	15～45℃

（1）原位微生物处理法（in-situ microorganism degradation）　是利用微生物的代谢活动减少现场环境中有毒有害化合物的工程技术系统。用于原位微生物修复的微生物一般有三类：土著微生物、外来微生物和基因工程菌。微生物修复污染地下水的方法有包气带生物曝气、循环生物修复、生物注射法、地下水曝气修复、有机黏土法、抽提地下水系统和回注系统相结合法、生物反应器法、自然生物修复法等。原位微生物修复技术通常用来治理地下饱和带（饱水带及毛细饱和带）的有机污染，是处理地下水及包气带土层有机污染的最新方法，也是最有前途的方法。原位微生物修复技术有其独特的优势，表现在：①现场进行，从而减少运输费用和人类直接接触污染物的机会；②以原位方式进行，可使对污染位点的干扰或破坏达到最小；③使有机物分解为二氧化碳和水，可永久地消除污染物和长期的隐患，无二次污染，不会使污染物转移；④可与其他处理技术结合使用，处理复合污染；⑤降解过程迅速、费用低，费用仅为传统物理、化学修复法的 30%～50%。

同时有以下缺点：①耗时长；②运行条件苛刻；③对污染物有选择性，低浓度生物有效性、高浓度与难降解性常使生物修复不能进行。如表 7.8 所示。

表 7.8　原位微生物修复技术的优缺点

优　点	缺　点
对溶解于地下水、吸附或封闭在含水层中的污染物均有效果	注入井或入渗廊道可能由于微生物的生长或矿物的沉淀发生堵塞
设备简单、操作方便、扰动小	很高的污染物浓度（如石油类>50000×10^{-6}）或较低的溶解度可能对微生物具有毒性或生化降解性差
抽出-处理修复时间短，费用低，可联合使用	在低渗透地层（渗透系数 $K<10^{-4}$cm/s）或黏土中难以应用
无二次污染产生	需要监测评估修复效果，进行分析调整
在地下水中的溶解性 Fe^{2+}<10mg/L 时效果较好	Fe^{2+}>20mg/L 时容易发生氧化物沉淀导致注入井堵塞而效果较差

（2）原位强化生物修复技术（in-situ enhanced bioremediation）的成功应用还需要有充足的碳源、能源、电子供/受体、营养物质如 N、P、S、微量金属元素和适宜的环境条件，如温度、pH 值、盐度等。可以通过传输系统提供电子受体（氧、硝酸盐等）、营养（氮、磷）、能量源（碳）。其局限性在于许多有机污染物在地下很难被降解，通常需要驯化某些特定的微生物。典型的原位强化微生物修复系统包括利用水井抽取地下水，进行必要的过滤或

处理，然后与电子受体和营养物混合，再注入污染羽上游，可采用注入井或入渗廊道进行地下水的回注，形成封闭循环。好氧原位微生物修复对脂肪烃和芳香族石油烃（苯、萘等）较为有效，但对 MTBE 效果差。缺氧、厌氧和共代谢条件下可处理氯代有机物，但速度较慢。对短链、小分子、易溶于水的有机组分和低残余污染物具有快速降解能力，而对长链、大分子、难溶于水的有机物则降解缓慢。

（3）植物修复广泛用于土壤及地下水中的有机物、重金属、微量元素的修复。由于特定的超累积植物生长速度慢，受到气候、土壤等环境条件限制，很难得到广泛应用。目前研究集中在基因转移技术与植物修复的结合与应用、以及植物修复的影响因素和植物修复的机理上。低 pH 下重金属易于被吸附，加入 EDTA 有助于增加金属离子的活性和溶解度，这样有助于被植物吸收；有机污染物的亲水性越强越容易被植物吸收降解；植物的根系分布越广，扎根越深，修复效果越好；污染物的浓度太高会对修复植物产生毒害作用，影响修复效果。

7.1.7　原位反应带技术

原位反应带技术（in-situ reaction zone，IRZ）是美国 Suthersan 教授等在 2002 年提出的。本技术通过注入井将化学试剂、微生物营养物质注入到地下水环境中，在地下水中创建一个或者多个人为地带，在反应带中，地下水中的污染物被拦截、固定或降解。原位反应带技术原理与 PRB 技术类似，主要是指通过向地下注入化学试剂或微生物来创建一个或多个反应区域，用来截留、固定或者降解地下水中的污染组分。在实际场地的工程应用过程为：在污染源地下水下游方向设置注入井（井排），通过重力流入或压力注入的方式使反应试剂进入到地下环境，并在注入井（井排）周围形成反应带，当污染物随地下水流过反应带时与反应试剂发生作用，对迁移过程中的污染物起到阻截、固定或者降解的作用。不同于传统的 PRB 技术，IRZ 技术不需要挖掘土体来填充反应材料，对周围环境破坏程度较小，且修复范围不受污染物地下深度限制。

表 7.9 列出了不同的原位反应带及其适宜处理的污染物。

表 7.9　不同的原位反应带及其适宜处理的污染物

反应带类型	注入试剂	处理的污染物
原位化学氧化带	高锰酸盐、次氯酸盐、Fenton 试剂、类 Fenton 试剂、过硫酸盐	BTEX、三氯乙烯、四氯乙烯、烯烃、酚类、硫化物、MTBE
原位化学还原带	零价铁、Fe^{2+}、硫化物、硫代硫酸钠、硼氢化钠	三氯乙烯、硝基芳香化合物、硝氮、重金属、多环芳烃
原位化学生物氧化带	氧气、亚硝酸盐、铁锰催化剂	石油烃、酚、醇、酮、醛、氯苯、二氯甲烷、氯乙烯
原位化学生物还原带	蔗糖、淀粉、甲醇	脂肪类、芳香类，硝基芳香化合物、硝氮、醚、含氮磷化物
原位固定反应带	碱性物质、磷酸盐、铁锰氧化物、层状硅酸盐矿物和有机质	土壤中 Cr、Cd、Hg、As、Pb、Cu、Ni 及混合重金属

原位微生物氧化带是以目标污染物作为电子供体，在地下水环境中注入氧气、亚硝酸盐、铁锰催化剂等，使目标污染物在微生物作用下发生氧化过程，从而将污染物降解去除。该方法适合处理地下水中的石油烃、酚、醇、酮、羧酸、氨基化合物、酯、醛、氯苯、二氯甲烷、氯乙烯等污染物。原位微生物还原带是以目标污染物作为电子的接受者，在地下水环境中注入淀粉、蔗糖、甲醇等物质，使目标污染物在微生物作用下发生还原过程，从而将污

染物降解去除。该方法适用于脂肪类和芳香类有机化合物的脱氯，硝基芳香化合物、醚、含氮磷化合物的还原等。

原位反应带技术在地下水污染修复中的主要优势有：①主要成本支出为注入井的建造，不需要抽取和处理系统，省去了昂贵的设施费用；②注入的反应试剂浓度较低，反应带运行过程中，只需定时取样对地下水污染物浓度进行监测，因此技术的运行费用相对较低；③修复范围不受污染羽深度限制，对于深层地下水污染，可以通过设置集群注入井使反应带到达更深的位置；④设施简单，其运行对周围环境干扰较小。为了更有效地阻截地下不同点位污染物质的迁移扩散，反应带可以设计为一幕或者多幕形式。其中，最典型的设计方法是在水流方向、污染羽边缘处设置阻截幕，用来阻止污染物进一步迁移扩散；而对于较高浓度的污染源的修复，除在污染羽边缘设置阻截幕外，还可以在污染源区设置注入井群，从而减缓高浓度污染物的迁移速度，缩小污染羽范围，提高修复效率；考虑到某些污染场地需要进行持续性修复，还可以设置三重阻截幕，即在双重阻截幕基础上，再在污染羽中间设置一道阻截幕，使污染物质在其迁移路径上被逐步处理，实现持续修复的目的。此外，除了将原位反应带设计为阻截幕形式外，还可以在贯穿整个污染区范围内创建反应带，也就是将注入点设计为网格分布，这种布井方式可以大大提高修复效率，但是相应地，注入井的大量建造会使修复成本大幅增加。因此，从经济方面考虑，阻截幕设计更具有可操作性，更有利于推进原位反应带技术在实际污染场地修复中的应用。根据污染羽深度的不同，注入井的布设主要有以下两种方式。

① 单一深度井（群），即将注入井布设在地下某一固定深度，这种方式适合于地下水浅层污染的修复，相应地，反应试剂的注入可采用重力自动进料方式，进入地下环境的反应试剂在注入段作层流运动，并通过对流和扩散作用进入污染羽形成反应带，实现对污染物的去除。

② 多深度井群，即将反应试剂在不同深度进行多点注入，在污染羽范围内形成混合试剂反应带。这种布设方式适用于地下水较深层污染的修复，反应试剂的注入方式通常采用加压注入，反应带的混合程度受反应试剂的平流运动和扩散作用的共同影响。

原位反应带修复需要考虑的因素主要有：水文地质条件、地下水水化学、微生物学、ISRZ 的布局、注入试剂的选择。其中的水文地质条件又包括渗透系数、地下水水文特征、包气带和含水层的厚度、水文地球化学条件（铁、锰含量，初始 pH-Eh 条件、碳酸和氢氧化物等）。

7.2 抽出处理技术

抽出处理技术是通过抽取已污染的地下水至地表，然后用地表污水处理技术进行处理的方法（见图 7.3）。通过不断地抽取污染地下水，使污染晕的范围和污染程度逐渐减小，并使含水层介质中的污染物通过向水中转化而得到清除。水处理方法可以是物理法（包括吸附法、重力分离法、过滤法、反渗透法、气吹法等）、化学法（混凝沉淀法、氧化还原法、离子交换法、中和法），也可以是生物法（包括活性污泥法、生物膜法、厌氧消化法和土壤处置法）等。

此技术在应用时需要构筑一定数量的抽水井（必要时还需构筑注水井）和相应的地表污水处理

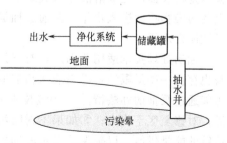

图 7.3 抽出处理技术概念模型

系统。抽水井一般位于污染羽状体中（水力坡度小时）或羽状体下游（水力坡度大时），利用抽水井将污染地下水抽出地表，采用地表处理系统将抽出的污水进行深度处理，因此，抽出-处理技术既可以是物化-生物修复技术的联合，也可以是不同物化技术的联合，主要取决于后续处理技术的选择，而后续处理技术的选择应用则受到污染物特征、修复目标、资金投入等多方面的制约。此技术工程费用较高，且由于地下水的抽提或回灌，影响治理区及周边地区的地下水动态；若不封闭污染源，当工程停止运行时，将出现严重的拖尾和污染物浓度升高的现象；需要持续的能量供给，确保地下水的抽出和水处理系统的运行，还要求对系统进行定期维护与监测。此技术可使地下水的污染水平迅速降低，但由于水文地质条件的复杂性以及有机污染物与含水层物质的吸附/解吸反应的影响，在短时间内很难使地下水中有机物含量达到环境风险可接受水平。另外，由于水位下降，在一定程度上可加强包气带中所吸附有机污染物的好氧生物降解。多相抽提技术（multi-phase extraction，MPE）最适于处理易挥发、易流动的污染物，其具体物化特征为高蒸气压、高流动性（低黏度）。MPE技术主要用于处理挥发性有机物造成的污染，例如石油烃类（BTEX、汽油、柴油等）、有机溶剂类（如三氯乙烯、四氯乙烯）。同时可以激发土壤包气带污染物的好氧生物降解。

抽出处理技术主要用于去除地下水中溶解的有机污染物和浮于潜水面上的油类污染物。抽出处理技术对于低渗透性的黏性土层和低溶解度、高吸附性的污染物效果不理想，通常需借助表面活性剂增强含水介质吸附的污染物的溶解性能，强化抽出处理的速度。污染地下水中存在NAPLs类物质时，由于毛细作用使其滞留在含水介质中，明显降低抽出处理技术的修复效率。

抽出处理法是治理地下水有机污染的常规方法，是目前应用最普遍的去污措施。根据部分有机物密度小、易浮于地下水面附近的特点，抽取含水层中地下水面附近的地下水，从而把水中的有机污染物带回地表，然后用地表污水处理技术净化抽取出的水。为了防止大量抽水导致的地面沉降或海水入侵，还需把处理后的水返注入地下。由于地下水系统的复杂性和污染物在地下的复杂行为，传统的泵抽-回灌处理法常出现拖尾和反弹现象，导致净化时间长，处理费用高，而且它只对轻非水相液体（LNAPLs）污染物有较好的去除效果。表面活性剂增效修复技术（surfactant-enhanced remediation）是利用表面活性剂溶液对憎水性有机污染物的增溶作用和增流作用，来驱替地下含水层中的NAPLs，再经过进一步处理，达到修复环境的目的。修复效率与表面活性剂胶团结构、有机物疏水性强弱、工程技术条件等因素有关。所使用的表面活性剂有阴离子表面活性剂、非离子表面活性剂等。但应该注意的是，虽然表面活性剂容易降解，但是部分残留在地下环境中的表面活性剂的降解产物具有潜在的危害性。

美国EPA超级基金资助的污染场地修复，超过60%以DNAPLs为主。其通常采用表面活性剂强化含水层修复技术（surfactant-enhanced aquifer remediation，SEAR）处理。本技术是将表面活性剂溶液注入到地下水污染区域，与污染物发生反应，使吸附或残留在介质上的污染物再次进入水相，并通过抽提井抽出，在地表经物理化学或生物技术处理净化后，返注回含水层。

抽出处理技术适用范围广，对于污染范围大、污染晕埋藏深的污染场地也适用。但其自身也存在一些局限性：①当非水相溶液出现时，由于毛细张力而滞留的非水相溶液几乎不太可能通过泵抽的办法清除；②该技术开挖处理工程费用昂贵，而且涉及地下水的抽提或回灌，对修复区干扰大；③如果不封闭污染源，当停止抽水时，拖尾和反弹现象严重；④需要持续的能量供给，以确保地下水的抽出和水处理系统的运行，同时还要求对系统进行定期维护与监测。

7.3 监控式自然衰减

监控式自然衰减（monitored natural attenuation，MNA）是一种利用天然过程来分解和改变地下水中的污染物的技术，通过对地下水的监测，以确认在合理的时间框架内，污染物自然衰减的程度足以达到保护敏感受体和修复目标的方法。

自然衰减是指利用自然过程控制泄漏的化学物质污染的扩散和减少污染场地污染物的量。自然过程主要包括生物降解、挥发、弥散、稀释、放射性衰变、土壤有机质和黏土矿物的吸附等。自然衰减主要用于苯、甲苯、乙苯、二甲苯和氯代烃类。MNA 技术的应用必须建立在对污染场地含水层自然净化能力及机理，包括非生物过程、生物过程、生物降解动力学进行充分调查和评价的基础上，同时还需要建立一系列概念和数学模型来描述地下水流动、污染物迁移、生物化学反应过程。自然衰减包括土壤颗粒的吸附、污染物的生物降解、污染物在地下水中的稀释和弥散等过程。土壤颗粒的吸附使污染物不会迁移到场地之外；微生物降解是污染物分解的重要作用；稀释和弥散虽不能分解污染物，但可有效降低场地的污染风险。该技术需要对污染物的降解速率和迁移途径进行模拟，同时对下降梯度观测点的污染物浓度进行预测，特别是在污染羽仍在扩散时。模拟的首要目的是为了确定自然衰减的过程会使污染物的浓度降至标准以下或在可接受风险范围内。如果是长期监测，需要通过管理保证降解速率与修复目标一致。此技术应用过程中废物的产生和迁移少，且对地表构筑物的影响较小。监控式自然衰减可与其他治理方法联合使用（如 SVE 和 AS 应用于高污染源区域），使治理时间缩短。微生物利用电子受体的顺序为 O_2、NO_3^-、$Mn(\text{IV})$、$Fe(\text{III})$、SO_4^{2-} 和 CO_2，依次形成从污染源带向污染羽下游逐渐过渡的 6 个顺序氧化还原带：产甲烷带、硫酸盐还原带、$Fe(\text{III})$ 还原带、$Mn(\text{IV})$ 还原带、反硝化带和好氧呼吸带。前 5 个带均为厌氧反应带，厌氧作用是典型的主导作用，厌氧和好氧作用过程对污染物的降解速率受电子受体供给速率的限制。

本技术适用于处理挥发和半挥发性有机污染物和石油烃类污染物。农药类污染物也可使用，但处理效率较差，且只对其中的某些组分有效。本技术还适用于某些重金属，通过改变其价态来使其无害化。本技术适用于污染程度低的场地，如严重污染场地的外围或污染源很小的情景。在使用本技术时需要进行四个有针对性的评价：MNA 适用性的初步筛查，有效性的详细评价，监测方案的评估和应急方案的评估。污染羽的持久性与迁移性对 MNA 的修复效果也很重要。对可降解污染物一般采用 2 年的迁移时间来评估 MNA 的效果（在证明不能达到修复目标时有足够时间采取应急措施）。如果证明 MNA 有效则需要详细评价来进一步证明 MNA 是有效的，包括自然衰减机理（微生物作用过程、挥发、吸附、扩散等物理作用过程）、场地三维刻画和场地监测来评价自然衰减的速率。通过速率计算达到修复目标所需要的时间。

当污染源带的污染物含量很大，污染物会源源不断地进入污染羽中，则应在污染羽前缘设置警戒井，并与上游有足够的距离以保证有足够的时间采取措施进行补救。

7.4 地下水主要修复技术比较

地下水污染修复技术的各项指标比较见表 7.10。
地下水修复技术汇总见表 7.11。

表 7.10 地下水污染修复技术的各项指标比较

项目	技术独立使用性	实施和维护强度	投资成本	可靠性和维护	修复周期	可获得性	对污染物的治理适用性							
							非卤代挥发性有机物	卤代挥发性有机物	非卤代半挥发性有机物	非卤代半挥发性有机物	燃料	无机物	放射性物质	爆炸物
一、原位生物治理														
1. 生物强化	●	○	●	◉	◇	●	●	◇	●	●	●	◇	○	◉
2. 监测下自然衰减	●	○	●	◉	◇	●	●	○	●	●	●	○	○	○
3. 植物修复	●	◉	◉	○	○	◉	●	◇	●	◉	◉	◇	○	○
二、原位物理/化学治理														
4. 原位曝气	●	○	●	●	●	●	●	◉	◉	●	●	◉	○	○
5. 化学氧化	●	◉	◉	●	●	●	●	●	○	◉	◉	○	○	◉
6. 气相抽提	○	◉	●	●	●	●	●	●	●	●	●	◉	○	○
7. 热处理	●	◉	●	◉	◉	●	●	●	●	●	●	◇	○	◉
8. 水力压裂增透	◉	○	●	◉	○	●	○	◇	◉	◉	◉	◇	○	◉
9. 井式曝气	●	◉	●	◉	●	◉	●	●	●	●	●	○	○	●
10. 反应墙	●	●	◉	◉	◇	○	●	◉	◉	●	●	◉	○	◉
三、异位生物治理														
11. 生物反应器	●	○	●	●	●	●	●	◉	●	◉	●	●	◇	○
12. 人工湿地	●	●	◉	●	●	◉	●	●	●	●	●	◉	◇	◉
四、异位物理/化学治理														
13. 吸附-吸收	●	◉	●	●	●	●	●	◉	●	◉	●	●	◉	○
14. 高级氧化技术	●	●	○	◇	●	●	◉	●	◉	●	◉	●	◇	●
15. 异位曝气	●	◉	◉	●	●	●	◉	●	◉	●	◉	●	○	◉
16. 抽取-处理	◉	●	○	●	●	●	●	◉	●	◉	●	◉	◉	◉
17. 絮凝/沉淀法	●	●	◉	●	●	●	●	●	●	●	●	●	○	◉
18. 喷灌	●	●	○	●	○	●	●	●	◉	●	●	◉	○	○
五、抑制														
19. 物理屏障	●	○	●	●	○	●	●	●	◉	●	●	●	●	●
20. 深井灌注	◉	●	●	◉	○	●	◉	●	◉	●	●	●	◉	◉

注：● 为好于一般水平；◉ 为一般水平；○ 为低于一般水平；◇ 为修复效率取决于污染物的类型、设计和应用条件。

表 7.11　地下水修复技术汇总

技术方法	污染场地	优点	限制	费用	商业性	辅助技术
抽出处理	产品回收	成功应用	残留污染物	不定	常用	压裂、水平井
双相抽提	有机污染物（LNAPLs）	简单、费用效应	乳液，生物淤积，残留物	79～264 美元/m³	常用	生物通风、压裂、水平井
空气喷射	VOCs	简单、费用效应	异质和低 K 值土壤	<79 美元/m³	常用	生物通风、SVE、水平井
电动力学	重金属、有机物、放射性	混合污染、低 K 值土壤、费用效应	金属物体	90～130 美元/t	很少	压裂、水平井
生物修复	有机物	转化为非危害物，低成本	环境条件要求严格、长期	86.3～161 美元/m³	常用	压裂、加热、水平井
冲刷	重金属、有机物、放射性	大多污染物	长期、异质和低 K 值土壤	105～216 美元/m³	很少	抽出处理、生物修复
反应墙	重金属、有机物、放射性	低操作成本、持续性	异质和低 K 值土壤、长期	131～196 美元/m³	少	压裂、水平井
固化/稳定化	重金属、放射性	费用效应	有机土壤、体积增加、长期保持	50～250 美元/t	常用	压裂、水平井

7.5　地下水联合修复技术

7.5.1　土壤气相抽提-原位曝气/生物曝气联合修复（SVE-AS/BS）

　　土壤气相抽提（SVE）与原位曝气/生物曝气（AS/BS）、双相抽提（dual-phase extraction，DPE）等原位技术相结合，互补形成 SVE 增强技术并日益成熟。AS/BS 主要用于处理饱和区土壤和地下水污染，主要是去除潜水位以下的地下水中溶解的有机物质，BS 是 AS 的衍生技术，利用本土微生物降解饱和区中可生物降解的有机成分，增强了有机物的生物降解。将空气或氧气和营养物质注射进饱和区以增加本土微生物的生物活性。

　　空气在高渗透率土壤中是以鼓泡（bubble）方式流动的，而在低渗透率的土壤中是以微通道（channel）方式流动的。SVE 对土壤孔隙越大的地质越适合，对黏土效果较很差。但 AS 曝入的空气不能通过渗透率很低的土壤如黏土层，而对于高渗透率的土壤如砾石层则由于其渗透率太高从而使曝气影响区域太小，也不适合。AS 曝气过程中，当曝入的空气遇到渗透率和孔隙率不相同的两层土壤时，空气可能会沿阻力小的路径通过饱和土壤到达地下水位，如果两者的渗透率之比大于 10，除非空气的入口压力足够大，空气一般不经过渗透率小的土壤；如果两者的渗透率之比小于 10，空气从渗透率小的土层进入渗透率较大的土层时，其形成的影响区域变大，但空气的饱和度降低，影响污染物的去除效率。因此，SVE-AS 不宜用于渗透率太高或太低的土壤，而适用于土壤粒径均匀且渗透性适中的土壤。

　　SVE 不适用于低挥发性或低亨利常数的污染物，适用于 BTEX、三氯乙烯、挥发性石油烃和半挥发性的有机物以及汞、砷等半挥发性的金属。AS 不适用于自由相（浮油）存在的场地。在修复初期，蒸汽抽除主要移除高挥发性有机物，而修复后期主要是生物降解去除低挥发性的污染物。

SVE 修复效果的影响因素主要有：土壤的渗透性、土壤湿度及地下水深度、土壤结构和分层及土壤层结构的各向异性、气相抽提流量、蒸气压与环境温度等。AS 去除主要依赖于曝气所形成的影响区域的大小、土壤类型和粒径大小、土壤的非均匀性和各向异性、曝气的压力和流量及地下水的流动。影响 BS 效果的主要是微生物生长的土壤和地下水环境，包括土壤的气体渗透率、土壤的结构和分层；地下水的温度、pH、营养物质类型与电子受体的类型等，还有污染物的浓度及可降解性和微生物的种群。

典型的 SVE-AS 系统包括空气注入井、抽提井、地面不透水保护盖、空气压缩机、真空泵、气/水分离器、空气及水排放处理设备等。

空气注入井垂直井直径多为 50mm 以上，井筛长度 0.3～1.5m，井筛顶端的安装深度应在修复区域低静水位以下 1.5m 处。在粗粒土壤中影响区为 1.5～9m，成层土壤影响区约 18m 以上，采用中空螺旋钻法技术安装。在地下水位高低经常变动的场地，可设计多重深度开口的方式，让空气注入不同的深度。空气压缩机或真空泵在细粒土壤为最小入口压力的 2 倍或以上，最大压力应该是在井筛顶端的土壤管柱质量所得压力值的 60%～80%。压力太大会使污染扩散至未污染区域。应设置当 SVE 失效时，空气注入系统能自动关闭的监测装置，防止污染区的污染物进入邻近建筑或公用管线中产生爆炸。通常 SVE-AS 系统应有以下监测项目：空气压力及真空压力，地下水水位，微生物种群及活性，空气流量及抽提率，真空抽提井和注入井的影响区，地下水中溶氧及污染物浓度，抽除气体或土壤蒸气中的 O_2、CO_2 及污染物浓度，地表下气体通路分布的追踪气体图及 SVE 系统的捕捉效率，以保证系统调节至最优化。

7.5.2 生物通风-原位曝气/生物曝气联合修复（BV-AS/BS）

生物通风（BV）实际上是一种增强式的 SVE 技术，广泛用于地下水位线以上的非饱和渗流区土壤的修复。SVE 的目的是在修复污染物时使空气抽提速率达到最大，利用污染物挥发性将其去除，而 BV 使用相对较低的空气速率，以增加气体在土壤中的停留时间，促进微生物降解有机物。BTEX、PAH、五氯酚以及有机燃料油的轻组分是生物通风常用的修复对象。BV-AS/BS 技术主要用于土壤不饱和区和饱和区中挥发性、半挥发性和不挥发但可生物降解的有机污染物的联合修复，根据需要加入营养物质，但初始污染物浓度太高会对微生物产生毒害作用，并且难以达到很低的污染物标准。BV-AS/BS 技术与 SVE-AS 技术一样不适合于处理低渗透率、高含水率、高黏度的土壤。

BV-AS/BS 关键技术：典型 BV-AS/BS 包括抽提井或注入井、空气预处理、空气处理单元、真空泵、仪器仪表控制、监测点、可能的营养输送单元。真空抽提井的井口真空压力一般为 0.07～2.5m。当污染物分布深度小于 7.5m 时，采用水平井比垂直井更有效。当污染物在 1.5～45m 分布，地下水深度大于 3m 时，大多采用垂直井。空气注入井的井口压力与抽提井设计相似，但可设计一个更长的筛板间隔以保证气体的均匀分布。修复过程中监测的参数主要有压力、气体流速、抽提气体中 CO_2/O_2 的浓度、污染物抽提率、温度与营养抽提率等。营养物质大多采用手工喷洒或灌溉（如喷头）的方法通过横向沟渠或井中注入，在小于 0.3m 的土壤浅层或砾石铺设的沟渠里设置开槽或穿孔的 PVC 管。修复土壤的 pH 为 6～8，土壤温度与湿度适中，要求电子受体与营养物质添加。

7.5.3 双相抽提

双相抽提（dual-phase extraction，DPE）是指同时抽出土壤气相和地下水两种污染介质的处理技术，相当于土壤 SVE 和地下水抽提技术的结合。DPE 分为根据地下水液相和土壤中气相以高流速双相流从单一泵中一同抽提出来的单泵系统，或气液两相从不同的泵抽取出来的双泵系统，以及增加一个辅助抽取漂浮物的三泵系统。系统中逐渐增加真空压力梯度传递到地下液体，连续相的液体如水与自由相石油将流向真空井并形成液压梯度，真空度越高，液压梯度越大，液体流动速率越大。本技术大多在饱和区和非饱和区有修复井井屏的情况下使用。本技术增加了非饱和区的氧气供给而刺激石油污染物的降解，类似于生物通风。DPE 可以处理残留态、挥发态、自由态和溶解态的污染物，比传统的地下水抽提技术的修复率强、影响半径大。

单泵 DPE 主要处理石油污染造成的自由移动性的 NAPL 污染的地下水层，并可增加不饱和层中非卤族挥发性或半挥发性有机物的去除。常用于含细颗粒至中颗粒的低渗透率土壤。双泵 DPE 类似"管中管"，通过泵和风机抽提至地表，潜水泵悬挂于抽提 NAPL 或地下水等液体的井中，并通过液体抽提管将液体送到地上液相处理系统，同时，土壤气体通过井口真空泵抽提，抽提的气体在输送至气相处理系统前先进入气液分离器进行处理。

设计 DPE 单井的影响半径（ROI）从 1.5（细粒土）～30.5m（粗粒土）。所需抽提井数 N 计算如下。

$$t = \frac{\varepsilon V}{Q}$$

式中，t 为孔隙体积交换时间，h；ε 为土壤孔隙率；V 为处理的土壤体积，m^3；Q 为总气相抽提量，m^3/h。

所需抽提井数：
$$N = \frac{\varepsilon V/t}{q}$$

式中，q 为单井气体交换量，m^3/h。

抽提真空泵压力一般为 0.06～6.5m 水压，透气性差的需要较高的真空压力。典型抽提速率是每口井 0.06～1.5m³/min，在气体赶往真空泵前需要通过水分分离器和颗粒物过滤器除去水分和颗粒物。抽提出的气体采用活性炭、催化氧化、热氧化、溶剂吸收回用等方法处理。

7.5.4 表面活性剂增强修复技术

表面活性剂具有降低界面张力、渗透、增溶、乳化、洗涤、分散发泡、消泡等多种作用。

表面活性剂具有两大特性：一是亲水亲油的双重特性，因为其分子是由一个亲水的极性头端和一个疏水的非极性尾端组成的双性分子，非极性尾端主要是由碳氢键构成的亲油端，极性头端主要是由羧基、磺酸基、硫酸基、硫酸酯基、醚基、氨基、羟基等构成的亲水端。因此，能存在于气-水、油-水和固-液等界面上。二是表面活性剂在一定浓度下能自发形成动力束，常称之为胶束。当表面活性剂的浓度达到临界胶束浓度（CMC）时即可形成胶束，不同表面活性剂的临界胶束浓度有较大的差别，CMC 值通常在 0.1～10mmol/L。在胶束中，表面活性剂单分子的亲水基团朝向水相，与水接触，而亲油基团则互相聚集在一起形成聚合体，这就形成了一个相对较大的非极性微环境，可作为有机化合物的分配介质，大大提高有机化合物的溶解度。

根据亲水基的类型，将其分为阴离子型、阳离子型、非离子型和两性型表面活性剂等。新型表面活性剂有双子表面活性剂、绿色表面活性剂——烷基糖苷、生物表面活性剂。如由铜绿假单胞菌生成的鼠李糖脂，由假丝酵母生成的槐脂糖，由枯草芽孢杆菌生成的脂肽。

如 SDS＋鼠李糖脂去除脂肪烃多于芳香烃类，而皂素更优先去除芳香烃类；在曲拉通表面活性剂 TX-100 中加入 SDS，不仅增加了 TX-100 对菲的增溶作用，而且可以减小 TX-100 的土壤吸附损失。同时土壤对表面活性剂的吸附可导致其损失，浓度下降，从而引起修复效果（增溶或洗脱效率）下降。

但表面活性剂的加入对降解菌有毒害作用，可能导致其对污染物的吸收转化速率降低，同时，有些表面活性剂可作为微生物可利用的无毒生长基质而被优先降解，从而延迟甚至抑制土壤中其他污染的降解。

通过开发高效绿色表面活性剂，降低生物表面活性剂的生产成本，选育能以廉价碳源为底物的高产菌种或构建基因工程菌，设计高生产力的发酵工艺和经济有效的回收方法。或直接使用可分泌生物表面活性剂的土著降解菌，利用其原位产生的生物表面活性剂来促进污染物的降解，可降低修复成本。

7.5.5 电动修复+ 渗透反应墙

电动修复（electrokinetic remediation，EKR）和渗透反应墙（permeable reactive barrier，PRB）耦合修复技术结合了 EKR 与 PRB 技术两者的优点，其基本原理是用电动力将毒性较高的重金属及有机物质向电极两端移动，使污染物质与渗透性反应墙内的填料基质等充分反应，通过吸附去除或降解达到去除或降低毒性的目的（见图 7.4）。EKR 技术通过在污染土壤两侧施加直流电压，通过电迁移、电渗流和电泳的方式使土壤中的污染物质迁移到电极两侧从而修复土壤污染。该技术可有效地从土壤中去除铬、铜、汞、锌、镉、铅等重金属，以及苯酚、氯代烃、石油烃、乙酸等有机物。PRB 技术主要利用污染物通过填充活性反应材料时，产生沉淀、吸附、氧化还原和生物降解反应而使污染物去除，在修复地下水污染工程使用较频繁。

采用 EKR 修复污染土壤时，处理效果受溶解度的影响很大，对溶解性差和脱附能力弱

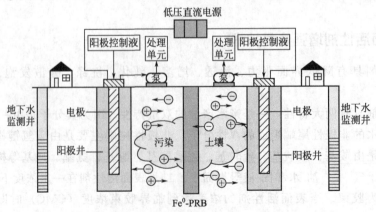

图 7.4　EKR-PRB 修复流程（邓一荣，2015）

的污染物以及非极性有机物的去除效果较差。如 PRB 中的填充材料与污染物的作用以及无机矿物沉淀去除污染物的方式容易导致 PRB 堵塞，限制了其在土壤修复中的应用。

我国台湾守义大学的 Weng 等首次报道了利用 EKR-PRB 联合修复技术去除土壤中的 Cr（Ⅵ），其中 PRB 反应墙采用零价铁和石英砂以 1∶2 比例进行填充，并以 1～2V/cm 的电位梯度进行通电。土壤 Cr（Ⅵ）和总 Cr 的去除率分别达 100% 和 71%。

土壤-地下水修复技术汇总见表 7.12。

表 7.12　土壤-地下水修复技术汇总

技术名称	1　原位生物通风技术
原理	通过向土壤中供给空气或氧气，依靠微生物的好氧活动促进污染物降解；同时利用土壤中的压力梯度促使挥发性有机物及降解产物流向抽气井，被抽提去除。可通过注入热空气、营养液、外源高效降解菌剂的方法对污染物去除效果进行强化
适用性	适用于非饱和带污染土壤，可处理挥发性、半挥发性有机物
修复周期	处理周期为 6～24 个月
成熟程度	国外应用广泛，国内尚处于中试阶段
参考成本	根据国外处理经验，处理成本为 13～27 美元/m³
技术名称	2　多相抽提技术
原理	通过真空提取手段，抽取地下污染区域的土壤气体、地下水和浮油等到地面进行相分离及处理
适用性	适用于污染土壤和地下水，可处理易挥发、易流动的 NAPL（非水相液体）（如汽油、柴油、有机溶剂等）
修复周期	处理周期较短，一般为数周到数月，清理污染源区域的速度相对较快，通常需要 1～24 个月的时间
成熟程度	技术成熟，在国外应用广泛。国内已有少量工程应用
参考成本	国外处理成本约为 35 美元/m³。国内修复成本为 400 元/kg 左右
技术名称	3　水泥窑协同处置技术
原理	利用水泥回转窑内的高温、气体长时间停留、热容量大、热稳定性好、碱性环境、无废渣排放等特点，在生产水泥熟料的同时，焚烧固化处理污染土壤
适用性	适用于污染土壤，可处理有机污染物及重金属
修复周期	处理周期与水泥生产线的生产能力及污染土壤添加量相关，添加量一般低于水泥熟料量的 4%
成熟程度	国外发展较成熟，广泛应用于危险废物处理，但应用于污染土壤处理相对较少。国内已有工程应用
参考成本	国内的应用成本为 800～1000 元/m³
技术名称	4　监控自然衰减技术
原理	通过实施有计划的监控策略，依据场地自然发生的物理、化学及生物作用，包含生物降解、扩散、吸附、稀释、挥发、放射性衰减以及化学性或生物稳定性等，使得地下水和土壤中污染物的数量、毒性、移动性降低到风险可接受水平
适用性	适用于土壤与污染地下水，可处理 BTEX（苯、甲苯、乙苯、二甲苯）、石油烃、多环芳烃、MTBE（甲基叔丁基醚）、氯代烃、硝基芳香烃、重金属类、非金属类（砷、硒）、含氧阴离子（如硝酸盐、过氯酸）等
修复周期	处理周期较长，一般需要数年或更长时间
成熟程度	在美国应用较为广泛，美国 2005—2008 年涉及该技术的地下水修复项目有 100 余项。国内尚无完整工程应用案例
参考成本	根据美国实施的 20 个案例统计，单个项目费用为 14 万～44 万美元

技术名称	5　地下水修复可渗透反应墙技术
原理	在地下安装透水的活性材料墙体拦截污染物羽状体,当污染物羽状体通过反应墙时,污染物在可渗透反应墙内发生沉淀、吸附、氧化还原、生物降解等作用得以去除或转化,从而实现地下水净化的目的
适用性	适用于污染地下水,可处理BTEX(苯、甲苯、乙苯、二甲苯)、石油烃、氯代烃、金属、非金属和放射性物质等
修复周期	处理周期较长,一般需要数年时间
成熟程度	在国外应用较为广泛。2005—2008年约有8个美国超级基金项目采用该技术。国内尚处于小试和中试阶段
参考成本	根据国外应用情况,处理成本为1.5～37.0美元/m³
技术名称	6　地下水抽出处理技术
原理	根据地下水污染范围,在污染场地布设一定数量的抽水井,通过水泵和水井将污染地下水抽取至地面进行处理
适用性	适用于污染地下水,可处理多种污染物
修复周期	处理周期一般较长
成熟程度	国外已经形成了较完善的技术体系,应用广泛。据美国环保署统计,1982—2008年,在美国超级基金计划完成的地下水修复工程中,涉及抽出处理和其他技术组合的项目798个。国内已有工程应用
参考成本	美国处理成本为15～215美元/m³
技术名称	7　生物堆技术
原理	对污染土壤堆体采取人工强化措施,促进土壤中具备降解特定污染物能力的土著微生物或外源微生物的生长,降解土壤中的污染物
适用性	适用于污染土壤,可处理石油烃等易生物降解的有机物
修复周期	处理周期一般为1～6个月
成熟程度	国外已广泛应用于石油烃等易生物降解污染土壤的修复,技术成熟。国内已有用于处理石油烃污染土壤及油泥的工程应用案例
参考成本	在美国应用的成本为130～260美元/m³,国内的工程应用成本为300～400元/m³
技术名称	8　土壤阻隔填埋技术
原理	将污染土壤或经过治理后的土壤置于防渗阻隔填埋场内,或通过敷设阻隔层阻断土壤中污染物迁移扩散的途径,使污染土壤与四周环境隔离,避免污染物与人体接触和随土壤水迁移进而对人体和周围环境造成危害
适用性	适用于重金属、有机物及重金属有机物复合污染土壤的阻隔填埋
修复周期	处理周期较短
成熟程度	国外应用广泛,技术成熟。国内已有较多工程应用
参考成本	国内处理成本为300～800元/m³
技术名称	9　土壤植物修复技术
原理	利用植物进行提取、根际滤除、挥发和固定等方式移除、转变和破坏土壤中的污染物质,使污染土壤恢复其正常功能
适用性	适用于污染土壤,可处理重金属(如砷、镉、铅、镍、铜、锌、钴、锰、铬、汞等)以及特定的有机污染物(如石油烃、五氯酚、多环芳烃等)
修复周期	处理周期需3～8年

技术名称	9　土壤植物修复技术
成熟程度	国外应用广泛。国内已有工程应用,常用于重金属污染土壤修复
参考成本	美国应用的成本为25~100美元/t,国内的工程应用成本为100~400元/t

技术名称	10　原位化学氧化/还原技术
原理	通过向土壤或地下水的污染区域注入氧化剂或还原剂,通过氧化或还原作用,使土壤或地下水中的污染物转化为无毒或毒性相对较小的物质。常见的氧化剂包括高锰酸盐、过氧化氢、芬顿试剂、过硫酸盐和臭氧。常见的还原剂包括硫化氢、连二亚硫酸钠、亚硫酸氢钠、硫酸亚铁、多硫化钙、二价铁、零价铁等
适用性	适用于污染土壤和地下水。其中,化学氧化可处理石油烃、BTEX(苯、甲苯、乙苯、二甲苯)、酚类、MTBE(甲基叔丁基醚)、含氯有机溶剂、多环芳烃、农药等大部分有机物;化学还原可处理重金属类(如六价铬)和氯代有机物等
修复周期	清理污染源区的速度相对较快,通常需要3~24个月的时间,使用该技术修复地下水污染羽流区通常需要更长的时间
成熟程度	国外已经形成了较完善的技术体系,应用广泛。据美国环保署统计,2005—2008年应用该技术的案例占修复工程案例总数的4%。国内发展较快,已有工程应用
参考成本	美国使用该技术修复地下水处理成本约为123美元/m^3

技术名称	11　原位固化/稳定化技术
原理	通过一定的机械力在原位向污染介质中添加固化剂/稳定化剂,在充分混合的基础上,使其与污染介质、污染物发生物理、化学作用,将污染土壤固封为结构完整的具有低渗透系数的固化体,或将污染物转化成化学性质不活泼形态,降低污染物在环境中的迁移和扩散
适用性	适用于污染土壤,可处理金属类、石棉、放射性物质、腐蚀性无机物、氰化物以及砷化合物等无机物;农药/除草剂、石油或多环芳烃类、多氯联苯类以及二噁英等有机化合物
修复周期	处理周期一般为3~6个月
成熟程度	国外已经形成了较完善的技术体系,应用广泛。据美国环保署统计,2005—2008年应用该技术的案例占修复工程案例的7%。国内处于中试阶段
参考成本	根据美国EPA数据显示,应用于浅层污染介质处理成本为50~80美元/m^3,应用于深层处理成本为195~330美元/m^3

技术名称	12　异位热脱附技术
原理	通过直接或间接加热,将污染土壤加热至目标污染物的沸点以上,通过控制系统温度和物料停留时间有选择地促使污染物气化挥发,使目标污染物与土壤颗粒分离、去除
适用性	适用于污染土壤。可处理挥发及半挥发性有机污染物(如石油烃、农药、多氯联苯)和汞
修复周期	处理周期为几周到几年
成熟程度	国外已广泛应用于工程实践。1982—2004年约有70个美国超级基金项目采用该技术。国内已有少量工程应用
参考成本	国外对于中小型场地($2×10^4$t以下,约合26800m^3)处理成本为100~300美元/m^3,对于大型场地(大于$2×10^4$t,约合26800m^3)处理成本约为50美元/m^3。国内处理成本为600~2000元/t

技术名称	13　异位土壤洗脱技术
原理	采用物理分离或增效洗脱等手段,通过添加水或合适的增效剂,分离重污染土壤组分或使污染物从土壤相转移到液相,并有效地减少污染土壤的处理量,实现减量化。洗脱系统废水应处理去除污染物后回用或达标排放
适用性	适用于污染土壤。可处理重金属及半挥发性有机污染物、难挥发性有机污染物

技术名称	13 异位土壤洗脱技术
修复周期	处理周期为 3～12 个月
成熟程度	美国、加拿大、欧洲各国及日本等已有较多的应用案例。国内已有工程案例
参考成本	美国处理成本为 53～420 美元/m³；欧洲处理成本为 15～456 欧元/m³，平均为 116 欧元/m³。国内处理成本为 600～3000 元/m³
技术名称	14 异位化学氧化/还原技术
原理	向污染土壤添加氧化剂或还原剂，通过氧化或还原作用，使土壤中的污染物转化为无毒或相对毒性较小的物质。常见的氧化剂包括高锰酸盐、过氧化氢、芬顿试剂、过硫酸盐和臭氧。常见的还原剂包括连二亚硫酸钠、亚硫酸氢钠、硫酸亚铁、多硫化钙、二价铁、零价铁等
适用性	适用于污染土壤。其中，化学氧化可处理石油烃、BTEX(苯、甲苯、乙苯、二甲苯)、酚类、MTBE(甲基叔丁基醚)、含氯有机溶剂、多环芳烃、农药等大部分有机物；化学还原可处理重金属类(如六价铬)和氯代有机物等
修复周期	处理周期较短，一般为数周到数月
成熟程度	国外已经形成了较完善的技术体系，应用广泛。国内发展较快，已有工程应用
参考成本	国外处理成本为 200～660 美元/m³；国内处理成本一般为 500～1500 元/m³
技术名称	15 异位固化/稳定化技术
原理	向污染土壤中添加固化剂/稳定化剂，经充分混合，使其与污染介质、污染物发生物理、化学作用，将污染土壤固封为结构完整的、具有低渗透系数的固化体，或将污染物转化成化学性质不活泼形态，降低污染物在环境中的迁移和扩散
适用性	适用于污染土壤。可处理金属类、石棉、放射性物质、腐蚀性无机物、氰化物以及砷化合物等无机物；农药/除草剂、石油或多环芳烃类、多氯联苯类以及二噁英等有机化合物
修复周期	日处理能力通常为 100～1200m³
成熟程度	国外应用广泛。据美国环保署统计，1982—2008 年已有 200 余项超级基金项目应用该技术。国内有较多工程应用
参考成本	据美国 EPA 数据显示，对于小型场地(约 765m³)处理成本为 160～245 美元/m³，对于大型场地(约 38228m³)处理成本为 90～190 美元/m³；国内处理成本一般为 500～1500 元/m³

7.6 地下水污染的预警

预警是指对环境进行定性、定量分析并确定其变化趋势、速度及质量状态的动态过程后做出的预测与报警，并采取相应对策。

地下水预警是指当自然或人类活动作用于地下水环境时，对地下水及其环境发生的影响变化进行监测、分析、评价、预测，并确定其变化趋势及速度的动态过程后，适时给出相应级别警戒信息的实时反馈系统，为有效实施地下水污染防治和地下水资源保护提供依据。可由地下水水质现状、变化趋势、污染风险共同确定预警原则。利用预警理论，建立预警模式，通过计算机实现对地下水退化和恶化及时做出报警，从而实现水资源的永续利用和生态环境向良性方向发展，具有先觉性、预见性和超前性功能，具有对演化趋势、方向、速度、后果的警觉作用。

利用 ArcGIS Engine 提供的 GIS 组件技术与地下水污染预警模型结合，可建立可脱离

GIS平台独立运行的地下水污染预警系统。地下水预警系统设计时应遵循原型模型、先进性与规范性、实用性、可靠性、开放性与可扩充性原则。地下水预警系统具有地下水污染现状评价、水质预测、含水层固有脆弱性评价、污染源荷载风险计算、污染风险评价、地下水污染预警等功能。

7.7　污染场地修复过程管理与次生污染预防

　　污染场地修复技术实施过程中，对现场施工人员宜采取适当的保护措施，必要时佩戴防护面具和穿戴防护服。进出现场的人员和车辆需要进行严格管理，防止污染土壤被带出场外，避免污染物的扩散。污染场地中挖掘出的污染土壤和抽取的地下水需运到场外处理的，其挖掘、运输、贮存和处置应符合国家、场地所在地和处理场所所在地的环境保护法律法规要求。在污染现场采用原位或异位处理技术时，需采取措施避免挖掘及修复过程中扬尘和挥发性物质的无组织排放，妥善处理挖掘及修复过程中产生的废渣和废水，并应尽量减少噪声污染。对修复设施进行定期维护并更换相关材料，防止填充材料失效影响修复效果，导致污染扩散。被替换的材料应进行集中处置，严禁乱堆乱放。对于污染物富集的植物、水溶液或土壤，应进行回收处理，或统一管理。需要定期监测修复技术的处理效果，并检测是否有毒性更大的污染物产生，在充分论证的条件下合理调整方案。

8 污染场地修复技术筛选与修复工程实践

场地修复技术体系包括针对污染场地特点和基于选择原则的修复技术选择、技术方案制订、修复的实施与评估验收四大部分。其中修复技术选择及其有效性是修复技术体系中的重要内容，对修复技术体系的构建与污染场地修复的实施与评估有着重要的意义。目前我国已开展多种污染土壤及地下水修复技术，如微生物修复、植物修复、生物通风、自然降解、生物堆肥、化学氧化、土壤淋洗、电动分离、汽提技术、热处理、挖掘、固化/稳定化、帽封、垂直/水平阻控系统等，每种技术的适应性有所不同，对某些物质残留量的规定涉及土质及不同场合等具体要求。而全面、系统、切合实际的绿色可持续修复方案极为重要，将修复技术对环境的影响降低到最小程度，将节能减排及扩大回收植入修复技术的设计过程并执行，修复土壤的回收利用或物化生物联合修复等绿色可持续修复技术是必然的选择。

8.1 污染场地修复技术筛选

在完成场地修复行动目标、修复范围并建立场地概念模型之后，应进行修复技术的筛选。污染场地修复技术的选择一般要考虑三方面的因素：①安全性，落实场地的风险，进行风险评估；②适用性，符合场地的条件和要求，考虑非风险因素；③可操作性，所筛选出的技术方案能够在场地中运行。

筛选值（soil screening levels），英语中又称为 cleanup criteria、preliminary remediation guideline、soil quality guideline 等，国内文献常常翻译为土壤修复基准、土壤质量标准、土壤质量指导值、修复指导值。筛选值包含大量的科学理论假设，如模型参数假设、管理决策、可接受风险水平、用途类别、是否包括生态毒性、曝露途径假设等。筛选值主要用于风险的初步筛选，减少不必要的调查资源的浪费，其不作为质量标准制定的依据。筛选值≠基准≠质量标准。土壤修复标准是被技术和法规所确定、确立的土壤清洁水平，即通过土壤修复或利用各种清洁技术手段，使土壤环境中污染物的浓度降低到对人体健康和生态系统不构成威胁的技术和法规可接受的水平。

8.1.1 场地修复技术筛选的程序与原则

（1）修复技术筛选的基本程序

① 建立污染场地概念模型、根据场地环境调查确定修复区域与待修复介质的体积；

② 识别可能的修复技术；

③ 对现有的修复技术进行特性分析，评价每种技术的效果、可行性和处理成本等；

④ 初步选择具有代表性的修复技术；

⑤ 制订不同技术的修复方案，进行方案筛选；

⑥ 确定最佳修复技术及备选技术。

（2）修复技术筛选步骤　修复技术筛选一般要考虑污染物的特征、场地水文地质条件、修复技术特点等。美国《基于风险评估和非风险考虑的修复技术标准指南》的筛选步骤如下。

① 不适宜技术的剔除　首先列出目前可用于污染场地修复的技术清单，对各种技术进行剔除排查，剔除那些明显不符合目标场地修复要求的技术。主要考虑污染物特性（污染类型、污染程度与范围）、污染场地的水文地质条件（含水层的渗透性、厚度、埋深、含水层及包气带的非均质性、地下水流速等）。如地下水埋深大可排除 PRB 技术，重金属污染场地可排除微生物修复技术。

② 可选择技术的评估　将不适宜技术剔除后，产生具体可供选择的技术清单，建立评估体系，对污染修复技术进行评估分析。技术筛选研究中常用的评价方法包括专家评价法、层次分析法（AHP）、逼近理想解的排序方法（TOPSIS）、生命周期评价法（LCA）和环境技术评价法（EnTA）。

（3）修复技术筛选的基本原则

① 场地修复技术方案的目标是保障人体健康，使得场地土壤中污染物的环境风险降低到可以接受的水平，因此必须充分考虑修复技术对目标污染物的有效程度。

② 将具有不同类型污染物和不同风险值的土壤区别对待，分别处置。

③ 在技术上，场地修复技术方案选择可以达到目标的最简化的途径或方法，而不单纯追求技术的先进性。技术越成熟，修复进程越易操控，修复目标也越容易实现。

④ 在经济上，场地修复技术方案兼顾考虑目前在修复费用方面的实际承受能力和今后的经济发展，综合考虑土壤质地、污染物种类、污染浓度、范围以及处理目标等因素，使得不仅在目前，而且从较长远来看，修复技术方案都是合适的。

⑤ 在可行性上，修复技术方案从中国目前的现状水平出发，充分考虑中国现有场地修复队伍的能力和现有固体污染物处置设施，修复技术必须安全可靠，在达到修复目标的同时，保证工作人员的生命安全以及防止环境的二次污染。

⑥ 在可操作性上，建议的修复方案应该在目前的政策、政府管理体制、经济机制和技术水平等方面都是可以操作运行的。

⑦ 修复技术应被绝大多数公众所接受，在修复过程中，产生的噪声、造成生活的不便以及对景观的影响等应在公众可接受的范围之内。

8.1.2　修复技术选择步骤与方法

（1）场地特征　场地特征主要是确定场地工程特质及污染特性，为修复目标的确定、修复技术的选择和工程设计与运行提供必要的参数，场地特征资料的获取可以查询场地调查资料、风险评估资料及环境影响评价等资料。如果这些数据资料缺乏，则需进行场地环境调查。

（2）修复目标确定　污染场地修复的目的是使污染物的含量降低或去除，减除污染物对人体健康或生态安全的危害。现在国际上通行的做法是根据人体健康风险评估确定场地筛选值和修复目标值。但是，对于 POPs 污染场地的修复，我国目前还没有相应的修复标准。而《土壤环境质量标准》（GB 15618—1995）中只对 POPs 物质中的 DDT 作了限制。因此，我国急需出台相应的污染场地修复标准。部分 POPs 的目标值可以参考《污染场地风险评估技术导则（征求意见稿）》。

（3）修复技术初筛及可行性研究　每种污染场地修复技术都有各自的适用性及优缺点，修复技术选择的主要任务就是全面衡量各种技术的优缺点，并充分考虑经济、技术发展水平和环境保护的需要，找出对于特定场地最适用的技术或技术组合。对POPs污染场地修复技术的筛选主要从三大方面进行考虑：①技术可行性，这是基本前提，如技术上不可行，就谈不上对场地的修复；②经济可行性，在满足技术可行性的前提下，要尽量选取低成本的技术；③健康与环境因素。这三个方面因素每个又包括次级指标筛选因子，从而能较全面地对一个技术进行评价，不仅能从经济上考虑，而且还要从技术与环境等方面统筹考虑，并列出考虑这些不同因素的矩阵系统。每个因素可采用相同的权重，也可根据具体场地的需要采用不同的权重。在这个筛选矩阵评价系统中，技术得分越低，说明在某场地上使用该技术越好。场地拥有者或负责场地修复技术筛选的管理人员通过完成该筛选矩阵即可获得某场地最合适的修复技术。每个指标还可乘以代表该指标重要性的"权重"。每个技术指标的得分乘以依据特征场地制订的权重，就可获得各修复技术之间比较的分值，从而选择出某一场地合适的修复技术。每个指标的权重根据场地不同可以调高或调低。目前，对于指标权重的确定没有一个统一的方法，各场地拥有者或修复决策者可根据场地特征或当地政策法规等情况进行定值。

由于场地污染物浓度分布不总是均一的，其实大多数情况是不均一的，因此，通常采用两项或多项技术进行联合才能更有效地对污染场地进行修复。这些技术可被集成一个技术过程或采用多种技术过程按次序处理来实现修复目标。在多数情况下采用联合技术比单一技术更可能达到修复目标，或以更低的成本达到修复目标。

8.1.3　场地修复技术筛选方法

目前，修复技术筛选中常用的评价方法主要包括专家评价法、层次分析法（analytic hierarchy process，AHP）、生命周期评价法和环境技术评价法等。其中，层次分析法将多目标决策和模糊理论相结合，把定性与定量相融合，对于解决多层次多目标的决策系统优化选择问题行之有效，是目前应用最为广泛的综合评价方法。

（1）生命周期法　生命周期法（LCA）是单从环境收益及支出的角度进行修复技术筛选，即以较少的环境代价实现场地修复，如荷兰的REC系统。20世纪90年代早期REC就已开始应用，REC是风险削减（risk reduction）、环境效益（environmental benefit）和费用（cost）的缩写。该决策支持系统通过风险、环境和费用这三者之间的权衡来确定最佳的修复技术。

① 风险削减考虑的因素有：人体、生态系统和敏感受体的暴露情况，通过清理可以使风险降低的情况。即随着时间推移，通过修复带来的风险减少量。风险削减量由风险模型计算。

② 环境效益：用一个指标体系进行评价，指标反映了土壤修复过程中的环境代价和收益情况。考虑的指标有土壤质量改善情况、地下水质量改善情况、地下水的污染情况、清洁地下水消耗、清洁土壤消耗、常规能源消耗、空间使用、空气污染、水污染、废渣10项。各个指标的权重由专家给出，评分由加和计算各备选修复技术的环境效益指标得分。

③ 费用：包括构建费用、操作费用、处理费用和管理费用。费用支出按年进行计算，并且根据修复年限进行折现。

（2）超级基金污染场地修复技术筛选"九原则"　美国FRTR（Federal Remediation

Treatment Roundtable）发布的《污染场地修复技术筛选矩阵和参考指南》（*Remediation Technologies Screening Matrix and Reference Guide*）（第二版）进行修复技术筛选。采用的指标有稳定性、干预条件、有害性、社区可接受性、有效性和费用等，通过空间可视化及评分结果对场地分区，分别采取修复措施。如图8.1所示。

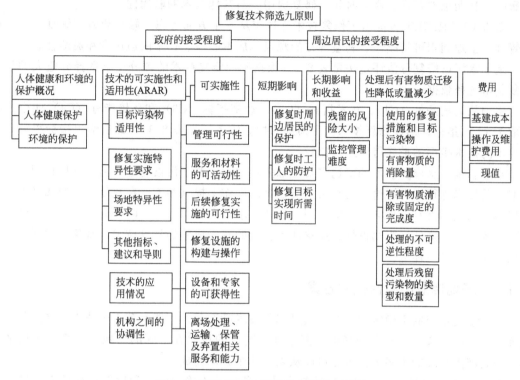

图 8.1   美国 FRTR 修复技术筛选九原则

（3）层次分析法   目前应用最为广泛。层次分析法把定性与定量融合，将人的主观性依据用数量的形式表达出来，避免了由于人的主观性导致权重预测与实际情况相矛盾的现象发生，对于解决多层次、多目标的决策系统优化选择问题行之有效。

对修复技术的筛选可通过技术成熟度、技术可获得性、修复周期、运行成本、资源消耗、二次污染、周围影响等进行评估。如表8.1所示。

表 8.1   修复技术筛选指标评价标准

分值	5	4	3	2	1
技术成熟度	国外广泛应用	国外有较多应用	国外已有少量应用	国外处于中试阶段	国外处于小试阶段
场地可应用性	国内广泛应用	国内有较多应用	国内已有少量应用	国内处于中试阶段	国内处于小试阶段
修复周期	1～6个月	6～12个月	1年左右	2年左右	3年以上
修复费用	低	较低	中	较高	高
资源消耗	少	较少	中	较多	多
二次污染	无二次污染	处理不当可能导致轻微二次污染	可能有轻微污染	产生少量污染	二次污染严重
周围影响	无影响	轻微影响	采取防护措施可避免	较大影响	影响严重且无法避免

注：由于国外修复技术领先于中国，因此，技术成熟度按国外技术工程案例数量计算；国外先进的修复技术具有知识产权保护，引进国外技术需要大量资金，因此，技术可获得性按国内技术工程案例数量计算；修复周期中，异位修复按污染物被清运的时间计算。资源消耗仅供参考，应以实际情况为准。

然后建立修复技术评价矩阵，进行分值评估。场地修复技术筛选还需要考虑技术的低成本、高效率、可持续性等目标，并强调绿色、低碳修复技术。

英国污染土地调查报告中提出的修复技术的筛选考虑因素包括：修复有效性、利益方的意见、实施要求、商业可获得性、以往实施情况、法律法规的符合性、健康和安全风险、环境影响、长期维护要求、修复时间、修复费用、与其他技术的联用性。

欧盟 CLARINET 也提出了修复技术筛选应从 6 个方面考虑：修复动力和修复目标、风险管理、土地利用可持续性、利益各方的观点、成本收益、技术的适用性和灵活性。

地下水污染修复分值评定法见表 8.2，根据不同修复技术的评分结果选择分值大的作为修复技术选择依据。

中国从场地条件 (C1)、技术指标 (C2)、经济指标 (C3) 和环境指标 (C4) 四个方面选取了 17 项指标，形成修复技术初步筛选的指标体系（见表 8.3），最后给出指标得分，并计算不同技术指标的最终得分进行比较。

土壤和地下水修复技术的筛选需要考虑多种因素，鉴于污染场地的情况不尽相同，因此只对各项技术进行定性评价，为相关人员在具体操作上提供参考。在修复技术的选择上需要确保污染场地的修复效果满足土地利用方式的要求，在技术可行、时间充足、经济允许等条件下，选择可以降低污染物毒性、迁移性和含量的较为成熟的修复技术，避免二次污染，全面保护人体健康与环境。

8.1.4 场地修复的组合技术方案

(1) 修复系统的不确定性分析　通过修复技术筛选后，可能有若干个技术可被选择，形成多个技术的组合。由于污染场地的复杂性，同样的技术在不同的场地可能具有不同的效果。控制修复系统的不确定性方法可以从以下几个方面完成。

① 建立地下水模型，克服调查数据和获得参数的不确定性，利用数理统计方法结合已建立的模型进行灵敏度分析，全面考虑地下水水化学数据和水文地质条件。

② 实验室实验：对目标污染物进行修复技术有效性的模拟实验，提供修复试剂在场地的传递效率等模拟，修复工程的实验条件、影响因素、药剂注入量与注入模式等模拟。

③ 现场中试：实验很难模拟场地的实际复杂条件，并存在尺度问题，需要进行放大实验进行中试。如研究注入井影响范围、反应产物传输距离、污染物去除效率等。中试选择污染程度较轻或中等区域进行。

④ 分阶段实施：中试可解决诸如井间距、修复效率等问题。在修复初期设计一个小规模的修复系统进行运行，观察修复效果并逐渐扩大规模，通过前期结果不断进行设计参数的修正和优化，特别是对于高度非均质、复杂的污染场地更为重要。

(2) 修复序列　修复序列 (treatment trains) 是在污染场地修复过程中，不同修复技术的先后组合。修复序列可在污染源带采用一种修复技术，在其他污染羽带采用另一种技术，然后再使用收尾修复技术。污染场地修复工程可以是多个修复技术的串联，也可以是修复技术的并行。修复技术串联中，每个技术应有先后顺序，如下所示。

① 抽出处理→原位空气扰动→原位微生物修复。

② 强化还原脱氯→空气扰动：在污染地下水强化还原脱氯 (ERD) 后可使用空气扰动 (AS) 修复。在 ERD 处理带下游或 ERD 处理后需要建立好氧环境，避免厌氧环境带来的负效应，如砷的溶解、氯乙烯的聚集等。

表 8.2　地下水净化技术分值评定表

技术	适用污染物种类、场地	1. 技术成熟度	2. 适用场地	3. 效果	4. 处理成本	5. 处理时间
1. 可渗透反应墙 (permeable reactive barriers, PRB)	苯系物,石油烃,金属铬(Ⅵ)、铜、铁、铅、铜、锌、镉,镉污染,铀、镅等放射性污染物,硝酸盐;工业园区污染场地,放射性实验场地,放射性堆放场,军事基地堆放场,矿区,金属冶炼厂,危险废物堆放场	3 分—对于单一组成成铬(Ⅵ)、铜、铁、铅、锰、锌、镉、硝酸盐、三氯乙烯、单环芳烃等成熟度较高;2 分—对于单环芳烃,C_6~C_{36} 多环芳烃等苯系物、石油烃等成熟度一般;1 分—其他苯系物、石油烃	3 分—浅层地下水(15m以内),地下水水流为定,地质组成以砂石为主,地下水组成前途的地下水很低,水流动使水流与反应墙发生反应;2 分—浅层地下水,地下水流向有季节变化;1 分—地下水水流不稳定,PRB的应用受水文地质条件的限制较大,在修复裂隙水污染中仍存在较大的难度	3 分—可根据污染物场地特点及治理目标选择相应的修复设计方案,优化修复过程,提高修复效率。该技术系统运行稳定,效果良好,成本较低,是很有前途的地下水修复技术。处理组分多,去除率达到 90% 以上。2 分—去除率达到 50%~90%,由于较细土壤颗粒的吸入,地下水组分的沉淀析出或微生物质的积累等导致反应介质堵塞,使反应介质活性降低,需定期更换。1 分—反应效果一般,E_h、pH 等因素导致去除率小于 50%	3 分—工程实施简单,无需复杂的后期维护。反应墙中的反应介质容易获得,且小型场地较低(519406m³)的修复费用为 0.21~0.28 美元/m³,大型场地(12985155m³)的修复费用为 0.10~0.17 美元/m³;2 分—反应墙中的反应成本较高,耗资 10 万~60 万美元。1 分—反应介质不容易得到,为非常用物质,耗资大于 60 万美元	3 分—对于面积较小、地下水流稳定的场地,处理时间较短,一般小于 3 个月;2 分—处理时间 3 个月~1 年;1 分—污染场地面积较大,处理时间 1 年以上,可达 20~30 年
2. 化学氧化还原 (chemical oxidation/reduction)	难生物降解的有机物如非卤代 VOCs、卤代 SVOCs、卤代物、六价铬;石油污染场地,垃圾填埋场,干洗设备厂	3 分—对于四氯乙烯、五氯苯酚、三氯乙烷等易发生氧化还原反应的有机污染物,能够有针对性较强的反应试剂;2 分—对于非卤代 VOCs、卤代 VOCs、卤代 SVOCs、爆炸物等缺乏针对性的反应试剂;1 分—其他苯系物、石油烃	3 分—地下水流稳定,地质组成主要以砂石为主,渗透系数小于 10^{-3} cm/s 的质地和非均质均匀地质层;2 分—地下水流有季节性变化,场地渗透系数约 10^{-3} cm/s;1 分—地下水流变化较大,渗透系数小于 10^{-3} cm/s 区域	3 分—易发生生物氧化还原反应,处理效果好,去除率达到 90% 以上,二次污染影响小;2 分—处理效果有限,去除率达到 50%~90%,二次污染影响一般;1 分—处理效果有限,去除率小于 50%,二次污染影响严重	3 分—技术安装操作简便,反应试剂为常用试剂,成本较低,耗资小于 1 万美元;2 分—反应试剂成本一般,每个场地成本为 220000~230000 美元;1 分—反应试剂成本较高,耗资大于 14 万美元	3 分—周期短,见效快,处理时间小于 1 天;2 分—处理时间 1~10 天;1 分—处理时间 10 天以上

续表

技术	适用污染物种类、场地	1. 技术成熟度	2. 适用场地	3. 效果	4. 处理成本	5. 处理时间
3. 微生物修复 (microbial bioremediation)	非卤代 VOCs、燃料、油、锡(VI)、铬(VI)、锡(VD)等;	3分—对于锡(VI)、铬(VI)、三氯乙烯、四氯乙烯、顺-1,2-二氯乙烯等单一污染物存在的污染场地,有专一性较强的污染物降解菌存在; 2分—污染场地有多种污染物共存,设有针对性较强的微生物降解菌; 1分—难以筛选到专一降解微生物菌群的污染物	3分—场地微生物菌群数量较多,所在环境中微生物生长所需营养物质含量丰富; 2分—场地中所含的可降解污染物的菌落数量一般,环境中所含营养物质只能维持微生物的正常生长水平; 1分—场地中能降解污染物的微生物菌落稀少,所在环境不利于菌落的生长	3分—特定微生物菌群+合适的环境生长条件,去除专一性污染物,去除效率达到90%以上; 2分—特定微生物菌群+一般的环境生长条件,物复杂的菌落多样,处理效果有限,去除率达到50%~90%; 1分—实际场地中污染物分布不均匀,去除率小于50%,或者生物降解过程中产生的中间产物存在持久性和毒性问题	3分—此技术成本相对较低,根据实际场地的面积大小而定,耗资小于1万美元; 2分—耗资介于1万~70万美元; 1分—耗资大于70万美元	3分—驯化培养一些可高速分解降解化合物并能与原生微生物共存,且微生物生长周期快,处理时间小于3个月; 2分—处理时间3个月~1年; 1分—污染速率会相应降低,反应速率会相应降低,处理时间1年以上
4. 抽出处理技术 (pump-and-treat)	非卤代 VOCs、卤代 VOCs、非卤代 SVOCs、燃料、无机物、爆炸性物、铬、镍;加油站、农药厂、垃圾填埋场、军事基地废物堆放场	3分—应用最广泛的地下水修复法,其典型治理目标为三氯乙烯(TCE)、四氯乙烯(PCE)、氯乙烯(VC)、甲基叔丁基甲醚效果较好; 2分—对于非卤化挥发性有机物(苯、甲苯、乙苯、二甲苯)以及铬、铅、砷等也可采用; 1分—对于难以抽出的污染物	3分—对于含水层中无水相流体,污染范围固大,污染物埋藏深的污染场地也适用,渗透系数大于10^{-3} cm/s; 2分—含水层中无水相流体,但水流不稳定,污染物所在区域介质渗透系数小于10^{-3} cm/s; 1分—存在非水相流体,水流流向不稳定,污染羽能够得到很好的控制,不适合在低渗透率或含高盐土合量的地区使用	3分—对有机污染物的去除率较高,对1,4-二氯苯、四氯乙烯、三氯乙烯、氯乙烯、铬、镍等去除率在90%以上; 2分—去除率在50%~90%,经过处理的污染羽经过化学药物调控,抽出后经过降解再次循环,要求对污染物进行多次循环,但是前几次处理效果较好,残留着处理效果次数增加下降; 1分—对水文地质条件存在渗透区域,尤其是含水层中存在未封闭固体的情况,如果不封闭污染源,当停止抽水时,拖尾和反弹现象严重,去除率小于50%	3分—所需设备简单,操作容易,施工资较大,需要持续的能量供给,以确保地下水的抽出和水处理系统的运行; 2分—抽出处理工程后续采用的衍生井等设备后还可以持续采用,如地下供水、人工回灌等,耗资不小于40万美元; 1分—消耗大量能量,耗资在40万~60万美元; 1分—对于一些污染物,需要消耗大量能量,成本极高,耗资大于60万美元	3分—容易抽出,且污染区域面积较小,处理时间小于1个月; 2分—容易抽出的有机污染,但是污染区域面积较大,处理时间1~6个月; 1分—不易抽出,且污染面积较大,处理区域面积大,处理时间6个月以上

续表

技术	适用污染物种类、场地	1. 技术成熟度	2. 适用场地	3. 效果	4. 处理成本	5. 处理时间
5. 冲洗技术 (flushing)	有机污染物和重金属；干洗设备厂，PCE、TCE 污染场地，加油站、矿区	3 分—对于迫切需要治理且污染物浓度很高的污染区域，可采用此技术； 2 分—需要配合冲洗液，注射井和抽取井对污染水体进行处理； 1 分—对于无时间要求的污染水体，不建议采用此技术，该方法对环境可能造成二次污染	3 分—污染水相流体，渗透系数不小于 10^{-3} cm/s； 2 分—无非水相流体，渗透系数约为 10^{-3} cm/s； 1 分—存在水相流体，渗透系数小于 10^{-3} cm/s	3 分—对于有专一性的污染物冲洗液，能快速降低污染物的暴露风险，效果较好，去除率在 80%以上； 2 分—增加污染水体的处理量，并且冲洗液容易造成二次污染，去除率在 50%~80%； 1 分—污染物没有针对性的冲洗液，去除率小于 50%	3 分—冲洗液为常用试剂，购买成本较低，冲洗后废液量较小的，一次处理耗资小于 40 万美元； 2 分—污染区域面积一般，成本偏高，耗资在 40 万~60 万美元； 1 分—冲洗液为难以得到的试剂，购买成本较高，消耗能量大，成本极高，耗资大于 60 万美元	3 分—污染水体体积较小，污染物容易降解去除，处理时间小于 1 个月； 2 分—处理时间 1~6 个月； 1 分—处理时间 6 个月以上
6. 植物修复 (phytoremediation)	低浓度非 VOCs、SVOCs、Cu^{2+}、Cd^{2+}、Cr^{6+}、Ni^{2+}、Pb^{2+} 和 Zn^{2+}；垃圾填埋场地，危险废物堆填场、矿区，工业园区冶炼厂、工业园区污染场地	3 分—此技术对环境的破坏性小，具有独有的审美学上的优点，能处理单一和混合污染物，对于重金属污染治理效果明显； 2 分—对于修复成本控制严格，且修复时间的污染物浓度和植物种类可供选择的情况，此技术对公众接受度中等； 1 分—对于污染水体，修复时间要求快速的区域，污染物浓度过高，效果较小	3 分—适合污染区域为浅层地下水重金属污染，且污染区域所在环境能供给植物生长所需要的养分； 2 分—污染区域能供给植物大量生长所需要的养分、气候、温度等条件一般； 1 分—不适合原位深层地下水修复或者水中污染物浓度过高的情况	3 分—植物对污染物具有强大功能提取或者植物能够有效去除地下水中的重金属，去除率在 80%以上； 2 分—植物衰老器官能将吸收的污染物重新释放回环境，造成潜在风险，去除率在 50%~80%； 1 分—选用的植物对污染物的吸收能力差或者植物对污染物的耐受能力差，导致修复效果去除率小于 50%	3 分—是所有技术中一项相对经济的低成本技术，污染区域面积较小，耗资小于 1 万美元； 2 分—需要附加的大型农业设施和设备，耗资介于 1 万~10 万美元； 1 分—耗资大于 10 万美元	3 分—修复效果取决于植物生长周期，对于地下水污染含量中等、选择种植的植物品种生物能力强，吸收污染多，一年可种植多次，处理时间小于 1 年； 2 分—地下水污染含量较高，选择种植的植物品种的大生物量和吸收污染强，生长周期一般，肥料等增化措施，结合化措施，处理时间 1~5 年； 1 分—植物品种生长周期长且吸收效率低，处理时间 5 年以上

续表

技术	适用污染物种类、场地	1. 技术成熟度	2. 适用场地	3. 效果	4. 处理成本	5. 处理时间
7. 地下水曝气 (air sparging)	挥发性和半挥发性有机物如苯、二甲苯、萘、乙苯、三氯乙烯、四氯乙烯和燃料油组分; 加油站、干洗店等场地，燃料基地厂、军事基地	3分—此技术对于污染区域pH无要求，污染物为总石油烃、甲苯、二甲苯、萘、苯等的修复效果较好，技术较成熟; 2分—对于乙苯等污染物处理效果一般; 1分—其他如1,4-二氧杂环乙烷等处理效果较差	3分—适合大于1.5m的渗透性介质，对渗透深度在12～15m，非承压区域的均质砂质、砾质介质，渗透系数不小于10^{-3}cm/s。2分—渗透系数为10^{-3}cm/s左右，黏土组分一般; 1分—此技术不适用于渗透系数小于10^{-3}cm/s的地层，非均质的水文地质条件的地区应用，不能应用于黏土含量高的地层应用，不适于非挥发性的污染物，对于水层及土壤分层情况压含水层及土壤分层下的污染物治理	3分—现场原位修复，修复效果率高。一般与土壤气相抽提(SVE)系统联合使用，对于总石油烃、甲苯、二甲苯、萘、苯等有机物去除率在90%以上; 2分—需要对吹出的组分进行处理，去除率在50%～90%; 1分—去除率小于50%，有拖尾	3分—设备简单，安装方便，易操作，并且已有成型设备，此技术成本中等，耗资小于10万美元; 2分—需要购买大型成套设备，耗资10万～25万美元; 1分—耗资大于25万美元	3分—此技术处理时间短，污染易降解去除，处理时间小于3个月; 2分—污染物较易降解去除，时间在3～6月; 1分—污染物处理时间在6个月～4年
8. 地下水循环井 (groundwater circulation well)	非卤代VOCs、卤代VOCs、非卤代SVOCs、卤代SVOCs、燃料、无机物、爆炸物、危险废物堆放场地	3分—对于挥发性有机物，且不存在非水相流体; 2分—此技术适用于含有卤代挥发性、半挥发性有机物(SVOCs)，农药及石油产品的成分如甲苯、乙苯和二甲苯等污染的地下水修复，没有非水相流体存在; 1分—存在非水相流体，且有机物不易挥发	3分—此技术适用于地下水所在区域介质从细粉质黏土至粗粒砂砾的类型，地下水水流稳定; 2分—地下水水流稳定但含有非水相流体; 1分—有非水相流体存在，且地下水流速过大	3分—此技术结合适当的修复并设计可同时修复土壤、地下水和毛细边缘区，去除率大于90%; 2分—污染区域面积较大，去除率在50%～90%; 1分—有拖尾现象存在，去除率小于50%	3分—耗能低，成本低，一个完整的系统，大约需要4.5kW·h，耗资小于5万美元; 2分—耗资在5万～15万美元; 1分—耗资大于15万美元	3分—对于容易抽取的有机物，且污染区域面积较小的修复时间较快，处理时间小于3个月; 2分—污染物不易抽取，但污染区域面积较小，处理时间在3个月～1年; 1分—对于不易抽取的污染物，处理时间在1～3年

续表

技术	适用污染物种类、场地	1. 技术成熟度	2. 适用场地	3. 效果	4. 处理成本	5. 处理时间
9. 电动修复 (electrokinetic remediation)	As、Cd、Cr、Hg、Pb、有机污染物、放射性核素、硝酸盐、硫酸盐;化工厂、矿区、工业园区污染场地、金属冶炼厂	3分—此技术可结合可渗透反应墙技术，同时处理水体积小，对于容易被吸附、发生电迁移和电渗析的高浓度污染物，公众接受度较高; 2分—需要持续供应外加电场，单独使用此技术公众接受度一般; 1分—无外加电场条件，此技术不适合	3分—此技术对水体所在介质的渗透性要求不高，但对于介质渗透系数大于 10^{-3} cm/s 的区域效果较好，且不受污染深度的限制; 2分—需要持续稳定的电场供应，配合受外加电场等异位处理污染地下水的方法; 1分—污染区域面积很大，且所在区域小于酸性条件	3分—处理水体积有限，此技术具有处理快速的特点，结合其他技术，污染物去除率大于90%以上; 2分—污染物去除率介于50%～90%; 1分—污染物去除率小于50%	3分—此技术改变场地的化学和水力条件，能量消耗大约为25万元/m³，耗资小于20万元; 2分—能量消耗为25～300美元/m³，耗资介于20万～50万元; 1分—能量消耗大于25～300美元/m³，耗资大于50万元	3分—此技术相对处理快速，视处理水体积而定，处理时间小于2个月; 2分—污染物处理时间在2个月～1年; 1分—污染物处理时间在1年以上
10. 热处理 (thermal treatment)	卤代 VOCs、非卤代 VOCs、SVOCs、燃料;石油污染场、木材加工厂、造气厂、轻重有机液体生产厂、电泵站	3分—此技术能够达到快速修复同时的需求，对 DNAPL 的处理效果较好; 2分—处理水体时费较高，也可处理石油及木馏油副产品; 1分—其他	3分—渗透系数大于 10^{-3} cm/s 的介质、地下水深、含水层深度大，流速稳定; 2分—渗透系数为 10^{-3} cm/s 的介质、含水层一般; 1分—渗透系数小于 10^{-3} cm/s，含水层很深、水流速不稳定	3分—总水体上此技术用于减小 NAPL 的密度和黏度，去除率大于90%; 2分—去除率在50%～90%; 1分—去除率小于50%	3分—此技术采用蒸汽热处理装置、地下水力剥离/热氧化 (DUS/HPO) 的设备，耗资小于100美元/m³以上; 2分—耗资在100～150美元/m³; 1分—耗资在150美元/m³以上	3分—视处理水体积和污染浓度而定，污染浓度时间小于3个月; 2分—污染物处理时间在3个月～1年; 1分—污染物处理时间在1年以上
11. 泥浆墙技术 (slurry walls)	放射性核素、金属、有机物;放射性实验室废物堆放场、砷污染场地	3分—此技术较为成熟，但工程量巨大，对泥浆墙施工设计要求高，对于放射性物质引起的地下水污染治理效果较好; 2分—对于金属有机物，对污染物仅仅是一种物理隔离措施，治理效果一般; 1分—污染水体积较大时，此技术处理效果较小	3分—适用于污染物污染体积有限的情况，是一种物理隔离措施，只有在小范围污染区域才可考虑，难降阻污染物时可作为一种永久性的封闭方法; 2分—污染发生在大型设备或建筑物下部以及存在的情况下; 1分—存在非水相流体，且地下水水流流速较大	3分—不但能够容纳污染的地下水，同时阻止清洁进入受污染区域，隔断污染功能能保持50～100年; 2分—需要长期监控; 1分—容易老化开裂，有污染物泄漏风险	3分—此技术花费不高，依据墙体填充材料以及泥浆端体填充面积而定，耗资小于80美元/m²; 2分—耗资在80～150美元/m²; 1分—耗资在150美元/m²以上	3分—此技术处理时间视工程规模而定，处理时间小于3个月; 2分—处理时间在3～6个月; 1分—处理时间大于6个月

续表

技术	适用污染物种类、场地	1. 技术成熟度	2. 适用场地	3. 效果	4. 处理成本	5. 处理时间
12. 井内曝气(in-well aeration,IWA)	非卤代 SVOCs、卤代 SVOCs、燃料、PCE污染干洗店、加油站、有机污染工业园区	3分—适合挥发性和半挥发性污染物; 2分—半挥发性有机物; 1分—其他	3分—地下水埋深较浅,污染所在区域容易使通风井附近形成一个循环区域,对通风过通风井的地下水污染物进行通风处理; 2分—要确定与现相关性的气体流动状况; 1分—污染物有二次污染的地下水埋深较深	3分—去除率大于90%; 2分—需要配合化学生物等措施再处理,去除率在50%~90%; 1分—污染物有二次污染的风险,去除率小于50%	3分—原位处理避免了将地下水抽到地上进行处理造成高成本,耗资小于10万美元; 2分—此技术需要外加能耗,耗资在10万~30万美元; 1分—耗资大于30万美元	3分—此技术处理时间短,污染物容易降解去除,处理时间同小于3个月; 2分—污染物容易降解处理时间在3~6个月; 1分—污染物处理时间在6个月~2年
13. 生物曝气(biosparging,BS)	挥发性和半挥发性有机物如苯、甲苯、乙苯、二甲苯、四氯乙烯和三氯乙烯和燃料油组分;汽油组分、燃料油组分;加油站、军事基地、废物堆放场、工业园区污染场地、有机物生产厂	3分—此技术成熟,生物曝气(BS)是地下水曝气(AS)的衍生技术。BS系统与AS系统组成部分完全相同,但BS系统强化了有机污染物的生物降解。对于 pH 范围要求不限,对于污染物总量石油烃、苯、甲苯、二甲苯,地下水中难移动处理的污染物如 DNAPL 相溶液等的修复效果较好; 2分—此技术易操作,对乙苯等污染物处理效果一般; 1分—其他如加 1,4-二氧杂环乙烷等处理效果较小	3分—适合易挥发好氧降解无自由相的污染物,存在大于 1.5m 渗透性介质,地下水位以下污染深度小于 12~15m,非承压的均质砂质、砾质介质,渗透系数小于 10^{-3} cm/s; 2分—渗透系数介于 10^{-3} cm/s、非均质地下水; 1分—不适用于渗透系数小于 10^{-3} cm/s 的场地,非均质的水文地质条件,对于非挥发性的污染物不适用,受地质条件限制,不适合在低渗透或高黏土壤中量承压含水层及土壤分层情况下的污染物治理	3分—原位修复对修复率高。对于总石油烃、甲苯、二甲苯去除率在90%以上,但需对吹抽出的组分进行处理; 2分—此技术结合气相抽提、通气井用,并通过增加通气延长停留时间促进生物降解、提高修复效果,去除率在50%~90%; 1分—可能引起污染物的移动,去除率小于50%,有拖尾	3分—设备简单,安装方便,易操作,并且已有成型设备,技术修复成本各技术中较低,耗资小于10万美元; 2分—需要购买大型成套设备,耗资介于10万~25万美元; 1分—耗资大于25万美元	3分—对于地下水埋深较浅,污染区域较小,污染物处理时间同小于3个月; 2分—污染物去除,易降解时间在3~6个月; 1分—污染物处理时间在6个月~2年

续表

技术	适用污染物种类、场地	1. 技术成熟度	2. 适用场地	3. 效果	4. 处理成本	5. 处理时间
14. 监测自然衰减（monitored natural attenuation）	非卤代 VOCs、燃料；垃圾填埋场、大型购物中心场地、木材加工厂	3分—此技术公众接受度高，是一种原位处理过程，减少废物产生，降低了人们接触被污染媒介的危险性，污染物浓度较低的自净能力； 2分—污染水体体积、所在区域的微生物含量一般，有一定的自净能力； 1分—对于污染物浓度较高且修复时间有要求的污染场地，此技术适用性较差	3分—此技术一般仅适用于污染程度较低、污染物自然衰减能力较强的区域。现场对于修复周期没有时限要求，与污染物自然衰减过程相关联的风险相对较小； 2分—具有稳定羽流或收缩羽流，没有明显的危险性，可以选择此技术； 1分—扩展型羽流，所需修复周期有限定，产生的转化产物超过母体化合物的毒性，不允许采用此技术	3分—需要长期监测，在长时间的修复治理后，去除率大于90%以上； 2分—不能达到即立完全清除的标准，存在继续的污染迁移和污染物的交叉媒介，去除率在50%~90%； 1分—去除率小于50%	3分—比现有的修复方法的总体成本低，在没有时间要求的前提下，可以完全靠自提净，只需作一般的表征的；耗资小于10万美元； 2分—耗资在10万~20万美元； 1分—需要复杂表征，耗资大于20万美元	3分—修复过程包括清除、扩散、吸附降解、挥发和稀释等，处理时间小于5年； 2分—处理时间在5~10年； 1分—处理时间大于10年
15. 多相抽提技术（multi-phase extraction, MPE）	苯系物、多环芳烃和石油烃类有机污染物；加油站、加油站场、有机污染工业园区场地、有机物生产厂	3分—此技术同时抽出土壤气相和地下水这两种类型污染介质，对于土壤和水同时遭受污染的场地而言，处理效果较好； 2分—该技术可用于处理饱和区和渗流区残留的污染物，也可处理自由态、挥发态、自由溶解态的污染物； 1分—其他	3分—其一般在饱和区和不饱和区都有修复使用的情况下； 2分—处理非均质黏土和细砂中污染物； 1分—地下水水流不稳定，流速较大	3分—增加了修复单井的影响半径，配合化学氧化等措施，可同时对土壤和地下水进行修复，去除率大于90%； 2分—去除率介于50%~90%； 1分—去除率小于50%	3分—成本为每块场地 85000~500000 美元，对于小型场地（15847m³），成本为 29~72 美元/m³，通常耗资小于40万美元； 2分—耗资在40万~60万美元； 1分—消耗大量能量，成本较高，耗资大于60万美元	3分—污染物浓度较低、污染容易去除、修复面积小时、修复周期较短，处理时间小于1个月； 2分—污染物处理时间在1~6个月； 1分—污染物处理时间在6个月以上

注：打分标准如下。①技术成熟度，3分—非常适合，2分—中等适合，1分—适合度差；②适用场地，3分—适合，2分—中等适合，1分—适合度差；③效果，3分—非常适合，2分—成本低，1分—成本高；④处理成本，3分—成本非常高，2分—成本高，1分—中等；⑤处理时间，3分—短，2分—非常长，1分—非常长。

表 8.3 污染场地修复技术筛选指标体系

指标体系	指标	指标权重	指标得分
受场地条件的制约因素	土壤湿度		
	土壤 pH 值		
	土壤阳离子交换量		
	黏土含量、渗透性		
技术指标	操作难易程度		
	技术成熟度		
	技术可获得性程度		
	修复周期		
	污染物的去除率		
经济指标	设备投资		
	运行成本		
	监测费用		
	后处理费用		
环境指标	二次污染		
	副产品危害		
	工人健康影响		
	气味和美学因素		
综合得分			

③ 原位化学氧化 ISCO→电子供体的注入：ISCO 后导致重金属铬等溶解，在地下水中活动能力增加，可通过向含水层中注入电子供体将六价铬还原为三价铬而沉淀。

④ 其他修复技术→自然衰减 MNA：当前期修复技术不再有效时，可接续使用 MNA 或在其他修复技术的地下水下游、污染物浓度很低的区域使用 MNA。

修复技术并行则没有先后顺序，可同时展开，如微生物强化修复、同时在污染场地外围或低浓度区采用自然衰减方法。修复序列设计需要考虑修复技术的兼容性，可用模型预测一种修复技术的效果，帮助判断何时需要另一种修复技术，并可将指标体系和 GIS 系统结合在一起进行修复技术筛选。

8.2 污染场地修复工程设计与方案

8.2.1 污染场地修复工程程序

污染场地修复工程程序一般包括工程启动程序、工程运行程序和修复验收程序。

（1）污染场地修复工程启动程序

① 治理及修复单位委托具有相应资质的咨询机构进行治理及修复工程项目建议书的编制并通过专家论证；

② 环境保护主管部门对治理及修复工程项目建议书进行审查批复；

③ 治理及修复单位委托具有相应资质的环境监测机构进行污染场地工程监测；

④ 治理及修复单位委托具有相应资质的咨询机构进行工程项目可行性研究报告的编制并通过专家论证；

⑤ 治理及修复单位委托具有相应资质的咨询机构进行工程项目的环境影响评价；

⑥ 环境保护主管部门对环境评价报告、项目可行性研究报告进行审查批复；

⑦ 治理及修复单位委托具有相应资质的设计机构进行工程工艺技术设计；

⑧ 确定项目的工程实施机构和监理机构；

⑨ 实施治理及修复工程；

⑩ 环境保护主管部门组织进行工程验收。

（2）污染场地修复工程运行程序 污染场地治理及修复过程中，需要建设修复设施的，应当综合考虑当地的城市建设规划、修复后土地的利用方向、周边公共建筑和相关人群的敏感度等因素，建设修复设施不得对场地及周围环境造成新的破坏。

修复设施的运行应当严格按工艺流程、设备运行与操作规程和安全操作规程进行。运行过程产生的"三废"需要经过处理，符合国家或省市相关规定的标准。

修复工程的运行主体应具有完备的运行机构，配备足够的管理、技术、操作人员，建立健全的管理制度、技术要求、操作规程，保证修复设施的正常运行。

污染场地土地使用权所有人应当在修复或者治理工程开工前，按照法定程序委托具有相应资质的监理机构对工程实施进行监理。接受委托的监理机构应当对工程实施过程中的各项环境保护的技术要求实施情况进行严格的监理。

接受委托进行工程监理的机构，应当在修复或者治理工程完工后向土地使用权所有人和市环境保护主管部门提交工程监理报告。修复或者治理工程需要分项实施的，工程监理机构应当在每个分项工程实施完成后，提交分项工程监理报告。工程全部完工后提交总体工程监理报告。

（3）美国污染场地土壤修复实施的步骤流程 根据污染场地土壤修复实践经验，其流程包括：场地初步评估，对场地进行勘查筛选，确定需要修复场地；对场地进行细致调查，进行现场采样分析，设置地下水监测井；评估是否进入国家优先处理场地，这一项很重要，这个评估值直接决定着修复项目是否在国家优先考虑行列；修复调查和可行性研究，详尽、全面的修复调查是修复工作顺利进行的前提，可行性研究要实事求是地反映修复中可能出现的问题和解决方案；决策记录，基于上述程序，主管部门作出修复决策；修复设计，在方案的优化和筛选之后进行修复设计；操作和监测，进行场地修复工作，在此同时切实认真做好监测工作；修复完成，场地修复完成之后，依然要坚持进行较低密度的监测。

8.2.2 修复工程设计与方案

修复工程设计与施工是污染场地修复的具体实施阶段。工程设计应根据场地条件，按照修复技术方案，明确场地修复的具体施工过程。修复工程设计包括方案设计、初步设计和施工图设计三个阶段。修复工程施工要根据不同的土壤污染对象、污染种类、污染程度及场地特性和条件等，按照既定的修复方案及工程设计方案，采用对应的污染修复工程技术装备，实施修复工程。

修复工程设计与施工必须满足一定的要求。如美国纽约州的修复规范中规定修复设计与施工须依据联邦和州政府法规，方案通过审批后，具备场地准入及施工许可后进行施工，同时需要制订保障施工人员与周围居民健康和安全的计划。在施工过程中要有详细的记录，应尽量防止污染物在环境介质之间的转移。若修复工程对其他生物资源产生影响时，应制订详细的保护措施。需要制订初步的运行、监测和维护计划，并设计和建立监测系统。

修复工程的运行、维护与监测贯穿整个修复过程，以确保修复的有效性和修复目标的实现。主要包括：运行、维护修复工程系统，定期检查评估场地修复状况，监测并报告修复系统的运行情况，为系统出现的故障提供预报、预警，并采取应急的修复措施等。美国纽约州根据场地修复时间的长短（以 18 个月为限），将污染场地分为两类：应急或短期修复场地和长期修复场地。对长期修复场地需要制订详细的运行、监测及维护手册及正式的监测计划，包括性能监测、有效性监测、趋势监测等。根据不同监测目的，选择适当的监测布点采样方法，确定有效的采样频率。丹麦在场地修复过程中进行项目运转及修复效应的评估，主要是检查特定修复技术的修复效果。在评估之前先确定评估所需测定的参数。评估系统制订了工作报告的次数及形式，在此前提下继续进行项目运转及修复效应的评估，确保获得预期的修复效果。

修复过程中需要及时向环境主管部门汇报修复工作进展情况，定期提交阶段性修复报告。加拿大西北辖区规定修复责任方和修复技术人员应按期实施加拿大野生生物及经济发展部（RWED）批准的修复行动计划，并在预先制订的时间表内提交监测报告。如实际操作中的修复行动与获得认可的修复行动计划有所偏差，修复责任方必须通知 RWED。RWED 在对新的行动计划进行评估后作出响应。当修复行动计划中的预期目标未能实现时，修复责任方必须重复制定和完善修复行动计划。

8.2.3　修复工程实践

承担修复工程的技术单位应根据污染场地土壤修复工程施工管理方案，由专人负责，制订工程管理流程图，并建立完善的组织、管理体系。

污染场地修复过程应建立严格的过程记录和档案管理体系，可采取多媒体、照片、文字等多种记录形式。过程管理主要内容包括：施工方的环境过程管理、第三方的监理和环境保护部门的督查。

污染场地修复过程应由具有工程监理或建设项目环境保护竣工验收资质的单位作为环境监理机构。监理的重点是修复范围的核定、修复过程中污染防治措施的实施和污染土壤处置过程的监理等过程。监理的主要工作内容包括：各类技术方案的审核和建议，包括设计文件、施工方案等；现场处置工程进度的跟踪；处置工地现场质量检查和测量；检查报告编写和汇报；施工过程的合理化建议；配合第三方监测单位验收。

8.3　绿色与可持续修复技术

污染场地修复从 20 世纪 70 年代中期的仅关注修复成本，到 80 年代中期进入技术可行性研究，再到 90 年代的基于风险的决策评估，进入现在的绿色可持续修复时代。修复工程不只考虑修复工程自身的时间与经济成本，更应考虑修复行为对环境、社会和经济的综合影响。

USEPA 绿色可持续修复的定义是：一种考虑到修复行为造成的所有环境影响而能够使环境效益最大化的修复行为。从环境保护和人体健康的角度出发，选择最佳的修复技术和方案，对环境的影响可以降低到最小程度，将节能减排及扩大回收植入修复技术的设计及执行，达到环境效益、经济效益与社会效益的最优化平衡组合以减轻受体的环境风险。实施修复工程带来的效益一定要大于修复工程的环境影响，使环境足迹最小化，最佳的修复方案应通过环境、社会和经济均衡决策的方式获得。

8.3.1 绿色可持续修复目标与框架

绿色与可持续修复（green and sustainable remediation，GSR）的核心元素为水、空气、能耗、管理工作、原料与废物、土地与生态系统六个方面。USEPA 绿色与可持续修复过程要求达到以下六个目标。

① 能源消耗：尽量使用可再生能源，且总耗能最低。

② 废气排放：空气污染与温室气体排放量最小化。

③ 水：需水量和对水资源影响最小化。

④ 土地与生态系统影响：保护自然资源；修复后的场地将来具有最大的可选择利用价值。

⑤ 原料消耗与废物产生：节约、重复利用与循环利用原材料使废物产生量最小化和回收利用效率最大化。

⑥ 管理：可持续管理工作最优化，能获得最大的社会效益、环境效益与经济效益的平衡组合。

美国材料与实验协会（American Society for Testing and Materials，ASTM）的绿色修复标准指南中提出最佳管理办法（best management practice，BMP）来定量评估修复工程、减少环境足迹，对修复设计、修复实施进行项目生命周期评估，并细化了评估步骤。

图 8.2 所示为美国州际绿色与可持续修复实施框架图。

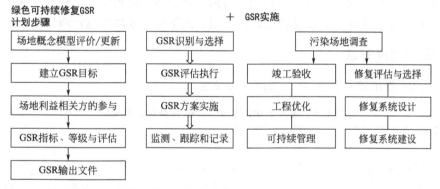

图 8.2　美国州际绿色与可持续修复实施框架图（ITRC，2011）

8.3.2 绿色可持续修复原则

（1）绿色可持续修复原则　如表 8.4 所示。

（2）修复技术的生命周期评估　修复技术的生命周期评估（life-cycle assessment）包括下列七个步骤。

① 修复目标与修复范围的确定：确定评估范围及其相关的参数。

② 边界的确认：建立物理与时间相关边界，以及特殊活动及活动的评价。

③ 核心要素与核心要素的贡献值：确定生命周期评价的核心要素及主要贡献。

④ 收集与整理相关信息：对相关信息与数据进行整理分析。

⑤ 定量评价计算：选择适当的计算方法如生命周期评估、环境足迹分析方法对数据与信息进行评价。

⑥ 敏感性分析与不确定性分析：敏感性与不确定性分析是计算与评估结论正确与否的保证。

⑦ 输出文件：推荐适宜的修复方法，确保环境效益的适宜性与最佳管理模式。

表 8.4　绿色可持续修复原则

机构或研究者	绿色可持续修复的原则
SURF （可持续修复论坛，Sustainable Remediation Forum）	1. 减少或不用能源及其他资源 2. 减少或禁止污染物的排放 3. 修复过程尽量利用或模拟自然过程 4. 循环利用土地和其他废物 5. 提倡采用破坏或降解污染物的修复技术
Surf UK （可持续修复论坛）	1. 保护人体健康和环境安全 2. 安全规范的操作 3. 一贯的、清晰的和可重复的基于证据的决策 4. 详细的记录和透明的报告 5. 良好的管理和利益相关者的参与 6. 体现科学性
Bardos 等和 Harbottle 等	1. 修复工程带来的长期利益远大于修复工程本身付出的代价 2. 修复工程对环境产生的不良影响小于不采取修复工程对环境的影响 3. 修复工程的实施对环境的影响减至最小并且可以用具体的环境指标衡量 4. 采用修复方法时考虑修复工程对环境产生的影响给后代带来的风险 5. 决策过程注重各利益相关方的参与性

（3）工业用地进行全生命周期管理　①全生命周期管理：以提高土地利用质量与效益为目的，以土地出让合同为平台，对项目在用地期限内的利用状况实施全过程动态评估与监管。②用地绩效评估：用地项目土地利用绩效的达产评估、过程评估、到期评估。③用地环境评估：用地转让、收回前以及过程阶段的土壤、地下水、地质环境检测评估。

8.3.3　最佳管理方法

英国 SURF 提出的 GSR 可持续通用指标见表 8.5。

表 8.5　英国 SURF 提出的 GSR 可持续通用指标

环境	经济	社会
大气	直接经济成本和效益	人类健康与安全
土壤和土地状况	间接经济成本和效益	道德与公平
地表水和地下水	工作机会和雇佣投资	对邻近居民及当地的影响
自然资源和废弃物	降低经济成本及效益	公众与公众参与
生态系统	项目周期与灵活性	不确定性与证据

如大气排放的最佳管理方法有：①购买碳减排信用，如个人会议购买航班经济舱；②应用遥感图或卫星图片代替经常的场地考察；③避免无意义的交通工具去场地处理现场；④安装阀门和气压计，以节约 SVE 等能耗；⑤选择低能耗低排放的柴油机，使用清洁能源减少 SO_2 的排放，利用生物能源，安装废气处理装置；⑥灵活使用电话会议；⑦当一种技术无法达到修复目标可采用联合修复技术；⑧最大限度地降低污染气体排放。

SURF 制订了一个涵盖环境、社会、经济的可持续修复评估框架，其中包含 46 个指标，为进行修复的可行性研究提供比选的依据。可以对照框架系统逐一比对；指明了一个修复工程实现可持续性的努力方向，对已有修复工程进行回顾评价，评估其可持续性，作为土地购买者用以评估正在修复的一些工程是否具有可持续性的工具。这个框架系统也可以采用赋分的方法改编成各种决策分析工具。

美国实验与材料协会（American Society of Testing and Materials，ASTM）的最佳管理方法见表 8.6。

表 8.6 绿色可持续修复评估框架（Krishna R. Reddy, Jeffrey A. Adams, 2015）

可持续修复行为及目标	三要素			子指标								
	环境	社会	经济	水资源	土地与生态系统	材料与废物最小化	长期管理需求	大气排放	能源效率	生命周期评价	环境公正	环境健康与安全
最小新鲜水消耗量	√			√								
最大水重复利用率	√			√								
保护地下水资源	√			√								√
防止产生地表径流和对地表水的负面影响	√			√	√							
使用本土植物，且很少或基本不需要灌溉	√			√	√	√						
控制污染源和污染羽使污染物的生物可利用性最小	√				√							
最大化生物多样性	√				√		√					
减少对土壤和栖息地的干扰	√				√							
支持采用扰动小的原位技术	√				√							
在可能及有效的情况下采用低能耗技术	√				√		√	√	√			
保护当地的生态系统和避免引入非本地物种	√				√	√	√					
生态系统受体的风险最小化	√			√	√	√	√					
保护自然资源	√				√							
尽可能使用遥测和远程数据采集	√						√					
尽可能使用被动采样装置	√						√					
尽可能使用或产生可再生能源	√						√	√	√			
减少温室气体排放	√						√	√				
减少排放标准限制的污染物排放	√						√	√				
防止污染物的异地转移	√						√					
采用具有灵活性，便于未来改进的技术	√	√					√				√	
考虑参与碳排放交易	√	√									√	
产出和使用的材料最少化	√	√				√					√	
尽量减少废物产生	√	√				√					√	
最大限度地再利用材料	√	√				√					√	

续表

可持续修复行为及目标	三要素			子指标								
	环境	社会	经济	水资源	土地与生态系统	材料与废物最小化	长期管理需求	大气排放	能源效率	生命周期评价	环境公正	环境健康与安全
回收或再利用产生的废水（渣）		√				√			√	√		
使用运行数据持续优化修复工艺		√	√				√			√		
考虑净经济效益		√	√				√			√		
考虑可持续性需要的成本		√	√		√		√			√		
增加纳税收或使当地社区或财产增值		√	√				√			√	√	√
最大限度地提供就业和受教育的机会		√	√				√				√	√
降低运行维护成本和工作量		√	√				√				√	
修复过程中的健康和安全风险最小化		√	√				√				√	
使场地中可重复利用的面积最大化		√	√				√				√	
使可重复利用的场地数量最大化		√	√				√				√	
利用本地材料	√		√				√				√	
减少噪声、气味和光干扰	√		√		√	√	√				√	
支持永久性地破坏污染物的技术	√		√				√				√	√
避免加重对社区环境和人体健康的影响			√				√				√	√
考虑修复工程对社区最终的积极/消极影响			√				√				√	√
评估整个修复过程对社区当前、潜在和可能的人类健康风险，包括承包商和公众			√				√				√	√
防止文化资源损失			√				√				√	√
让利益相关者参与决策过程			√				√				√	
提高公众参与度并让公众接受和清楚修复工程要实施的长期活动和带来的限制			√				√				√	
保持或提高公共开放空间			√				√				√	
通过公众宣传和开放项目信息提高项目在社区的信誉			√				√				√	
修复技术选择时考虑场地的未来用途			√				√			√	√	

　　USEPA 提供了 30 余个绿色可持续修复的案例，其中使用的技术包括被动取样器、太阳能发电、基于有机废物的生物反应器、人工湿地、植物修复、风能驱动的土壤气体抽提等。

8.3.4　绿色可持续修复案例分析(Krishna R. Reddy，Jeffrey A. Adams，2015)

　　案例 8.1　芝加哥工业区

　　(1) 项目背景　该项目位于芝加哥工业区，占地面积约 $4.7 \times 10^5 m^2$，其中包括一块空地和植被覆盖的沼泽，里面含有以前非法倾倒的矿渣、填充材料、粉煤灰。从 19 世纪后期开始该地周围被高度工业化；截止到目前土地被用作重工业的地下储罐、垃圾填埋场、非法倾倒等。现计划将该地作为生态开放空间保护区用于公共旅行（芝加哥市，2005）。

　　现场调查显示，该地地质由外来植物覆土（壤质土包括土地、淤泥、黏土、沙土的混合物）、蓝绿色沙土（由砂和炉渣组成的固体废物处理设施的填充材料）、残积土（分选好的沙质和黏质土壤）以及深度在地表以下 9.1m 以上的白云石和石灰石的基岩层组成。图 8.3 为现场典型土壤的剖面图。该地的粉砂含水层上面是一个以低渗透性粉质黏土的冰碛物形成的弱渗透层。第一次出现地下水的深度为地下 $0.3 \sim 1.5m$。尽管地下水的深浅度和流动方向取决于降雨以及其他水文特征的季节变化，地下水的自由流动也可能会因为该地形的梯度而有所不同，但推断该地的水文梯度向东 $30°$。

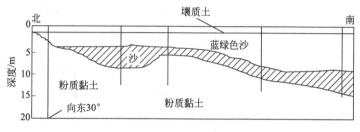

图 8.3　该地土壤简介

　　通过对该地区不同位置的土壤、地表水、沉积物和地下水样品中的挥发性有机化合物（VOCs）、多环芳烃（PAHs）、农药、重金属、总有机质含量和 pH 值进行分析，发现污染贯穿于整个地区。在包气带，土壤的不同位置都受到了填充材料中的多环芳烃、农药和重金属的污染，污染范围 $0 \sim 1.2m$；监测点的地下水被铅和硒所污染；地表水中的污染物低于人类风险和生态风险的监管水平。

　　根据伊利诺伊州环保局对人类健康和环境健康的规范进行风险评估量化（伊利诺伊行政法规，742 部：分层方法的整改措施 TACO）(Sharma and Reddy，2004)。由于现场位于卡鲁梅地区的特殊区域内，因此该地区的生态风险评估是通过使用一个专门由美国技术团队进行圆桌会议开发的生态毒理学毒性协议执行的 (CERTT，2007)。

　　表 8.7 总结了超过基于人类和生态风险阈值浓度的污染物，超出阈值的污染物包括：多环芳烃 [苯并 [a] 蒽、苯并 [a] 芘、苯并 [b] 荧蒽、苯并 [k] 荧蒽、䓛、二苯并 [a，h] 蒽、茚并 [1,2,3-cd] 芘、菲] 和农药（特别是狄氏剂、4,4'-DDD、4,4'-DDE、4,4'-DDT），以及一些重金属，包括砷、钡、镉、铬、铜、铅、汞、镍、硒、银、锌。其他污染物的浓度均低于它们各自可接受的水平，地表水中低于阈值的污染物不需要修复。

　　计算该地区多环芳烃、农药、金属等污染物浓度与各个污染物浓度阈值的比。比值范围为 $1 \sim 5$，在某些地方污染物浓度超过阈值的 5 倍。通过绘制污染物浓度与阈值的比值图可得，多环芳烃所带来的风险要比农药和金属所带来的风险高。

表 8.7 风险评价

污染物	人类风险 /(mg/kg)	生态风险 /(mg/kg)	控制方案	最大浓度 /(mg/kg)
土壤				
苯并[a]蒽	0.90	NA	人类风险	120
苯并[a]芘	0.09	113	人类风险	110
苯并[b]荧蒽	0.90	10	人类风险	120
苯并[k]荧蒽	9.00	10	人类风险	61
蒀	88.0	NA	人类风险	100
二苯并[a,h]蒽	0.09	NA	人类风险	21
茚并[1,2,3-cd]芘	0.90	10	人类风险	54
菲		50	生态风险	170
狄氏剂	0.02	0.54	人类风险	0.04
4,4'-DDD	3.0	0.04	生态风险	0.17
4,4'-DDE	2.0	0.04	生态风险	0.6
4,4'-DDT	2.0	0.04	生态风险	0.35
砷	13	31	人类风险	26
钡	2100	585	生态风险	850
镉	78	3.37	生态风险	14.9
铬	230	131	生态风险	905
铜	2900	190	生态风险	257
铅	400	430	人类风险	1000
汞	10	1.3	生态风险	3.1
镍	1600	591	生态风险	591
硒	2.4	6.8	生态风险	6.8
银	390	8.46	生态风险	8.46
锌	23000	250	生态风险	603
地下水				
铅	0.1	NA	人类风险	0.869
硒	0.05	NA	人类风险	0.057

（2）结构框架　考虑到成本范围、局限性和商业适用性等因素，一些土壤和地下水污染修复技术已在该地区得到应用。对于土壤的修复治理方法有：土壤的挖掘和处置、植物修复、原位化学氧化（ISCO）和固化稳定化。对于地下水的修复治理方法有：抽出-处理技术（pump and treat，P&T）、原位冲刷技术（in situ flushing）、可渗透反应墙技术（permeable reactive barrier，PRB）、监测式自然衰减法（monitored natural attenuation，MNA）。可根据最佳管理法（BMPs）以及定性定量评估法对可进行替换治理的方法进行评估比较。

所选择的修复技术一般是在 BMPs 的基础上进行评估的技术。除了 BMPs，还可利用绿色修复评价模型（GREM）来对修复技术的可持续性和环境的不利影响作定性比较，并在可持续发展指标的基础上进行定量评估。有两种方法可用于计算技术可持续发展的潜力：可持续修复技术（SRT）和 SiteWise 工具。

（3）指标　大多数的 BMPs 技术被认为是更好的选择。对 GREM 进行分析评分，对每个潜在的污染源（废气、废水、噪声等）进行评分，范围为 1～10（1 分为不利影响最高，10 分为不利影响最低）。表 8.8 对 GREM 模型的固化稳定化进行了举例说明。相似的模型被运用于各个修复技术，总分最高的方法被认为是最坏环境下最有效的修复方法。

表 8.8　GREM 的固化稳定化

污染源	影响媒介	作用机理	是/否	组成成分	得分
物质的产生与释放					
空气中的 NO_x 和 SO_x	空气	酸雨和光化学烟雾	是	固定土壤的设备现场材料的搬运	1
气体氯氟化物	空气	臭氧层破坏			10
温室气体(GHG)	空气	温度上升	是	固定土壤的设备现场材料的搬运	1
空气中的悬浮颗粒、有毒气体、水蒸气	空气	一般的空气污染、有毒气体、增加空气湿度	是	固定土壤的设备现场材料的搬运	1
废液的产生	水	毒性水、毒性沉积物、沉积物	否		10
固体废物的产生	土地	土地利用、毒性	是	场地施工垃圾	8
热释放					
热水	水	栖息地变暖	否		10
热气	空气	大气湿度	否		10
物理干扰和破坏					
土壤结构的破坏	土地	破坏栖息地、土壤贫瘠	是	土壤的稳定性	1
噪声、振动、恶臭、美感	大环境	公害与安全	是	场地中机械设备和卡车的噪声	3
交通	土地,大环境	公害与安全	是	工作人员在场地拆除的杂物、搬运的固体材料	
土地停滞	土地、大环境	处理时间、处理效率、重建	是	补救期间不能使用	8
资源枯竭和回收利用					
石油(能源)	地下	消耗	是	固体材料的迁移、设备	4
矿物	地下	消耗	否		10
建筑材料(土、混凝土、塑料)	土地	消耗与回用	是	建筑用品凝固材料	5
土地和空间	土地	储存与回用	否		10
地表水和地下水	水、土地(沉淀)	储存、隔离、回用	是	凝固用水	7
生物资源(植物、树木、动物、微生物)	空气、水、地表、地下、森林	物种消失多样性减少再生能力降低	是	整体活动	3

　　这两种方法的定量分析指标包括温室气体（GHG）、氮氧化物、硫氧化物、细小颗粒物的排放，总能量的利用，事故风险的伤亡以及成本。可持续修复技术 SRT 只适用于对具体技术，如土壤挖掘处理方法、抽出-处理技术、PRB、MNA 对地下水处理效果的评估。SiteWise 工具不但可对所有修复技术和所有活动进行评估，也可对修复实施过程和修复技术的选择进行评估。

　　（4）评估结果　在 BMPs 的基础上对挖掘技术、抽出-处理技术等所有的修复技术进行比较（见表 8.9）。对于选定的可行技术的 GREM 分数进行比较（见图 8.4）。图中显示了每个修复方法各自的分数。按照 GREM 分析可得：植物修复技术是最适合土壤修复的技术，而 MNA 是最适合地下水修复的技术。

表 8.9　不同修复方法关于 BMPs 的比较

方法	环保处理模型	环保实践工具	总计
土壤			
固化稳定化	√节能高效 √原位被动	√原位 √可回收未使用材料	√√√
植物修复	√降低挖掘需求 √原位被动	√原位 √不需要泵等,创新高效	√√√√
挖掘处理	无	无	无
化学氧化	√降低挖掘需求 √原位被动	√原位 √不需要泵等,创新高效	√√√√
地下水			
PRB	√使用渗透墙 √高效节能 √原位被动	√原位 √不需要泵等,创新高效	√√√√
原位冲刷技术	√原位 √循环用水	√原位 √循环用水	√√√√
MNA	√原位 √减少挖掘需求	√原位 √不需要泵等,创新高效	√√√√
抽出-处理技术	无	无	无

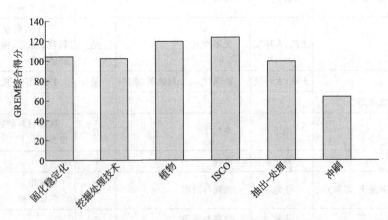

图 8.4　关于 GREM 的土壤地下水修复技术分析

　　SRT 和 SiteWise 结果分别如图 8.5 和图 8.6 所示。表 8.10～表 8.12 表示根据 SiteWise 分析后土壤和地下水修复技术的相对影响。固化稳定化被用来修复重金属浓度很高的土壤，其他地区选用植物修复。由于地下水较浅、污染物浓度较低，适宜 MNA 与植物修复技术被认为是最佳地下水修复方案。

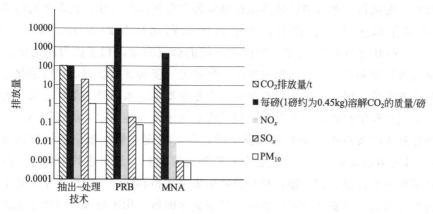

图 8.5 典型的 SRT 结果：地下水修复技术放物的比较

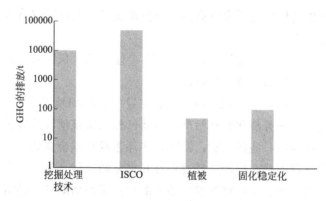

图 8.6 典型 SiteWise：土壤修复技术温室气体（GHG）排放的比较

表 8.10 根据 SiteWise 确定的关于土壤修复技术的影响

修复方案	GHG 的排放	能源的使用	水的使用	NO_x 的排放	SO_x 的排放	PM_{10} 的排放	事故意外死亡	事故意外伤亡
挖掘处理技术	低	低	高	高	高	高	高	高
ISCO	高	高	低	低	低	低	低	低
植被修复	低	低	低	低	低	低	低	低
固化稳定化	低	低	高	低	低	低	中	中

表 8.11 根据 SiteWise 确定的关于地下水修复技术的影响

修复方案	GHG 的排放	能源的使用	水的使用	NO_x 的排放	SO_x 的排放	PM_{10} 的排放	事故意外死亡	事故意外伤亡
MNA	低	低	低	低	低	低	中	低
PRB	低	低	低	低	低	低	高	中
抽出-处理技术	高	高	低	低	低	低	高	中
土壤冲刷	低	低	高	高	高	高	高	高

表 8.12 根据 SiteWise 对生物修复（植物 EB）和 C 挖掘处理（C 区）的可持续性指标总结

修复方案	GHG 的排放	能源的使用	水的使用	NO_x 的排放	SO_x 的排放	PM_{10} 的排放	事故意外死亡	事故意外伤亡
生物修复（植物 EB）	中	中	高	中	低	低	高	高
挖掘处理	高	高	低	高	高	高	高	中

（5）**修复方案选择** 本区域已选择植被修复为主要的修复方法，在重金属污染浓度较高的区域选用固化稳定化进行修复。其中固化稳定化修复约为 7.5 英亩（1 英亩＝0.405hm²），植被修复约为 95 英亩。考虑到不同的修复方案，初步认为固化稳定化技术是一种在该地区可修复多种污染物的修复方法。经过进一步的评估发现固化稳定化虽然成本比较高，但是非常有效。因此，固化稳定化被认为是修复地下水污染的最佳方法。另外，已经提出的水泥基固化稳定化相结合的设计可用于应对对土壤和地下水的潜在影响。

植物修复技术涉及有机污染物在土壤中的迁移、稳定或被土壤中的植物降解（ITRC，2009）。该区域大多数设施的安装（包括草）将用来解决目前地下水的影响。可在适当的位置种植向日葵用来去除铅、砷、银，种植香蒲用来去除铅和锌。种植黑麦草和高羊茅用来降解土壤中的多环芳烃。杂交杨树可以种植在最东北角的地方用来处理严重的重金属污染，或者用来鉴定地下水污染。

在该区域土壤污染的地方地下水没有完全的暴露途径，所以建议将 MNA 和植物修复技术相结合合用以修复地下水。

定期对地下水监测，用于研究植物修复与 MNA 修复的累积影响，另外也将通过剪下的树叶和植物进行测定来监测植物修复的效果。

（6）**总结** 由于过去的非法倾倒活动，大量空置的土壤和地下水以及森林沼泽地（117 英亩）已经被重金属、多环芳烃和农药污染。目前已提出将该地转换成为一个生态开放空间保护区。生态环境中确定的一些污染物，特别是多环芳烃和重金属的含量已经给人类健康带来了风险，因此，修复行动是必要的。经过定性和定量的评估，替代修复方案已被用于处理受污染的土壤和地下水。考虑用可持续发展相关的指标来评估对环境的潜在影响。组合的修复方法被认为是该地的最佳修复方案。固化稳定化（应用在高浓度污染区）和植物修复（应用在其他污染区）用来修复土壤中的多环芳烃和重金属的污染，而 MNA 和植物修复用来修复地下水污染。

案例 8.2 印度岭沼泽地

（1）**项目背景** 伊利诺伊州的芝加哥市自然资源部在尽力修复柳梅特卡地区历史上的工业化湿地和草原（东南芝加哥），用来支持五大湖修复计划（the Great Lakes Restoration Initiative，GLRI）这一重点项目，以加大对重要湖泊生态系统的修复和保护。印度岭沼泽（Indian Ridge Marsh，IRM）具有普遍显著的历史性污染，包括土壤、沉积物、地表水、地下水。对 IRM 的湿地和草原栖息地进行修复将具有很大的生态价值，尤其是对一些濒危鸟类（如无冠夜鹭）在这个地方的季节性筑巢问题（Kamins 等，2002）。目前从一个检测样例发现该地区被多种污染物污染，包括重金属、农药、挥发性有机化合物、多环芳烃、农药和轻质非水相液体（Light Non-aqueous Phase Liquid，LNAPL）。

工作人员以测量样品浓度风险为基础进行筛查水平比较（RBSLs），确定了该地区对人类和生态健康构成最大危险的受污染区域。关注的六个区域（AOCs），标记为 A、B、C、D、E、F 区，根据 AOCs 区土壤和地下水中的污染物含量超过了 RBSLs 样本的地理分布以及能源的使用和排放情况进行作图。

评估测定表明：该地区土壤、沉积物、地下水和地表水内含有挥发性、半挥发性有机物、农药、重金属等污染物。这些污染物主要来自于：①场内污染源，以前在该地区合法或非法倾倒废物、矿渣；②场外污染源，包括卡柳梅特湖群（LCC）和紧挨着它的 IRM，沉积物和地表水从 LCC 漫流到 IRM。2010 年 LCC 被置于国家优先名单（NPL）中，以用于处理各种工业设施和废物。目前小型航空公司对 LCC 的修复将影响污染物迁移到 IRM。

（2）结构框架　通过评价与使用绿色可持续修复（GSR）工具如绿色可修复评价模型（GREM）、SiteWise、可持续修复技术（SRT）对每个会对环境产生潜在影响的修复选项进行了定性和定量的分析。对可持续性度量（即噪声、工人安全、美学）使用 GREM 进行定性评价；对能源和资源消耗使用 SRT 进行定量评价。另外考虑将几个项目阶段一同进行，包括修复调查、修复建设行动、运行与维护、长期监测。此外，社会可持续性评价模型（Social Sustainability Evaluation Matrix，SSEM）被应用到 IRM 项目，用来评估修复方案的社会影响。

（3）指标　根据每个 AOC 受污染的表面积和深度对材料和劳动力的需求、处理时间、受污染的土壤及地下水处理量进行估计，从 SiteWise 法和 SRT 中假设一些修复方法对每个修复方案进行比较选择。这些方法的输出项包括：能源和水的消耗、排放的温室气体（CO_2，N_2O，NO_x，SO_x）和工人的意外伤害风险。目前可用软件来生成具体方程的转换因子，直接生成 SiteWise 和 SRT 报告中的评估数（AFCEE，2010；Bhargava 和 Sirabian，2011）。

（4）评估结果　有些修复方案不适合对该场地条件和化学药水排出的污染物进行可持续性评估。因此，根据该地区的具体情况考虑，缩小了可行的修复方案选择的范围，包括以下几个方面。

① 地下水浅埋区（地表以下 3～15 英尺，1 英尺＝0.3048m）、许多表面池塘、大面积湿地的存在使那些需要在土壤或包气带进行大量脱水的技术的使用受到了限制。

② 浅层地下污染分布较广，这增加了后期修复或去除大量土壤的难度。原位修复技术优于异地修复技术。

③ 由于存在混合污染物类型（重金属、PAHs、VOCs、SVOCs），因此需要修复的替代方案来用于各种化学混合物的去除。

④ 异构性和低渗透性的表层沉积物（填充材料、粉砂夹黏土透镜体的渗透系数＝10^{-5}～10^{-3}cm/s）限制了那些需要通过受污染的沉积物或依靠地下水高效的流动率注入大量液体的技术的使用。

⑤ 由于希望未来的土地利用必须实现栖息地和生态恢复的目标，因此，修复应尽量减少永久性或不可逆受对该地区的干扰程度。

图 8.7 表示由 SRT 排放的一个例子，图中对 F 区空气污染物和地下水排放的修复技术抽出-处理技术、强化生物修复、ISCO、PRB、MNA 进行了比较。由于 SRT 不包括植物修复技术，所以 SRT 中只提供对修复时间限制方案的比较。由于该地区最终用于栖息地恢复和保护，所以整体项目成本和对环境的影响仍然比修复时间更为重要。因此，该地区应选择一个对原位、异位干扰最小的修复技术（如植物修复）。通过这些初步的估计，再加上继续使用 SiteWise 进行详细核算，所以在对该项目进行环境影响、介质影响和排放量的分析时并没有过多且昂贵的抽样项目。

理想情况下，应对所有的 AOCs 进行修复，然而，如果对整个受污染的区域进行处理成本将过高。因此在 C 区和 F 区进行建模估计，因为它们的污染物浓度含量最高、污染物成分最为复杂，其余地区（A、B、D 和 E 区）用自然衰减法进行检测。

从定量和定性的可持续性评估的结果选择一个修复方案。选择合适的修复技术标准是根

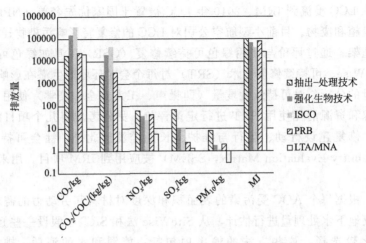

图 8.7　F 区 SRT 修复方法的输出项比较

据特定的条件，包括地质条件，当地的水文和水文地质、表层土壤和沉积物的性质（低渗透性富含黏土的冰碛层和粉细砂；分布不均匀的填充材料），来确定污染物的性质和分布以及在该地区的最终用途。

SSEM 被应用到两个土壤修复方案：挖掘处理技术和强化生物修复（植物-EB）。SSEM 评价指标的优点说明如下。

① 从社会个人角度考虑，由于植物-EB 修复对土壤的污染最小，可以减少尘土，减轻粉尘飞扬，所以它可以对生活质量产生更为有利的影响。与挖掘处理技术相比，运用植物-EB 修复不仅可以美化社区，还可以提供娱乐等。

② 从社会制度的角度考虑，植物-EB 修复的应用会对未来建设社区基础娱乐项目带来有利影响，提高周边社区的建筑与美学的结合美。植物-EB 修复技术可以在政府、社区志愿者组织和本地网络之间开展，号召人们积极参与。避免了挖掘处理技术在修复过程中由于会产生潜在的健康危害而带来的负面反应。

③ 从社会经济的角度考虑，挖掘处理技术的优点在于可以创造就业和就业潜力，包括直接（与修复活动直接有关的就业）和间接（由于当地企业的赞助带来的经济活动）的就业机会，这两者的影响促进了周边社区的经济发展。

从社会环境的角度考虑，植物-EB 与挖掘处理技术相比更为有利：由于植物-EB 修复是一种原位修复技术，它不会由于卡车的进出对排放量造成不利影响，因此植物-EB 修复更为环保。然而，它的缺点在于植物需要最少 5 年的时间才能将污染物修复到达标水平，而挖掘处理技术要比它快得多。

社会可持续性评估的结果如图 8.8 所示。总体而言，SSEM 结果表明与挖掘处理技术相比采用植物-EB 修复对周边社区更为有利。这也说明如果不采取任何修复行动，将会对周边环境带来最不利影响。

（5）修复方案选择　IRM 地区修复方案的选择中包括植物-EB 修复。此修复方法可以刺激现有的土壤微生物识别降解更多的有机污染物种类。修复中种植本土树，具有生长快、蒸腾速率高、生根深、富集和吸收有机污染物的优点。将树木种植在看台上，间隔约 10 英尺以达到最大生长密度和修复效率。在地下水和土壤污染的地区（B、C、E 和 F），将大约 50％的树木种植在内衬的沟槽中，用以促进根系向受污染含水层的生长。然后模仿阿贡国家

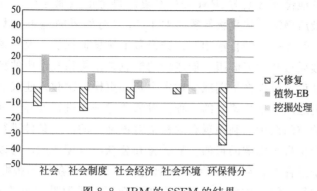

图 8.8 IRM 的 SSEM 的结果

实验室 ANS TTTS TreeWell 系统用同一树种（柳树、白杨和杨树）进行修复。这种技术可以使种植的树木密度达到最大，而且能够减少每一棵树的根部横向增长的范围。

所有的修复区域将以有机堆肥的形式吸收土壤改良剂和氮磷钾（10∶10∶10）平衡肥以促进新根的生长。活性氧化物（Oxygen Reactive Compounds，ORCs）将在种植过程中混入肥沃的土壤中，这种形式是加入氧添加剂优先选择的方法，因为它能源消耗低、成本低、不需要安装注水井，并随着时间的推移能够在土壤中释放氧气，而不是通过脉冲作用，因此可以提高植物的长期性能。ORCs 的一个缺点是可能会使当地土壤的 pH 升高，这将会中和土壤中的酸性改良剂 ［如颗粒物、石膏或 $Al_2(SO_4)_3$、落叶］。有机堆肥的常规应用（2～3 倍的生长季）可以起到向土壤微生物提供充足的养分、保持土壤总体质量和 pH 值的作用。

在修复区域中种植牧草和豆科植物（黑麦草等）可以起到稳定土壤、最大限度地提高用水总量、减少土壤侵蚀、保持土壤干燥、促进树木生根吸水的作用。种植植被也有助于减少地表水污染到附近的卡柳梅特河或其他异地的水道通过增加渗透流动到浅层土壤，而且这也将有助于尽量减少生产中的垃圾渗滤液通过降水污染土壤和地下水，此外，牧草和豆科植物能够解决由于柳树、杨树和白杨根系较深而不能够接触浅层地下土壤中污染物的问题。

为了尽量减少地表水、沉积物和土壤的交叉污染，将地表水水库建在 AOCs 附近的河岸缓冲区（5～10 英尺的宽度）。河岸缓冲将减缓地表和地下水之间的水上运输，限制了区域内污染物对表层沉积物的侵蚀。缓冲区中将包括香蒲、小浮萍和芦苇，当缺乏足够的原生植被时还可以再额外加入。

每个 AOC 的修复进展将通过每隔 5 年对选定的树木生长周期的近似长度进行评估。一般 4～6 年，树木从树苗生长到成熟的树木，在此期间，经济增长率和植物修复效率会降低。在每个周期结束，用种植的新树苗替换成熟的树木，预计至少 3 个生长周期（15 年）可将污染水平降低到可接受含量。高污染浓度区（即 C 区和 F 区）与低污染浓度区相比，第一个生长周期的时间可能更长。在现场每个 AOC 所需要的周期数将被作为确定修复监测进度和吸收、降解率的量化指标。

在植物修复中，耕种的土地用来种树之前是温室气体排放的另一个主要来源。ORCs 的使用可以减少耕地土壤通气所需的深度和频率。正确运用植物修复应用程序定期监测植物的健康，以评估是否需要进行土壤改良，从而确保土壤中含有足够的肥料供植物生长。

（6）总结 基于该区域目前及以前污染物浓度低、分布广的特点，应选用一个对场地干扰最小的被动修复方案。根据该地区存在的混合污染物的化学物质、浅层地下水位和异构的地下水文，应结合其他修复方案对 IRM 进行修复。再考虑该地区将来的使用和可持续性度量标准的兼容性，最后确定强化生物修复是对 IRM 进行修复的理想技术。该技术与未来将该地区作为卡柳梅特开放空间的目标相符：进行湿地栖息地保护、改善现有生境、在修复过程中改善整体的土壤质量和营养健康、创造新的栖息地。将该技术中的种植方案实施后，对于修复高浓度污染来说，可以在早期减少树木生长和更换的次数。建议对现有的植被进行现场初步调查，以确定适用于植物修复的过程。对需要进一步进行抽样调查的地区，可以更好地限制高层次污染的空间范围。利用现有的植被对该地区的修复条件进行优化，以达到在修复过程中对该地区产生最小影响的目的。从教育和公众的角度考虑，可以将该方案纳入栖息地治理和修复的整个过程中。在 IRM 区，可通过社区公告和在现场张贴标志来对当地植被和野生动物的信息进行通知和传播，以用来告知公众正在采取哪些方法步骤进行修复活动，保护敏感的栖息地。这将会提高公众对 IRM 修复活动的接受度，得到公众对整个卡柳梅特地区的湿地栖息地恢复目标和保护已退化的场地的支持。

案例 8.3　前马西森和海格勒锌工厂

（1）项目背景　该马西森和海格勒锌工厂位于伊利诺伊州的拉萨尔，1907 年开始运行，进行锌的冶炼。除锌冶炼外，该地还被用于开采煤、制造锌板和硫酸镉。1954 年，海格勒解散，随后该地开始进行杀虫剂、剃须产品的生产，彼得森负责其他材料的归档和包装。1956 年，伊利诺伊州从美国政府手里买下了多余的土地，成为该地唯一股东，并将该地用于烟花爆竹的制造。2009 年该土地另一部分的持有者——千年石化公司（前国家制酒）申请破产。在地图上看，位于海格勒以西约 $4 \times 10^5 \, m^2$ 的土地主要为农村及农田；东侧不到 0.4km 的地方和蒂尔顿东北方向约 0.8km 的地方各有一个住宅区。该地直接与北部、西部、南部的农田相接壤，有四个湖泊。此外，在西部有一个占地 $2.4 \times 10^4 \, m^2$ 的大渣堆，高达 16m。渣堆堆的是冶炼过程产生的污染物，包含未燃烧的残留物和重金属，如铅、砷、镉、锌以及以前建筑中的木材、砖、混凝土碎片等。

弗米利恩县的地表地质由美国威斯康星州长期的冰碛沉积物构成，其中包括丰富的黏土和一些砂砾混合物。在最上层有 0.3~0.9m 厚的填充，填充物主要是炉渣。该地区的第一个含水层为 0.3~1.8m，比较浅，为敞开式。该地地表水中含有大量粉土、黏土。

2000—2006 年伊利诺伊斯环保局和韦斯顿对该地区的土壤、渣、泥沙和地下水进行了采样调查，样本包含该地内部及周边居民区。监测显示住宅区土壤样品中铅、砷、铜的含量大于伊利诺伊州环保局规定的含量，但住宅土壤样本中的浓度低于场地中的浓度。将现场采集的土壤和废弃物样本与 TACO 条例中对工商业的规定相对照，结果显示砷、镉、铅、锌的浓度超标，其中场地在北部的中心部分和矿渣堆附近的金属浓度最高。该场地土壤中的金属污染一直蔓延到了场地边界区。该地土壤中多环芳烃（PAH）为主要污染物，这主要是与渣堆的成分有关。底层的黏土土壤所含重金属浓度明显较低，重金属含量主要集中在填充材料中。

为了防止新的污染物进入与受污染的土壤和废弃物接触，伊利诺伊州环保局在工地附近安装了一个 1.8m 高的铁丝网。2005 年，该地区被正式确定为由于受污染会对人体产生潜在危害风险。

（2）结构框架　该项分析和研究的重点是该地区受污染的土壤。假定渣堆、地表水和污染的地下水将分别处理，在修复过程中最大的问题是该地受污染的面积太大。常用 SimaPro 软件对填埋（挖掘和运输）法和固化稳定化进行生命周期影响评价。

SimaPro 软件是对修复方案的生命周期对环境组成的影响进行评估。它可采用有限的方法对生命周期的所有部分——原料提取、加工、制造、分配、使用、维修保养以及回收处置进行评估。

除了人类健康和环境的影响，经济和社会的影响也对修复方案的选择有一定的作用。从社会的角度来看，要考虑交通中卡车的排放量和对附近社区的破坏性。以前的案例研究中所述的 SSEM 工具也已在这里被用于社会制度、社会经济和社会环境因素的评估。

（3）指标　对于两种修复方法进行生命周期评估（life-cycle assessment，LCA），设置系统边界是很重要的。例如，虽然挖掘和运输需要使用挖掘机和重载卡车，但是这种分析不会对生产执行过程中所有相关设备的输入和输出进行跟踪，此分析将不包括现场调动和派遣的设备，此外，它不包括被弃置在填埋场的污染废弃物的影响。此过程主要对以下方面的输入和输出进行分析。

① 挖掘运输法

a. 挖掘过程中的溶胶状污染物；

b. 靠近填埋场的土壤的运输过程；

c. 回填清洁土壤。

② 固化稳定化

a. 制造过程中水泥的运输；

b. 固化稳定化用水；

c. 将水泥注入到受污染的土壤中；

d. 运输和制造过程中对植物的影响。

表 8.13 为在一个面积为 $4 \times 10^5 \, m^2$、深 0.6m 的污染土壤场地上估计数的汇总。水泥是分析中的一个组成部分，一般范围为 10%～40%，此分析中根据该地具体情况确定水泥的应用率为 40%。对土壤运输的分析包括两条线路：一是将土从工地运到垃圾场，二是将空货车运送回工地。由于装载土壤的卡车和空车的质量相差很大，所以选用来回两条路径进行

表 8.13　通过 SimaPro 软件对材料与工艺过程的输出进行分析

材料与工艺	挖掘运输法	固化稳定化
挖掘受污染土壤	$2.5 \times 10^5 \, m^3$	—
向填埋场运输土壤	34291988t/km	—
运输车到场地	22632712t/km	—
土壤用于矿井填充	359200t	179600t
进行填埋	2310087t/km	1122044t/km
将清洁填充物用于填充	$2.5 \times 10^5 \, m^3$	$1.25 \times 10^5 \, m^3$
运输车回供应处	1815069t/km	882106t/km
进行固化稳定化(40%)	—	196800t
固化稳定化用水	—	78740t
将水和水泥运输到场地	—	1019706t/km
将水和水泥的混合物注入土壤	—	$4 \times 10^5 \, m^3$
水泥运输车回供应处	—	602556t/km

分析更为合理。这种方法也适用于对清洁砂砾和水泥的运输过程。用于填充的水泥可从距离该地 8.5km 的丹维尔镇拉运。为了保证植被的生长，应当在填充物 0.3m 以上的地方进行适当的固化稳定化处理，另应运输 0.6m 厚的土壤用于挖掘土壤的填充。

显然，修复过程中最大的能源消耗是将受污染的土壤运输到填埋场和运输车返回场地的过程，所以修复场地到填埋场的距离对挖掘填埋过程中的 LCA 起着关键性作用，下面单独对场地所用的填埋场进行分析。

各种数据库都可供 LCA 使用。本书使用的是建立的环境与经济可持续发展（the Building for Environmental and Economic Sustainability，BEES）数据库。BEES 将部分 LCA 和建筑材料的生命周期成本相结合，数据来源于可能导致臭氧破坏、全球变暖、烟雾的形成、生态毒性、人类健康影响、化石燃料枯竭、自然资源枯竭、生境改变、水的摄入量和室内空气质量等因素。

（4）评估结果　表 8.13 中为通过 LCA 模型对每种修复方法进行比较。分析的结果用图 8.9 表示，可以发现挖掘运输法与固化稳定化相比，除了人类健康（癌症）外，其他均比固化稳定化的影响大。另将每种修复方法和相关的过程进行单独分析。

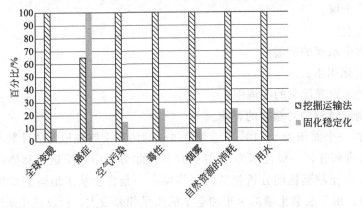

图 8.9　通过 LCA 对挖掘运输法和固化稳定化进行比较

挖掘运输法的相关影响如图 8.10 所示。用水最多的是砂子，而其他因素主要是对运输的影响。

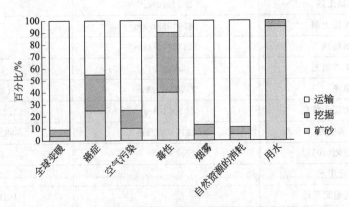

图 8.10　通过 LCA 对挖掘运输法进行分析

固化稳定化的相关影响如图 8.11 所示。用水最多的是砂子；对人体健康影响最大的是水泥的生产；运输是造成全球气候变暖、烟雾形成、自然资源枯竭的重要因素；水泥制造是

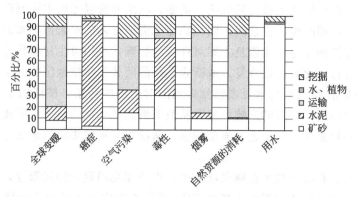

图 8.11　通过 LCA 对固化稳定化进行分析

导致癌症的主要因素，这是因为水泥的生产过程中原材料的加热和燃烧以及对水泥进行加热等会产生汞、酸性气体和颗粒物质等能量密集型污染物（EPA）。

对挖掘处理技术影响最大的因素是交通运输。如图 8.12 所示，对土的重复利用将会将这种影响因素降低。即使不考虑空卡车返程这一过程，挖掘运输法也比固化稳定化的影响大，但它们之间的差距会有所减小。如图 8.13 所示，与挖掘运输法相比，固化稳定化法的综合影响大约为 55%，对全球气候变暖的贡献只有 10%，而且其他影响因素也比挖掘处理法要低。

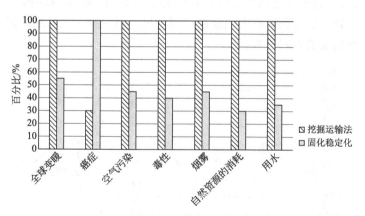

图 8.12　填埋场中用 LCA 对挖掘运输法和固化稳定化的比较

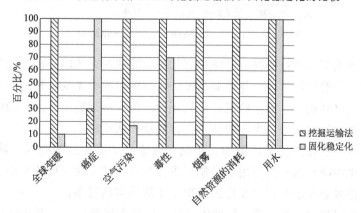

图 8.13　砂的开采中用 LCA 对挖掘运输法和固化稳定化的比较

砂的开采也会对环境造成很大的影响。例如，在两种修复方法中控制砂的用量和其他因素都相同的情况下，即减少了变量时，固化稳定化需要更多的水来进行水泥搅拌。

为了进一步降低固化稳定化修复方案对环境的影响，可用再生材料代替原材料。例如用矿渣水泥混合物进行固化稳定化修复：威斯康星州的阿普尔顿棕地区的人工制气厂（矿渣水泥协会）用70%矿渣和30%的水泥来修复煤焦油对土壤的污染。矿渣的加入可大大降低水泥的生产和后续使用中对环境的影响。然而从渣源到修复场地的距离是需要考虑的一个重要因素，但如果需要修复场地的附近有渣源的话，从减少对环境影响的角度考虑，这是一个有吸引力的方案。

需要注意的是，在大多数大型修复场地中，由于固化稳定化的局限性，施工过程中会在很大程度上对周围的社区造成影响。在对IRM修复方案中引入的社会个体、社会制度、社会经济等效益在本方案中同样适用，在SSEM的得分标准通过以下条件确定。

① 挖掘处理法显示的不利影响更大：由于卡车在运输过程中会经过周围的社区，车辆排放的废气、噪声以及对大量燃料能源的消耗，使其在环保得分中为负值。

② 原位固化稳定化的修复方法消除了过量运输对环境产生的消极影响，但是，过度的水泥量又对环境产生了消极的影响，这是因为水泥的生产过程属于能源密集型过程，并且会产生汞，排放酸性有毒气体及颗粒物，危害人体健康。可以使用可再生材料（矿渣水泥混合物）替代水泥来解决这一问题。

如图8.14所示，固化稳定化对于社会的影响更为有利。在所列的四个社会层面中可以看出挖掘处理法对社会的正负影响大致相抵。而如果不对污染区域采取任何修复方案，那么它将会对社会造成最大的不利影响。

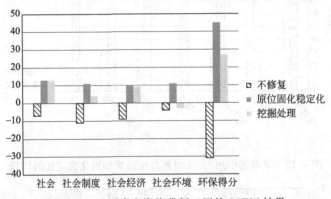

图 8.14　马西森和海格嘞新工厂的 SSEM 结果

（5）修复方案选择　通过挖掘运输法和固化稳定化两种方法的分析，固化稳定化法被认为更符合可持续发展的目标。因为与挖掘运输法在运输过程中需要大量的能源、在填充过程中需要额外的填充材料相比，固化稳定化更为环保。但挖掘运输法对人类的健康危害更小一些，主要是因为固化稳定化法中水泥的使用会排放致癌物质。

在本案例分析中有几点推论，例如，在挖掘运输法中缩短运输距离会减少对环境的影响；在固化稳定化中降低水泥的应用率或使用再生材料会减少对环境的影响。通过对社会经济的评估，发现挖掘运输法的成本要比固化稳定化的成本高得多。

（6）总结　本案例中，SimaPro软件用于马西森和海格勒锌工厂两种修复方案中对环境心理和人类健康影响的评估。该地区由于有悠久的生产和开采模式，导致其大面积受到重金属污染。在本案例中通过生命周期评价对挖掘运输法和固化稳定化法进行了评估。当考虑可持续发展指标中能源的运输和使用、清洁填充物的运输和处理时，应选用固化稳定化法进行修复；当考虑水泥的制造过程会排放致癌物，对人体健康产生潜在危害时，应选用挖掘处理法。最后，经过综合分析，考虑到挖掘运输法的大成本和在运输中带来的各种干扰因素，最终认为固化稳定化修复法更具有可行性。

（7）结论　本节中三个案例的修复方案选择均遵循选择可持续修复技术的原则。具体来说，在案例中提出了可持续性修复模型、指标和应用方法。当然，在社会的可持续发展等几个方面主观问题上尚未做到充分研究。近几年来，许多领域的研究案例及应用陆续公布，我们可以从这些类似的研究中总结经验，从而为给定的区域确定最适用有效、可持续的修复方法。

8.4　污染场地修复资金来源

环境库兹涅茨曲线表明在经济发展过程中，环境状况先是恶化而后得到逐步改善。国际经验表明，环保投资占 GDP 的比重最高会达到 3% 左右。日本在 20 世纪 70 年代，环保投入 GDP 从 0.8% 攀升至 3.1%，其中增长最快的时期在 1972—1975 年，环保投入占比从 1.8% 提升到 2.9%。1970 年，美国的环保产业占 GDP 的 0.9%，2003 年这一比例增加到 3%。自 20 世纪 60 年代末以来，美国的环境保护和治理稳步发展，已经成为增长迅速、利润较高的行业之一。英国在 1970—1990 年的环保行业投资占 GDP 的比重从 0.9% 上升到 2.4%。德国 1990 年环保投资占比达到 2.8%，丹麦 1993 年占比达到 2.6%。

通过发达国家环保产业投资的统计数据可以初步判定环保产业投资黄金时期。我国在环保产业投资方面与发达国家的差距还很大。另外，当国家污染削减和治理总投资占 GDP 比重达到 1.5%~2% 时，才有可能控制环境污染；当达到 2%~3% 时，才有可能改善环境质量（解决历史遗留欠账）。环境修复即是解决历史欠账，据统计，环境修复通常占环保产业投资的 30%~50%。

我国环境修复行业已迎来黄金发展时期，前景广阔。我国环保投资占 GDP 的比重从 2001 年的 1.01% 攀升至 2008 年的 1.49%。从时间上来看，环境库兹涅茨曲线攀升阶段主要的两大驱动因素（城市化、工业化）较长时间内还要持续，我国工业化进程仍将持续 10 年以上，从海外经验看，日本 20 世纪 70 年代环保投入占 GDP 比从 0.8% 攀升至 3% 以上历时近 10 年。

我国环保修复资金特点、问题及融资渠道如下。

（1）环境修复行业的主要特点　公益性强、资金量大、隐蔽工程、技术性强、新兴市场、项目生命周期长、向异性大、我国的污染极为严重。

（2）我国环境修复行业目前存在的主要问题　商业模式单一、创新能力不足、政府投入不足、法律法规和标准不完善、项目前期投入严重不足、市场恶性竞争严重、项目管理不规范……最终导致环境修复投融资困难。

（3）环境修复资金机制　①有污染者项目：谁污染谁治理→污染者付费、专业治理。②污染者灭失但有价值的项目：谁受益谁付费。③污染者灭失且无价值的项目：政府付费［或通过 PPP（政府-社会资本-合作）模式由社会资本先期垫资］。

（4）环境修复投融资的资金来源　①政府各部门专项资金；②政府应急资金；③依托地

方平台公司的投融资（债权：项目商业短期贷款，中期票据、企业债券、公司债券，股权投资、股权并购、上市融资等，夹层投资）；④PPP 模式（政府-社会资本-合作）融资；⑤专项基金等。

（5）PPP 模式融资　PPP 模式即"政府-社会资本-合作"模式。这种融资形式的实质是政府通过给予企业长期的特许经营权和收益权来换取基础设施建设的投资，以解决政府的财政困境。将新型的政企合作 PPP 模式应用于土壤修复领域，可以发挥双方各自的优势，共同承担项目投资、实施责任和融资风险，在政府和企业间进行最合理的风险分配。政府作为主要责任主体，应该从政策法规的完善入手，推动 PPP 等融资效果更好的商业模式在土壤修复领域的应用，以解决土壤修复领域面临的融资、治理效果及效率等核心问题。

（6）专项基金投资　我国需要政府出资修复的污染土壤数量巨大，有必要设立专项基金。对于历史遗留下来的土壤污染问题，尤其是已关停的企业造成的污染后果，难以用传统的"谁污染，谁治理"的原则去追究责任人。大面积的农田土壤污染修复费用极高，由于缺乏具体的责任人，修复工程几乎无法推动。土壤污染可能引起突发性公共事件，需要政府有足够的资金，以保障在突发事件中所需要进行的评估、修复、赔偿等工作能够顺利进行。专项基金的设立，应由国家相关部门牵头，借鉴美国政府性信托基金运作模式，建立以"谁污染、谁付费"和"谁投资，谁受益"为原则的多责任、多目标的投融资体系，确定合适的基金规模和资金来源，用于解决历史遗留和无法确认责任主体的污染土壤修复问题。

（7）企业债融资　国家发展改革委办公厅《关于进一步改进企业债券发行审核工作的通知》（发改办财金 [2013] 957 号）指出对于节能减排和环境综合整治、生态保护项目，属于当前国家重点支持范围的发债申请，要求加快审核，并适当简化审核程序。支持城镇污水垃圾处理设施建设、历史遗留重金属污染和无主尾矿库隐患综合治理等。

国家发展改革委办公厅《关于充分发挥企业债券融资功能支持重点项目建设促进经济平稳较快发展的通知》（发改办财金 [2015] 1327 号）指出，在加强市场监管、强化偿债保障、严格防范风险的基础上，更加有效地发挥企业债券的直接融资功能，科学设置发债条件，简化发债审核审批程序，扩大企业债券融资规模，大力支持市场化运营、资产真实有效的企业以自身信用为基础发行企业债券融资，支持企业加快结构调整和转型升级，支持企业以各种形式参与基础设施投资建设。

8.5　污染场地修复存在的问题与发展趋势

污染场地存在的不确定性问题，会给场地修复带来很大的困难。由于地下水介质的非均质性、尺度问题和地下水环境的多变性，对修复系统性能评估非常困难，遇到裂隙地层的污染修复则更难。低渗透地层的污染场地修复，特别是低渗透地层的反向扩散，会导致污染物持续进入地下水中、构成二次污染，而反应药剂进入低渗透地层较难，虽然间歇注入、加表面活性剂、长期循环可改善低渗透层中反应药剂的传输，采取多个修复技术组合，合理安排修复序列，才可提高修复效率。大面积污染羽并呈低浓度时，主动修复技术效率很低，但地下水含水层的渗透性强且地下水可利用性好，修复难度很大。

未来应从系统工程角度进行整个修复系统、土壤与地下水环境不确定性研究、模拟模型的改进、基本原理的研究、修复技术的研究等。应采用更多的绿色、低碳修复技术。

9 污染修复效果检验与管理

我国污染场地修复行业发展的状况可以描述为：有需求、风险高、深度深、缺动力、有技术、缺专业。污染场地修复中污染源的清除是关键，污染羽的控制是前提，污染物的去除是最终目标。

9.1 污染场地修复标准

不同的国家和地区，甚至同一个国家不同时期的土壤和地下水修复基准的内容都有所不同。污染土壤和地下水修复标准是在污染修复基准的基础上，考虑社会、技术、经济等综合因素后制定的法律规范。就社会因素而言，主要根据各个国家、地区的现实情况而定，对不同用处、不同污染程度的污染进行修复；就修复技术而言，主要包括污染修复技术所能达到的清洁目标和现有分析技术所能确认的污染物最低限量目标；还有土壤和地下水的背景值因素、对地下水保护的因素、法规调控因素等。

9.1.1 修复效果评价指标体系

污染土壤修复标准制定的目的，是在保证污染土地再利用的前提下，使污染较为严重的土壤环境中污染物浓度降低或削减到不足以导致较大的生态损害和健康危害的程度。结合一些发达国家的土壤修复标准以及中国土壤污染的实际情况，中国污染土壤修复标准的建立应从修复技术水平、仪器可检出水平、环境背景值、对地下水保护、法规可调控水平和污染生态毒理学评价等多方面综合考虑。通过查阅资料和技术交流，借鉴国外制定的相关条例和标准，结合国内外污染场地修复验收的实践基础，参考管理部门和技术单位意见，对污染场地修复方案和修复效果进行验收。污染场地修复验收工作，包括文件审核和现场复核、现场采样与实验室分析、验收评价及建议、修复验收报告编制4个阶段。

(1) 文件审核和现场复核　核实文件资料的准确性，审核污染修复方案的实施情况，包括修复范围、修复方式、修复过程与运输过程的污染防治、组织与实施保障等内容的现场复核。核实污染土壤的数量、最终去向及接收单位最终处置情况。

(2) 现场采样与实验室分析　在污染场地布点采样，并进行实验室分析，以确定污染修复的效果。场地修复验收现场采样点的位置和采样深度，要覆盖所有修复范围并考虑深度和修复边界。审核污染土壤处理过程中各阶段监测数据确定污染场地修复效果和污染防治措施的运行效果，以及涉及的二次污染处理情况。

(3) 验收评价及建议　根据文件审核、现场复核、人员访谈、采样和实验室分析的结果，客观、明确地从技术角度论证修复效果和修复实施情况是否符合场地污染修复验收条件。数据对照修复目标值进行评价，给出是否达到修复目标的明确结论；若未达到修复要求，提出改进建议，以确保达到修复要求。

验收评价包括监测数据评价和修复措施落实评价。在场地修复验收中，监测分析数据应通过与根据处理后土壤用途要求确定的修复目标进行比较，评估其修复效果。

（4）修复验收报告编制　略。

9.1.2　修复效果评价

修复效果评价主要包括污染治理效果、修复技术的社会效益与经济效益评价。修复效果评价指标体系主要包括以下几个方面。

（1）污染治理效果

① 污染治理效果主要是评价修复工程实施对场地污染风险的降低程度，是否达到预期的修复目标。评价治理效果时，应当评价去除有毒污染物、减少污染物量、切断或减轻污染物向接受者迁移趋势的技术。评价依据包括：降解、固定或处理有害物质的量；对污染物毒性、活性的减小程度；处理过程的不可逆水平；处理后遗留物的类型和数量。如经评价风险指数达到设计要求，表明修复工程实施效果达到预期计划目标，工程可终止运行。当从技术或经济上考虑继续进行修复的可行性不大时，即使修复目标尚未完全实现，环境主管部门可依据不同场地情况，要求关闭系统。

② 场地污染物的去除效果，即污染修复效果。这是污染场地修复效果的直接体现，是达到设计目标和修复目标的基础保障。具体指标有污染物去除率、降解率、半衰期等。

③ 不产生次生污染，这是评价修复技术体系的全面要求，随着公众对环境的关注度提高和技术的进步，除污染修复效果本身，应对技术体系本身对环境的破坏度或影响度进行评估。主要指标包括污染物降解中间产物量及物质组成动态变化、修复过程及修复前后的介质毒理学特性评价与比较等。

（2）社会效益与经济效益　修复技术的社会效益与经济效益，此分项体系主要体现了场地修复效果的综合性，是污染修复效果的延伸与补充，对社会与经济的发展可以起到促进的作用。主要指标有修复工程的直接收益、对社会发展的影响度、公众和舆论导向等。修复技术与工程的社会效益和经济效益是整体修复评价中不可缺少的有机组成部分，如果修复技术只追求去除效果，而不考虑社会、经济、环境、公众舆论等其他方面的因素，其总体性能和效益则只会停留在较低的水平。社会效益与经济效益评价包括：①场地风险水平降低，实现对公众健康的保护；②场地功能及价值的提高，即修复可能创造的直接经济价值；③修复技术体系的构建与完善，主要体现为环境效益的实现与提高。

9.1.3　污染土壤修复效果生态学评价

全面而客观的修复效果评价是修复技术体系的全面总结与阐述，不仅是对修复技术的可靠性和适用性进行判断，还是建立典型受污染场地修复流程模式的重要支撑，也是选择全面意义上的高效修复技术体系的评价基础和直接体现。

（1）土壤生态效应评价　污染土壤修复后，其修复效果是否达到预定的工程目标或修复标准，是否对土壤生态系统和人类健康构成威胁，都需要通过灵敏和有效的诊断方法对污染土壤修复效果进行评价。单纯依靠化学方法进行污染土壤修复效果的评价，不能揭示土壤的整体质量特征，因此需要生态学方法作为补充手段。污染物土壤生态效应评价就是定量地分析和评价土壤污染物对生态系统的不良效应，为土壤环境质量评估、调控和管理提供科学依据。污染物土壤生态效应评价的关键是生态受体的选择、反应终点和评价参数的确定。

生态受体是指暴露于土壤污染物压力之下的生态实体。它可以指土壤中的动物、植物、微生物，动物体的组织、器官，还可以是种群、群落、生态系统等不同生命组建层次。由于可能受到污染物危害的生态受体种类很多，通常选择一种或几种典型的、有代表性的生态受体，反映整个生态系统受危害的状况。反应终点是用以表征生态系统发生变化的指标，任何基本生态过程的不可接受的改变均可视为反应终点。反应终点的类型有存活类、生长类、繁殖类、种群增长等，不同类型的反应终点，灵敏度也不同。表征环境污染物对生态受体毒性效应的评价参数可分为两类：半效浓度（EC_{50}）和非效应浓度。半效浓度常用于比较不同污染物的毒性效应大小。非效应浓度指生态受体还未产生不良效应的污染物浓度。

以下针对污染土壤修复效果评价，简述植物毒性评价法、土壤敏感动物评价法、土壤微生物评价法和生物标记评价法等常用污染土壤修复效果评价方法。

（2）污染土壤修复效果生态学评价的主要方法

① 植物毒性评价法：能生产出健康、优良的植物。利用植物的生长状况监测土壤污染，是从植物生态学角度评价污染土壤修复效果的重要方法。植物毒性评价法主要通过植物受害状况、植物体内污染物含量、藻类毒性3种途径判断土壤修复的效果。植物受害状况是通过肉眼观察生长在污染土壤中的敏感植物受污染影响后，其根、茎、叶在色泽、形状等方面的变化，如高等植物的发芽毒理实验；或者分析修复后土壤中生长的植物体内污染物的含量变化，如作物吸收毒理实验；藻类可用于土壤毒性的判断以评价污染土壤的修复效果。

② 土壤敏感动物评价法：除植物外，土壤中的敏感动物也能用于评价土壤修复状况。目前常用蚯蚓和跳尾目昆虫等敏感动物暴露于土壤污染物中，以适当的实验系统准确地记录污染土壤对栖息动物的危害与风险，从而达到对土壤修复状况（污染或清洁）的指示作用。评价的内容包括污染物对敏感动物的存活、生长、繁殖能力等方面的影响实验和繁殖实验。

③ 土壤微生物评价法：在土壤生态系统中土壤微生物的作用主要体现在分解土壤有机质和促进腐殖质形成，通过吸收固定并释放养分或共生作用促进植物生长，促进土壤有机碳、氮不断分解，在有机物污染和重金属污染治理中起重要作用。因此，近年来将土壤微生物群落结构组成、土壤微生物生物量作为土壤健康的生物指标来评价土壤生态系统的恢复进程。通过组织或整体生物体来表征对一种或多种化学污染物的暴露或其效应的生化、细胞、生理、行为或能量上的变化，是衡量环境污染物暴露及效应的生物反应。它能同时指示母体污染物与代谢产物暴露于毒性效应，可将不同层次生物（个体、种群和群落）的系列测定综合，或通过生物标记物进行评价。

（3）土壤修复生态学评价的发展趋势　目前土壤污染评价方法还局限在对土壤污染的评价上，专门应用于污染土壤修复效果评价的方法很少。大多评价方法局限于通过对土壤中单个污染物的残余量的评价，然而土壤中含有多种污染物，通常为复合污染。复合污染不是传统概念上的单因子污染的简单相加，其生态效应不仅只取决于化学污染物或污染元素本身的化学性质，更为重要的是与污染物的浓度水平有关，同时还受污染物的作用对象、作用部位以及作用方式的影响。

此外，对于生态系统而言，由于其复杂性和污染物的多样性，不同生态受体对污染物的反应不同，个体和种群层次上的生态受体，往往缺乏代表性，其受危害的情况难以反映整个生态系统的状况，而群落和系统层次上的生态受体则缺乏有效的反应终点来表达群落或系统的效应变化。应用能够反映生态系统功能和结构变化的反应终点，才能使得以生物群落或生态系统作为生态受体来研究污染物环境生态效应具有更强的可操作性。

9.2 污染场地修复验收

污染场地修复验收是指场地污染修复工程实施后，为评估工程效果是否达到了该场地风险评估中所确定的修复目标值及工程设计所提出的相关要求而采取的一种决策咨询活动。目前污染场地修复验收指南主要有：北京市《污染场地修复验收技术规范》（DB11/T 783—2011），USEPA《国家污染场地优先清单关闭程序》*Close Out Procedures for National Priorities List Sites*。

（1）修复验收内容　确认该场地的污染土壤、危险固体废物按照修复技术方案进行处理，同时保证污染场地清挖、现场土石分选、污染土壤运输、离场污染土壤临时储存以及离场污染土壤异位修复等工程中的环境风险得到控制，环境管理措施得到有效执行和实施，对周边环境无二次污染。

（2）修复验收时段　原位修复的场地，应在修复完成后进行验收；异位修复的场地，应在污染土壤外运之后、回填土回填之前进行验收。

（3）验收范围　验收范围原则上应与场地环境评价确定的并经环境保护行政主管部门批准的修复范围一致，当修复工程发生变更时，应根据实际情况对验收范围进行调整。

对于场地污染土壤，根据修复方式的不同，验收对象分别为：原位修复场地的验收对象为场地修复范围内的土壤；异地异位修复场地的验收对象为场地修复范围内的原址土；原地异位修复场地的验收对象为场地修复范围内的原址土，还应对回填土进行审核。对于场地地下水，验收对象为场地修复范围内的地下水。

（4）验收标准　验收标准是指环境保护行政主管部门批准的修复目标值。

9.2.1 污染场地修复验收程序

污染场地治理和修复工程完工后，由环境保护行政主管部门按下列程序进行验收。如图 9.1 所示。

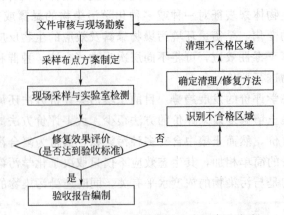

图 9.1　场地修复工程验收的基本程序和内容

9.2.1.1 文件审核

（1）审核资料范围　在验收工作开展之前，应收集与场地环境污染和场地修复相关的资料，包括但不限于以下内容。

① 场地环境评价及修复方案相关文件：场地环境评价报告书及审批意见、经备案的修复方案以及有关行政文件。

② 场地修复工程资料：修复实施过程的记录文件（如污染土壤清挖和运输记录）、回填土的运输记录、修复设施运行记录、二次污染排放监测记录、修复工程竣工报告等。

③ 工程监理文件：工程（环境）监理记录和监理报告。

④ 其他文件：环境管理组织机构、相关合同协议（如委托处理污染土壤的相关文件和合同）、修复过程的原始记录等。

⑤ 相关图件：场地地理位置示意图、总平面布置图、修复范围图、污染修复工艺流程图、修复过程照片和影像记录等。

（2）审核内容 对收集的资料进行整理和分析，并通过与现场负责人、修复实施人员、监理人员等相关人员进行访谈，应明确以下内容。

① 根据场地环境评价报告、修复方案及相关行政文件，确定场地的目标污染物、修复范围和修复目标，作为验收依据。

② 通过审查场地修复过程的监理记录和监测数据，核实修复方案和环保措施的落实情况。

③ 通过审查相关运输清单和接收函件，核实污染土壤的数量和去向。

④ 通过审查相关文件和检测数据，核实回填土的数量和质量。

9.2.1.2 现场勘察

（1）核定修复范围 根据场地环境评价报告中的钉桩资料或地理坐标等，勘察确定场地修复范围和深度，核实修复范围是否符合场地修复方案的要求。

（2）识别现场遗留污染 应对场地表层土壤及侧面裸露土壤状况、遗留物品等进行观察和判断，识别现场遗留污染，并判断污染来源。主要采用目视、嗅觉等方法进行判断，必要时可使用便携式测试仪器进行现场测试。

① 场地内原有污染痕迹 主要包括未按修复方案确定的修复范围进行修复和场地评价阶段修复范围划定不准确导致的遗留污染问题。应根据场地环境评价确定的修复范围对修复后的现场进行察看和测量确认，查明修复范围内是否存在污染，还应注意修复范围之外、修复过程暴露出来的污染痕迹（特别是深层土壤）。

② 生产装置拆除和清理过程中产生的污染痕迹 主要为生产装置拆除和清理过程中原、辅材料遗撒造成的遗留污染问题。若场地评价阶段生产装置尚未拆除或清理，在场地评价后的拆除和清理过程中，可能会对局部场地表层土壤造成污染，应通过现场勘察识别是否存在需要补充修复的区域，确认是否进行了修复。

③ 修复过程产生的二次污染痕迹 原位修复和原地异位修复过程中可能会产生二次污染，应核查修复设施和环保配套设施是否配备齐全、完好，固体废物贮存、化学品贮存是否产生二次污染，修复设施周边、污水排放口等区域是否存在污染。

9.2.1.3 验收要求

① 污染场地土地使用权所有人应当向市（不含县市级）环境保护行政主管部门提交工程验收申请，并附具工程完工报告、工程设计技术报告、工程现场验收报告、现场验收记录、治理和修复工程验收监测报告和工程监理报告。

② 委托具有土壤及地下水监测资质的市级以上环境保护监测部门进行治理与修复工程的验收监测。

③ 环境保护行政主管部门在接到申请文件后，应当按照污染场地治理与修复标准，组织对工程进行论证验收，并出具书面验收意见。经验收未达到有关污染场地治理与修复标准的，责令限期整改。

9.2.2　验收监测布点要求

（1）污染场地修复工程验收监测　对污染场地治理修复工程完成后的环境监测，主要工作是考核和评价治理修复后的场地是否达到已确定的修复目标及工程设计所提出的相关要求。

（2）污染场地回顾性评估监测　污染场地经过治理修复工程验收后，在特定的时间范围内，为评价治理修复后场地对地下水、地表水及环境空气的环境影响所进行的环境监测，同时也包括针对场地长期原位治理修复工程措施的效果开展验证性的环境监测。

污染场地环境监测的工作程序主要包括监测内容确定、监测计划制订、监测实施及监测报告编制。监测计划制订包括资料收集分析，确定监测范围、监测介质、监测项目及监测工作组织等过程；监测实施包括监测点位布设、样品采集及样品分析等过程。

污染场地治理修复监测范围应包括治理修复工程设计中确定的场地修复范围，以及治理修复中废水、废气及废渣影响的区域范围。污染场地修复工程验收监测范围应与污染场地治理修复的范围一致。应包括可能对地下水、地表水及环境空气产生环境影响的范围，以及场地长期治理修复工程可能影响的区域范围。

① 土壤包括场地内的表层土壤和深层土壤，表层土壤和深层土壤的具体深度划分应根据场地环境调查结论确定。场地中存在的硬化层或回填层一般可作为表层土壤。

② 地下水主要为场地边界内的地下水或经场地地下径流到下游汇集区的浅层地下水。在污染较重且地质结构有利于污染物向深层土壤迁移的区域，则对深层地下水进行监测。

③ 地表水主要为场地边界内流经或汇集的地表水，对于污染较重的场地也应考虑流经场地地表水的下游汇集区。

④ 环境空气是指场地污染区域中心的空气和场地下风向主要环境敏感点的空气。对于焚烧处理的应在焚烧处理时进行监测验收。

⑤ 场地环境调查的监测对象中还应考虑场地残余废弃物，主要包括场地内遗留的生产原料、工业废渣，废弃化学品及其污染物，残留在废弃设施、容器及管道内的固态、半固态及液态物质，其他与当地土壤特征有明显区别的固态物质。

9.2.3　污染场地修复工程验收监测点位的布设

对治理修复后的场地土壤进行验收监测时，一般应采用系统布点法布设监测点位，原则上每个监测地块面积不应超过 $1600m^2$，也可参照环境调查详细采样监测阶段的监测点位布设，详见表 9.1、表 9.2。

对原位治理修复工程措施（如隔离、防迁移扩散等）效果的监测，应依据工程设计相关要求进行监测点位的布设。

对原地异位治理修复工程措施效果的监测，处理后土壤应布设一定数量的监测点位，每个样品代表的土壤体积应不超过 $500m^3$。

表 9.1　土壤采样布点底部采样数量

采样区域面积/m²	土壤采样点数目
$x<100$	1
$100\leqslant x<500$	2
$500\leqslant x<1000$	3
$1000\leqslant x<1500$	4
$1500\leqslant x<2500$	5
$2500\leqslant x<5000$	6
$5000\leqslant x<10000$	7
$10000\leqslant x<25000$	8
$25000\leqslant x<50000$	9
$50000\leqslant x<100000$	10
$x\geqslant100000$	20

表 9.2　土壤采样布点侧壁采样数量

采样区域周长/m	土壤采样点数目
$x<100$	4
$100\leqslant x<200$	5
$200\leqslant x<300$	6
$300\leqslant x<500$	7
$x\geqslant500$	8

工程验收监测过程中，如发现未达到治理修复目标的地块，则应在二次治理修复后再次进行工程验收监测。

对地下水、地表水和环境空气进行监测，监测点位分别与修复时的监测点位相同，可考虑原位修复工程的相关要求适当增设监测点位。

对地下水进行验收监测，可利用场地环境调查、评价和修复过程建设的监测井，但原监测井数量不应超过验收时监测井总数的60%，新增监测井位置布设在地下水污染最严重区域。

场地环境调查详细采样监测项目包括环境调查确定的场地特征污染物和场地特征参数，土壤的监测项目为风险评估确定的需治理修复的各项指标。地下水、地表水及环境空气的监测项目应根据治理修复的技术要求确定，还应考虑污染场地治理修复过程中可能产生的污染物，具体应根据场地治理修复工艺技术要求确定。

监测工作的分工一般包括信息收集整理、监测计划编制、监测点位布设、样品采集及现场分析、样品实验室分析、数据处理、监测报告编制等。承担单位应根据监测任务组织好单位内部及合作单位间的责任分工。监测工作的准备一般包括人员分工、信息的收集整理、工作计划编制、个人防护准备、现场踏勘、采样设备和容器及分析仪器准备等。监测工作的实施主要包括监测点位布设、样品采集、样品分析以及后续的数据处理和报告编制。一般情况下，监测工作实施的核心是布点采样，因此应及时落实现场布点采样的相关工作条件。在样品的采集、制备、运输及分析过程中，应采取必要的技术和管理措施，保证监测人员的安全防护。

9.2.3.1 土壤监测点位布设方法

根据场地环境调查相关结论确定的地理位置、场地边界及各阶段工作要求，确定布点范围。在所在区域地图或规划图中标注出准确的地理位置，绘制场地边界，并对场界角点进行准确定位。污染场地土壤环境监测常用的监测点位布设方法包括系统随机布点法、系统布点法、分区布点法，如图 9.2 所示。

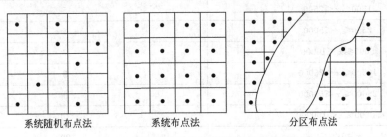

系统随机布点法　　　　　系统布点法　　　　　分区布点法

图 9.2　验收监测点位布设方法示意图

对于场地内土壤特征相近、土地使用功能相同的区域，可采用系统随机布点法。系统随机布点法是将监测区域分成面积相等的若干地块，从中随机（随机数的获得可以利用掷骰子、抽签、查随机数表的方法）抽取一定数量的地块，在每个地块内布设一个监测点位。抽取的样本数要根据场地面积、监测目的及场地使用状况确定。

对于原位修复场地，主要对修复范围内的污染土壤进行采样。修复范围内部和边缘布点原则与异位修复场地相同，采样点的深度可依据现场目视判断，并结合场地污染状况和场地环境评价的采样深度确定。

如场地土壤污染特征不明确或场地原始状况严重破坏，可采用系统布点法进行监测点位布设。系统布点法是将监测区域分成面积相等的若干地块，每个地块内布设一个监测点位。

对于场地内土地使用功能不同及污染特征明显差异的场地，可采用分区布点法。分区布点法是将场地划分成不同的小区，再根据小区的面积或污染特征确定布点的方法。场地内土地使用功能的划分一般分为生产区、办公区、生活区。原则上生产区的地块划分应以构筑物或生产工艺为单元，包括各生产车间、原料及产品储库、废水处理及废渣贮存场、场内物料流通道路、地下贮存构筑物及管线等。办公区包括办公建筑、广场、道路、绿地等。生活区包括食堂、宿舍及公用建筑等。对于土地使用功能相近、单元面积较小的生产区也可将几个单元合并成一个监测地块。

土壤对照监测点位的布设方法：①一般情况下，应在场地外部区域设置土壤对照监测点位。②对照监测点位可选取在场地外部区域的四个垂直轴面上，每个方向上等间距布设 3 个采样点，分别进行采样分析。如因地形地貌、土地利用方式、污染物扩散迁移特征等因素致使土壤特征有明显差别或采样条件受到限制时，监测点位可根据实际情况进行调整。③对照监测点位应尽量选择在一定时间内未经外界扰动的裸露土壤，应采集表层土壤样品，采样深度尽可能与场地表层土壤采样深度相同。如有必要也应采集深层土壤样品。

对原位治理修复工程措施效果（如客土、隔离、防迁移扩散等）的监测采样，应根据工程设计提出的要求进行。①挥发性有机物污染、易分解有机物污染、恶臭污染土壤的采样，应采用无扰动式的采样方法和工具。钻孔取样可采用快速击入法、快速压入法及回转法，主要工具包括土壤原状取土器和回转取土器。槽探可采用人工刻切块状土取样。采样后立即将样品装入密封的容器，以减少暴露时间。②如需采集土壤混合样时，将等量各点采集的土壤样品充分混拌后用四分法取得土壤混合样。易挥发、易分解及含恶臭的样品必须进行单独采样，禁止对样品进行均质化处理，不得采集混合样。

（1）土壤样品的保存与流转　挥发性有机物污染的土壤样品和恶臭污染土壤的样品应采用密封性的采样瓶封装，样品应充满容器整个空间；含易分解有机物的待测定样品，可采取适当的封闭措施（如甲醇或水液封等方式保存于采样瓶中）。样品应置于 4℃ 以下的低温环境（如冰箱）中运输、保存，避免运输、保存过程中的挥发损失，送至实验室后应尽快分析测试。挥发性有机物浓度较高的样品装瓶后应密封在塑料袋中，避免交叉污染，应通过运输空白样来控制运输和保存过程中的交叉污染情况。具体土壤样品的保存与流转应按照 HJ/T 166 的要求进行。

（2）污染土壤清挖效果的监测　对完成污染土壤清挖后界面的监测，包括界面的四周侧面和底部。根据地块大小和污染的强度，应将四周的侧面等分成段，每段最大长度不应超过40m，在每段均匀采集 9 个表层土壤样品制成混合样（测定挥发性有机物项目的样品除外）；将底部均分成块，单块的最大面积不应超过 400m²，在每个地块中均匀分布地采集 9 个表层土壤样品制成混合样（测定挥发性有机物项目的样品除外）。对于超标区域根据监测结果确定二次清挖的边界，二次清挖后再次进行监测，直至达到相应要求。污染土壤清挖效果的监测可作为修复工程验收结果的组成部分。

（3）污染土壤治理修复的监测　治理修复过程中的监测点位或监测频率，应根据工程设计中规定的原位治理修复工艺技术要求确定，每个样品代表的土壤体积应不超过 500m³。应对治理修复过程中可能排放的物质进行布点监测，如治理修复过程中设置废水、废气排放口，则应在排放口布设监测点位。治理修复过程中，如需对地下水、地表水和环境空气进行监测，监测点位应按照工程环境影响评价或修复工程设计的要求布设。

9.2.3.2　地下水监测点位布设方法

地下水采样布点要求：场地内如有地下水，应在疑似污染严重的区域布点，同时考虑在场地内地下水径流的下游布点。如需要通过地下水的监测了解场地的污染特征，则在一定距离内的地下水径流下游汇水区内布点。

① 地下水监测井应依据地下水的流向及污染区域地理位置进行设置，一般情况下修复范围内上游地下水采样点不少于 1 个对照监测井，修复范围内采样点不少于 3 个，修复范围内下游采样点不少于 2 个。对于地下水流向及地下水位，可结合环境调查结论间隔一定距离按三角形或四边形至少布置 3～4 个点位监测判断。

② 地下水监测点位应沿地下水流向布设，可在地下水流向上游、地下水可能污染较严重区域和地下水流向下游分别布设监测点位。确定地下水污染程度和污染范围时，应参照详细监测阶段土壤的监测点位，根据实际情况确定，并在污染较重区域加密布点。

③ 应根据监测目的、所处含水层类型及其埋深和相对厚度来确定监测井的深度，且不穿透浅层地下水底板。地下水监测目的层与其他含水层之间要有良好的止水性。

④ 一般情况下采样深度应在监测井水面下 0.5m 以下。对于低密度非水溶性有机物污染，监测点位应设置在含水层顶部；对于高密度非水溶性有机物污染，监测点位应设置在含水层底部和不透水层顶部。

⑤ 原则上可利用场地环境评价和修复过程建设的监测井，但其数量不应超过验收时监测井总数的 60%。

⑥ 如场地面积较大，地下水污染较重，且地下水较丰富，可在场地内地下水径流的上游和下游各增加1~2个监测井。

⑦ 如果场地内没有符合要求的浅层地下水监测井，则可根据调查结论在地下水径流的下游布设监测井。

⑧ 如果场地地下岩石层较浅，没有浅层地下水富集，则在径流的下游方向可能的地下蓄水处布设监测井。

⑨ 若前期监测的浅层地下水污染非常严重，且存在深层地下水时，可在作好分层止水的条件下增加一口深井至深层地下水，以评价深层地下水的污染情况。

⑩ 未通过验收前，被验收方应尽量保持场地评价和修复过程中使用的地下水监测井完好。

地下水采样时应依据场地的水文地质条件，结合调查获取的污染源及污染土壤特征，利用最低的采样频次获得最有代表性的样品。监测井可采用空心钻杆螺纹钻、直接旋转钻、直接空气旋转钻、钢丝绳套管直接旋转钻、双壁反循环钻等进行钻井。设置监测井时，应避免采用外来的水及流体，同时在地面井口处采取防渗措施。监测井的井管材料应有一定强度，耐腐蚀，对地下水无污染。低密度、非水溶性有机物样品应用可调节采样深度的采样器采集，对于高密度、非水溶性有机物样品可以应用可调节采样深度的采样器或潜水式采样器采集。在监测井建设完成后必须进行洗井。所有的污染物或钻井产生的岩层破坏以及来自天然岩层的细小颗粒都必须去除，以保证出流的地下水中没有颗粒。常见的方法包括超量抽水、反冲、汲取及气洗等。地下水采样应在洗井后2h进行为宜。测试项目中有挥发性有机物时，应适当减缓流速，避免冲击产生气泡，一般不超过0.1L/min。地下水采样的对照样品应与目标样品来自相同含水层的同一深度。具体地下水样品的采集、保存与流转应按照HJ/T 164的要求进行。

9.2.3.3 环境空气监测点位布设方法

在场地中心和场地当时下风向主要环境敏感点布点。对于场地中存在的生产车间、原料或废渣贮存场等污染比较集中的区域，应在这些区域内布点；对于有机污染、恶臭污染、汞污染等类型场地，应在疑似污染较重的区域布点。

环境空气监测点位的布设如下。

① 如需确定场地内环境空气污染水平，可根据实际情况在场地疑似污染区域中心、当时下风向场地边界及边界外500m内的主要环境敏感点分别布设监测点位，监测点位距地面1.5~2.0m。

② 一般情况下，应同时在污染场地的上风向设置对照监测点位。

③ 对于有机污染、汞污染等类型场地，尤其是挥发性有机污染场地，如有需要可选择污染最重的地块中心部位，剥离地表0.2m的表层土壤后进行环境空气采样监测。

环境空气样品采样可根据分析仪器的检出限，设置具有一定体积并装有抽气孔的封闭仓（采样时扣置在已剥离表层土壤的场地地面，四周用土封闭以保持封闭仓的密闭性），封闭12h后进行气体样品采集。

9.2.3.4 地表水监测点位的布设

地表水监测点位布设方法：如果场地内有流经的或汇集的地表水，则在疑似污染严重区域的地表水布点，同时考虑在地表水径流的下游布点。

①　考察污染场地的地表径流对地表水的影响时，可分别在降雨期和非降雨期进行采样。如需反映场地污染源对地表水的影响，可根据地表水流量分别在枯水期、丰水期和平水期进行采样。采集地表水样品时，应避免搅动水底沉积物。为反映地表水与地下水的水力联系，地表水的采样频次与采样时间应尽量与地下水采样保持一致。

②　在监测污染物浓度的同时，还应监测地表水的径流量，以判定污染物向地表水的迁移量。

③　如有必要可在地表水上游一定距离布设对照监测点位。

9.2.3.5　场地内残余废弃物监测点位布设方法

在疑似为危险废物的残余废弃物及与当地土壤特征有明显区别的可疑物质所在区域进行布点。

(1) 场地残余废弃物监测点位的布设

①　场地环境调查初步采样监测阶段，应根据前期调查结果对可能为危险废物的残余废弃物直接采样。

②　场地环境调查详细采样监测阶段，对已确定为危险废物的应按照 HJ/T 298 相关要求布点采样；对可疑的残余物进行系统布点采样时，应将每一种特征相同或相似的残余物划分成数量相等的若干份，对每一份进行采样，以确定残余废弃物的数量及空间分布。

(2) 场地残余废弃物样品采样　场地内残余的固态废物可选用尖头铁锹、钢锤、采样钻、取样铲等采样工具进行采样。场地内残余的液态废物可选用采样勺、采样管、采样瓶、采样罐、搅拌器等工具进行采样。场地内残余的半固态废物应根据废物流动性按照固态废物采样或液态废物的采样规定进行样品采集。具体残余废弃物样品的采集、保存与流转应按照 HJ/T 20 及 HJ/T 298 的要求进行。

(3) 场地残余危险废物和具有危险废物特征土壤清理效果的监测　在场地残余危险废物和具有危险废物特征土壤的清理作业结束后，应对清理界面的土壤进行布点采样。根据界面的特征和大小将其分成面积相等的若干地块，单块面积不应超过 100m²。可在每个地块中均匀分布地采集 9 个表层土壤样品制成混合样（测定挥发性有机物项目的样品除外）。如监测结果仍超过相应的治理目标值，应根据监测结果确定二次清理的边界，二次清理后再次进行监测，直至清理达到标准。残余危险废物和具有危险废物特征土壤清理效果的监测结果可作为修复工程验收结果的组成部分。

9.2.4　修复效果评价

①　可采用逐个对比或 t 检验的方法判断场地是否达到验收标准。

②　对于面积小于或等于 10000m² 的区域，应采用逐个对比方法进行评价。

③　对于面积大于 10000m² 的区域：当低于检测限的样本数占总样本数的比例不大（<25%）时，应采用 t 检验的方法进行评价。当低于检测限的样本数占总样本数的比例较大（≥25%）时，应采用逐个对比方法进行评价。

④　在对修复结果进行评价时，对于低于检测限的样本值，可有以下三种处理方式：a. 视为 0；b. 视为检测限值；c. 视为检测限值的 1/2。推荐采用第三种处理方式。

9.2.5 质量控制与质量保证

① 采样过程：在样品的采集、保存、运输、交接等过程中应建立完整的管理程序。为避免采样设备及外部环境条件等因素对样品产生影响，应注重现场采样过程中的质量保证和质量控制。

② 应防止采样过程中的交叉污染。钻机采样过程中，在第一个钻孔开钻前要进行设备清洗；进行连续多次钻孔的钻探设备应进行清洗；同一钻机在不同深度采样时，应对钻探设备、取样装置进行清洗；与土壤接触的其他采样工具重复利用时也应清洗。一般情况下可用清水清理，也可用待采土样或清洁土壤进行清洗；必要时或特殊情况下，可采用无磷去垢剂溶液、高压自来水、去离子水（蒸馏水）或 10％硝酸进行清洗。

③ 采集现场质量控制样是现场采样和实验室质量控制的重要手段。质量控制样一般包括平行样、空白样及运输样，质控样品的分析数据可从采样到样品运输、贮存和数据分析等不同阶段反映数据质量。

④ 在采样过程中，同种采样介质，应采集至少一个样品的平行样。样品采集平行样是从相同的点位收集并单独封装和分析的样品。

⑤ 采集土壤样品用于分析挥发性有机物指标时，建议每次运输应采集至少一个运输空白样，即从实验室带到采样现场后又返回实验室的与运输过程有关、并与分析无关的样品，以便了解运输途中是否受到污染和样品是否损失。

⑥ 现场采样记录、现场监测记录可使用表格描述土壤特征、可疑物质或异常现象等，同时应保留现场相关影像记录，其内容、页码、编号要齐全以便于核查，如有改动应注明修改人及时间。

⑦ 修复边界不准确、污染因子识别不全、修复技术选择错误、现场环保安全措施失误等带来的不确定性分析。

9.2.6 验收报告编制

验收监测报告应包括但不限于以下内容：报告名称、任务来源、编制目的及依据、监测范围、污染源调查与分析、监测对象、监测项目、监测频次、布点原则与方法、监测点位图、采样与分析方法和时间、质量控制与质量保证、评价标准与方法、监测结果汇总表等。同时还应包括实验室名称、报告编号、报告每页和总页数，采样者，分析者，报告编制、复核、审核和签发者及时间等相关信息。

监测结果可按照污染场地环境调查、治理修复、工程验收及回顾性评估等不同阶段的要求与相关标准的技术要求，进行监测数据的汇总分析。

污染场地修复验收最终需要提交验收报告，主要包括总论、验收标准、验收目的、内容及程序、场地调查、采样方案、修复后场地风险评价、结论及建议。

污染场地修复验收评审需要由污染场地责任人、污染场地修复监理方、场地修复施工方申请，经当地环境保护相关单位批准，邀请相关政府部门负责人、评审专家联合评审，提出评审结论和意见，场地验收最终评审结果以书面形式报所在地环境保护行政主管部门存档、备案，污染场地责任人申请将本场地从地方重点污染场地名录中删除。

污染场地修复验收流程如图 9.3 所示。

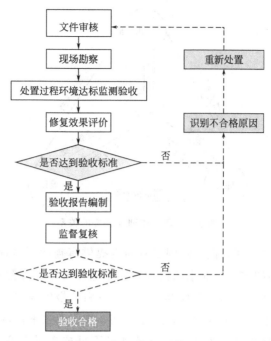

图 9.3　场地修复验收流程

9.3　污染场地修复的环境监理

环境监理工作是指社会化、专业化的工程环境监理单位，在接受工程建设项目业主的委托和授权之后，根据国家批准的工程项目建设文件，有关环境保护、工程建设的法律法规和工程环境监理合同以及其他工程建设合同，针对工程建设项目所进行的旨在实现工程建设项目环保目标的监督管理活动。

依据主要是建设项目委托环境监理合同和建设单位与承包单位签订的承包合同、环境影响评价、环评批复和工程环保设计文件，因此实施建设项目环境监理前，环境监理单位必须与建设单位签订合法的书面委托环境监理合同，以明确双方的权利和义务。

中心任务：对修复项目施工期的环境保护目标实施有效的协调控制。

目的：力求实现工程建设项目环保目标（只承担所提供的技术服务的相应责任）。

性质：服务性（不独立管理，不具备重大问题决策权）；独立性；公正性（维护建设和承建单位合法权益，不以牺牲环境为代价）；科学性。

工作方法：目标规划；动态控制；组织协调；信息管理；合同管理。

环境监理与各方的关系见图 9.4。

（1）监理合同的基本内容　签约各方的认定（业主单位和监理单位名称、地址及所有性，是否遵守国家法律、政策和规划要求等）；合同的一般说明（进一步叙述标的内容）；监理单位履行的义务（受委托监理单位应尽的基本义务，对委托项目概况的描述）；监理工程师提供的服务内容（包括阶段监理或全程监理工程师应该提供的服务内容，并明确不属于服务范围的内容）；业主的义务（法律、资金及保险服务，规定的工作数据和资料，现场办公用房，必要的交通、通信、检测等设备，协助办理国际项目的海关和签证等，承诺超出监理

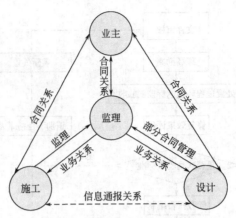

图 9.4 环境监理与各方的关系

单位控制和紧急情况下的费用补偿，在限定时间内提供审查批复监理单位提出的各种报告、计划和函件）；监理费用的支付；业主的权利，包括进度要求，保险要求，承包分配权和制定分包权，授权限制，终止合同，有权换人，提供资料，报告业主；监理单位的权利，包括附加工作的补偿，明确不为服务的内容，工作延期，主张业主承担自己造成的过失，业主的批复，终止合结束；其他条款（发生地震、动乱等不可抗逆因素等不能履行合同的情况）；签字。

（2）环境监理工作文件的构成 监理大纲（拟派驻项目监理机构监理人员的介绍，拟采用的监理方案，将提供给业主的规范性文件）；监理规划（在大纲的基础上结合工程实际全面开展环境监理工作的指导性文件）；监理实施细则（在监理规划的基础上针对某一专业或某一方面的监理工作详细编写）。

监督检查是施工单位的质量保证体系及安全技术措施，应完善质量管理程序与制度；检查设计文件是否符合设计规范及标准，检查施工图纸是否满足施工要求；协助做好优化设计和改善设计工作；参加设计单位向施工单位的技术交底；审查施工单位上报的实施性施工组织设计；在单位工程开工前检查施工单位复测资料（特别是相邻单位之间的测量资料，如控制桩交接，中线、水准桩设置、固桩情况等）。监督检查应对重点工程部位详查，还包括水平控制的复查。应监督落实各项施工条件，审批一般单项工程的开工报告。

（3）施工阶段环境监理

① 施工阶段质量控制 对所有的隐蔽工程在进行隐蔽之前进行检查，重点工程进行人员跟踪和质量评定；对施工测量、放样等进行检查，发现质量问题通知施工单位纠正并作好监理记录；检查运到现场的工程材料、设备和构件；监督施工单位严格按照施工图纸进行施工；对工程重要污染部位、主要环节和技术复杂工程加强检查；检查施工单位的自检工作，数据是否齐全准确，并对施工单位自检工作进行评价；对施工单位的检验测试仪器、设备、度量衡定期检查，不定期抽检；监督核实施工单位挖掘、处置和转运方量，核定修复边界的准确性；监督施工单位污染土场地内外转运过程的环境安全；监督检查施工单位修复工程中水污染控制的过程、达标情况和排放；监督检查原位处理污染土壤和地下水达标情况、排放情况；监督施工过程中发生的其他环境污染和生态破坏事故，对重大事故及时报告业主。

② 进度控制 监督施工单位严格按照合同规定的工期组织施工；对控制工期的重点

工程，审查并落实施工单位保证进度的具体措施；如发生延误，应及时分析原因，采取对策；建立工程进度台账，核对工程形象进度，按月、季向业主报告计划执行情况和存在的问题。

③ 投资控制 审查施工单位申报的月、季度计量报表，核对工程数量，严格计量支付；保证支付签证的各项工程质量合格、数量准确；建立计量支付签证台账，定期与施工单位核对清单；按业主的授权和施工合同的规定审核变更设计。

施工验收阶段环境监理；督促、检查施工单位及时整理竣工文件和验收资料、受理单位工程竣工验收报告，提出监理意见。

根据施工单位的竣工报告，提出工程质量检验报告；组织工程预验收，参加业主组织的竣工验收；完成缺陷责任期的环境监理工作。

④ 现场具体工作方法 定期主持召开工地例会，特别要参加在建设项目开工前由建设单位主持召开的第一次工地会议，第一次会议由建设单位、承包单位和监理单位分别介绍各自现场组织机构、人员及其分工；建设单位根据监理合同宣布对总监理工程师的授权；建设单位介绍开工准备情况；承包单位介绍施工准备情况，建设单位和总监理工程师对施工准备情况提出意见和要求；总监理师介绍监理规划主要内容；研究确定各方在施工过程中参加工地例会的主要人员，召开工地例会的周期、地点和议题。

作好见证、旁站、巡视和平行检验。由监理人员现场监督某工序全过程完成情况的活动叫见证，强调的是某工序的全过程。在关键部位或关键工序施工过程中，由监理人员在现场进行的监督活动叫旁站，强调的是关键部位或关键工序。巡视是监督人员对正在施工的部位或工序在现场进行的定期或不定期的监督活动，强调的是正在施工的部位或工序、定期不定期。平行检验是承包单位在自检的基础上按一定比例独立进行的检查或检测。

关注工程环保变更，充分利用工程计量、支付证书审签权利，提高工程质量及控制投资。按照合同约定程序对部分或全部工程在材料、工艺、构造、尺寸、技术指标和工程数量、施工方法等方面的改变叫工程变更。严格把好工程计量关，对不符合工程质量要求的工程量不予计量认可，对达到要求的认真审核数据，并按合同规定条款进行支付。

认真作好施工期环境监理资料的管理。包括：施工合同文件及委托环境监理合同，勘察设计文件，监理规划，分包单位资格审查表，设计交底与图纸会审会议纪要，施工组织设计方案报审表，工程开工复工报审表及工程暂停令，工程变更资料，工程计量单和工程款支付证书，会议纪要，来往函件，监理日记，监理月报，质量缺陷与事故处理文件，工程施工阶段质量评估报告，现场记录包括文字、图表、声像、草图、计算结果等。

(4) 监理业务的来源 直接通过招标竞争（按照我国招投标法，对关系公共利益安全、政府投资、外资工程等必须进行招标）；业主直接委托（对不宜公开招标的机密工程或在没有招标竞争对手的情况下，或者工程规模小、比较单一的监理业务，或者对原工程监理企业续用等情况下）。监理计费：建设工程监理与相关服务收费管理规定（发改价格 [2007] 670 号）。

(5) 监理范围 本工程监理范围为占地面积内有机和无机污染土壤修复工程中的土方挖掘、运输、异地储存、现场清理等，但不包括有机污染土壤修复质量的监理工作。表 9.3～表 9.7 列举了施工现场应进行监理的详细项目。

表 9.3 施工现场安全检查项目表

序号	检查项目	检查内容
1	安全管理	安全生产责任制、安全管理目标、安全施工方案、安全技术交底、安全检查记录、安全教育、特种作业上岗证、安全标志
2	文明施工	现场围挡、现场封闭管理、施工场地及道路、材料堆放、现场临建、现场防火、施工现场标牌、生活设施卫生
3	附着式升降脚手架（整体提升架或爬架）	使用条件、设计计算、架体构造、附着支撑、升降装置、防坠落、导向防倾斜装置、分段验收、脚手板、防护、操作工
4	基坑支护安全	施工方案、临边防护、坑壁支护、排水措施、坑边荷载、上下通道、土方开挖、基坑支护变形监测、作业环境
5	施工用电	外电防护、接地与接零保护系统、配电箱开关箱、现场照明、配电线路、电器装置、变配电装置、用电档案
6	起重吊装安全	施工方案、起重机械（起重机、起重扒杆）、钢丝绳与地锚、吊点、司机（指挥）、地耐力、起重作业、高处作业、作业平台、构件堆放、警戒、操作工
7	施工机具	平刨、圆盘锯、手持电动工具、钢筋机械、电焊机、搅拌机、气瓶、翻斗车、潜水泵、打桩机械

表 9.4 施工用电安全检查内容

检查项目	检查标准	检查情况
在建工程与临近高压线的距离	符合规定要求	
	小于规定要求时须采取防护措施，且防护严密	
支线架设	电箱下引出线不得混乱	
	电线不得破皮、漏电	
	线路过道需采取保护措施	
现场照明	手持照明灯使用安全电压	
	危险场所使用安全电压	
	电线不得老化破皮	
	导线须绑在绝缘子上	
	照明线路及灯具距离须符合规定要求	
低压干线架设	电杆上设横担、绝缘子	
	不得将电线架设在脚手架上、树上	
开关箱	安装位置得当	
	采取防雨措施	
	保护接零或接地	
	一机一闸	
	门、锁完好	
	箱内无杂物	
熔丝	安装符合要求	
	不得用其他金属代替	
变配电装置	符合安全要求	

表 9.5　施工机具安全检查表

检查项目	检查标准	检查情况
搅拌机	安装位置平整、坚实、稳固	
	离合器、制动器、钢丝绳符合要求	
	保护接地或接零	
	安装保险挂钩	
气瓶	各种气瓶标志明显	
	与危险物品距离符合要求	
	有防震胶圈、防爆、防晒措施	
翻斗车	制动灵敏	
	司机持证上岗驾车	
	行车不载人、不违章行车	
潜水泵	保护接零	
	安装漏电保护装置	
	保护装置灵敏、使用合理	

表 9.6　建立环境保护与文明施工现场管理检查表

内　容	监理督促检查内容
施工现场挂牌	挂牌内容齐全,五牌一图挂放整齐、醒目
封闭式管理	现场统一服装,佩戴出入证,确立门卫制度,杜绝人员混杂
现场围挡	围挡高度应高于 1.8m,整齐、安全,无残缺
总平面布置	构件、料具及设施布置严格按经审定的总平面实施,道路畅通,无大面积积水
现场住宿	施工作业区与住宿区必须隔离,住宿环境安全、卫生
生活设施	厕所必须符合卫生要求,卫生饮水保证供应,食堂符合卫生要求
保健急救	现场应配备医疗室及经培训的急救人员,具备急救措施和器材
垃圾、污水	垃圾集中堆放,及时清运,排污符合环卫要求
防火	必须配备经培训的消防人员,配置充足的消防器材、消防水源,有严格的消防措施
宣传	现场有安全标语、安全标志
施工人员	外来施工人员必须办理暂住证

表 9.7　工程质量控制点表

工程名称	监理质量控制点	监理措施
土方开挖	污染土方施工	检查、巡检
	施工设备、人员准备工作	检查
	基坑开挖深度、分段、分层、放坡	旁站监理、测量
基坑监测	基坑标高、轴线、尺寸	测量
土方回填	填土前,监督填方土料;监督承包商分层填土、压实;采用机械填方时,监督承包商确保边缘部位的压实质量	旁站、检查、见证取样
土方运输	检查是否将污染土壤运至指定地点	旁站、抽查

（6）污染土方施工监理措施

① 污染土方工程的施工，应合理选择施工方案。施工单位土方开挖前都应上报土方挖掘的施工组织设计。施工组织设计中应包括边坡的护坡方案、土方摘帽的深度和进一步土方的护坡措施等并报监理单位经审批后再行动工。

② 污染土方施工应采用新技术和机械化施工。施工中如发现有文物或古墓等应妥善保护，并立即报请有关部门处理后，方可继续施工。

③ 污染土方施工应确保污染土的开挖、清理期间人员和环境安全，防止产生污染转移和二次污染。

④ 针对污染程度的不同，尽量减少污染物挥发，监理应控制开挖工作面严格按审批的施工方案进行。

⑤ 根据本工程区域内有机物污染土壤分布，要求施工单位采用岛式开挖方法，每个地块根据地形及污染土壤分布先周边、后中央进行挖掘，根据区域内有机污染土壤不同分层开挖、分层进行阶段验收。

⑥ 为防止雨季施工中大量雨水冲刷基坑边坡，要求施工单位在已完成开挖坑边上设置围堰，防止大雨天气时坑边雨水沿边坡流入坑底，监理人员及时检查，避免出现安全事故。

⑦ 在敷设有地上或地下管道、电线的地段进行土方施工时，应事先取得有关管理部门的书面同意。施工中应采取措施，以防损坏管线，如在下有埋设电缆的地点挖土，还应有电缆管理部门的代表在场。

⑧ 土方施工时，必须遵守国家和部委有关安全、防火、劳动保护等方面的规定。

⑨ 土方工程应在定位放线后方可施工，并应根据城市规划部门测放的建筑界线，控制桩和水准点测量。

⑩ 在施工区域内，有碍施工的已有建筑物、道路沟渠、管线、坟墓、树木等应在施工前妥善处理。

以上监理项目内容既可作为场地修复施工规范，也可作为绿色可持续修复技术的参考指标。

（7）污染场地修复工程环境监理报告编制目录

① 编制依据。

② 工程概况与工程难点分析。

③ 监理范围和监理工作安排。

④ 工程安全监理。

⑤ 环境保护和现场文明施工。

⑥ 工程质量控制。

⑦ 工程进度控制。

⑧ 工程造价控制。

⑨ 风险防范及应急机制。

⑩ 合同管理及控制。

⑪ 信息管理与控制。

⑫ 组织协调。

⑬ 监理机构设置及人员岗位职责。

⑭ 监理工作程序。

⑮ 季节性施工监理措施。

⑯ 工程保密监理措施。

⑰ 检测仪器设备管理措施。

⑱ 监理工作成效反馈与验收评估。

9.4 目前无法修复的污染场地管理

对于已经识别污染，但由于技术、经济等限制暂时或长期不能修复的污染场地，场地内污染物浓度高于相关标准，采取工程控制（engineering controls）措施，即包括可以控制或稳定场地污染的方法和机制，防止场地污染危害人体健康，并可为以后修复行动的有效性提供保障；同时，也包括在场地修复过程中的污染防治措施等。

（1）工程控制　工程控制措施包括覆盖、封闭、垂直阻控、水平阻控和抽气井等措施，以及其他通过降低污染水平或限制暴露途径等方式防治环境风险和健康风险的措施，常见的工程控制措施有以下几个方面。

① 围挡　在识别的污染设施和设备、污染区域周边设置围挡墙等防护设施，在围挡设施上注明污染物名称、危害性质等标识性信息；设置相应的许可办法，限制通过或进入围挡的行为。但这种方法不能防止污染物的迁移扩散，需要结合其他方法同时进行维护。

② 覆盖　覆盖就是将阻隔性屏障或其他无污染的清洁材料铺盖到污染土壤或沉积物上方，通过覆盖材料对污染物的阻隔、稳固和吸附作用来有效控制污染物发生迁移的处理技术。覆盖主要有以下几个功能：a. 通过覆盖材料对污染物的阻隔、稳固和吸附作用来有效控制污染物发生迁移，隔断目标生物（包括人、动物和植物等）和其他目标（地表水、地下水、服务设施和建筑材料等）与地下污染介质相接触，防止处于风险的各种目标暴露于潜在的有害污染物，尽量避免其对生命系统的危害和对人体健康的不良效应；b. 减少水从上而下的渗滤，防止雨水渗入，消除随水导致的污染物的迁移或扩散甚至危害效应的发生；c. 控制气体污染物或可挥发性有机污染物释放进入大气；d. 改善土壤的承受能力和地面的工程特性，为后期工厂或设备提供一个临时性的工作平台；e. 结合地下垂直阻控系统和水平阻控系统的应用，发挥对污染组分的有效隔离和对污染土壤修复的最大作用。

覆盖物可由不同的材料做成，包括清洁土壤（黏土、砂土）、砾石、废弃物（压碎的混凝土、采石场的细粒物质、碎片等）、地工织物（纤维）、沥青、低渗黏土膜和植被层等。覆盖材料的粒径、比表面积与孔隙率、密度等有特定的关系，决定了覆盖材料的吸附能力和对污染物的阻隔及稳固作用，从而决定其覆盖效果。覆盖材料的选择和使用方法也应根据覆盖场地的要求、污染物种类及场地的生态因子而因地制宜。

③ 垂直阻控　垂直阻控由安装于污染介质周围的地下沟渠、地墙或地膜组成，有时也与地面的生态覆盖系统相结合，以防止污染物横向或侧向迁移、扩散，同时改变局部的地下水流模式，减少、阻止以及避免污染土壤与地下水的相互接触。垂直阻控类型很多，包括挖掘法、取代法、注射法等，如何选择和设计具体模式主要取决于污染场地存在的污染物的性质与污染程度、污染物迁移动力和潜势、地质与水文条件、是否有地面覆盖系统的配合以及是否需要水利学措施和地下的水平阻控系统等，同时还需要考虑系统的寿命。

④ 水平阻控　水平阻控一般安装在污染土壤下层的地下阻挡层，主要有以下几个功能：a. 隔离液态、非液态和气态污染物的扩散和迁移以及对相邻生态系统的危害作用；b. 通过

改变地下水流的方向或速率，以降低或阻止地下水与污染物的相互接触，防止污染物进入地下水中，对饮用水造成污染或对生态系统产生更大的危害；c. 防止地下水向上迁移进入污染区。

水平阻控主要可以分为以下 5 类：a. 天然存在的低渗透层；b. 喷射灌浆形成的阻控层（喷射灌浆层）；c. 渗入灌浆形成的阻控层（水泥灌浆层或化学灌浆层）；d. 采用液力加压开裂技术用高压水或灌浆形成的阻控层（液力加压开裂水平反应栅）；e. 土壤混合阻控层。一般情况下由于水平阻控系统安装难度大，投资费用高，因此与覆盖系统和垂直阻控系统相比，应用较少。

⑤ 水力控制　采用建筑水坝、水坑、稳固设施或改变地表径流等方式，进行地表水力控制；通过注入和抽取、种植植物等方式进行地下水力控制，以达到使污染物及地下水中的污染物尽量不再扩散开来。实践表明，水利控制首先必须清除周围地区对地下水构成威胁或对地表径流有重要贡献的任何形式的污染源。

⑥ 空气暴露控制　包括源头控制、孤立区域、设置水雾系统和粉尘抑制系统等措施。

其他措施：设置实时监测系统，必要时提供清洁的水源。

(2) 制度控制　工程控制措施是通过各种工程补救措施（如覆盖、隔离等）来控制或减少污染暴露，以及通过物理防护措施控制人体摄入；而污染场地的制度控制措施是通过各种行政和法律的手段（如土地利用控制、契约、公告等），确保工程控制措施有效实施，对于那些没有或缺少工程控制措施的场地，通过限制土地利用、资源利用，或提供信息等方式，限制或指导污染场地内部及周边人类活动。

环境保护主管部门应当将辖区内污染场地治理及修复工作纳入环境保护规划和计划，采取有效措施，防止污染场地对环境和人体健康造成危害。污染场地的治理及修复工程必须进行环境影响评价，并报环境保护主管部门备案。承担污染场地治理与修复的单位应当具有相应的环境保护工程设计和施工资质。在一些污染场地治理活动中，如封存、建设防护设施、监测自然衰减、长期的地下水处理或污染修复等过程中，均需要一些制度控制（institutional controls）措施。

常见的制度控制措施包括以下几个方面。

① 产权控制：基于国家和地方相关法律法规，限制可能会影响修复效果的活动，限制使用资源，避免场地污染对人体健康和环境的影响，也可以在场地操作和维护过程中进行规范和管理。常见的管理途径包括地域权和契约。若相关人员进行产权控制中禁止的活动，产权控制的受让人可以对其提出法律诉讼；政府部门应帮助执行和维护产权控制。

② 政府管制：通过地方政府及相关部门控制土地和资源的利用，包括区域规划限制、开发建设限制、国家和地方地下水使用规范，以及行政征收、废物排放许可、危险废物登记、钻井许可和批复等行政管理手段。

③ 强制或许可手段：包括命令、许可、协议等，通过协商、政府激励等方式促使责任人限制场地活动、保障日常监测等有效活动的进行。

④ 信息共享：提供修复是否按照设计执行、是否有残余污染等方面的信息或通知，包括信息登记、行为通知和公告等。特别是在所有权或使用权变更时，应交接详细的管理信息，充分做到信息共享。

(3) 其他无害化管理措施　一般情况下，对于污染土壤，尽量不依赖于制度控制和工程控制，采取可永久消除场地污染的土壤修复措施；对于污染地下水，为了达到利用水平，则需要长期的制度和工程控制措施来进行监控。工程控制措施和制度控制措施常常一起使用，不同场地具体情况对应不同的具体措施。

在污染场地风险管理实施过程中，需要明确责任机制，并进行宣传教育和能力建设，以更好地进行管理。

足够的资金是污染场地无害化管理的必要条件，而明晰的责任机制又是资金筹集的先决条件。调查可知，中国 POPs 废物尤其是杀虫剂类的产生单位大部分是无法追究责任的历史企业，虽然法律规定这种情况应由当地政府负责，但在操作层面缺乏具体的规定和措施。因此，中国 POPs 场地污染情况是比较复杂的，需要根据各种不同的情况考虑多种形式的责任方式，需要建立合理的责任与资金的分担机制，为最终实现 POPs 污染场地的无害化处置提供保障。

根据国内相关条例和规定，建议按照"准污染、谁治理"的原则，对场地造成污染的单位和个人承担场地无害化管理责任；造成污染的单位因改制或者合并、分立而发生变更的，其所承担的责任，依法由变更后继承其债权、债务的单位承担；造成污染的单位已经终止，或者由于历史等原因确实不能确定造成污染的单位或者个人的，由依法获得土地使用权的受让人承担责任；有关当事人另有约定的，从其约定，但是不得免除当事人的污染防治责任。污染单位已终止或无法确定且受让人无能力承担时，建议由当地人民政府土地行政管理部门依法先行开展无害化管理，并保留从未来 20 年土地开发收益中扣除相应费用的权利。

9.5 修复终止和场地关闭

对场地修复效果进行评价，包括治理效果和风险评价，如果达到了预期的修复目标，可以恢复场地的使用功能，且对人体健康及环境不存在直接或间接的危害时，可以终止修复，并完成修复报告。往往修复系统关闭时，监测系统仍然运行一段时间，特别是针对自然衰减系统。直至监测结果明确表明污染物被有效去除，且得到环境主管部门的批准，才可关闭监测系统。加拿大爱德华王子岛技术与环境部制定的石油污染土地的修复指南中规定，当修复行动计划中所有的要求都满足时，环境部门将会发出不需要进一步修复行动的通告，结束管理程序。加拿大西北辖区规定，当修复责任方和修复技术提供方成功达成修复行动计划中的预期目标时，可撰写场地修复终止报告，并递交给环保主管部门进行审核，确定修复效应的实现。丹麦、美国等在修复终止、场地关闭时，都要对公众进行场地修复信息发布。

修复系统终止属于场地修复的最后环节。修复终止前应进行修复后环境风险评价，用以判断修复目标是否实现。监测与评价出现如下情况之一可终止修复，具体应完成以下几个方面。

① 修复目标已经实现。

② 基于技术或经济评估，继续进行修复可行性不大时，即使修复目标尚未完全实现，环境主管部门可依据不同场地情况，要求终止修复系统。

③ 当环境主管部门根据修复工程运行情况，判定：a. 处理系统不能进一步发挥效力；b. 自然衰减技术能够完全有效地去除污染物，并能防止敏感受体的污染，即可终止修复。

修复场地负责人在终止修复系统时，要向环境主管部门提交申请，并提供充分依据。申请批准后方能终止修复系统。修复系统终止后，仍然需要对系统进行监控，或实施额外的地下水监测计划来跟踪污染羽流。

场地调查和/或修复完成后，满足下列条件之一时，可对场地处理系统进行清理：①满足修复系统终止条件，且已经终止；②修复工程不再继续运行时。场地清理前应进行工程最终评估，撰写修复报告。修复报告经环境主管部门通过后，修复工程结束，可对场地处理系统进行清理。场地经过修复的区域应尽可能恢复到修复前的条件，否则需经过当地环境主管部门和其他相关部门的同意。恢复时应考虑以下三点：①用于场地地形恢复的填充材料应满足场地修复后的标准，不含放射性废物或固体废物；②对填充材料的质量报告（包括采样分析报告）提交当地环境主管部门；③未被污染的土壤应回填到原来位置或场地其他位置。

9.6 污染场地风险管理策略

场地环境风险管理（environmental risk management）是选择最经济、有效的方法，通过有效的控制技术、利用费用和效益分析，使得场地的人体健康与生态风险、社会风险和经济风险最小化。场地风险管理体系分为五个部分：①污染场地环境风险管理的相关法律法规体系；②污染控制体系；③环境风险管理技术支撑体系；④污染场地环境风险管理的资金管理机制；⑤污染场地风险管理的公众参与。污染场地风险管理内容包括：污染场地的调查与监测；污染场地的废弃物管理；环境应急管理。

9.6.1 我国污染场地管理思路

环境保护要以提高环境质量为核心。我国一些主要污染物排放量仍高达 2000 万吨左右，只有再减少 30%～50%，环境质量才会明显改善。环境保护的严峻现状和民众的巨大需求，决定了必须对其实行最严格的制度，源头严防、过程严管、后果严惩。地方各级政府对辖区环境质量负责，企业是污染治理的责任主体，公众也有权利和义务共同参与环境保护，要形成政府、企业、公众共治的环境治理体系，协同推进污染预防、风险管控、治理修复三大举措，着力解决土壤污染威胁农产品安全和人居环境健康两大突出问题。

污染场地通过场地调查、风险评价等阶段性工作后，需要提出污染风险管理对策与方案。风险管理对策包括主动修复、工程控制、制度控制等选择一种或多种手段混合使用，如制度控制＋工程控制、工程控制＋主动修复、制度控制＋主动修复。完善土壤与地下水环境保护的法律、法规的体系建设，将土壤、地下水、地表水污染防治纳入统一规划和管理。将"防"、"治"、"管"三者结合起来，优良的生态环境是优势，绿水青山就是金山银山。从传统文化老子的"天人合一、道法自然、抱朴见素、少私寡欲"，荀子的"从人之欲，则势不能容，物不能赡"，孟子的"苟得其养，无物不长；苟失其养，无物不消"等吸取管理营养。食物主权，土地正义，动物伦理，以走向生态文明新时代，建设美丽中国，实现中华民族伟大复兴的中国梦。

9.6.2 美国污染场地管理体系

一些发达国家把制定污染场地管理政策作为政府的行政职责和法律义务，并要求及时发现潜在污染场地，并采用统一的方法进行有效的场地评估，按优先排序把有限的公共资源应用到最迫切需要风险管理与修复的场地。

9.6.2.1 美国污染场地分类管理

美国污染场地实行分类管理模式，将风险控制作为污染场地管理目标。美国环保署

（USEPA）将污染场地分为 11 类。

① 超级基金国家优先名录（National Priorities List，NPL）场地，是指严重污染的场地。

②《资源保护与恢复法》（*Resource Conservation and Recovery Act*，RCRA）清理基准场地，由 RCRA 管理，由于过去或现在治理、储存或处置危险废物且污染物曾经泄漏的场地。

③ 可能或已泄漏的地下贮存罐场地，如加油站，以及各类储藏石油、危险物质的大型地下贮存罐场地。

④ 事故泄漏场地，油、气以及化学物质泄漏，对土地和水造成危害。

⑤ 自然灾害或恐怖行动造成的污染场地。

⑥ 放射性或其他危险物质的污染场地，由于核武器生产、测试以及研究等行为造成的放射性和其他危险物质污染场地。

⑦ 棕色地块，在场地利用中面临污染的潜在或已有威胁，一般是在比较偏远、经济欠发达地区。

⑧ 军事基地和防御场地。国防部使用的数百万英亩的土地，包括丢弃的军火、未爆炸的炮弹以及拆毁的建筑物及残骸。

⑨ 低水平大范围污染场地。某些土地污染问题可能污染物含量只有低到中等程度，面积大小不等，此类污染场地的成因包括农业杀虫剂的大范围使用、汽油燃烧以及铅基涂料的退化等。

⑩ 过去的废物管理场地和不合法的倾倒场地。20 世纪 70 年代以前，固体废物典型处置方式是无防渗的填埋场，缺乏足够的措施防护对地下水和地表水的环境影响。另外，由于便利性以及合法处置费用的缘故，不合法的倾倒，如建筑废物，废弃的汽车、器具，家庭废物，以及医疗废物，在过去 10 年仍然存在。

⑪ 废弃的和不再运行的采矿区。

美国 RCRA 修正法主要是确保场地的土壤、人体暴露风险和地下水环境风险得到控制。重点关注两个环境指标：土壤人体暴露环境指标，确保接近某个具体污染场地的人不会暴露在不可接受的污染水平；地下水污染环境指标，确保污染的地下水不会进一步蔓延，污染地下水资源。

在 2008 年，美国有 RCRA 清理基准污染场地 1968 个（全部 RCRA 待清理污染场地 3476 个）。其中，人体暴露风险控制良好的污染场地占 96%（1893 个），地下水污染控制良好的占 47%（1642 个）。USEPA 提出截至 2011 年 RCRA 的 3 个目标：①控制 65% 的人体暴露风险；②控制 55% 的受污染地下水迁移；③完成 32% 的最终修复。

9.6.2.2 美国污染场地相关法律法规管理体系

20 世纪 70 年代以来，为了控制危险物质（包括危险废物）不适当的处置、非法投弃和闲置的废弃场地所造成的环境污染，美国政府建立并逐渐完善相关法律体系和管理体系，为 POPs 污染场地管理制度提供了重要参考。

1976 年，美国颁布了 RCRA，该法涉及危险废物储存及管理方面的相关问题，该法关于危险废物的管理制度成为污染场地管理制度的重要参考。1980 年 12 月，颁布了《环境响应、赔偿和责任综合法案》（CERCIA），也称为《超级基金法案》（*superfund*），并于 1986 年 10 月进一步修订成为《超级基金修正法与再授权法案》（*Superfund Amendments and*

Reauthorization Act，SARA)。在该法案的指导下，建立了超级基金场地管理制度，从环境监测、风险评价到场地修复都制定了标准的管理体系，这为美国污染场地的管理和土地再利用提供了有力支持。CERCIA 在所谓的《国家石油和有毒有害物质污染应急预案》(*National Oil and Hazardous Substances Pollution Contingency Plan*，NCP) 中，规定了对要求清理的危险废物场地要建立 NPL。对于 NPL 上的场地要进行修复调查/可行性研究 (RI/FS)，该过程包括 RI/FS 工作计划、场地的修复调查、场地的泄漏或者潜在泄漏的状况、风险评估、无行动评估以及对清理方法的可行性研究（工程评估）。CERCLA 要求在 RI/FS 过程中进行基本的风险评估。RI 过程涉及场地特性鉴定和处理性调查。其中场地的特定鉴别包括现场调查、确定污染性质和程度（废物的类型、质量浓度和分布情况等）、确定联邦或地方特定化学品污染场地的切实可行的清理标准 (applicable or relevant and appropriate requirements，ARARs) 和 BRA。CERCIA 的 RI/FS 过程包括进行具体场地的基线风险评估以鉴定由污染物通过迁移到地表水或者地下水、释放到大气中，通过土壤沥出、保留在土壤中以及在食物链中的生物蓄积等途径所造成的现有或潜在的对人类健康和环境的威胁。这种基线风险属于公众无行动风险。利用包括无行动在内的基线风险评估来"协助建立可接受的暴露等级以用于开发修复方案"。如果没有 ARARs，暴露等级可以等同为 10^{-6} 的终身癌症风险并可用于已知的或怀疑的致癌物质。如果有 ARARs，只有在风险评估显示为无风险时，才可以知道 ARARs 豁免的程度。美国棕色场地项目于 1995 年启动后，政府还颁布了《小商业企业责任补偿和棕色场地恢复法》（也称为《棕色场地法案》），通过资助棕色场地的评估和清理进一步地修订了 CERCIA 的内容。

9.6.3 我国污染场地发展远景

我国污染场地范围大、面积广、深度深、成分复杂、搬迁场地再利用普遍、厂退楼进已是早些年司空见惯的变迁，场地危害表现突出。由于污染场地不规范开发，场地治理修复不当易造成二次污染，对闲置污染场地的环境危害重视不够等原因，我国污染场地的防治面临诸多问题，新的污染场地不断产生。我国的污染场地市场与产业尚不完善，国外是先有完整的政策、标准、技术、资金的支持后才有土壤修复产业和市场。然而我国污染场地修复市场目前仍存在着政策法规缺失、标准体系不健全、设备/装备缺失、技术体系尚未形成、经验缺乏、资金不足、管理滞后等若干问题。针对这些问题我们的发展远景如下。

① 科学认识土壤污染问题，治理修复任重道远：企业提高土壤保护的认识，不断降低新的污染，地方政府提高对治理修复的认识。公众提高对政府信息、污染危害的认识，充分发挥社会的监督作用。政府污染信息需更加公开。

② 法规体系亟待建立、政策机制需有突破。

③ 技术标准深化完善，行业市场急需规范引导：深化建立基于风险防控的技术标准体系，因地制宜，完善地方标准体系。满足修复行业的企业数量迅速增长，增加准入机制提高，从业人员专业素质，建立修复技术筛选和评估体系。

④ 地下水的调查、评价与修复有待于进一步加强并进入到修复目标体系中。

参考文献

[1] 随红，李洪，李鑫钢，张瑞林 . 场地环境修复工程师与场地环境评价工程师内部试用培训教材 [M]. 北京：科学出版社，2013.

[2] 赵勇胜 . 地下水污染场地的控制与修复 [M]. 北京：科学出版社，2015.

[3] Reddy Krishna R, Adams Jeffrey A. Sustainable Remediation of Contaminated Sites [M]. New York：Momentum Press, 2015.

[4] 薛南冬，李发生 . 持久性有机污染物（POPs）污染场地风险控制与环境修复 [M]. 北京：科学出版社，2011.

[5] 周启星，宋玉芳 . 污染土壤修复原理与方法 [M]. 北京：科学出版社，2004.

[6] 贾建丽，于妍，薛南冬等 . 污染场地修复风险评价与控制 [M]. 北京：化学工业出版社，2015.

[7] 杨再福 . 高级环境化学 [M]. 北京：现代教育出版社，2011.

[8] 李金惠，谢亨华，刘丽丽 . 污染场地修复管理与实践 [M]. 北京：中国环境出版社，2014.

[9] United States Environmental Protection Agency. Green Remediation Best Management Practices：Integrating Renewable Energy into Site Cleanup, EPA 542-F-11-006, April 2011.

[10] Irena Sherameti, Ajit Varma. Heavy Metal Contamination of Soils Monitoring and Remediation. Springer International Publishing Switzerland 2015.

[11] 侯冬利，韩振为，郑艳梅等 . AS 和 BS 去除地下水甲基叔丁基醚污染的研究 [J]. 农业环境科学学报，2006，25（2）：364-367.

[12] 朱雪强，韩宝平，尹儿琴 . 地下水 DNAPLs 污染的研究进展 [J]. 四川环境，2005，24（2）：65-70.

[13] 程生平 . 地下水污染场地的控制与修复 [J]. 煤炭技术，2011，（9）：212-213.

[14] 吴登定，谢振华，林健，杨澍 . 地下水污染脆弱性评价方法 [J]. 地质通报，2005，24（10）：1043-1048.

[15] 王磊，龙涛，张峰等 . 用于土壤及地下水修复的多相抽提技术研究进展 [J]. 生态与农村环境学报，2014，30（2）：137-145.

[16] 马长文，仵彦卿，孙承兴 . 受氯代烃类污染的地下水环境修复研究进展 [J]. 环境保护科学，2007，33（3）：23-25.

[17] 刘晓文，李荣飞，李霞等 . 过硫酸钠原位修复三氯乙烯污染土壤的模拟研究 [J]. 环境科学学报，2013，33（11）：2935-2940.

[18] 王兴润，翟亚丽，舒新前等 . 修复铬污染地下水的可渗透反应墙介质筛选 [J]. 环境工程学报，2013，7（7）：2523-2528.

[19] 薛罡，刘亚男，何圣兵 . 纳滤膜处理受污染地下水的运行影响因素研究 [J]. 中国给水排水，2006，22（3）：24-27.

[20] 薛罡，何圣兵，刘亚男 . 纳滤膜净化受污染地下水的效能与膜污染特性 [J]. 中国环境科学，2006，26（Suppl）：36-39.

[21] 李盛凯，薛罡，汪永辉 . 纳滤膜净化地下水时预处理工艺的选择研究 [J]. 水资源保护，2005，21（3）：33-34.

[22] 吴小倩，薛罡，李海军等 . 活性炭-纳滤膜净化受污染地下水的试验研究 [J]. 净水技术，2004，24（4）：8-10.

[23] 肖羽堂，王继徽 . 二硝基氯苯废水预处理技术研究 [J]. 化工环保，1997，17（5）：264-286.

[24] Johnson T L, Scheres M M, Tratnyek P G. Kinetics of halogenated organic compound degradation by iron metal [J]. Environ Sci Technology, 1996, 30（8）：2634-2640.

[25] Scottorth W, Gillham Robert W. Dechlorination of Trichloroethene in Aqueous Solution Using Fe^0 [J]. Environ Sci Technol, 1996, 30, 66-71.

[26] 吴德礼，马鲁铭，徐文英，周荣丰 . Fe/Cu 催化还原法处理氯代有机物的机理分析 [J]. 水处理技术，2005，31（5）：30-33.

[27] 王薇 . 包覆型纳米铁的制备及用于地下水污染修复的实验研究 [D]. 天津：南开大学，2008.

[28] Daniel W E, Zhang W X. Field assessment of nanoscale bimetallic particles for groundwater treatment. Environmental Science and Technology, 2001, 35（24）：4922-4925.

[29] 方伟，刘松玉，刘志彬，吴传斌 . 地下水曝气修复技术现场试验与应用研究进展 [J]. 环境污染与防治，2014，36（10）：73-78.

[30] 钟茂生，姜林，张丽娜等 . VOCs 污染场地风险管理策略的筛选及评估 [J]. 环境科学研究，2015，28（4）：596-604.

[31] 石润，吴晓芙，李芸等 . 应用于重金属污染土壤植物修复中的植物种类 [J]. 中南林业科技大学学报，2015，35（4）：139-145.

[32] Weeks J M, Comber S D W. Ecological Risk Assessment of Contaminated Soil [J]. Mineralogical Magazine, 2005,

69 (5)：601-613.

[33] Critto A，Torreesan S，Semenzin E，et al. Development of a Site-specific Ecological Risk Assessment for the Selection of Ecotoxicological Tests and Ecological Observations [J]. The Science of the Total Environment，2007，379 (1)：16-33.

[34] 朱艳景，张彦，高思等．生态风险评价方法学研究进展与评价模型选择 [J]．城市环境与城市生态，2015，28 (1)：17-21.

[35] 闫志明，王颖，李博，李成宽．污染场地健康和生态风险综合评价 [J]．环境科学与技术，2014，37 (120)：555-559.

[36] 杨月明，唐景春．表面活性剂及其在石油污染土壤修复中的应用研究进展 [J]．石油化工应用，2015，34 (5)：1-6，13.

[37] 孙才志，陈相涛，陈雪姣，郑德凤．地下水污染风险评价研究进展 [J]．水利水电科技进展，2015，35 (5)：152-161.

[38] 滕彦国，苏洁，翟远征等．地下水污染风险评价的迭置指数法研究综述 [J]．地球科学进展，2012，27 (10)：1140-1147.

[39] 谢辉．中国污染场地修复发展回顾建议与美国经验借鉴，地下水环境网．

[40] Thomas A. Jackman，Carrie L. Hughes. Formation of Trihalomethanes in Soil and Groundwater by the Release of Sodium Hypochlorite [J]. Groundwater Monitoring & Remediation，2010，30 (1)：74-78.

[41] Daniel W E，Zhang W X. Field assessment of nanoscale bimetallic particles for groundwater treatment. Environmental Science and Technology，2001，35 (24)：4922-4925.

[42] 中国环境保护部，场地环境调查技术导则（HJ 25.1—2014）.2014 年 7 月 1 日．

[43] 中国环境保护部，场地环境监测技术导则（HJ 25.2—2014）.2014 年 7 月 1 日．

[44] 中国环境保护部，污染场地风险评估技术导则（HJ 25.3—2014）.2014 年 7 月 1 日．

[45] 中国环境保护部，污染场地土壤修复技术导则（HJ 25.4—2014）.2014 年 7 月 1 日．

[46] 中国环境保护部，污染场地术语（HJ 682—2014）.2014 年 7 月 1 日．

[47] 中国环境保护部，工业企业场地环境调查评估与修复工作指南（试行），2014，11.

[48] 谷庆宝，侯德义，伍斌等．污染场地绿色可持续修复理念、工程实践及对我国的启示 [J]．环境工程学报，2015，9 (8)：4061-4068.

[49] Zheng Chunmiao，Bennett Gordon D. 地下水污染物迁移模拟 [M]．孙晋玉，卢国平译．第 2 版．北京：高等教育出版社，2009.

[50] 姜林．场地与生产设施环境风险评价与验收手册 [M]．北京：中国环境科学出版社，2011.

[51] 菲力普·B·贝迪恩特，哈纳迪·S·里法尔，查尔斯·J·纽厄尔．地下水污染——迁移与修复．施周，杨朝晖，陈世洋译．第 2 版．北京：中国建筑工业出版社，2009.

[52] 田大勇，常琛朝，王成志等．环境中重金属和有机污染物的物种敏感性分布研究进展 [J]．生态毒理学报，2015，10 (3)：38-49.

[53] Laura Gutiérrez，Carlos Garbisu，Estela Ciprián，et al. Application of ecological risk assessment based on a novel TRIAD-tiered approach to contaminated soil surrounding a closed non-sealed landfill [J]. Science of the Total Environment，2015，(514)：49-59.

[54] Faber J H，Wensem J van. Elaborations on the use of the ecosystem services concept for application in ecological risk assessment for soils [J]. Science of the Total Environment，2012，415：3-8.

[55] Takashi Nagai，Takeshi Horio，Atsushi Yokoyama，et al. Ecological risk assessment of on-site soil washing with iron (Ⅲ) chloride in cadmium-contaminated paddy field. Ecotoxicology and Environmental Safety，2012，(80)：84-90.

[56] Yves Perrodin，Clotilde Boillot，Ruth Angerville，et al. Ecological risk assessment of urban and industrial systems: A review [J]. Science of the Total Environment，2011，(409)：5162-5176.

[57] 闫志明，王颖，李博等．污染场地健康和生态风险综合评价 [J]．环境科学与技术，2014，37 (120)：555-559.

[58] Swartjes Frank A. Dealing with Contaminated Sites [M]. National Institute of Public Health and the Environment (RIVM)，Bilthoven，The Netherlands，2011.